東京書籍ユーザーのための

ワーク&テスト

新しい数学 2 年

東京書籍

特色

● 本書は，東京書籍版教科書「新しい数学 2年」に完全準拠したワークブックです。
● 教科書の章ごとに「ウォーミングアップ」の問題を設け，今まで学習した内容のつながりを確認することができます。
● 教科書の節ごとに，例題と基本問題→節の問題→章の問題へと，ステップを踏んで学習できるようにくふうしました。
● 巻末の「定期テスト予想問題」には，配点付きのテストを用意し，定期テストに備えたトレーニングができるようにしました。

構成と使い方

基本ワーク
教科書の内容をチェック！

● **例題** … 左ページ
教科書の例題に合わせ，考え方や解き方を確認します。
「**Check!**」の問題を解くことで，基本的な考え方の整理ができます。

● **基本問題** … 右ページ
例題の理解を定着させる練習問題です。

節・章の問題
実践的な問題でトレーニング！

教科書の節や章ごとにまとめた実践的な問題です。例題の復習だけではなく，定期テストにも出題される応用問題も用意しています。

定期テスト予想問題
テスト問題で最後の仕上げ！

教科書の章ごとにまとめた定期テストの予想問題です。実際のテストと同じように時間を計って採点しましょう。定期テストの直前に取り組むと効果的です。

解答と解説 別冊

本編の問題ごとに解答と，ていねいで分かりやすい解説を示しています。取り外して使うことができますので，問題のページと照らし合わせて使うことができます。

QRコードでチャレンジ！

● 基本ワークの左上にある「もっとチャレンジ!」のQRコードには発展・応用的な問題を含むチャレンジ問題が入っています。
実力アップや定期テスト直前の腕試しに挑戦してみよう。

● 【使い方】
① スマートフォンやタブレットでQRコードを読み取り，問題を表示します。
② ノートに書いて問題を解きます。
③ 「答え合わせ」を押すと解答が確認できます。

QRコード

【動作環境】
インターネットに接続されていること。 ※インターネット接続に伴う通信費は利用者のご負担となります。
Android 5.1以降＋Google Chrome ／ iOS9 以降＋Safari ／ iPadOS＋Safari

ワーク＆テスト　新しい数学２年

目次

教 …教科書のページ　　この本のページ

1章 式の計算

中1 文字と式

文字式を使って説明しよう

ウォーミングアップ

1 次の数量を，文字を使った式で表しなさい。

□(1) 50円切手を x 枚と，80円切手を y 枚買ったときの代金の合計

□(2) $a$km の道のりを9時間で進むときの速さ

ふりかえり 小5

速さ

(速さ)＝(道のり)÷(時間)
(時間)＝(道のり)÷(速さ)
(道のり)＝(速さ)×(時間)

□(3) bm の86％の長さ

□(4) 底辺が $a$cm，高さが $h$cm の三角形の面積

□(5) 右の図で，円周率を π としたときの円柱の体積

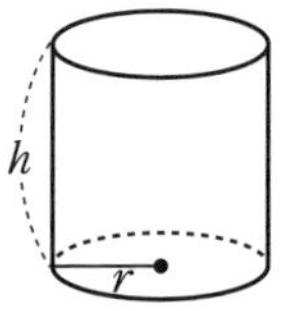

ふりかえり 小6

立体の体積

(円柱・角柱の体積)＝
(底面積)×(高さ)

□(6) 右の図の色をつけた部分の面積

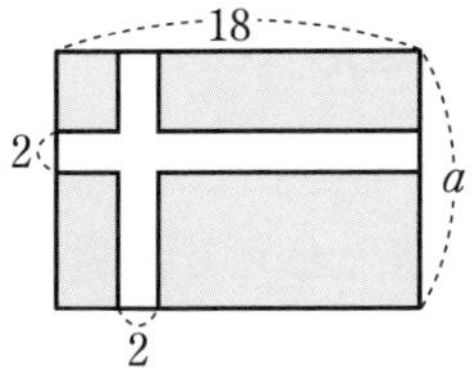

2 次の数量の間の関係を，等式または不等式で表しなさい。

□(1) 1冊90円のノートを x 冊と1本50円の鉛筆1本を買ったら500円になった。

□(2) 鉛筆24本を a 人の生徒に3本ずつ配ったところ，鉛筆があまった。

ヒント

(a人に配った鉛筆の数)
＜(鉛筆24本)

3 次の計算をしなさい。

□(1) $a+6+3a-5$

□(2) $0.3x+4+0.7x-9$

□(3) $-42a\div(-7)$

□(4) $5a-(3a+5)$

□(5) $3(4x+5)$

□(6) $6(4x+5)-2(7y+5)$

□(7) $\dfrac{-7x+3}{8}\times(-48)$

□(8) $\dfrac{-5x+7}{6}-\dfrac{x-3}{4}$

ふりかえり 中1

分配法則

$a(b+c)=ab+ac$

$(a+b)c=ac+bc$

4 $x=-2$，$y=3$ のとき，次の式の値を求めなさい。

□(1) $3x+2$

□(2) $2x+7y$

□(3) $\dfrac{3}{x}$

□(4) x^2+y^2

ヒント

式の中の x，y に
それぞれの値を代入する。

5 右のように，カレンダーの 2 つの数字を囲みます。

□(1) 2 つの数の小さいほうの数を n とするとき，2 つの数の和を n の式で表しなさい。

□(2) 囲んだ数字の和が 51 になるとき，囲んだ 2 つの数を求めなさい。

					1	2
3	4	5	6	7	8	9
10	11	12	13	14	15	16
17	18	19	20	21	22	23
24/31	25	26	27	28	29	30

ヒント

もう一方の数を n の式で表すとどうなるかを考える。

6 気温が t℃のとき，空気中を伝わる音の速さは，秒速 $(331.5+0.6t)$m と表されます。

□(1) 気温が -5℃のとき，音の速さは秒速何 m ですか。

□(2) 気温が 30℃のとき，雷が光ってから 2 秒後に音が聞こえました。雷までの距離は何 m でしたか。

ヒント

2 秒間に音が伝わる距離を求める。

解答 p.1

もっとチャレンジ!

1章

1節 式の計算

1 多項式の計算(1)

例題1 項と次数

教 p.12

次の式で，単項式，多項式をすべて選び，選んだ式の次数をいいなさい。

㋐ $3x^2+4x-7$　㋑ $-5y^3$　㋒ $1-a$　㋓ $3y+9-x^2$　㋔ $2x^2yz^3$

解き方

加法の記号 ＋ で結ばれたそれぞれが項。

㋐は $3x^2+4x+(-7)$ で表されるから，項は $3x^2$，$4x$，-7。

単項式の次数はかけられている文字の個数なので，㋔は x が 2 個，y が 1 個，z が 3 個だから，次数は $2+1+3=6$ である。

また，多項式の次数は，各項の次数のうちでもっとも大きいものなので，㋐の次数は 2 である。

ポイント

単項式…乗法だけでつくられた式
多項式…単項式の和の形で表された式

答 単項式…㋑ (3)，㋔ (6)，多項式…㋐ (2)，㋒ (1)，㋓ (2)　（かっこ内は式の次数）

Check! 1 $6y-5x+3z+4$ の項と，単項式か多項式か，何次式かをそれぞれいいなさい。

例題2 同類項のまとめ方

教 p.13 例3

次の計算をしなさい。

(1) $5x-2y-9y+2x$　(2) $3a^2-2a+4a-a^2$

解き方

(1) $5x-2y-9y+2x$
$=5x+2x-2y-9y$　（項を並べかえる）
$=(5+2)x-(2+9)y$　（同類項をまとめる）

(2) $3a^2-2a+4a-a^2$
$=3a^2-a^2-2a+4a$

ポイント

$5x$ と $2x$，$3a^2$ と $-a^2$ は文字の部分が同じなので同類項である。

答 (1) $\boldsymbol{7x-11y}$　(2) $\boldsymbol{2a^2+2a}$

Check! 2 $5x-3xy-7y+2xy+3y$ の計算をしなさい。

例題3 多項式の加減

教 p.14 例4・5

次の計算をしなさい。

(1) $(-2x-5y)+(8y-6x)$　(2) $(4x+5y)-(3x-2y)$

解き方

(1) $(-2x-5y)+(8y-6x)=-2x-5y+8y-6x=-2x-6x-5y+8y$
$=\boldsymbol{-8x+3y}$

(2) $(4x+5y)-(3x-2y)=4x+5y-3x+2y$
$=4x-3x+5y+2y=\boldsymbol{x+7y}$

Check! 3 次の計算をしなさい。

(1) $a-3b+9-(2a+8b-11)$　(2) $3x-5y+(x-8y-2)$

解答 p.2

❶ 項と次数　下の㋐～㋕の式について，次の問に答えなさい。ただし，π は円周率を表します。

教 p.12～p.13

㋐ $a+b$　　㋑ a^2+b^3　　㋒ $\dfrac{a^3b}{2}$

㋓ x^2-1^3　　㋔ $\dfrac{1}{3}\pi r^2h$　　㋕ $x+2y^2-3y$

ヒント！
$\pi=3.14\cdots$ だから「数」とみる。

□(1)　項の数がもっとも多い式をいいなさい。また，その式の次数をいいなさい。

□(2)　㋓は何次式ですか。

□(3)　次数がもっとも小さい式をいいなさい。また，その式の次数をいいなさい。

□(4)　次数がもっとも多い単項式，多項式をそれぞれいいなさい。また，それらの式の次数をいいなさい。

❷ 同類項のまとめ方　次の計算をしなさい。教 p.13 問 4

□(1)　$-8x+4-7x$　　□(2)　$3y+9x-x-6y$

□(3)　$2x-5x^2+3x^2-2x+2x^2$　　□(4)　$-a+b-ab-b-a-ab$

□(5)　$3p-q^2+0.4q+2-p+4q$　　□(6)　$3x^3+4y^3-4x^3-3y^3$

❸ 多項式の加減　次の問に答えなさい。教 p.14 問 5～7

(1)　次の計算をしなさい。

□①　$(x-5)+(2x-5)$　　□②　$(3x^2-4x+1)-(2x^2-5+3x)$

□③　$(-3x+2y)+(5y-6x)$　　□④　$\left(\dfrac{1}{3}m-2n\right)-\left(m-\dfrac{5}{2}n\right)$

□⑤　$(2p^2-5q^2)-(5p^2-2q^2)$　　□⑥

$$\begin{array}{rr} & 2a+3b-c \\ +) & 5a-3b+c \\ \hline \end{array}$$

□⑦

$$\begin{array}{rr} & \dfrac{1}{2}x-\dfrac{2}{3}y \\ -) & x+\ \ y \\ \hline \end{array}$$

(2)　次の 2 つの式の和，左の式から右の式をひいた差をそれぞれ求めなさい。

□①　$-2a,\ 1-9a^3$　　□②　$-\dfrac{4}{5}x-2+\dfrac{4}{3}y,\ 8-0.8x+\dfrac{4}{3}y$

ヒント！
特に差を求める問題では符号に注意する。

解答 p.2・3

1章

1節 式の計算

1 多項式の計算(2)

もっとチャレンジ!

例題 1　多項式と数の乗法・除法

教 p.15 例 6・7

次の計算をしなさい。

(1)　$2(x-y)$　　(2)　$(5a+3b)\times\left(-\frac{1}{4}\right)$　　(3)　$(5y-6x)\div(-3)$

ポイント

分配法則

$a(b+c)=ab+ac$
$(a+b)c=ac+bc$

解き方

分配法則を使って計算する。

(1)　$2(x-y)=\boldsymbol{2x-2y}$

(2)　$(5a+3b)\times\left(-\frac{1}{4}\right)=5a\times\left(-\frac{1}{4}\right)+3b\times\left(-\frac{1}{4}\right)=\boldsymbol{-\frac{5}{4}a-\frac{3}{4}b}$

ポイント

(3)　わる数の逆数をかける。

(3)　$(5y-6x)\div(-3)=(5y-6x)\times\left(-\frac{1}{3}\right)=5y\times\left(-\frac{1}{3}\right)-6x\times\left(-\frac{1}{3}\right)=\boldsymbol{-\frac{5}{3}y+2x}$

Check! 1　次の計算をしなさい。

(1)　$-5(-a-b)$　　(2)　$\left(\frac{a}{2}+\frac{b^2}{3}\right)\times(-12)$　　(3)　$(100p-10q)\div(-100)$

例題 2　いろいろな式の計算

教 p.16 例 8・9

次の計算をしなさい。

(1)　$7(x-3y)+6(9x+y)$　　(2)　$\frac{3a+5b}{4}-\frac{5a-4b}{8}$

解き方

(1)　分配法則でかっこをはずして同類項をまとめる。

$$7(x-3y)+6(9x+y)=7x-21y+54x+6y=7x+54x-21y+6y$$
$$=\boldsymbol{61x-15y}$$

(2)　解き方①…通分する。分母は 4×2 だから，分子は $2(3a+5b)$ とする。

$$\frac{3a+5b}{4}-\frac{5a-4b}{8}=\frac{2(3a+5b)}{8}-\frac{5a-4b}{8}=\frac{2(3a+5b)-(5a-4b)}{8}$$
$$=\frac{6a+10b-5a+4b}{8}=\boldsymbol{\frac{a+14b}{8}}$$

解き方②…(分数)×(多項式)の形になおして計算する。

$$\frac{1}{4}(3a+5b)-\frac{1}{8}(5a-4b)=\frac{3}{4}a+\frac{5}{4}b-\frac{5}{8}a+\frac{1}{2}b=\boldsymbol{\frac{1}{8}a+\frac{7}{4}b}$$

Check! 2　次の計算をしなさい。

(1)　$-(3x-y)+2(8x+9y)$　　(2)　$\frac{2a-7b}{2}-\frac{5a-6b}{3}$

解答 p.3

❶ 多項式と数の乗法・除法　次の計算をしなさい。

教 p.15 問 8・9

□(1) $5(8x-0.2y)$

□(2) $-7(y^2+2x^3)$

□(3) $(4x-2y)\div 8$

□(4) $(22x^2-333y)\div(-11)$

□(5) $(0.3p+0.08q)\div(-0.1)$

□(6) $\frac{5}{6}(3x-12y)$

□(7) $(-2a+3b^3)\div\left(-\frac{6}{7}\right)$

ヒント

(7) 除法はわる数の逆数をかける。

❷ いろいろな式の計算　次の計算をしなさい。

教 p.16 問 10・12

□(1) $2(x+8y)+7(6x-5y)$

□(2) $5(4x+y)-3(x-3y+4)$

□(3) $\frac{2(x-y)}{8}+\frac{x+y}{9}$

□(4) $\frac{2a+7b}{4}-\frac{a+3b}{6}$

□(5) $\frac{5-x}{3}+\frac{2x-y+1}{5}$

□(6) $p^2+\frac{p^2+q^2}{2}$

□(7) $x-x^2-\frac{x-x^2}{7}$

□(8) $\frac{x+2y}{2}+5-\frac{-x-6y}{3}$

□(9) $\frac{5x-2y}{3}-x+\frac{x+3y}{9}$

□(10) $\frac{x}{3}+x-y-\frac{x+2y}{4}$

ヒント

(7) うまく変形して分配法則を使うと，簡単に計算できる。

□❸ いろいろな式の計算　$3x-5y$ の 2 倍から，$2x+3y$ の 3 倍をひいた差を求めなさい。

教 p.16 問 11

解答 p.3・4

もっとチャレンジ!

1章　1節　式の計算

2　単項式の乗法と除法(1)

例題 1　単項式の乗法

教 p.17 例 1・2

次の計算をしなさい。

(1) $-2b\times3a$　　(2) $5a^2\times6b$　　(3) $\left(-\dfrac{x}{3}\right)^3$

解き方

(1) $-2b\times3a=(-2)\times b\times3\times a=(-2)\times3\times a\times b=\boldsymbol{-6ab}$

(2) $5a^2\times6b=5\times6\times a\times a\times b=\boldsymbol{30a^2b}$

(3) $\left(-\dfrac{x}{3}\right)^3=\left(-\dfrac{x}{3}\right)\times\left(-\dfrac{x}{3}\right)\times\left(-\dfrac{x}{3}\right)=\boldsymbol{-\dfrac{x^3}{27}}$

ポイント

単項式どうしの乗法は，係数の積に文字の積をかける。

Check! 1　次の計算をしなさい。

(1) $-2ab\times(-4a)$　　(2) $(-3ab)^2$　　(3) $\left(-\dfrac{x}{2}\right)^3$

例題 2　単項式の除法

教 p.18 例 3

次の計算をしなさい。

(1) $3ab\div(-4b)$　　(2) $\dfrac{1}{3}x^2y\div\dfrac{3}{2}y$

解き方

分数でわるときは，わる数の逆数をかける。例えば $\dfrac{1}{3}x$ の逆数は，$\dfrac{1}{3}x=\dfrac{x}{3}$ より $\dfrac{3}{x}$ とする。

(1) $3ab\div(-4b)=3ab\times\left(\dfrac{1}{-4b}\right)=3ab\times\left(-\dfrac{1}{4b}\right)=-\dfrac{3ab}{4b}$

$=-\dfrac{3\times a\times b}{4\times b}=-\dfrac{3a}{4}=\boldsymbol{-\dfrac{3}{4}a}$ ←── b で約分

(2) $\dfrac{1}{3}x^2y\div\dfrac{3}{2}y=\dfrac{x^2y}{3}\div\dfrac{3y}{2}=\dfrac{x^2y}{3}\times\dfrac{2}{3y}=\dfrac{x\times x\times y\times2}{3\times3\times y}=\boldsymbol{\dfrac{2}{9}x^2}$ ←── y で約分

Check! 2　次の計算をしなさい。

(1) $3a^2b\div ab$　　(2) $(-6xy)\div\dfrac{3}{4}x$　　(3) $-\dfrac{8}{15}a^2b\div\dfrac{2}{5}ab^2$

解答 p.5

❶ 単項式の乗法　次の計算をしなさい。 教 p.17 問1・2

□(1) $a \times (-a^3)$

□(2) $2xy \times 2x^2y^2$

□(3) $(-0.3a^2) \times 2.1ab$

□(4) $(-5x^3y^3) \times (-x^2)$

□(5) $2p \times \dfrac{pq}{5}$

□(6) $\dfrac{14xy^2}{3} \times \left(-\dfrac{6}{7}x^2y\right)$

□(7) $\left(-\dfrac{3}{2}x\right)^3 \times \dfrac{8}{3}y$

□(8) $(-1.5x^3y) \times \left(-\dfrac{2}{3}y^2\right)$

□(9) $2a \times 4ab \times \left(-\dfrac{3}{8}b\right)$

□(10) $\left(-\dfrac{2m}{11}\right)^2 \times \left(-\dfrac{m}{4}\right)^2 \times (-242)$

□(11) $(-0.7xy)^2 \times \dfrac{xy}{7} \times \left(-\dfrac{10x}{7}\right)^2$

ヒント
(11) 0.7 を分数になおしてから計算する。

❷ 単項式の除法　次の計算をしなさい。 教 p.18 問3

□(1) $-a^2 \div a$

□(2) $3x^2y \div (-3x^2)$

□(3) $4ab^2 \div (-2ab^2)$

□(4) $-x \div \left(-\dfrac{1}{x^3}\right)$

□(5) $0.6x^3y^2 \div 0.2x^3$

□(6) $3p^3q^2 \div \dfrac{12}{5}pq$

□(7) $\left(-\dfrac{5}{6}xy\right)^2 \div \left(-\dfrac{10x^2y}{3}\right)$

□(8) $\dfrac{27x^3y^4}{2} \div \left(-\dfrac{9x^3y^3}{4}\right)$

□(9) $(-3.5ab^3) \div \dfrac{7}{2}ab$

ヒント
(9) 3.5 を分数になおしてから計算する。

□❸ 単項式の除法　下の計算はまちがっています。どこがまちがっているか説明し，正しく計算しなさい。 教 p.18 問4

$$7ab \div \frac{14}{3}b = 7ab \times \frac{3}{14}b = \frac{7 \times a \times b \times 3 \times b}{14} = \frac{3}{2}ab^2$$

解答 p.5・6

もっとチャレンジ!

1章　1節 式の計算

2 単項式の乗法と除法(2)

例題 1　乗除の混じった式の計算

教 p.19 例 4

次の計算をしなさい。

(1) $x \times xy \div y^2$　(2) $-y^3 \div x^2y \times x^3$　(3) $12y^3 \div (-2xy) \div 3xy^2$

解き方

分数の形で表して計算する。

(1) $x \times xy \div y^2 = \dfrac{x \times xy}{y^2} = \dfrac{x \times x \times y}{y \times y} = \boldsymbol{\dfrac{x^2}{y}}$ ← y で約分

(2) $-y^3 \div x^2y \times x^3 = -\dfrac{y^3 \times x^3}{x^2y} = \boldsymbol{-xy^2}$ ← x^2y で約分

(3) $12y^3 \div (-2xy) \div 3xy^2 = -\dfrac{12y^3}{2xy \times 3xy^2} = \boldsymbol{-\dfrac{2}{x^2}}$ ← $2 \times 3 \times y^3$ で約分

Check! 1　次の計算をしなさい。

(1) $a \times 2a^3b \div a^2b^2$　(2) $a^3b \div 9a^2b^3 \times (-6)$

(3) $-25x^2y^3 \div (-10xy)^2 \div (-0.1xy)$

ヒント

$0.1xy = \dfrac{1}{10}xy = \dfrac{xy}{10}$

例題 2　式の値

教 p.19 問 7

$x = -\dfrac{4}{3}$, $y = \dfrac{4}{5}$ のとき，次の式の値を求めなさい。

(1) $-\dfrac{1}{4}(3x+y)+3(x-2y)$　(2) $6x^2y^2 \div 2xy^2$

ポイント

式の計算をしてから数を代入すると，求めやすくなる場合がある。

解き方

(1) $-\dfrac{1}{4}(3x+y)+3(x-2y) = -\dfrac{3}{4}x-\dfrac{1}{4}y+3x-6y$

$= \dfrac{9}{4}x-\dfrac{25}{4}y = \dfrac{9}{4}\times\left(-\dfrac{4}{3}\right)-\dfrac{25}{4}\times\dfrac{4}{5} = -3-5 = \boldsymbol{-8}$

(2) $6x^2y^2 \div 2xy^2 = \dfrac{6x^2y^2}{2xy^2} = 3x = 3\times\left(-\dfrac{4}{3}\right) = \boldsymbol{-4}$ ← $2xy^2$ で約分

Check! 2　$a = -1$, $b = \dfrac{1}{2}$ のとき，次の式の値を求めなさい。

(1) $-4a^3b \div 2a^5b^3 \times (-b^2)$　(2) $\dfrac{3-a}{2} - \dfrac{b-a}{3}$

解答 p.6

1 乗除の混じった式の計算　次の計算をしなさい。 教 p.19 問5

□(1) $x \times xy \div xy^2$

□(2) $-a^2 \div ab \times b$

□(3) $2xy^3 \div (-4x^2y^2) \div (-y)$

□(4) $-x^3 \times xy^2 \div (-xy^2)$

□(5) $12ab \div 8b \times (-a^2b)$

□(6) $\left(-\frac{1}{3}pq\right)^3 \div \left(-\frac{1}{2}p^3\right) \div \left(-\frac{2}{9}q^2\right)$

□(7) $-3x^3y^2 \times 6x \div \left(-\frac{x^2y^3}{9}\right)$

□(8) $\frac{9}{5}m^2 \div 0.3n^2 \times (-2n^3)$

□(9) $1.2x^3y^2 \div \left(-\frac{4xy}{3}\right) \div \left(-\frac{1}{15}x^2y\right)$

ヒント!
(9) 1.2 は分数になおしてから計算する。

2 式の値　文字が次の値をとるとき，式の値をそれぞれ求めなさい。 教 p.19 問7

(1) $a=3$, $b=-2$ のとき

□① $2a-3b$

□② $\frac{1}{3}ab \times \left(-\frac{1}{9}a\right)$

□③ $\frac{b-8}{5} + \frac{a+1}{2}$

(2) $x=-\frac{1}{2}$, $y=8$ のとき

□① $4x^2 - \frac{5}{16}y^2$

□② $24y^3 \div (-4x^2y) \times \frac{x^2}{6}$

□③ $\frac{2x+y}{2} - \frac{x-y}{3}$

(3) $x=2$, $y=\frac{1}{5}$ のとき

□① $2(x-3y)+(3x-4y)$

□② $4(2x-y)-3(x-3y)$

ヒント!
そのまま代入したほうが簡単な場合もある。

□3 乗除の混じった式の計算　下の計算はまちがっています。どこがまちがっているか説明し，正しく計算しなさい。 教 p.19 問6

$$0.5x^3y^3 \div 2x^2y \div (-xy^2) = -\frac{x^3y^3}{2} \div 2x^2y \div xy^2 = -\frac{2 \times 1 \times 1}{x^3y^3 \times 2 \times x^2y \times xy^2} = -\frac{1}{x^6y^6}$$

解答 p.6・7

1節の問題｜式の計算

教科書 12 ▸ 20

解答 p.8

1 多項式 $x^2y+7x-4$ について，次の問に答えなさい。

□(1)　項を答えなさい。

□(2)　何次式ですか。

2 次の計算をしなさい。

□(1)　$3x+4y-7x-3y$

□(2)　$2a+7a-9a+5a$

□(3)　$(5x-8y)+(-7x+2y)$

□(4)　$(ab+2a-1)-(2ab-6a+2)$

□(5)

$$\begin{array}{rr} & 9x-6y \\ +) & -2x+3y \\ \hline \end{array}$$

□(6)

$$\begin{array}{rr} & 2x^2-5x-1 \\ -) & x^2-7x+9 \\ \hline \end{array}$$

3 次の計算をしなさい。

□(1)　$-2(5x-2y+2)$

□(2)　$(36a-9b)\div 4$

□(3)　$3(a-b)+7(a-2b)$

□(4)　$4(x+2b)-5(2x-3b)$

4 次の計算をしなさい。

□(1)　$\dfrac{3a-b}{2}+\dfrac{2a+5b}{4}$

□(2)　$\dfrac{3a+b}{3}-\dfrac{2a-b}{6}$

□(3)　$18\left(\dfrac{x}{6}+\dfrac{y}{3}\right)$

□(4)　$(10a-5b+15)\times\left(-\dfrac{2}{5}\right)$

□(5)　$\dfrac{a-5b}{5}+a-2b$

□(6)　$x+2y-\dfrac{x-y}{4}$

5 次の計算をしなさい。

□(1)　$-7a\times 6b$

□(2)　$5x^2y\times 2x$

□(3)　$(-6b)^2$

□(4)　$9a^2b\div\dfrac{3}{4}a$

□(5)　$4xy^2\div(-2xy)$

□(6)　$a^3b\div(ab)^2$

ヒント

4 (2)(6)　多項式の減法は，ひくほうの多項式の各項の符号を変えて加える。符号を変えることに注意する。

5 (1)(5)　(正の数)×(負の数)＝(負の数)，(正の数)÷(負の数)＝(負の数)　答えの符号ははじめに確認しておく。

6 **次の計算をしなさい。**

□(1) $4xy \times 2xy \times (-5y)^2$

□(2) $25xy \div (-5x) \times (-y)^2$

□(3) $(-8xy)^2 \div (-4x)^2 \div 3xy$

□(4) $\left(-\dfrac{4}{3}x^2y\right) \div \dfrac{4}{5}xy$

7 **$a=2$，$b=-1$ のとき，次の式の値を求めなさい。**

□(1) $3(3a-2b)-2(4a+5b)$

□(2) $14a^2b^2 \div (-7a)$

□(3) $6a^2b^2 \times \left(-\dfrac{1}{2}a^2\right) \div a^2b$

□ **8** **右の計算は，まちがっています。どこがまちがっているかを ㋐～㋒ から選び，記号で答えなさい。また，正しく計算しなさい。**

〈まちがい例〉

$$7ab^3 \div \frac{7}{2}b = 7ab^3 \times \frac{2b}{7} \quad \cdots ㋐$$

$$= \frac{7ab^3 \times 2b}{7} \quad \cdots ㋑$$

$$= 2ab^4 \quad \cdots ㋒$$

9 **次の 2 つの式について，下の問に答えなさい。**

$\boldsymbol{6x-8y}$，$\boldsymbol{-4x-3y}$

□(1) 2 つの式の和を求めなさい。

□(2) 左の式から右の式をひいた差を求めなさい。

10 **右の図の長方形について，次の問に答えなさい。**

□(1) 長方形 ABCD の面積を，文字を使って表しなさい。

□(2) 辺 DC を軸として 1 回転させてできる円柱の体積を，文字を使って表しなさい。

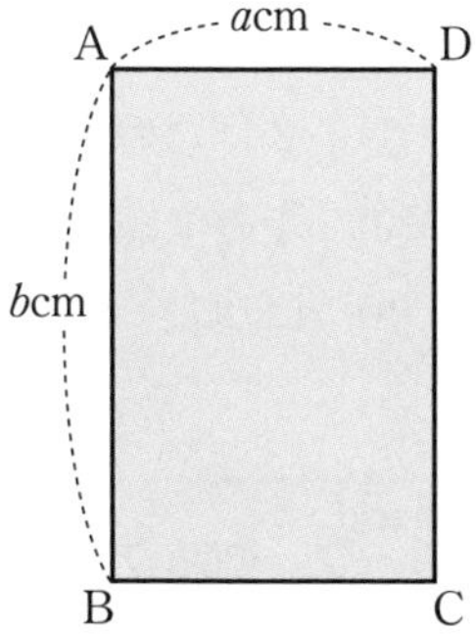

ヒント

8 $\dfrac{7}{2}b$ は $\dfrac{7b}{2}$ だから，その逆数をかければよい。

9(2) 左の式から右の式をひいた差を求める式をつくるとき，ひく多項式にかっこをつけることを忘れないようにする。

◀ もっとチャレンジ!

1章　2節 文字式の利用

1 式による説明(1)

例題 1　連続する整数の性質

教 p.22 ～ 23

3つの続いた整数のうち，もっとも大きい整数を n とするとき，次の問に答えなさい。

(1) ほかの2つの整数を，n を使った式で表しなさい。

(2) 3つの続いた整数の和は，3の倍数になる。このことを，n を使って説明しなさい。

解き方

(1) 例えば，もっとも大きい整数が5のとき，ほかの2つの整数は4，3になり，$4=5-1$，$3=5-2$ と表すことができる。したがって，もっとも大きい整数が n であるとき，ほかの2つの整数は $n-1$，$n-2$ と表される。

答 $n-1$，$n-2$

(2) ［説明］ もっとも大きい整数を n とすると，3つの続いた整数は $n-2$，$n-1$，n と表される。したがって，それらの和は $(n-2)+(n-1)+n=3n-3=3(n-1)$
$n-1$ は整数だから，$3(n-1)$ は3の倍数である。したがって，3つの続いた整数の和は，3の倍数になる。

Check! 1 **例題 1** (2)で，真ん中の整数を m として説明しなさい。

例題 2　2けたの自然数の性質

教 p.23 ～ 24

2けたの自然数と，その数の一の位の数字と十の位の数字を入れかえた数について，次の問に答えなさい。

(1) 自然数の十の位を a，一の位を b とするとき，2けたの自然数を a，b を使った式で表しなさい。

(2) (1)の自然数の一の位の数字と十の位の数字を入れかえた自然数を a，b を使った式で表しなさい。

(3) (1)の自然数と(2)の自然数の差はどんな数になるか，a，b を使って説明しなさい。

解き方

(1) 2けたの自然数は，$10\times$(十の位の数)$+$(一の位の数) である。　**答** $10a+b$

(2) 十の位が b，一の位が a である2けたの自然数。　**答** $10b+a$

(3) ［説明］ $(10a+b)-(10b+a)=10a+b-10b-a=9a-9b=9(a-b)$
$a-b$ は整数だから，$9(a-b)$ は9の倍数である。　**答** 9の倍数

Check! 2 **例題 2** で，2けたの自然数の2倍と，はじめの数の一の位の数字と十の位の数字を入れかえた数の和はどんな数になりますか。文字を使って説明しなさい。

解答 p.9

❶ 連続する整数の性質　連続する整数の性質について，次の問に答えなさい。 教 p.22～23

□(1)　5つの続いた整数の，真ん中の数を n とするとき，ほかの4つの数を小さい順に表しなさい。

□(2)　5つの続いた整数の和は，どんな数になりますか。n を使って説明しなさい。

□(3)　99個の続いた整数の和は，どんな数になると予想されますか。

ヒント
99個すべてで実験するのではなく，3個，7個などで実験して傾向を見つける。

❷ 連続する整数の性質　3つの続いた整数について，次の問に答えなさい。 教 p.22～23

□(1)　もっとも小さい数を m とするとき，残りの2つの数を小さい順に表しなさい。

□(2)　和が93であるとき，この3つの整数を求めなさい。
また，3つの整数を求める過程を，m を使って説明しなさい。

ヒント
3つの続いた整数の和を m の式で表し，(m の式)＝93 の方程式をつくって解く。

❸ 2けたの自然数の性質・連続する整数の性質　2つの続いた2けたの整数X，Y（X＜Y）と，Yの十の位と一の位を入れかえた整数Zがあります。Xの十の位が a，一の位が b であるとき，次の問に答えなさい。 教 p.22～24

□(1)　Yを a，b の式で表しなさい。

□(2)　Zを，a，b の式で表しなさい。

□(3)　Y－Zはどんな数ですか。a，b を使って説明しなさい。

❹ 2けたの自然数の性質　右の図のようなカレンダーがあります。これを見て，次の問に答えなさい。 教 p.25～26

2020年12月			December 2020			
日	月	火	水	木	金	土
		1	2	3	4	5
6	7	8	9	10	11	12
13	14	15	16	17	18	19
20	21	22	23	24	25	26
27	28	29	30	31		

□(1)　2つの□で囲んだ4つ数の和は72，108になります。
Aさんは，72＝4×18，108＝4×27であることに気づき，カレンダーの上下4つの数の和は4の倍数になるのではないかと予想しました。この予想が正しいことを，文字を使って説明しなさい。

□(2)　◯で囲んだ4つの数のように，斜めの4つの数の和はどんな数になるかを，文字を使って説明しなさい。

ヒント
4つの数のうち，1つを文字でおき，ほかの3つの数をその文字で表すことを考える。

解答 p.9・10

◀ もっとチャレンジ!

1章　2節 文字式の利用

1 式による説明(2)　2 等式の変形

例題 1　偶数・奇数

教 p.22 ~ 24

次の(1)~(3)を，文字を使った式で表しなさい。また，(4)の問に答えなさい。

(1)　偶数　　(2)　奇数　　(3)　3つの続いた偶数

(4)　偶数と奇数の和は奇数になります。このことを，文字を使って説明しなさい。

ポイント
(3)　続いた数なので，同じ文字を使って表す。

解き方

(1)　偶数は2の倍数である。n が整数を表すとすると，偶数は $2\times n$　　答　$2n$

(2)　奇数は，偶数よりも1小さい（大きい）整数。　　答　$2m-1$ $(2m+1)$

(3)　偶数は2ずつ増減する。真ん中の（もっとも小さい／もっとも大きい）偶数を $2a$ とする。

答　$2a-2$，$2a$，$2a+2$ $(2a$，$2a+2$，$2a+4$／$2a-4$，$2a-2$，$2a)$

(4)　［説明］　m，n を整数とすると，偶数は $2m$，

奇数は $2n-1$ と表されるから，

偶数＋奇数 $=2m+2n-1=2(m+n)-1$

$m+n$ は整数だから，$2(m+n)-1$ は奇数になる。

2つの数は続いていないので，異なる文字（m，n）を使って表すよ。

Check! 1　3つの続いた奇数の和はどんな数になるか，文字を使った式で説明しなさい。

例題 2　等式の変形

教 p.28 例1・2

等式 $S=(a+b)h\div 2$ について，次の問に答えなさい。

(1)　h について解きなさい。　　(2)　a について解きなさい。

ポイント
h について解く
↓
$h=\cdots$ の式を導く

解き方

(1)　$S=(a+b)h\div 2 \rightarrow (a+b)h\div 2=S$ ←左辺と右辺を入れかえる

$(a+b)h\div 2\times 2=S\times 2$ ←両辺に2をかける

$\rightarrow (a+b)h=2S \rightarrow (a+b)h\div(a+b)=2S\div(a+b)$ ←両辺を $a+b$ でわる

$\rightarrow h=2S\div(a+b)=\dfrac{2S}{a+b}$

(2)　$(a+b)h\div 2=S$ の両辺に $\dfrac{2}{h}$ をかけて，$a+b=\dfrac{2S}{h}$　$a=\dfrac{2S}{h}-b$ →通分は不要

答　(1)　$h=\dfrac{2S}{a+b}$　(2)　$a=\dfrac{2S}{h}-b$

Check! 2　等式 $V=abh\div 6$ について，次の問に答えなさい。

(1)　b について解きなさい。　　(2)　h について解きなさい。

解答 p.10

1 偶数・奇数 **整数を k とするとき，次の問に答えなさい。** 教 p.22～24

□(1) 3の倍数を，k を使って表しなさい。

□(2) 3の倍数は奇数であるといえますか。k を使って説明しなさい。

2 偶数・奇数 **3つの続いた偶数があります。整数を n，真ん中の偶数を $2n$ として，次の問に答えなさい。** 教 p.22～24

□(1) 3つの偶数を，n の式で表しなさい。

□(2) 3つの偶数の和はどんな数になりますか。文字を使って説明しなさい。

□(3) 3つの偶数の積はどんな数になりますか。文字を使って説明しなさい。

3 等式の変形 **次の等式を〔　〕の中の文字について解きなさい。** 教 p.28 問1～3

□(1) $y=3x+6$ 〔x〕

□(2) $3x-4y=\frac{1}{2}$ 〔y〕

□(3) $S=\pi r^2\times\frac{a}{360}$ 〔a〕

4 等式の変形 **Aさんは，P市から $x$km 離れたQ市まで，時速 $a$km で向かいました。Q市で t 分間買い物をしてすぐに，時速 $b$km でP市までもどると，Aさんが P市を出発してP市にもどってくるまでに $\left(h+\frac{t}{60}\right)$ 時間かかりました。このとき，次の問に答えなさい。**

教 p.29 問4

□(1) h についての等式をつくりなさい。

□(2) (1)でつくった等式を，x について解きなさい。

解答 p.10・11

2節の問題｜文字式の利用

教科書 22 ▸ 29
解答 p.12

□**1** **奇数と偶数の和は，奇数になります。このことを，次のように文字を使って説明しました。㋐～㋓に当てはまる数や式を書いて，説明を完成させなさい。**

> ［説明］ n，m を整数とすると　奇数は $2n+1$，偶数は［㋐］と表される。
> この 2 数の和は，$(2n+1)+$［㋐］$=$［㋑］
> $=2\times($［㋒］$)+$［㋓］
> ［㋒］は整数だから，$2($［㋒］$)+$［㋓］は奇数となる。
> したがって，奇数と偶数の和は，奇数になる。

2 **3 つの続いた奇数の和は，3 の倍数になります。このことについて，次の問に答えなさい。**

□(1)　3 つの続いた奇数を，整数 n を使って表しなさい。

□(2)　3 つの続いた奇数の和は，3 の倍数になります。このことを，(1)で表した文字式を使って説明しなさい。

□**3** **2 けたの自然数があります。2 けたの自然数から，この自然数の十の位と一の位の数の和をひくと，9 の倍数になります。このことを，文字を使って説明しなさい。**

4 **右の図のように，カレンダーの数を囲んだときに，囲んだ数の和が 3 の倍数になることについて，次の問に答えなさい。**

□(1)　3 つの数のうち，もっとも小さい左上の数を n とするとき，ほかの 2 つの数はどのように表せますか。

□(2)　3 つの数の和が 3 の倍数になることを説明しなさい。

日	月	火	水	木	金	土
		1	2	3	4	5
6	7	8	9	10	11	12
13	14	15	16	17	18	19
20	21	22	23	24	25	26
27	28	29	30			

ヒント

2(1)　奇数は $2n+1$ と表される。続いた奇数は 2 ずつ増えることから，ほかの 2 つの奇数を n を使って表す。
3　十の位の数を x，一の位の数を y として，2 けたの自然数を表す。
4(1)　2 番目の数はもっとも小さい数より 1 大きく，3 番目の数はもっとも小さい数より 8 大きい。

5 次の等式を〔 〕の中の文字について解きなさい。

□(1) $5x-3y=9$ 〔x〕

□(2) $3x-2y+8=0$ 〔y〕

□(3) $\frac{1}{7}m=2ab$ 〔b〕

6 次の等式を〔 〕の中の文字について解きなさい。また，それぞれの式は，下の図形の何を求める式か答えなさい。

□(1) $V=\frac{1}{3}\pi r^2h$ 〔h〕

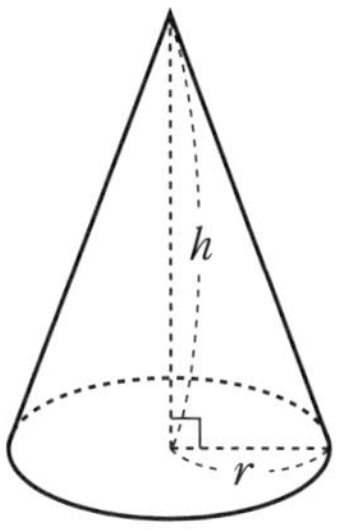

□(2) $V=\frac{1}{6}abh$ 〔h〕

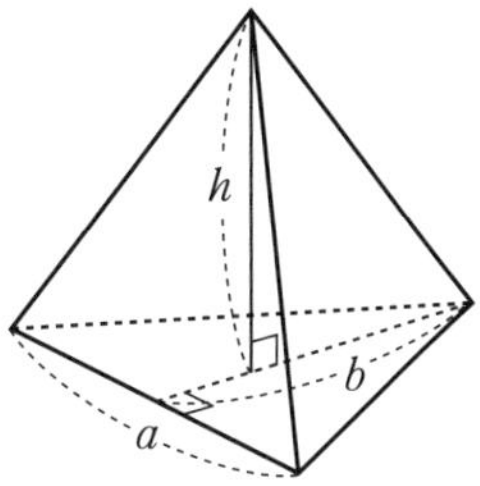

□(3) $S=a(b+c)$ 〔c〕

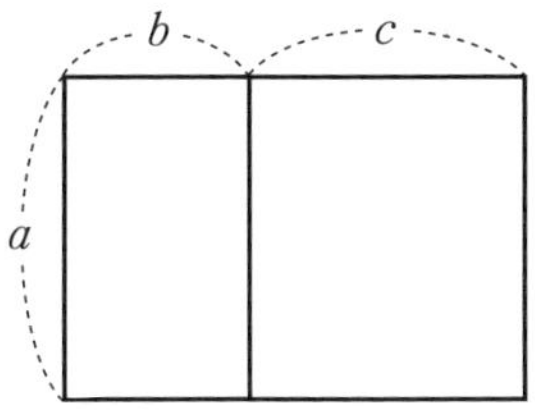

□(4) $\ell=4(2a+b)$ 〔b〕

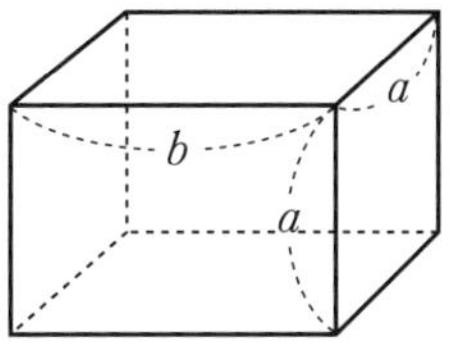

7 右の図のような，直線部分が am，半円部分の半径が rm，1周の長さが 400m のトラックがあります。

このとき，トラックの1周の長さについて，

$2a+2\pi r=400$

という等式が成り立ちます。このとき，次の問に答えなさい。

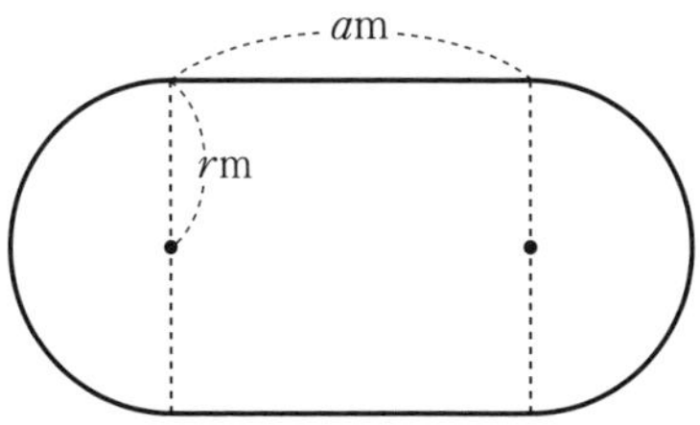

□(1) $2a+2\pi r=400$ を r について解きなさい。

□(2) (1)で変形した式を使って，直線部分が 84m のときの半円部分の半径の長さを求めなさい。

ヒント

6 (2) $\frac{1}{6}abh=\frac{1}{3}\times\frac{1}{2}ab\times h$ として，V が何を求めている式なのかを考える。

7 $2a$, $2\pi r$ がそれぞれどの部分の長さを表しているかを考え，$2a+2\pi r=400$ の式の意味をとらえておく。

1章の問題　式の計算／文字式を使って説明しよう

教科書 12 ▸ 34

解答 p.13

1 次の計算をしなさい。

□(1) $(5x+6y)+(2x-8y)$　□(2) $(7x^2-2y)-(8x^2-4y)$

□(3) $9(a-2b)$　□(4) $(3a+b)\times(-3)$

□(5) $(5a-10b)\div(-5)$　□(6) $4(3a-8b)+2(a+9b)$

□(7) $2(2x^2+3x)-5(1-2x)$　□(8) $\dfrac{x-y}{3}-\dfrac{2x-3y}{6}$

2 次の計算をしなさい。

□(1) $5x\times(-3x)$　□(2) $(-2a)^2\times 3a$　□(3) $(8ab)\div(-4b)$

□(4) $7x^2\div(-2x)$　□(5) $8xy^2\div\dfrac{x}{2}$　□(6) $\dfrac{5}{3}a^2b^3\div\left(-\dfrac{1}{9}ab\right)$

3 次の計算をしなさい。

□(1) $9x^2y\div(-3y)^2\div(-2xy)^2$　□(2) $7(x-3y)-\{5(2-3y)-2x\}$

4 $A=3x-6y$，$B=-2x+4y$ として，次の式の計算をしなさい。

□(1) $A+B$　□(2) $A-2B$

□(3) $4A-(2A-B)$

5 次の等式を〔　〕の中の文字について解きなさい。

□(1) $-5+4x-6y=0$　〔y〕　□(2) $n=\dfrac{3a-b}{5}$　〔a〕

□(3) $3(2x-y)=6$　〔y〕　□(4) $8S=\dfrac{4}{3}rt$　〔r〕

ヒント

4(3)　$4A-(2A-B)$ の式のかっこをとり，整理してから，$A=3x-6y$，$B=-2x+4y$ を代入する。
5(3)　はじめに両辺を3でわって，式を整理する。

□ **6** 右の図のように，上底が a，下底が b，高さが h の台形があります。この台形の面積が S のとき，S を a，b，h を使って表しなさい。また b を，a，h，S を使った式で表しなさい。

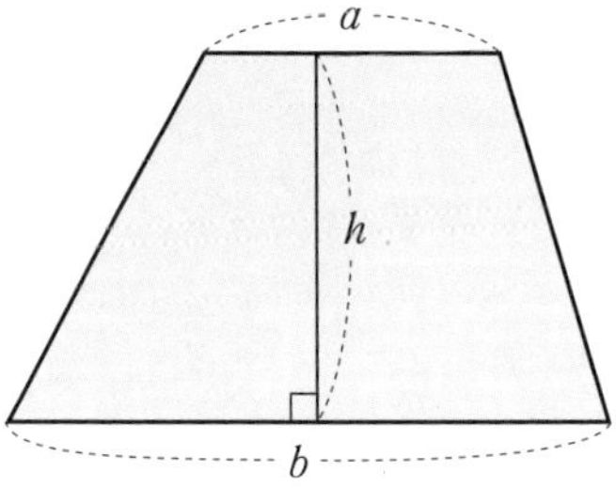

□ **7** 3 けたの自然数で，132，583 のように百の位の数と一の位の数の和が，十の位の数に等しい 3 けたの整数は 11 の倍数になることを，文字を使って説明しなさい。

□ **8** 右の図のように，規則正しく並んだ数があります。このうち，5 つの数を右のように囲んだとき，囲んだ数の和は，5 の倍数になります。このことを，文字を使って説明しなさい。

1	2	3
4	5	6
7	8	9
10	11	12
13	14	15
16	17	18
19	…	

□ **9** 右の図の直角三角形 ABC を，辺 AC を軸として 1 回転させてできる円錐を P，辺 BC を軸として 1 回転させてできる円錐を Q とします。円錐 P，Q の体積について，下の ㋐～㋒ から正しいものを選び，その理由を説明しなさい。ただし，辺 AC の長さは BC の 2 倍になっているものとします。

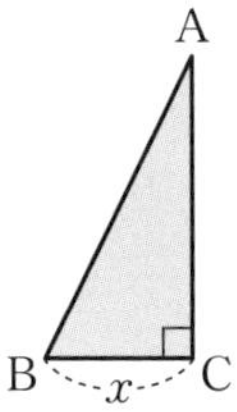

㋐ 円錐 P の体積のほうが大きい。
㋑ 円錐 Q の体積のほうが大きい。
㋒ 円錐 P と Q の体積は等しい。

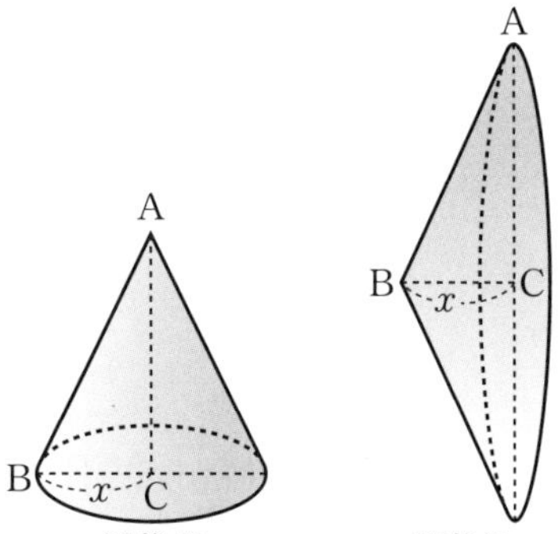

円錐 P　　円錐Q

ヒント

7 百の位の数を x，一の位の数を y として，3 けたの数を式に表す。十の位の数は $x+y$ となる。
8 小さい数から 3 番目の数を n として，5 つの数を表し，それらの和を n を使って表す。

2章
連立方程式

中1　方程式

中2　式の計算

方程式を利用して問題を解決しよう

ウォーミングアップ

1 次の方程式を解きなさい。

□(1)　$-5x=1$

□(2)　$7x-3=7-9x$

□(3)　$5(x+1)-2=3(x+1)$

□(4)　$7x-2(4x+1)=x+2$

□(5)　$0.5x+1.4=2x-0.1$

□(6)　$0.07x-0.12=0.02x+0.03$

□(7)　$\frac{4}{9}x-1=\frac{1}{6}x+4$

□(8)　$\frac{3x-2}{4}=\frac{1}{3}x-3$

ヒント

(5)，(6)両辺を10倍や100倍し，係数を整数だけの式にしてから解く。

(7)，(8)両辺に分母の公倍数をかけて，係数に分数をふくまない式にしてから解く。

2 次の問に答えなさい。

□(1)　方程式$2x-a=5-x$の解が$x=-4$のとき，aの値を求めなさい。

ヒント

xに値を代入してaの値を求める。

□(2)　方程式$x-7=5x-a$の解が，方程式$x+5=3x+1$の解と等しいとき，aの値を求めなさい。

□**3** 1個80円のみかんと，1個130円のりんごをあわせて14個買ったところ，代金の合計が1420円になりました。
りんごは何個買いましたか。

ヒント
りんごの個数をx個とすると，みかんの個数は$(14-x)$個になる。

□**4** 90個のあめを赤い袋と青い袋に分けたところ，赤い袋のあめの個数は，青い袋のあめの個数の2倍より3個少なかった。
2つの袋の，それぞれのあめの個数を求めなさい。

ヒント
青い袋のあめの個数をx個として方程式をつくる。

5 次の問に答えなさい。

□(1) 時速4kmで歩くと3時間かかる道のりを，時速60kmの自動車で行くと何分かかりますか。

ふりかえり 小5
速さ
(道のり)＝(速さ)×(時間)
$(時間)=\dfrac{(道のり)}{(速さ)}$

□(2) $x$kmの道のりを行きは時速6km，帰りは時速4kmの速さで往復すると，往復に5時間かかります。
道のりは何kmですか。

6 次の問に答えなさい。

□(1) ある中学校の今年の入学者数は253人で，これは昨年より15％増えています。
昨年の入学者数は何人ですか。

□(2) ある学校では全校生徒の45％が女子で，男子の人数は女子の人数より48人多いです。
この学校の全校生徒の人数を求めなさい。

ポイント
全校生徒をx人とすると，女子の人数はその0.45倍だから$0.45x$人となる。

解答 p.14

もっとチャレンジ!

2章 1節 連立方程式とその解き方

1 連立方程式とその解

例題 1 2元1次方程式と解

教 p.38

2元1次方程式 $4x-5y=7$ について，x が下の表の値をとるときの y の値を求め，表の空らんをうめなさい。

x	0	1	2	3	4	5	6	7
y	□	-0.6	□	□	1.8	2.6	□	4.2

ポイント
2元1次方程式
2つの文字をふくむ1次方程式のこと。

解き方

x	0	1	2	3	4	5	6	7
y	-1.4	-0.6	0.2	1	1.8	2.6	3.4	4.2

x に1つずつ値を代入し，y の1次方程式として解（等式を成り立たせる y の値）を求める。

$x=0$ を $4x-5y=7$ に代入して，$-5y=7$　$y=7\div(-5)=-1.4$　以下同様に，

$x=2$ のとき $8-5y=7$　$-5y=-1$　$y=0.2$

$x=3$ のとき $12-5y=7$　$-5y=-5$　$y=1$

$x=6$ のとき $24-5y=7$　$y=3.4$

答 上の表

Check! 1 **例題1** で，$x=8$ のとき，y の値を求めなさい。

例題 2 連立方程式と解

教 p.39

次の問に答えなさい。

(1) $x>0$ のとき，2元1次方程式 $x+y=4$ の解のうち，整数であるものを4つ求めなさい。

(2) 連立方程式 $\begin{cases}4x-5y=7\\x+y=4\end{cases}$ の解を求めなさい。

2つ以上の方程式を組み合わせたものを**連立方程式**というよ。

解き方

(1) $x=1$ のとき $y=3$，$x=2$ のとき $y=2$，$x=3$ のとき $y=1$，$x=4$ のとき $y=0$，$x\geqq5$ のときは $y<0$ になるが，整数解は無限にある。

答 （例）$x=1,\ y=3$ ／ $x=2,\ y=2$ ／ $x=3,\ y=1$ ／ $x=4,\ y=0$

ポイント
連立方程式の解は $x=p,\ y=q$ と表す。

(2) 2つの2元1次方程式の共通な x，y の値の組が，連立方程式の解である。

答 $x=3$，$y=1$

Check! 2 2元1次方程式 $4x-3y=2$ と **例題2** (1)の方程式を組み合わせた連立方程式の解を求めなさい。

解答 p.15

❶ 2元1次方程式と解　次の x, y の値の組のなかで，(1)〜(3)の2元1次方程式の解はどれですか。

教 p.38

□(1)　$3x=y$

㋐ $x=3,\ y=1$　㋑ $x=-3,\ y=-1$　㋒ $x=1,\ y=3$　㋓ $x=-1,\ y=-3$

□(2)　$5x-9y=14$

㋐ $x=10,\ y=4$　㋑ $x=-\frac{1}{5},\ y=-\frac{5}{3}$　㋒ $x=8,\ y=6$　㋓ $x=-8,\ y=-6$

□(3)　$\frac{2}{3}x+\frac{5}{2}y=\frac{1}{2}$

㋐ $x=4.5,\ y=-1$　㋑ $x=4.5,\ y=1$　㋒ $x=-1,\ y=1$　㋓ $x=1,\ y=-1$

❷ 2元1次方程式と解　2元1次方程式 $2x-7y+3=0$ について，次の問に答えなさい。

教 p.38

□(1)　$x=1$ のとき，y の値を求めなさい。

□(2)　$y=0$ のとき，x の値を求めなさい。

□(3)　$x=y$ のとき，この方程式の解を求めなさい。

ヒント

(3) $x=y$ なので，方程式の y を x におきかえて考える。

❸ 連立方程式と解　次の x，y の値の組のなかで，(1)〜(3)の連立方程式の解はどれですか。

教 p.39

□(1)　$\begin{cases} x-y=1 \\ 3x=4y \end{cases}$

㋐ $x=3,\ y=4$　㋑ $x=4,\ y=3$　㋒ $x=5,\ y=6$　㋓ $x=6,\ y=5$

□(2)　$\begin{cases} 2x-3y=5 \\ 5x-2y=7 \end{cases}$

㋐ $x=1,\ y=-1$　㋑ $x=-1,\ y=1$　㋒ $x=1,\ y=4$　㋓ $x=4,\ y=1$

□(3)　$\begin{cases} 2x-6y=5 \\ 3x-11y=7.5 \end{cases}$

㋐ $x=2.5,\ y=3.5$　㋑ $x=4,\ y=0.5$　㋒ $x=2.5,\ y=0$　㋓ $x=0,\ y=0$

解答 p.15

2章　1節 連立方程式とその解き方

もっとチャレンジ!

2 連立方程式の解き方(1)

例題 1　加減法①

教 p.41 例 1

次の連立方程式を解きなさい。

(1) $\begin{cases} 2x-y=10 & \cdots\cdots① \\ 5x+y=4 & \cdots\cdots② \end{cases}$　(2) $\begin{cases} 3x-5y=2 & \cdots\cdots① \\ 3x-7y=10 & \cdots\cdots② \end{cases}$

ポイント

$$\begin{array}{rl} & A=B \\ +) & C=D \\ \hline & A+C=B+D \end{array} \qquad \begin{array}{rl} & A=B \\ -) & C=D \\ \hline & A-C=B-D \end{array}$$

解き方

(1) ①と②の左辺どうし，右辺どうしを加える。

$$\begin{array}{rrl} & 2x-y & =10 \\ +) & 5x+y & =4 \\ \hline & 7x & =14 \end{array}$$

$x=2$

$x=2$ を②に代入して y の値を求めると

$5\times2+y=4$　$10+y=4$　$y=-6$

(2) ①の両辺から②の両辺をひくと

$$\begin{array}{rrl} & 3x-5y & =2 \\ -) & 3x-7y & =10 \\ \hline & 2y & =-8 \end{array}$$

$y=-4$

$y=-4$ を①に代入して x の値を求めると

$3x-5\times(-4)=2$　$3x=-18$　$x=-6$

ポイント

加減法

どちらかの文字の係数の絶対値をそろえ，左辺どうし，右辺どうしを加えたりひいたりしてその文字を消去して解く方法。

答　(1) $x=2,\ y=-6$　(2) $x=-6,\ y=-4$

Check! 1　次の連立方程式を解きなさい。

(1) $\begin{cases} x-y=11 \\ x+6y=4 \end{cases}$　(2) $\begin{cases} 2x-0.4y=9 \\ x+0.4y=-3 \end{cases}$　(3) $\begin{cases} 5x-2y=6 \\ x-2=2y \end{cases}$

例題 2　加減法②

教 p.42 例 2，p.43 例 3

次の連立方程式を解きなさい。

(1) $\begin{cases} x+3y=-7 & \cdots\cdots① \\ 2x+5y=4 & \cdots\cdots② \end{cases}$　(2) $\begin{cases} 7x+2y=9 & \cdots\cdots① \\ 2x+3y=5 & \cdots\cdots② \end{cases}$

解き方

(1)

$$\begin{array}{lrrl} ①\times2 & & 2x+6y & =-14 \\ ② & -) & 2x+5y & =4 \\ \hline & & y & =-18 \end{array}$$

$y=-18$ を①に代入すると

$x+3\times(-18)=-7$　$x-54=-7$　$x=47$

(2)

$$\begin{array}{lrrl} ①\times3 & & 21x+6y & =27 \\ ②\times2 & -) & 4x+6y & =10 \\ \hline & & 17x & =17 \end{array}$$

$x=1$

$x=1$ を②に代入すると

$2\times1+3y=5$　$3y=5-2$　$y=1$

答　(1) $x=47,\ y=-18$　(2) $x=1,\ y=1$

Check! 2　**例題 2** で，(1)は y を消去して，(2)は x を消去して連立方程式をそれぞれ解きなさい。

解答 p.16

1 加減法① 次の連立方程式を解きなさい。 教 p.41 問 1

□(1) $\begin{cases} x-y=-3 \\ x+y=7 \end{cases}$

□(2) $\begin{cases} 2x-3y=-2 \\ 4x+3y-14 \end{cases}$

□(3) $\begin{cases} x+5=-5y \\ 7x+5y=-35 \end{cases}$

□(4) $\begin{cases} 9x+6y=14 \\ 2y-9x=-6 \end{cases}$

□(5) $\begin{cases} -0.2x-y=5 \\ 0.2x-y=13 \end{cases}$

□(6) $\begin{cases} \frac{1}{3}x-\frac{5}{8}y=1 \\ \frac{2}{3}x-\frac{5}{8}y=-6 \end{cases}$

□ **2 加減法①** 2 つの連立方程式 $\begin{cases} 8x+5y=-20 \\ \boxed{\quad \mathbf{A} \quad} \end{cases}$ と，$\begin{cases} \boxed{\quad \mathbf{A} \quad} \\ 9x+5y=-15 \end{cases}$ の解が同じであるとき，2 つの $\boxed{\quad \mathbf{A} \quad}$ に共通する 2 元 1 次方程式はどれですか。 教 p.41 問 1

㋐ $2x-y=2$　　㋑ $2x+y=2$　　㋒ $2x-y=-2$　　㋓ $2x+y=-2$

3 加減法② 次の連立方程式を解きなさい。 教 p.42 問 2，p.43 問 3・問 4

□(1) $\begin{cases} x-5y=13 \\ -2x+7y=7 \end{cases}$

□(2) $\begin{cases} 4x+y=6 \\ 12x+5y=6 \end{cases}$

□(3) $\begin{cases} 2x+2y=5 \\ 7x+4y=-5 \end{cases}$

□(4) $\begin{cases} 2x+5y=-7 \\ -3x+7y=-4 \end{cases}$

□(5) $\begin{cases} 9x+4y=-7 \\ 5x+3y=-7 \end{cases}$

□(6) $\begin{cases} 0.2x+y=0.5 \\ 2x+5y=-10 \end{cases}$

□(7) $\begin{cases} 3x-6y=6 \\ 5x+2y=10 \end{cases}$

□(8) $\begin{cases} 5x+2y=-8 \\ 6x+4y=12 \end{cases}$

□(9) $\begin{cases} 100x-5y=35 \\ 7x+y=20 \end{cases}$

解答 p.16

もっとチャレンジ!

2章　1節 連立方程式とその解き方

2 連立方程式の解き方(2)

例題 1　代入法

教 p.44 例 4

次の連立方程式を代入法で解きなさい。

(1) $\begin{cases} 3x-y=2 & \cdots\cdots① \\ y=10-x & \cdots\cdots② \end{cases}$　(2) $\begin{cases} x=5y+2 & \cdots\cdots① \\ 3x-8y=-8 & \cdots\cdots② \end{cases}$

ポイント

代入法

一方の式を他方の式に代入することによって文字を消去して解く方法。

$\begin{cases} a=b+c \\ d=a+b \Rightarrow d=(b+c)+b \end{cases}$

(代入法により a を消去)

解き方

(1) ②を①に代入すると

$3x-(10-x)=2$

$3x-10+x=2$

$4x=12$

$x=3$

$x=3$ を②に代入すると

$y=10-3$

$=7$

(2) ①を②に代入すると

$3(5y+2)-8y=-8$

$15y+6-8y=-8$

$7y=-14$

$y=-2$

$y=-2$ を①に代入すると

$x=-10+2$

$=-8$

答　(1) $x=3,\ y=7$

(2) $x=-8,\ y=-2$

Check! 1　次の連立方程式を代入法で解きなさい。

(1) $\begin{cases} y=2x \\ 3x-4y=10 \end{cases}$　(2) $\begin{cases} 4x+3y=-18 \\ x=5y+7 \end{cases}$

例題 2　解き方の選び方

教 p.45 問 6

次の連立方程式を，適当な方法で解きなさい。

(1) $\begin{cases} y=3x-4 \\ 12-5x=y \end{cases}$　(2) $\begin{cases} 3x-8y=3 \\ 5x-4y=-9 \end{cases}$

解き方

(1) 上の $y(=3x-4)$ を下の式に代入することで y を消去することができるから，代入法を使う。$12-5x=3x-4$

$-8x=-16$　$x=2$ を上の式に代入すると $y=6-4=2$　**答**　$x=2,\ y=2$

(2) 下の式を 2 倍すると $10x-8y=-18$ となり，(上の式)−(下の式)×2 による加減法が使える。y を消去して $-7x=21$

$x=-3$ を下の式に代入すると

$-15-4y=-9$　$y=-\frac{3}{2}$

答　$x=-3,\ y=-\frac{3}{2}$

Check! 2　**例題 2** の(2)を代入法で解くためにはどうすればよいかを説明し，代入法で解きなさい。

解答 p.17

❶ 代入法　次の連立方程式を代入法で解きなさい。 教 p.45 問5

□(1) $\begin{cases} x=5y-9 \\ -x=4y \end{cases}$

□(2) $\begin{cases} y=7x+5 \\ y-2=6x \end{cases}$

□(3) $\begin{cases} 2x-5y=-1 \\ y=-x+3 \end{cases}$

□(4) $\begin{cases} x-5=3y \\ 2x-5y=9 \end{cases}$

□(5) $\begin{cases} 7x-2y=14 \\ 3x+6=2y \end{cases}$

□(6) $\begin{cases} 3x=5y-4 \\ 3x+8y=9 \end{cases}$

□(7) $\begin{cases} 10x-5y=23 \\ 5x=3y-11 \end{cases}$

□(8) $\begin{cases} 0.5x-9y=22 \\ x=-4+2y \end{cases}$

□(9) $\begin{cases} \dfrac{4}{5}x+\dfrac{1}{3}y=\dfrac{3}{5} \\ 0.8x=-\dfrac{4}{5}y+0.6 \end{cases}$

ヒント

(8)下の式の両辺を2でわる。

(9) $\frac{4}{5}x=0.8x$ に着目する。

❷ 解き方の選び方　次の連立方程式を，適当な方法で解きなさい。 教 p.45 問6

□(1) $\begin{cases} -5x+7y=27 \\ 3x+4y=-8 \end{cases}$

□(2) $\begin{cases} y=-6x+4 \\ x=8-y \end{cases}$

□(3) $\begin{cases} 2x+9y=-7 \\ 13x-3y=16 \end{cases}$

ヒント

(3)加減法・代入法のどちらでも解くことができる。

解答 p.17

2章

1節 連立方程式とその解き方

もっとチャレンジ!

3 いろいろな連立方程式

例題 1　かっこをふくむ式　（教 p.46 問 1）

次の連立方程式を解きなさい。

(1) $\begin{cases} 3x-y=-4 & \cdots\cdots① \\ 3x+2(x+2y)=50 & \cdots\cdots② \end{cases}$　(2) $\begin{cases} 4x+5y=-2 & \cdots\cdots① \\ y=-3(x-4)-8 & \cdots\cdots② \end{cases}$

解き方

(1) ②のかっこをはずして整理すると

$5x+4y=50\cdots\cdots③$

①×4＋③より $17x=34$

$x=2$ を①に代入　$y=10$

(2) ②の y を①に代入すると

$4x+5\{-3(x-4)-8\}=-2$

かっこをはずして整理すると $-11x=-22$

$x=2$ を②に代入 $y=-3\times(2-4)-8$　$y=-2$

答　(1) $x=2,\ y=10$　(2) $x=2,\ y=-2$

Check! 1　連立方程式 $\begin{cases} -3(5y-8)+1=x \\ -2x-5y=0 \end{cases}$ を解きなさい。

例題 2　分数や小数をふくむ式　（教 p.46 例 1）

次の連立方程式を解きなさい。

(1) $\begin{cases} 0.7x-0.5y=-1 & \cdots\cdots① \\ -x+2y=13 & \cdots\cdots② \end{cases}$　(2) $\begin{cases} \dfrac{1}{3}x-\dfrac{1}{2}y=-\dfrac{2}{3} & \cdots\cdots① \\ 3x+2y=7 & \cdots\cdots② \end{cases}$

解き方

(1) ①の両辺を 10 倍すると

$7x-5y=-10\cdots\cdots③$　②より $x=2y-13$

を③に代入すると　$7(2y-13)-5y=-10$

$9y=81$　$y=9$ を②に代入すると

$-x+18=13$　$x=5$

(2) ①の両辺に 6 をかけて

$2x-3y=-4\cdots\cdots③$

②×3＋③×2 より $13x=13$　$x=1$ を

②に代入すると $3+2y=7$　$y=2$

答　(1) $x=5,\ y=9$　(2) $x=1,\ y=2$

Check! 2　連立方程式 $\begin{cases} 12x-7y=-6 \\ 0.08x-0.2y=-0.96 \end{cases}$ を解きなさい。

例題 3　$A=B=C$ の形　（教 p.47 例 2）

連立方程式 $2x-3y=-6y+5x=-1$ を解きなさい。

ポイント

$A=B=C$ の形の連立方程式→ $\begin{cases} A=B \\ A=C \end{cases}$　$\begin{cases} A=B \\ B=C \end{cases}$　$\begin{cases} A=C \\ B=C \end{cases}$

のどれかの組み合わせをつくって解く。

解き方

連立方程式 $\begin{cases} 2x-3y=-1 \\ -6x+5y=-1 \end{cases}$ を解く。

答　$x=1,\ y=1$

Check! 3　連立方程式 $5x+9y=3x-4y=47$ を解きなさい。

解答 p.18

1 かっこをふくむ式　次の連立方程式を解きなさい。 教 p.46 問1

□(1) $\begin{cases} 2(x-7)-3y=-12 \\ 3x-y=10 \end{cases}$

□(2) $\begin{cases} 7x+3y=-5 \\ y=-(x+5)+10 \end{cases}$

□(3) $\begin{cases} 2(2x-3)+5y=7 \\ -2x-2(y-3)=0 \end{cases}$

□(4) $\begin{cases} 5x+3(-2y+7)=7 \\ 2x+3(-2y+7)=1 \end{cases}$

□(5) $\begin{cases} 4(3x-4)+7y=6 \\ 3x-4=-2y+1 \end{cases}$

□(6) $\begin{cases} 3(x-2)+2(y-6)=2 \\ -(x+9)+6(2x+y)=3 \end{cases}$

ヒント!

(4), (5)上下の式に同じ項をふくむことに注目する。

2 分数や小数をふくむ式　次の連立方程式を解きなさい。 教 p.47 問2

□(1) $\begin{cases} 0.5x-0.3y=-0.8 \\ 4x+y=-3 \end{cases}$

□(2) $\begin{cases} 0.2x-y=-0.8 \\ -11x+9y=-2 \end{cases}$

□(3) $\begin{cases} 3x+2y=22 \\ -0.02x+0.03y=0.07 \end{cases}$

□(4) $\begin{cases} 7x-6y=3 \\ -\dfrac{3}{5}x+\dfrac{1}{2}y=-\dfrac{3}{10} \end{cases}$

□(5) $\begin{cases} -3x-\dfrac{5}{9}y=-2 \\ -2x+3y=29 \end{cases}$

□(6) $\begin{cases} 8x-3y=-5 \\ \dfrac{1}{2}x+\dfrac{1}{3}y=\dfrac{10}{3} \end{cases}$

3 $A=B=C$ の形　次の連立方程式を解きなさい。 教 p.47 問3

□(1) $4x+y=13=3x+4y$

□(2) $2x+y=3x+2y+1=5x+2y-15$

□(3) $(x+y)\div 4=(x+1)\div 3=1$

解答 p.18

1節の問題｜連立方程式とその解き方

教科書 38 ▸ 48

解答 p.19

□ **1** 次の x，y の値の組のなかで，連立方程式 $\begin{cases} x-3y=-10 \\ x+y=2 \end{cases}$ の解はどれですか。

㋐ $x=1,\ y=-3$　㋑ $x=-1,\ y=3$　㋒ $x=2,\ y=4$　㋓ $x=4,\ y=-2$

2 次の連立方程式を解きなさい。

□(1) $\begin{cases} x+2y=4 \\ -x+4y=2 \end{cases}$

□(2) $\begin{cases} 5x-3y=-4 \\ 9x-6y=-9 \end{cases}$

□(3) $\begin{cases} 6x+5y=2 \\ 2x+3y=-2 \end{cases}$

□(4) $\begin{cases} 2x-5y=-1 \\ 9x-8y=39 \end{cases}$

3 次の連立方程式を解きなさい。

□(1) $\begin{cases} y=x-5 \\ 4x+y=10 \end{cases}$

□(2) $\begin{cases} y=7x-3 \\ y=4x+3 \end{cases}$

□(3) $\begin{cases} -3y=-4x+3 \\ 5x-3y=3 \end{cases}$

□(4) $\begin{cases} x=6y+4 \\ y=x+11 \end{cases}$

□(5) $\begin{cases} 3x=7y \\ 9x-11y=30 \end{cases}$

ヒント

1 それぞれの x，y の値の組を連立方程式にあてはめる。または，連立方程式を解いて解を選ぶ。
2 加減法を用いて，どちらかの文字の係数の絶対値をそろえ，その文字を消去して解く。
3 代入法を用いて，一方の式を他方の式に代入することによって文字を消去して解く。

4 **次の連立方程式を解きなさい。**

□(1) $\begin{cases} 5x+4y=2 \\ 2x-3(x-y)=-8 \end{cases}$

□(2) $\begin{cases} 3x+y=8 \\ y=2(2x-5)-3 \end{cases}$

□(3) $\begin{cases} 2x+3y=3 \\ \dfrac{x}{6}+\dfrac{2}{3}y=-1 \end{cases}$

□(4) $\begin{cases} 0.1x+0.2y=1 \\ 3x-2y=10 \end{cases}$

□(5) $\begin{cases} 0.8x+0.01y=0.1 \\ x+\dfrac{1}{5}y=-1 \end{cases}$

□(6) $\begin{cases} 200x-30y=530 \\ \dfrac{5x+1}{7}=\dfrac{y-3}{2} \end{cases}$

□(7) $8x-3y=5x+6y=2$

□(8) $x+y+3=6x-y=-2x+y$

□ **5** **連立方程式 $\begin{cases} 2x=3y \\ 4x-y=10 \end{cases}$ の解は，方程式 $x+ay=-1$ の解であるとき，a の値を求めなさい。**

6 **連立方程式 $\begin{cases} ax+by=-6 \\ bx-ay=4 \end{cases}$ の解が，$x=5$　$y=-1$ であるとき，a，b の値を次の手順で求めなさい。**

□(1) a，b についての連立方程式をつくりなさい。

□(2) a，b の値を求めなさい。

ヒント

4 (3)～(6)　係数に分数や小数をふくむ連立方程式は，係数が全部整数になるように変形してから解くとよい。
6 (1)　連立方程式に $x=5$，$y=-1$ を代入して，a，b についての連立方程式にする。

もっとチャレンジ!

2章

2節 連立方程式の利用

1 連立方程式の利用(1)

例題 1　代金の問題①

教 p.51 例 1

ある博物館のおとな 1 人の入館料は 400 円，中学生 1 人の入館料は 180 円です。この博物館におとなと中学生あわせて 7 人で入ったら，入館料が 1920 円でした。おとなと中学生の入館人数をそれぞれ求めなさい。

解き方

おとなの入館人数を x 人，中学生の入館人数を y 人とすると $\begin{cases} x+y=7 & \cdots\cdots① \\ 400x+180y=1920 & \cdots\cdots② \end{cases}$

	おとな	中学生	合計
1 人の入館料(円)	400	180	
人数(人)	x	y	7
入館料の合計(円)	$400x$	$180y$	1920

② ÷ 20 より $20x+9y=96$ に，①より

$y=7-x$ を代入すると $20x+9(7-x)=96$　$11x=33$　$x=3$　$x=3$ を①に代入すると

$y=4$　これらは問題に適している。　**答 おとな… 3 人，中学生… 4 人**

Check! **1**　**例題 1** の博物館の，小学生 1 人の入館料は 100 円です。おとな 1 人と小中学生何人かのあわせて 7 人で入ったら，入館料が 1320 円でした。次の問に答えなさい。

(1)　小学生，中学生の入館人数をそれぞれ a 人，b 人として連立方程式をつくりなさい。

(2)　(1)の連立方程式を解いて，小学生，中学生の入館人数をそれぞれ求めなさい。

例題 2　代金の問題②

教 p.49，p.51 問 1

ジュース 3 本とケーキ 5 個の代金の合計は 2620 円です。また，ジュース 4 本とケーキ 3 個の代金の合計は 1880 円です。ジュース 1 本とケーキ 1 個の値段は，それぞれ何円ですか。

解き方

ジュース 1 本の値段を x 円，ケーキ 1 個の値段を y 円とすると

［ジュース 1 本の値段］×3＋［ケーキ 1 個の値段］×5＝2620

［ジュース 1 本値段］×4＋［ケーキ 1 個の値段］×3＝1880

$\begin{cases} 3x+5y=2620 & \cdots\cdots① \\ 4x+3y=1880 & \cdots\cdots② \end{cases}$

①×3　$9x+15y=7860$　……③

②×5　$20x+15y=9400$　……④　　④－③　$11x=1540$　$x=140$

$x=140$ を②に代入すると $4\times140+3y=1880$　$3y=1320$　$y=440$

これらは問題に適している。　**答 ジュース 1 本…140 円，ケーキ 1 個…440 円**

Check! **2**　ジュース 7 本とケーキ 4 個の代金の合計は 2190 円です。また，ジュースとケーキ 5 つずつの代金の合計は 2250 円です。ジュース 1 本とケーキ 1 個の値段は，それぞれ何円ですか。

解答 p.20

1 代金の問題① **1個150円のアイスと，1個370円のケーキをあわせて13個買ったときの代金の合計は3050円でした。このとき，次の問に答えなさい。** 教 p.51 例1

	アイス	ケーキ	合計
1つの値段(円)			／
個数(個)	x	y	
代金(円)			

□(1) 問題をまとめた右の表の空らんをうめなさい。

□(2) (1)でつくった表から，x，y の連立方程式をつくりなさい。

□(3) アイスとケーキをそれぞれ何個買ったか求めなさい。

2 代金の問題① **A駅からB駅までの運賃はおとな260円，こども130円です。おとなとこどもあわせて13人がA駅から電車に乗り，B駅で降りると運賃の合計は2340円です。このとき，次の問に答えなさい。** 教 p.51 例1

□(1) おとなの人数を x 人，こどもの人数を y 人として，連立方程式をつくりなさい。

□(2) おとなとこどもの人数をそれぞれ求めなさい。

3 代金の問題② **ある博物館におとな4人，中学生3人で入ると，入館料の合計は2210円です。また，おとな6人，中学生7人で入ると，入館料の合計は3690円です。このとき，次の問に答えなさい。** 教 p.51 問1

［おとな1人の入館料］×㋐＋［中学生1人の入館料］×㋑＝2210

［おとな1人の入館料］×㋒＋［中学生1人の入館料］×㋓＝3690

□(1) 右の図の㋐～㋓にあてはまる数を書きなさい。

□(2) おとな1人，中学生1人の入館料をそれぞれ x 円，y 円として，連立方程式をつくりなさい。

□(3) おとな1人，中学生1人の入館料は，それぞれ何円ですか。

□ **4 代金の問題②** **ある美術館におとな1人と小学生5人，中学生3人で入ると，入館料の合計は2740円です。おとな1人と小学生3人，中学生5人で入ると，入館料の合計は3100円です。おとな1人の入館料が600円であるとき，小学生1人，中学生1人の入館料は，それぞれ何円ですか。** 教 p.51 問1

解答 p.20

2章

2 節 連立方程式の利用

もっとチャレンジ!

2 連立方程式の利用(2)

例題 1 速さの問題①

教 p.52 例 2

A さんは 8 時に家を出発して，980m はなれたバス停に向かいました。はじめは分速 45m で歩いていましたが，途中から分速 75m で走ったら，バス停に 8 時 14 分に着きました。歩いた道のりと走った道のりは，それぞれ何 m ですか。

	歩いた	走った	全体
道のり(m)	x	y	980
速さ(m/min)	45	75	
時間(分)	$\dfrac{x}{45}$	$\dfrac{y}{75}$	14

解き方

歩いた道のりを xm，走った道のりを ym とすると

$$\begin{cases} x+y=980 & \cdots\cdots① \\ \dfrac{x}{45}+\dfrac{y}{75}=14 & \cdots\cdots② \end{cases}$$

① ← 道のりについての方程式
② ← 時間についての方程式

(時間)＝$\dfrac{(道のり)}{(速さ)}$

だったね。

45 と 75 の最小公倍数 225 を②の両辺にかけると $5x+3y=14\times225$……③

③－①×3 より　$2x=14\times225-3\times980$　$2x=210$　$x=105$

$x=105$ を①に代入すると $105+y=980$　$y=875$　これらは問題に適している。

答 **歩いた道のり…105m，走った道のり…875m**

Check! **1** **例題 1** で，A さんが歩いた時間が x 分，走った時間が y 分であったとするとき，x，y の連立方程式をつくり，歩いた時間，走った時間をそれぞれ求めなさい。

例題 2 速さの問題②

教 p.52 例 2

A さんは家から図書館まで行くのに行きは 12 分，帰りは 15 分かかりました。次の日，家と駅の行きと帰りをそれぞれ前日と同じ速さで往復したところ，全体で 30 分かかりました。家から駅までの道のりが，図書館までの道のりよりも 50m 遠いとき，A さんの行きと帰りの速さは，それぞれ分速何 m ですか。

解き方

行き，帰りの速さをそれぞれ分速 xm，分速 ym とすると

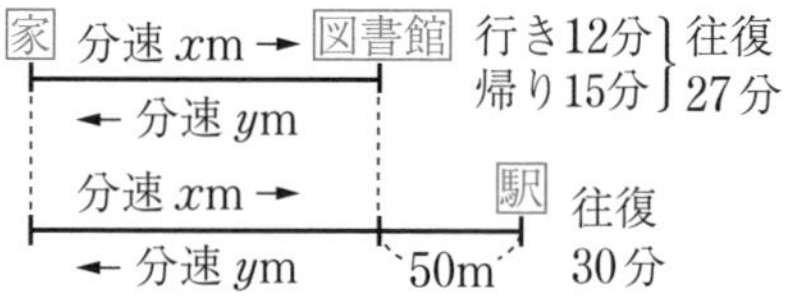

$$\begin{cases} 12x=15y & \cdots\cdots① \\ \dfrac{50}{x}+\dfrac{50}{y}=3 & \cdots\cdots② \end{cases}$$

① ← 図書館までの道のりについての方程式
② ← 50m の往復時間についての方程式

①より $y=\dfrac{4}{5}x$ を②に代入すると $\dfrac{50}{x}+50\div\dfrac{4}{5}x=3$　$x=\dfrac{75}{2}$　$x=\dfrac{75}{2}$ を①に代入すると，$y=30$　これらは問題に適している。

答 **行き…分速 $\dfrac{75}{2}$m，帰り…分速 30m**

Check! **2** **例題 2** で，家から図書館まで，駅までの道のりを求め，求める過程を説明しなさい。

解答 p.21

1 速さの問題① 小雨が降っており，傘をさして家を出発したところ，歩くスピードがおそかったので，途中から傘を閉じて歩きました。傘を閉じてからは 100m を 2 分で歩くことができ，これは傘をさしているときの 1.2 倍の速さでした。このとき，次の問に答えなさい。教 p.52 問 2・問 3

□(1) 傘をさして 100m 歩くと何分何秒かかりますか。

□(2) 家を出発して 1200m はなれた駅に到着するまで 28 分かかったとき，傘をさして歩いた道のり，傘を閉じて歩いた道のりは，それぞれ何mですか。

□**2 速さの問題①** **1**で，傘をさして歩いた時間を s 分，傘を閉じて歩いた時間を t 分とするとき，s，t の連立方程式をつくり，それぞれの時間を求めなさい。教 p.52 問 2・問 3

3 速さの問題② A さんのお姉さんは，買い物のために車に乗って，時速 $x$km で P 店に向かいました。P 店で 30 分買い物をして，帰りは時速 $y$km で帰宅しました。翌日，P 店よりも 4km 遠い Q 店に，時速 $y$km で向かい，Q 店で 20 分買い物をして，帰りは時速 $x$km で帰宅しました。家と P 店との往復にかかった時間と，家と Q 店との往復にかかった時間は，買い物の時間をふくめ，どちらも 50 分でした。また，家と Q 店との往復では，行きは帰りよりも 5 分多くかかったといいます。このとき，次の問に答えなさい。教 p.52 問 2・問 3

□(1) x，y の連立方程式をつくりなさい。

ヒント!
単位に注意して式をつくる。

□(2) 家から P 店に向かったときの速さ，家から Q 店に向かったときの速さをそれぞれ求めなさい。

ヒント!
(1)道のりがわからないから，道のりの差に着目する。

□(3) 家から P 店まで，Q 店までの道のりをそれぞれ求めなさい。

解答 p.21

2章

2節 連立方程式の利用

3 連立方程式の利用(3)

◀もっとチャレンジ!

例題 1　割合の問題①

教 p.53 例 3

ある中学校の 2 年生の生徒数は，男女あわせて 187 人です。そのうち男子の 40％と女子の 50％はボランティア活動に参加したことがあり，その人数は 84 人でした。この中学校 2 年生の男子，女子の生徒数は，それぞれ何人ですか。

	男子	女子	合計
生徒数(人)	x	y	187
ボランティア活動に参加したことのある生徒数(人)	$x\times\frac{40}{100}$	$y\times\frac{50}{100}$	84

解き方

2 年生の男子を x 人，女子を y 人としてまとめると，右上の表のようになる。

$\begin{cases} x+y=187 \\ \frac{40}{100}x+\frac{50}{100}y=84 \end{cases}$ より，$x=95$，$y=92$　これらは問題に適している。

答 男子…95 人　女子…92 人

Check! **1** **例題 1** で，ボランティア活動に参加したことがある 2 年生の男子を x 人，女子を y 人として連立方程式をつくり，ボランティア活動に参加したことがある 2 年生の男子，女子の人数を求めなさい。

例題 2　割合の問題②

教 p.53 例 3

9％の食塩水 xg と 4％の食塩水 yg を混ぜて，6％の食塩水を 400g 作ろうと思います。このとき，次の問に答えなさい。

食塩水の濃さ	9％	4％	6％
食塩水の重さ(g)	x	y	
食塩水にふくまる食塩の重さ(g)			

(1)　右の表に，数量を整理しなさい。

(2)　連立方程式をつくり，表の x，y の値を求めなさい。

解き方

(1)　表は右の通り。

食塩水の濃さ	9％	4％	6％
食塩水の重さ(g)	x	y	400
食塩水にふくまる食塩の重さ(g)	$x\times\frac{9}{100}$	$y\times\frac{4}{100}$	24

(2)　表から，$\begin{cases} x+y=400 \\ \frac{9}{100}x+\frac{4}{100}y=24 \end{cases}$ を解くと，

$x=160$，$y=240$　これらは問題に適している。

答 9％…160g，4％…240g

Check! **2** **例題 2** で，9％，4％の食塩水にふくまれる食塩の重さを xg，yg として連立方程式をつくり，それぞれの食塩の重さを求めなさい。

解答 p.22

1 割合の問題①　ある中学校の去年の生徒数は575人でしたが，今年は7人増えました。これを男女別で調べると，去年より，男子は8%増え，女子は4%減っていることがわかりました。このとき，次の問に答えなさい。 教 p53 問4

□(1)　去年の男子，女子の生徒数をそれぞれ x 人，y 人として連立方程式をつくり，去年の男子，女子の生徒数をそれぞれ求めなさい。

□(2)　(1)の結果から，今年の男子，女子の生徒数をそれぞれ求めなさい。また，求める過程も説明しなさい。

□(3)　今年の男子，女子の生徒数をそれぞれ x 人，y 人として連立方程式をつくり，今年の男子，女子の生徒数をそれぞれ求めなさい。

□**2 割合の問題①　ある店がバーゲンセールをしていたので，スカートを1枚とかばんを1個買いました。スカートは通常価格の15%引き，かばんは通常価格の25%引きでした。はらった代金の合計は3730円で，これは通常価格で買うより870円安くなっているそうです。スカートとかばんの通常価格は，それぞれ何円ですか。** 教 p.53 問4

3 割合の問題②　10%の食塩水Aと5%の食塩水Bを混ぜて，ちがう濃さの食塩水Cを360g作ろうと思います。このとき，次の問に答えなさい。ただし，答が小数になるときは，四捨五入して小数第1位までの概数で表しなさい。 教 p.53 問4

□(1)　食塩水A200gと食塩水B160gを混ぜます。

①　食塩水Cにふくまれる食塩の重さは何gですか。　②　食塩水Cの濃さは何%ですか。

□(2)　10%の食塩水と5%の食塩水を同じ重さだけ混ぜたとき，できる食塩水の濃さは何%ですか。

□(3)　食塩水Cの濃さが8%になるとき，食塩水A，Bをそれぞれ何g混ぜればよいですか。

解答 p.22

2節の問題 | 連立方程式の利用

教科書 51 ▸ 53

解答 p.23

□ **1** ある美術館の入館料は，おとなの 2 人の入館料と中学生 3 人の入館料が等しく，おとな 4 人と中学生 2 人の入館料の合計は 6400 円です。おとな 1 人と中学生 1 人の入館料は，それぞれ何円ですか。

□ **2** あるお店で，たこ焼き 1 パックと飲み物を 1 本買いました。たこ焼き 1 パックと飲み物 1 本を定価で買うと 750 円ですが，特売日はたこ焼きが定価の 10%引き，飲み物が定価の 20%引きで買え，払った金額の合計は，定価で買うより 90 円安くなりました。たこ焼き 1 パックと飲み物 1 本は，それぞれ何円ですか。

□ **3** 2 つの整数があります。小さいほうの数の 3 倍は，大きいほうの数の 2 倍に等しいです。小さいほうの数の 2 倍から大きいほうの数をひいた数は 12 です。2 つの整数をそれぞれ求めなさい。

□ **4** 2 けたの自然数があります。各位の数の和は 11 で，十の位と一の位を入れかえた数は，もとの数より 27 小さくなります。もとの自然数の十の位を x，一の位を y として 2 けたの自然数を求めなさい。

□ **5** 右の図のように，高さが 5cm，面積 35cm^2 の台形があります。上底と下底の長さの比が 3：4 のとき，上底と下底の長さをそれぞれ求めなさい。

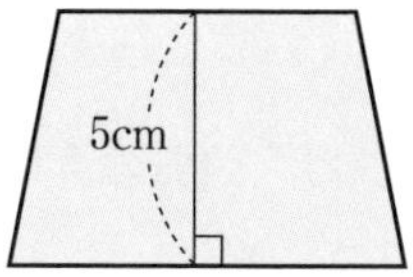

ヒント

1 2 3 5 何を文字で表すかを決め，数量の関係を見つけて，方程式をつくる。
1～**5** 求めた方程式の解が，問題に適しているかどうか確かめる。

6 **A町から11kmはなれたB町に行くのに，時速5kmで歩いていましたが，途中から時速8kmで走ったら，全体で1時間54分かかりました。次の問に答えなさい。**

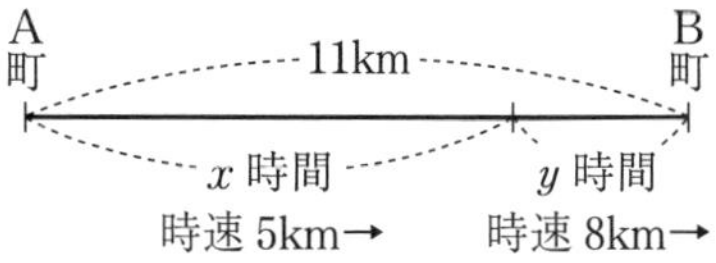

□(1) 歩いた時間をx時間，走った時間をy時間として，連立方程式をつくりなさい。

□(2) 歩いた時間が，何時間何分だったかを求めなさい。

□ **7** **右の表は，あるサーカスの一般料金と団体料金の入場料を示したものです。おとなとこどもをあわせて10人以上の場合，団体料金で入場できます。おとなとこどもをあわせて12人のとき，合計金額が一般料金よりも3900円安くなりました。おとなとこどもそれぞれの人数を求めなさい。**

	一般料金	団体料金
おとな	2800円	2400円
こども	1600円	1300円

8 **ある中学校の今年の生徒数は，昨年に比べて7%人数が減り，558人です。昨年の男子と女子の人数の比は，3：2で，今年は，昨年より男子は5%，女子は10%の人数がそれぞれ減りました。次の問に答えなさい。**

□(1) 昨年の男子，女子の人数をそれぞれ求めなさい。

□(2) 今年の男子，女子の人数をそれぞれ求めなさい。

9 **家から学校までの道のりが7680mあります。バス停まで分速80mの速さで歩き，バス停で2分間待ってからバスに乗り，家から学校まで17分かかりました。バスの速さは時速48kmです。次の問に答えなさい。**

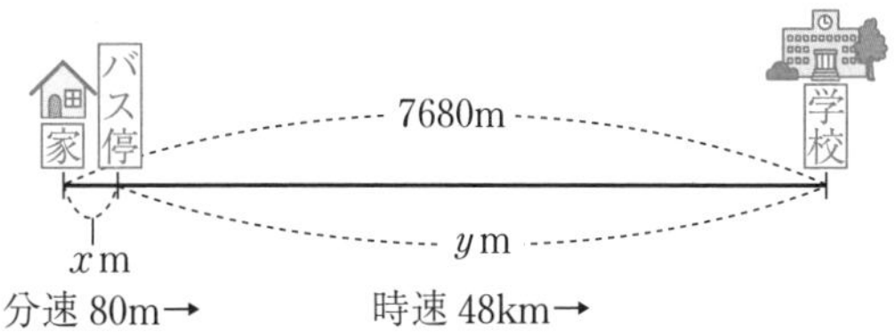

□(1) バスの速さは分速何mですか。

□(2) 家からバス停までの道のりをxm，バス停から学校までの道のりをymとして，xとyの値を求めなさい。

ヒント
7 8 何を文字で表すかを決め，数量の関係を見つけて，方程式をつくる。
6～**9** 求めた方程式の解が，問題に適しているかどうか確かめる。

2章の問題 | 連立方程式 方程式を利用して問題を解決しよう

教科書 38 ▸ 56

解答 p.24

1 次の連立方程式を解きなさい。

□(1) $\begin{cases} 3x+4y=1 \\ -2x-y=-4 \end{cases}$

□(2) $\begin{cases} 5x+2y=3 \\ 7x+3y=5 \end{cases}$

□(3) $\begin{cases} x=8y-2 \\ x-7y=-1 \end{cases}$

□(4) $\begin{cases} -5y=2x-4 \\ -6x-5y=8 \end{cases}$

2 次の連立方程式を解きなさい。

□(1) $\begin{cases} 3x-4y=-10 \\ -2x+3(x+2y)=4 \end{cases}$

□(2) $\begin{cases} x+0.4y=4 \\ 3x-4y=-1 \end{cases}$

□ **3** 連立方程式 $\begin{cases} 7x-4y=-6 \\ 3x+ay=-4 \end{cases}$ の解の比が，$x:y=2:5$ であるとき，a の値を求めなさい。

□ **4** 3 けたの整数があります。3 けたの整数からこの整数の百の位，十の位，一の位の数をそれぞれひいた数は 333 です。また，この整数の百の位と十の位の数の和は 7 で，一の位の数は，十の位の数の 2 倍です。3 けたの整数を求めなさい。

□ **5** けいたさんは，ノート 3 冊と消しゴム 2 個を買いにお店に行きました。セールをしていて，ノートは定価の 20%引き，消しゴムは定価の 15%引きで，全体で 84 円安く買えました。ノート 4 冊の定価と消しゴム 5 個の定価は等しいです。ノート 1 冊，消しゴム 1 個の定価をそれぞれ求めなさい。

ヒント

2 かっこをはずしたり，係数を整数になるように変形したりして式を整理し，加減法，代入法で解く。

4 **5** 何を文字で表すかを決め，数量の関係を見つけて，方程式をつくる。求めた方程式の解が，問題に適しているかどうか確かめる。

□**6** **連立方程式を利用して，図１の長方形の㋐と㋑の長さを求める問題をつくります。［　①　］，［　②　］に適当な数を入れなさい。また，つくった問題の連立方程式を書きなさい。**

> 図１と合同な長方形を４つ組み合わせて，図２や図３のような図形をつくりました。図２，図３の長方形の周の長さはそれぞれ，［　①　］cm と［　②　］cm です。図１の㋐，㋑の長さはそれぞれ何 cm ですか。

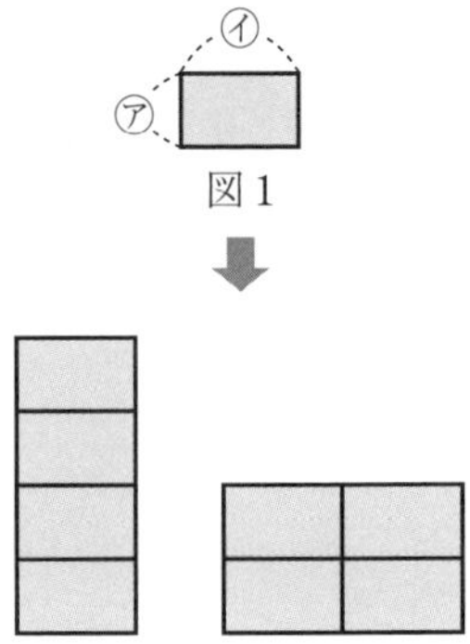

図１　図２　図３

□**7** **周囲 1100m の池を，A，B の２人は同じところを同時に出発して，反対の方向に歩くと 10 分後にはじめて出会います。また，同じ方向に歩くと，A は B に 110 分後にはじめて追いつきます。A，B それぞれの歩く速さは分速何 m ですか。**

8 **8%の食塩水 300g と 3%の食塩水を xg を混ぜて，5%の食塩水 yg を作ります。このとき，次の問に答えなさい。**

□(1)　下の表に，数量を整理しなさい。

食塩水の濃さ	8%	3%	5%
食塩水の重さ(g)	㋐	㋑	㋒
食塩水にふくまれる食塩の重さ(g)	㋓	㋔	㋕

□(2)　(1)の表から，連立方程式をつくって，x，y の値を求めなさい。

□**9** **中学生の３年間は体がつくられる時期で，たんぱく質，鉄分などバランスよく十分にとる必要があると家庭科で学習しました。そこで，ゆみさんはたんぱく質に注目し，献立を考え，麻婆豆腐を献立の中の１つとして入れることにしました。麻婆豆腐 250g でたんぱく質を 28g とるには，豚肉と豆腐をそれぞれ何 g にすればよいですか。ただし，ここでは麻婆豆腐の材料を豚肉と豆腐だけに限定して考えます。**

食品名	100g あたりのたんぱく質
豚肉	19g
豆腐	6g

ヒント

7　池の周囲を歩いて A，B がはじめて出会うのは，２人の歩いた道のりの合計が１周分の 1100m になるとき。また，A が B にはじめて追いつくのは，A が B よりも１周分の 1100m 長く歩いたとき。

3章 1次関数

中1	比例と反比例
中2	文字と式
中2	連立方程式

関数を利用して問題を解決しよう

ウォーミングアップ

□ **1** **次の㋐〜㋓で，y が x の関数であるものはどれですか。**

㋐　底辺が $x$cm，高さが 6cm の三角形の面積を $y$cm^2 とする。

㋑　5km の道のりを時速 $x$km の速さで進んだときにかかる時間を y 時間とする。

㋒　午後 x 時のときの気温を y℃とする。

㋓　長さ 1m のリボンを 2 本に切り分けたとき，一方を $x$cm，もう一方を $y$cm とする。

ふりかえり　中1

関数

x の値を決めると，y の値もただ1つに決まるとき，y は x の関数である。

2 **次の問に答えなさい。**

□(1)　y は x に比例し，$x=-2$ のとき $y=10$ である。
y を x の式で表しなさい。

□(2)　y は x に比例し，$x=5$ のとき $y=-15$ である。
$x=6$ のときの y の値を求めなさい。

□(3)　y は x に反比例し，$x=2$ のとき $y=-3$ である。
y を x の式で表しなさい。

ふりかえり　中1

比例と反比例

［y は x に比例］
$y=ax$
※ a は比例定数

［y は x に反比例］
$y=\frac{a}{x}$
※ a は比例定数

3 次の(1)〜(4)のグラフをかきなさい。

□(1) $y=x$

□(2) $y=\frac{1}{3}x$

□(3) $y=-\frac{3}{5}x$

□(4) $y=-3x$

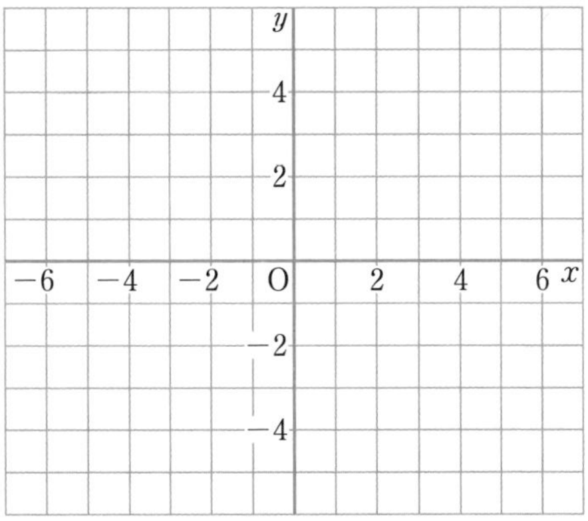

ふりかえり 中1

比例のグラフ

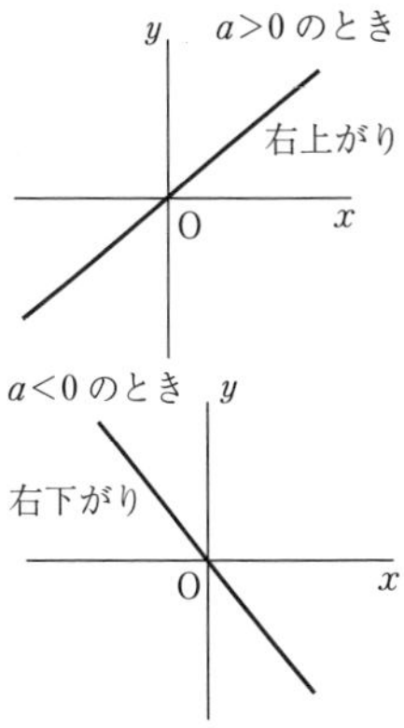

4 右の図のような AB＝2cm，AD＝6cm の長方形 ABCD で，点 P は辺 BC 上を B から C まで動きます。BP を $x$cm，△ABP の面積を $y$cm^2 とするとき，次の問に答えなさい。

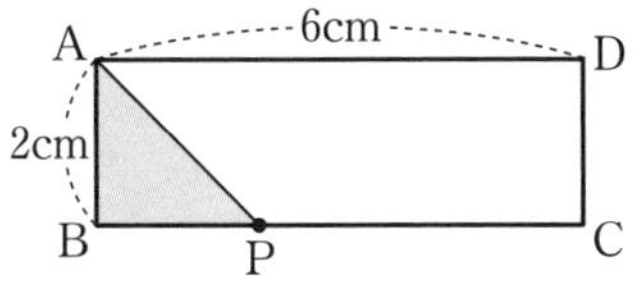

□(1) y を x の式で表しなさい。
また，x の変域も求めなさい。

□(2) x と y の関係を表すグラフをかきなさい。

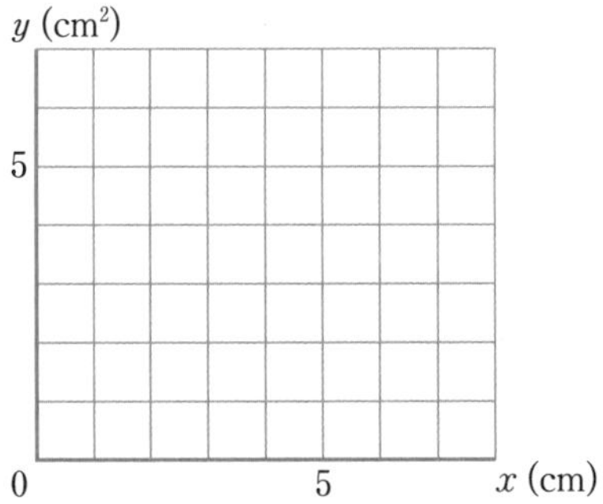

□(3) △ABP の面積が 5cm^2 のとき線分 BP の長さを求めなさい。

ヒント

点 P は辺 BC 上の点だから，x の変域は BC の長さ以下となる。

5 次の連立方程式を解きなさい。

□(1) $\begin{cases}2x+y=1\\2x-y=7\end{cases}$

□(2) $\begin{cases}3x+y=3\\y=3x-7\end{cases}$

□(3) $\begin{cases}x=y-7\\y=2x-1\end{cases}$

□(4) $\begin{cases}\frac{3}{2}=2x-y\\x-y=3\end{cases}$

ヒント

(4) 上の式は両辺に分母の数をかけ，整数だけの方程式にする。

解答 p.25

◀ もっとチャレンジ!

3章 1節 1次関数

1 1次関数

例題1 1次関数

教 p.61 例1・2

容積 $80cm^3$ の容器いっぱいに入った水を1分間に $5cm^3$ ずつ放水するとき，次の問に答えなさい。

ポイント
1次関数…一般に $y=ax+b$ で表される。

(1) 容器が空になるのは何分後ですか。

(2) 放水を始めてから x 分後の容器の水の量を $y cm^3$ として，y を x の式で表しなさい。

(3) (2)で，$y \geqq 0$ のとき，y は x の1次関数であるといえますか。

解き方

(1) $80 \div 5 = 16$(分後)

(2) 1分間に $5cm^3$ 減る→ x 分後 $5x cm^3$ 減る

(3) $y = -5x + 80$　$y \geqq 0$ のとき1次関数

ポイント
$y = ax + b$
ax ↑ x に比例する部分
b ↑ 定数の部分

答 (1) **16分後** (2) $\boldsymbol{y = 80 - 5x}$ (3) **いえる。**

Check! 1 容積 $70cm^3$ の容器いっぱいに入った水を1分間に $3cm^3$ ずつ放水します。容器の水の量が $x cm^3$ のときの放水時間を y 分として，y を x の式で表しなさい。また，y は x の1次関数であるといえますか。

例題2 1次関数の特別な場合

教 p.61

次の問に答えなさい。

(1) 次の㋐～㋒で，y が x の1次関数であるものをすべていいなさい。

㋐ $y = 3x$　　㋑ $xy = 3$　　㋒ $y = 3x + 3$

(2) 次の①, ②で, y は x の1次関数であるといえますか。

① 半径 $x$cm の円の円周が $y$cm

② 面積が $48cm^2$ の平行四辺形の底辺が $x$cm のときの高さが $y$cm

比例を表す式 $y=ax$ は，1次関数 $y=ax+b$ の式で $b=0$ になっている特別な場合だよ。

解き方

(1) $y = ax + b$ の形で表されるものを選ぶ。

㋐ $y = 3x + 0$ → 1次関数。比例は1次関数の特別な場合。

㋑ y が x に，もしくは x が y に反比例する。　㋒ $a = b = 3$ である1次関数。

(2) 式を考えて，$y = ax + b$ の形で表されるものを選ぶ。

① $y = 2\pi x$　比例は1次関数の特別な場合。　② $y = \dfrac{48}{x}$　反比例を表す式。

答 (1) ㋐, ㋒ (2) ① **いえる。** ② **いえない。**

Check! 2 次の㋐～㋓で，y が x の1次関数であるものをすべていいなさい。

㋐ $-5 = xy$　　㋑ $3 = -5x + y$　　㋒ $2x - y = 0$　　㋓ $-2x = 3y$

解答 p.26

❶ 1次関数　**5km 走るのに 0.5L のガソリンを使う自動車があります。この自動車で，30L のガソリンを入れて出発しました。$x$km 走ったときの残りのガソリンの量を yL として，次の問に答えなさい。** 教 p.61 問 3

□(1)　1km 走るのに必要なガソリンの量は何 L ですか。

□(2)　y を x の式で表しなさい。また，y は x の 1 次関数であるといえますか。

❷ 1次関数・1次関数の特別な場合　**空気中を音が伝わる速さは，気温 0℃のとき秒速 331m で，気温が 1℃上がるごとに秒速 0.6m ずつ速くなります。気温 x℃のときの音が伝わる速さを秒速 ym として，次の問に答えなさい。** 教 p.60 ～ 61

□(1)　y を x の式で表しなさい。

□(2)　y は x の 1 次関数であるといえますか。

□ **❸ 1次関数の特別な場合**　**次の㋐～㋓で，1 次関数であるものをすべていいなさい。** 教 p.61

㋐　$8x=1-y$　　㋑　$-xy=4$　　㋒　$x=3y$　　㋓　$y-5=7x$

□ **❹ 1次関数の特別な場合**　**次の㋐～㋓で，y は x の 1 次関数であるといえますか。** 教 p.61 問 4

ヒント！
まずは $y=$ の形に表して判断する。

㋐　780 円の商品を買うときの x 円出したおつりが y 円

㋑　半径 $x$cm の円の面積が $y$cm^2

㋒　分速 60m で x 分歩いた道のりが ym

㋓　面積 10cm^2 の長方形の縦の長さが $x$cm のときの横の長さが $y$cm

解答 p.26

◀もっとチャレンジ!

3章　2節 1次関数の性質と調べ方

1 1次関数の値の変化

例題1　1次関数の変化の割合

教 p.63～64 問1

下の表は1次関数 $y=-2x-3$ の表である。このとき，次の問に答えなさい。

x	…	-4	-3	-2	-1	0	1	2	3	4	…
y	…	□	3	□	-1	□	□	-7	-9	-11	…

(1)　上の表を完成させなさい。

(2)　x の値が2ずつ増加すると，y の値はどのように変化しますか。

(3)　変化の割合を求めなさい。

解き方

(1)　$x=-4$ のとき $y=-2\times(-4)-3=5$　ほかの x の値も代入して，y の値を求める。

(2)　(1)から，x の値が $-4\rightarrow-2\rightarrow0$ のとき，y の値は $5\rightarrow1\rightarrow-3$ と変化する。

(3)　(2)より x の増加量が2のときに y の値は4減少するので，y の増加量は -4。

したがって，(変化の割合) $=\dfrac{(y\text{ の増加量})}{(x\text{ の増加量})}=\dfrac{-4}{2}=-2$

答　(1)（左から順に）**5，1，−3，−5**　(2) **4ずつ減少する。（−4ずつ増加する。）**　(3) **−2**

Check! 1　1次関数 $y=-2x$ で，x の増加量が3のときの y の増加量を求めなさい。また，変化の割合を求めなさい。

例題2　x，y の増加量と変化の割合の関係

教 p.64 問1・2

次の問に答えなさい。

(1)　1次関数 $y=6x-4$ で，x の値が1から5まで増加したときの変化の割合を求めなさい。

(2)　(1)で変化の割合が x の係数であることを確かめ，1次関数 $y=100x$ の変化の割合をいいなさい。

解き方

(1)　$x=1$ のとき $y=2$，$x=5$ のとき $y=26$

(x の増加量) $=5-1=4$,

(y の増加量) $=26-2=24$

(変化の割合) $=\dfrac{(y\text{ の増加量})}{(x\text{ の増加量})}=\dfrac{24}{4}=6$

ポイント
$y=ax+b$ の変化の割合は a（一定）

(2)　(1)で(変化の割合) $=6$ は，1次関数 $y=6x-4$ の x の係数6と等しい。したがって，1次関数 $y=100x$ の変化の割合は100である。

答　(1) **6**　(2) **100**

Check! 2　① $y=-x+2$，② $y=50x-200$，③ $y=-0.7x+0.8$ の変化の割合をいいなさい。

解答 p.27

1 **1次関数の変化の割合・x，y の増加量と変化の割合の関係**　**1次関数 $y=3x-7$ で，次の問に答えなさい。** 教 p.64 問2

□(1)　$x=2$，$x=5$，$x=8$ のときの y の値をそれぞれ求めなさい。また，変化の割合をいいなさい。

□(2)　x の増加量が次のときの y の増加量を求めなさい。

①　1　　②　10　　③　-3　　④　0.8

ヒント！
(2)　$y=ax+b$ で
（y の増加量）$=a\times$（x の増加量）

□(3)　y の増加量が(2)の①～④のときの x の増加量をそれぞれ求めなさい。

□ **2** **1次関数の変化の割合**　**反比例 $y=-\dfrac{36}{x}$ で，x の値が次のように増加したときの変化の割合を，それぞれ求めなさい。** 教 p.64 問4

(1)　-3 から -1 まで　　(2)　1 から 4 まで

ヒント！
関数の種類によらず，
$(変化の割合)=\dfrac{(y\text{の増加量})}{(x\text{の増加量})}$

y が x に反比例するとき，
変化の割合は一定ではない。

3 **1次関数の変化の割合・x，y の増加量と変化の割合の関係**　**下の表は，1次関数 $y=ax+b$ の x，y の値の変化をまとめたものです。このとき，次の問に答えなさい。** 教 p.64 問1・2

x	…	-4	-3	-2	-1	0	1	2	3	4	…
y	…	8		3					p		…

□(1)　この1次関数の変化の割合を求めなさい。

□(2)　a の値を求めなさい。

□(3)　x の増加量が 3 のときの y の増加量を求めなさい。

□(4)　b，p の値を求めなさい。

解答 p.27

◀もっとチャレンジ!

3章　2節 1次関数の性質と調べ方

2 1次関数のグラフ

例題 1　$y=ax+b$ のグラフ

教 p.65 ～ 68

右の①，②のグラフは，それぞれ1次関数 $y=x+2$ と $y=x-2$ のグラフです。これらのグラフについて，次の問に答えなさい。

(1)　①のグラフ上の点で，x 座標が 3，-9，0.5 である点の y 座標をそれぞれ求めなさい。

(2)　②のグラフ上の点で，x 座標が 3，-9，0.5 である点の y 座標をそれぞれ求めなさい。

(3)　②は①のグラフをどのように移動させたグラフですか。

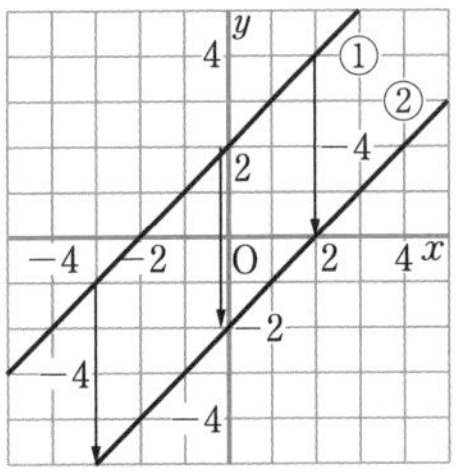

1次関数 $y=ax+b$ のグラフは，$y=ax$ のグラフを y 軸の正の方向に b だけ平行移動させた直線だね。

解き方

(1)　①の式に x 座標の値をそれぞれ代入する。$x=3$ のとき
$y=3+2=5$　$x=-9$ のとき $y=(-9)+2=-7$
$x=0.5$ のとき $y=0.5+2=2.5$

(2)　x の値が 3，-9，0.5 のとき，それぞれ y の値は 1，-11，-1.5

(3)　(1)，(2)より，それぞれの x の値について y の値はすべて 4 だけ減少していることがわかる。

答　(1)（順に）**5，−7，2.5**　(2)（順に）**1，−11，−1.5**
(3)　**①のグラフを y 軸の負（正）の方向に 4（−4）だけ平行移動させたグラフ**

Check! 1　**例題 1** の①，②のグラフの傾きと切片をそれぞれいいなさい。
また，②のグラフの y 座標が -1 である点の座標をいいなさい。

例題 2　1次関数のグラフのかき方

教 p.65

1次関数 $y=\frac{1}{2}x-1$ について，次の問に答えなさい。

(1)　$x,\ y$ の関係を右の表にまとめるとき，右の表を完成させなさい。

x	…	-4	-3	-2	-1	0	1	2	3	4	…
y	…	□	□	-2	$-\frac{3}{2}$	□	$-\frac{1}{2}$	□	$\frac{1}{2}$	1	…

(2)　x，y の値の組を座標とする点を，右の図にかき入れ，直線で結びなさい。

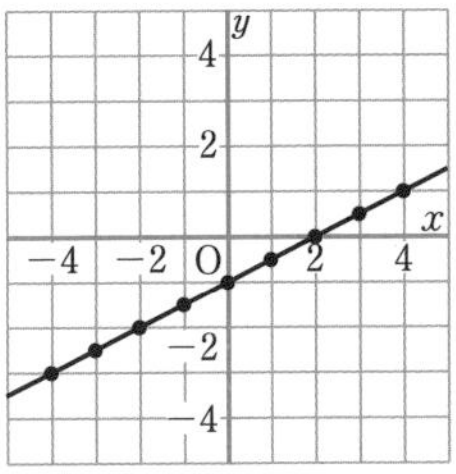

解き方

(1)　$x=-4$ のとき $y=-3$　以下同様に，y の値を求める。

(2)　対応する x，y の値の組を座標とする点 $(x,\ y)$ を1つずつとり，各点を結ぶ直線をかく。

答　(1)（左から順に）**-3，$-\frac{5}{2}$，-1，0**　(2)　上の図

Check! 2　$y=-\frac{1}{2}x-2$……①，$y=-\frac{1}{2}x+\frac{1}{2}$……②のグラフを上の図にかきなさい。

解答 p.28

❶ $y=ax+b$ のグラフ　**1次関数 $y=ax+b$……①，$y=cx+d$……②について，次の問に答えなさい。** 教 p.66〜68

□(1) ①，②それぞれについて，変化の割合と，$x=0$ のときの y の値をいいなさい。

□(2) ①，②のグラフの傾きと切片をそれぞれいいなさい。

ヒント
$y=ax+b$ のグラフ
傾き　切片

❷ $y=ax+b$ のグラフ　**下の図を見て次の問に答えなさい。** 教 p.68

□(1) グラフの傾きについて，①，②にあてはまる不等号，③〜⑥にあてはまる文字を書きなさい。

□(2) グラフの特徴について，⑦，⑧にあてはまることばを書きなさい。

	1次関数 $y=ax+b$ の増減とグラフ	
	a ① 0 のとき	a ② 0 のとき
グラフの形	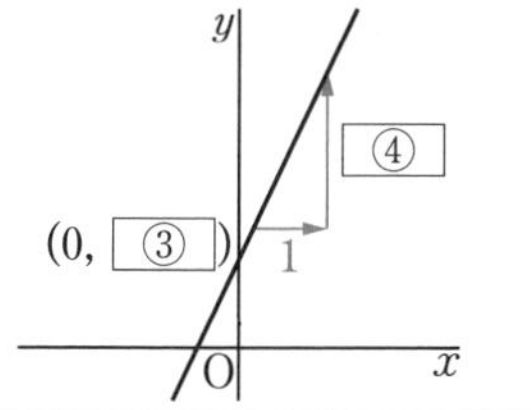	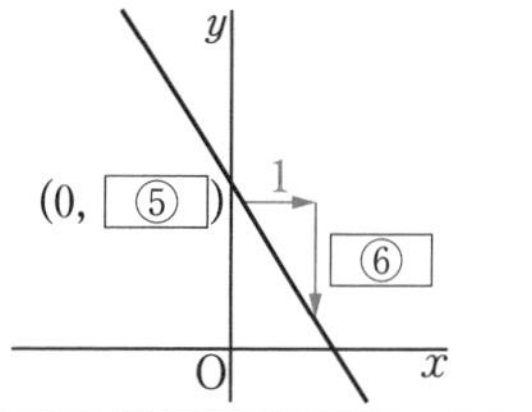
y の値の変化	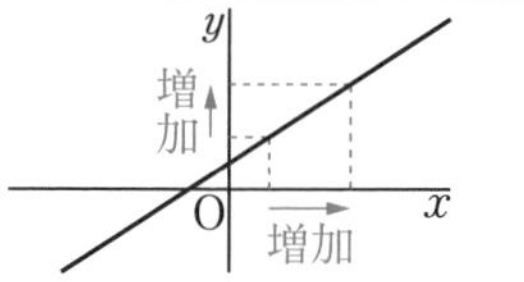 x の値が増加すれば，y の値も増加する。グラフは ⑦ の直線となる。	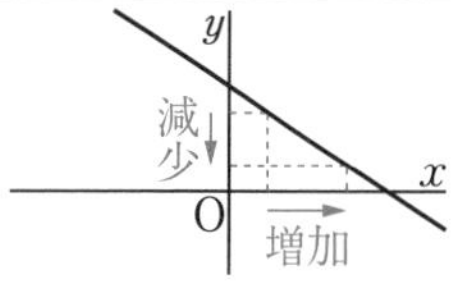 x の値が増加すれば，y の値は減少する。グラフは ⑧ の直線となる。

ヒント
切片から1点目を決め，この点から傾きを考えて，2点目を決める。

❸ 1次関数のグラフのかき方　**次の1次関数のグラフを右の図にかきなさい。** 教 p.69 問5・6

□(1) $y=\frac{1}{2}x+3$　　□(2) $y=-\frac{1}{2}x+3$

□(3) $y=\frac{1}{2}x-3$　　□(4) $y=\frac{2}{3}x-2$

□(5) $y=-\frac{2}{3}x-2$　　□(6) $y=-\frac{2}{3}x+2$

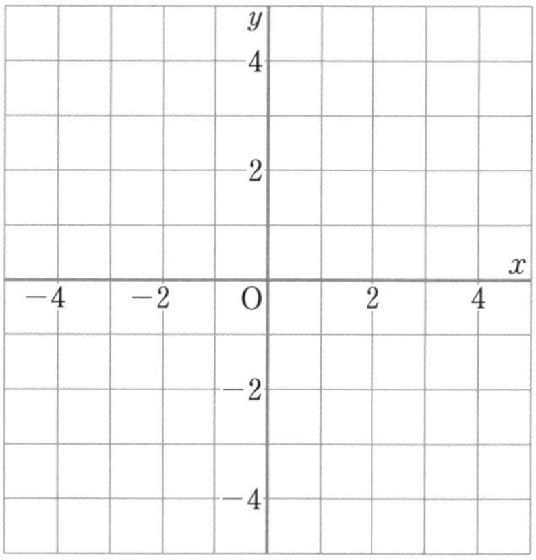

解答 p.28

もっとチャレンジ!

3章　2節 1次関数の性質と調べ方

3 1次関数の式を求める方法

例題1　傾きと1点の座標がわかるとき
教 p.72 例1

次の条件をみたす1次関数の式を求めなさい。

(1)　グラフの傾きが3で，点$(-2,\ 5)$を通る。

(2)　変化の割合が-2で，$x=3$のとき$y=2$

グラフ		式
傾きが3	⟷	変化の割合が3
点$(-2,\ 5)$を通る	⟷	$x=-2$のとき$y=5$

このとき，グラフと式は同じことを表しているね。

解き方

(1)　傾きが3であるから，この1次関数の式は
$y=3x+b$と表せる。点$(-2,\ 5)$を通るから，
$x=-2$，$y=5$を代入すると　$5=3\times(-2)+b$　$b=11$

(2)　変化の割合が-2であるから，この1次関数の式は$y=-2x+b$と表せる。
$x=3$，$y=2$を代入すると　$2=-2\times3+b$　$b=8$

答　(1)　$y=3x+11$　(2)　$y=-2x+8$

Check! 1　次の条件をみたす1次関数の式を求めなさい。

(1)　グラフの傾きが3で，点$(2,\ 1)$を通る。

(2)　グラフが直線$y=5x-2$に平行で，点$(-1,\ -8)$を通る。

例題2　2点の座標がわかるとき
教 p.73 例2

グラフが次の2点を通るとき，この1次関数の式を求めなさい。

(1)　A$(1,\ 2)$，B$(3,\ 4)$　　(2)　P$(5,\ 6)$，Q$(0,\ -7)$

解き方

1次関数のグラフが通る2点の座標がわかっているとき，その1次関数の式を求めることができる。

(1)　(xの増加量)$=3-1=2$
(yの増加量)$=4-2=2$
グラフの傾きは，$\dfrac{2}{2}=1$より，直線の式は
$y=x+b$と表される。点Aを通るから
$x=1$，$y=2$を代入すると$2=1\times1+b$
$b=1$　　**答**　$y=x+1$

(2)　点Qを通るから，グラフの切片は-7となり，式は$y=ax-7$と表せる。点Pを通るから$x=5$，$y=6$を代入すると
$6=5a-7$
$a=\dfrac{13}{5}$　　**答**　$y=\dfrac{13}{5}x-7$

※求めた式に2点P，Qの座標を代入して等式が成り立つなら，式は正しい。(1)も同様。

Check! 2　**例題2**について，2点A，Bを通る直線を$y=ax+b$とおき，連立方程式をつくってa，bの値を求めなさい。

解答 p.29

1 傾きと1点の座標がわかるとき　次の条件をみたす1次関数の式を求めなさい。 教 p.72 問2・3

□(1)　グラフの傾きが -4 で，切片が -3

□(2)　グラフの傾きが8で，$x=-3$ のとき $y=2$

□(3)　x，y の増加量がそれぞれ -2，5で，点 $(3,\ 7)$ を通る。

□(4)　グラフが直線 $y=-2x+4$ に平行で，点 $(4,\ -1)$ を通る。

□(5)　$x=0$，$y=0$ で，x，y の増加量が等しい。

□(6)　点 $(2,\ 1)$ を通り，傾きと切片が等しい。

□**2 傾きと1点の座標がわかるとき**　直線 $y=-3x$ に平行な6本の直線があります。この6本の直線と x 軸との交点の x 座標がそれぞれ -3，-2，-1，1，2，3であるとき，この6本の直線の切片をそれぞれ求めなさい。 教 p.72 問2・3

ヒント!
平行な直線 ⇄ 傾きが等しい
→ $y=-3x+b$
x 軸との交点の座標は $(x,\ 0)$ の形になる。

3 2点の座標がわかるとき　グラフが次の2点を通るとき，この1次関数の式を求めなさい。
教 p.73 問4

□(1)　$(-2,\ 1)$，$(3,\ -4)$

□(2)　$(5,\ 9)$，$(-2,\ -2)$

□(3)　$(4,\ 3)$，$(3,\ 4)$

□(4)　$(2,\ 2)$，$(-3,\ -0.3)$

□(5)　$(-4.1,\ 7.6)$，$(6,\ -2.5)$

□(6)　$\left(2,\ -\frac{7}{3}\right)$，$\left(-\frac{8}{5},\ 1\right)$

□(7)　$(1,\ 0)$，$(-10,\ 10)$

□(8)　$(-2,\ 5)$，$(0,\ -3)$

ヒント!
(7)　求める直線を左へ1だけ平行移動させて考えてもよい。

ヒント!
(8)　切片がわかっているので
$y=ax+$(わかっている切片)

解答 p.29

3章 1次関数

1・2節の問題 1次関数 / 1次関数の性質と調べ方

教科書 60▸74
解答 p.30

□ **1** **次の㋐〜㋔で，y は x の1次関数であるものをすべていいなさい。**

㋐　1時間あたりの電気代が25円のエアコンを x 時間使用したとき，電気料金は y 円である。

㋑　1個420円のケーキを x 個買い，30円の箱に入れてもらったとき，代金の合計は y 円である。

㋒　面積が 56cm^2 の長方形の縦の長さが $x\text{cm}$ のとき，横の長さは $y\text{cm}$ である。

㋓　1辺が $x\text{cm}$ の立方体の体積は $y\text{cm}^3$ である。

㋔　水が50L入っている水そうから，1分間に4.5Lずつ水を抜いたとき，x 分後の水の量は yL である。

□ **2** **地上の気温が20°Cのとき，$x$km上空の気温を y°Cとすると，$y=-6x+20$ と表されます。このとき，変化の割合 -6 は何を意味していますか。**

3 **次の表は，y が x の1次関数で，x の値に対応する y の値を表したものです。次の問に答えなさい。**

x	-2	-1	0	1	2	3	…
y	㋐	-4	㋑	2	5	8	…

□(1)　表の㋐と㋑の値を求めなさい。

□(2)　変化の割合を答えなさい。

□(3)　x の値が -2 から 1 まで増加したときの y の増加量を求めなさい。

4 **1次関数 $y=-\dfrac{1}{3}x+3$ について，次の問に答えなさい。**

□(1)　右の図にグラフをかきなさい。

□(2)　(1)のグラフに平行で，点 $(-3,\ -1)$ を通る1次関数の式を求めなさい。

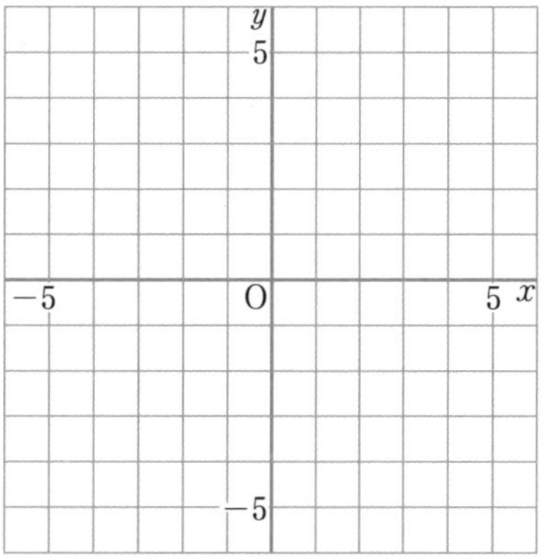

ヒント

2 **3** (2) (3)　変化の割合は，x の増加量に対する y の増加量の割合。(変化の割合) $=\dfrac{(y\text{の増加量})}{(x\text{の増加量})}$

5 次の1次関数のグラフをかきなさい。

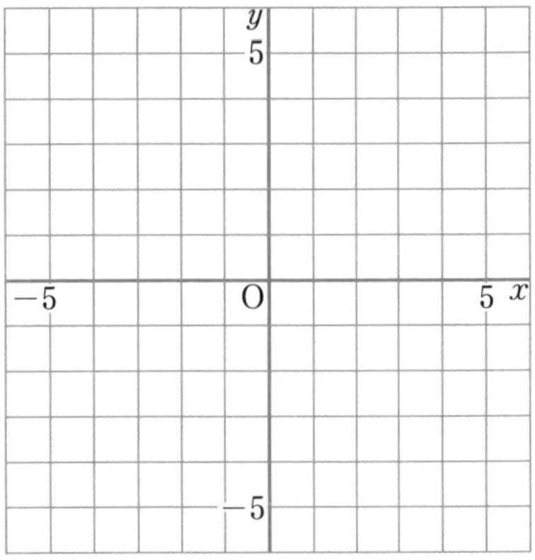

□(1) $y=-5x+1$

□(2) $y=\dfrac{3}{2}x+2$

□ **6** 右の図の直線 ①，②の式を求めなさい。

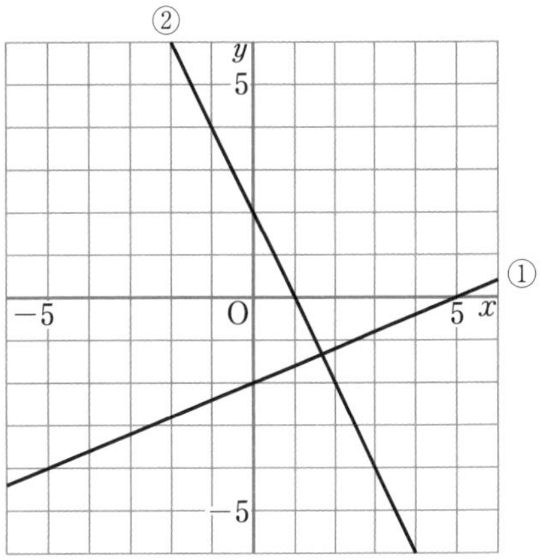

7 次の条件をみたす1次関数の式を求めなさい。

□(1) 変化の割合が4で，$x=2$ のとき $y=5$。

□(2) グラフが2点 $(-3,\ 10)$，$(8,\ -1)$ を通る。

□(3) x が1増加すると y は3減少し，グラフは点 $(2,\ -2)$ を通る。

□(4) グラフが直線 $y=\dfrac{3}{4}x-1$ に平行で，点 $(4,\ 1)$ を通る。

□(5) グラフの傾きが直線 $y=-x-1$ と等しく，切片が1である。

□ **8** **1次関数 $y=-\dfrac{2}{3}x+b$ において，$x=6$ のとき $y=-2$ です。このとき，b の値を求めなさい。**

ヒント

5(2) 傾きが $\dfrac{3}{2}$，切片が2の直線だから，点 $(0,\ 2)$ を通り，x の値が2増加すると y の値は3増加する。

7(3) 「x が1増加すると y は3減少する」から，変化の割合は $\dfrac{-3}{1}=-3$

もっとチャレンジ!

3章

3節 2元1次方程式と1次関数

1 2元1次方程式のグラフ(1)

例題1　グラフ上の点

教 p.77 問1

次の3つの点A～Cは，方程式 $-x+3y=2$ のグラフ上の点ですか。

A (0, 0)　　B (1, 1)　　C (−0.5, 0.5)

ポイント

方程式 $ax+by+c=0$ 上に点 (p, q) ある → $ap+bq+c=0$ が成り立つ。

解き方

方程式の x，y に x 座標，y 座標の値を代入して等式が成り立つとき，その座標の点は方程式のグラフ上の点である。

A…$x=0$，$y=0$ を代入すると，(左辺) $=-0+3\times0=0\neq2=$ (右辺)

B…$x=1$，$y=1$ を代入すると，(左辺) $=-1+3\times1=2=$ (右辺) ← 等式が成り立つ

C…$x=-0.5$，$y=0.5$ を代入すると，(左辺) $=0.5+3\times0.5=2=$ (右辺) ← 等式が成り立つ

答 A…**グラフ上の点ではない。**，B…**グラフ上の点**，C…**グラフ上の点**

Check! **1**　**例題1** で，上の点B，C以外のグラフ上の点の座標を，1ついいなさい。

例題2　2元1次方程式のグラフ(等式の変形)

教 p.77 例1

方程式 $3x+4y=4$ のグラフを右の図にかきなさい。

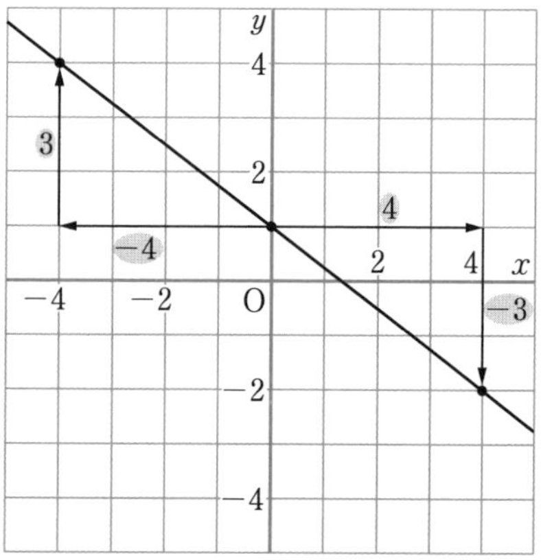

解き方

式を y について解くと

$3x+4y=4$ → $4y=-3x+4$ → $y=-\dfrac{3}{4}x+1$

切片が1 → (0, 1) に点を打つ。

傾きが $-\dfrac{3}{4}$ → (0, 1) より，右へ4 (−4) だけ進むと，

下へ3 (−3) だけ進む。

→ 点 (4, −2) (または点 (−4, 4)) に点を打つ。

→ 2点を結ぶ直線をかく。

Check! **2**　方程式 $2x=15-5y$ を y について解きなさい。また，この方程式のグラフを**例題2** の図にかきなさい。

解答 p.31

1 グラフ上の点　次の問に答えなさい。 教 p.77 問1

□(1)　次の5つの点A～Eのうち，方程式 $7x+8y=9$ のグラフ上の点をすべていいなさい。

A$(0,\ 0)$　　B$\left(0,\ \dfrac{9}{8}\right)$　　C$(7,\ -5)$　　D$\left(-\dfrac{9}{7},\ 0\right)$　　E$\left(-6,\ \dfrac{51}{8}\right)$

□(2)　次の5つの点F～Jが方程式 $-5x=2-3y$ のグラフ上にあるとき，a～e の値を求めなさい。

F$(1,\ a)$　　G$(b,\ 1)$　　H$(-1,\ c)$　　I$(2d,\ -1)$　　J$(-0.5,\ -e)$

□(3)　方程式 $-3y+2x+6=0$ のグラフ上に2点P$(a+b,\ 2)$，Q$(-1,\ a-2b)$ があるとき，a，b の値を求めなさい。

2 2元1次方程式のグラフ(等式の変形)　次の方程式のグラフをかきなさい。 教 p.77 問2

□(1)　$2x+y=1$　　□(2)　$x-3y=6$

□(3)　$-5x+2y=-3$　　□(4)　$-0.5y+1=-x$

□(5)　$4x-4y=2$　　□(6)　$\dfrac{3}{4}x+\dfrac{3}{4}y=-\dfrac{3}{4}$

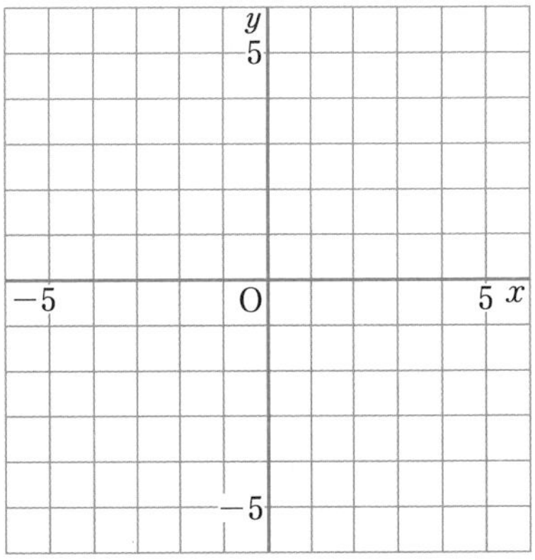

□**3 グラフ上の点・2元1次方程式のグラフ(等式の変形)　方程式 $3x+4y-2=0$ のグラフは，ある比例のグラフを平行移動させたものです。その比例の式を求めなさい。** 教 p.77 問1・2

解答 p.31

もっとチャレンジ!

3章　3節 2元1次方程式と1次関数

1 2元1次方程式のグラフ(2)

例題1　軸との交点を求める

教 p.78 例2

方程式 $3x-5y=15$ について，次の問に答えなさい。

(1)　x の座標が 0 のときの座標を求めなさい。

(2)　y の座標が 0 のときの座標を求めなさい。

(3)　(1)，(2)の 2 点から，方程式のグラフをかきなさい。

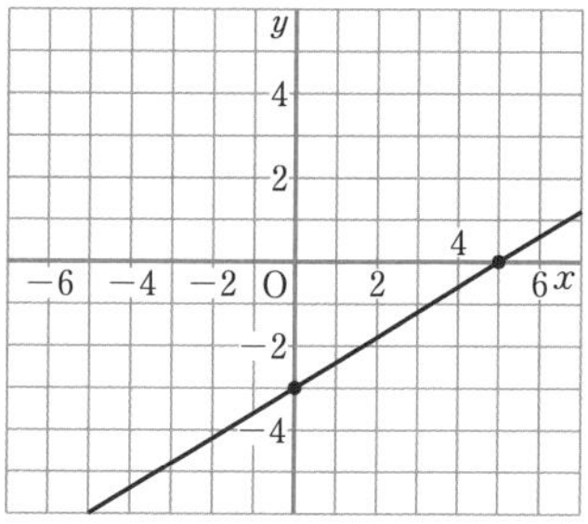

解き方

(1)　方程式に $x=0$ を代入すると $y=-3$

(2)　方程式に $y=0$ を代入すると $x=5$

(3)　2 点が決まれば直線をひくことができる。

答　(1)　$(0, -3)$　(2)　$(5, 0)$　(3)　上の図

Check!
1　方程式 $4x+7y-1=0$ について，次の問に答えなさい。

(1)　方程式のグラフを**例題 1** の図にかき入れなさい。

(2)　x 軸，y 軸との交点をそれぞれ求めなさい。

例題2　軸に平行な直線

教 p.79 例3・4

方程式 $3x+9=0$ のグラフをかきなさい。

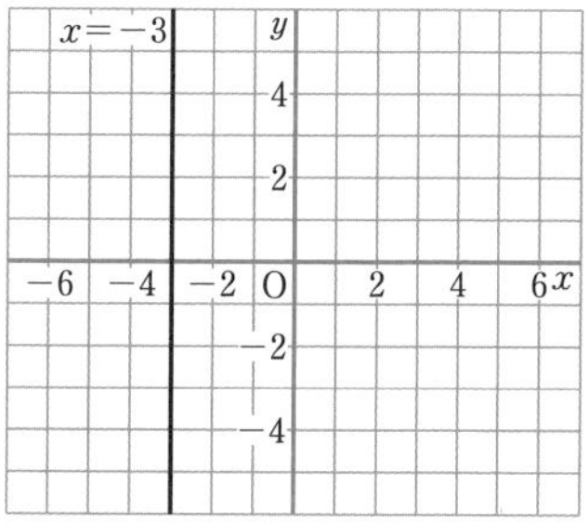

解き方

方程式を解くと $x=-3$　これは，y がどんな値をとっても，$x=-3$ が成り立つ。このグラフは，x 座標が -3 であるような点の集まりだから，点 $(-3, 0)$ を通り，y 軸に平行な直線をかけばよい。

a，b，c を定数とするとき，2 元 1 次方程式 $ax+by=c$ のグラフは直線で，

$a=0$ の場合は x 軸に平行
$b=0$ の場合は y 軸に平行

になるよ。

Check!
2　方程式 $-8+2y=0$……①，$7x-20=-3x$……②のグラフを，**例題 2** の図にかき入れなさい。

解答 p.32

1 軸との交点を求める　次の方程式のグラフを右の図にかきなさい。 教 p.78 問3

□(1)　$2x-4y=0$　　□(2)　$3x+5y=-10$

□(3)　$5x-2y=11$　　□(4)　$-7x-4y=-11$

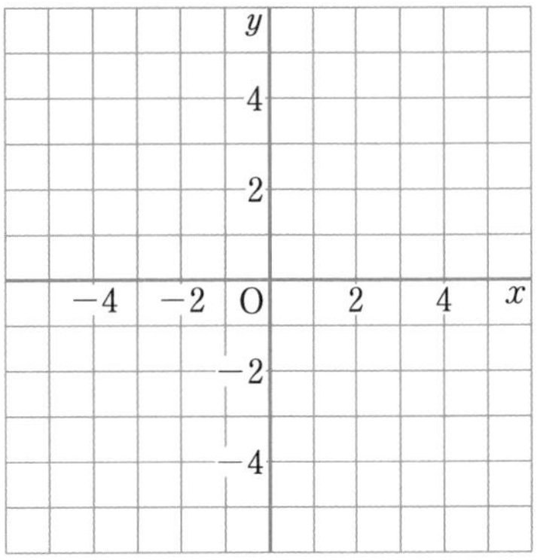

□ **2** 軸との交点を求める・軸に平行な直線　右の直線の式を求めなさい。なお，(4)，(5)は(2)，(3)のグラフと軸との交点を通り，軸に平行な直線です。 教 p.78～79

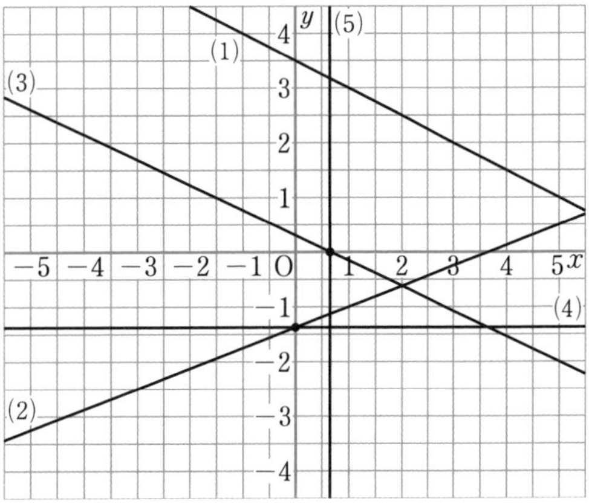

3 軸に平行な直線　次の方程式のグラフを右の図にかきなさい。 教 p.79 問4・5

□(1)　$y=-4$　　□(2)　$x=-4$

□(3)　$3x-8=4$　　□(4)　$-2+5y=8$

□(5)　$-2x-8=2x$　　□(6)　$3x+4y=x-2+4y$

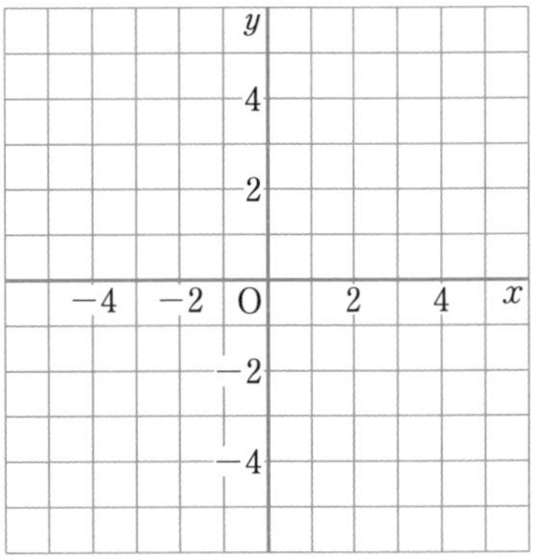

解答 p.32

もっとチャレンジ!

3章　3節 2元1次方程式と1次関数

2 連立方程式とグラフ

例題1 連立方程式の解とグラフの交点

教 p.81 問1

次の連立方程式の解を，グラフをかいて求めなさい。

$$\begin{cases} -x+y=-2 & \cdots\cdots① \\ 2x+3y=9 & \cdots\cdots② \end{cases}$$

解き方

①を y について解くと $y=x-2$ → 右の①のグラフ

②を y について解くと $y=-\dfrac{2}{3}x+3$ → 右の②のグラフ

グラフの交点の x 座標，y 座標の組が連立方程式の解である。

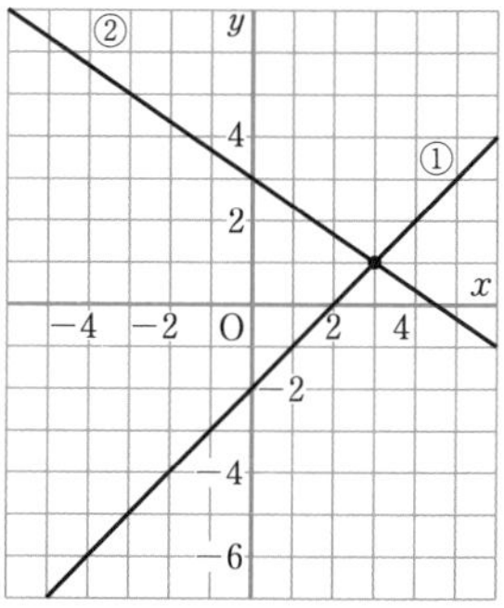

答 $x=3$，$y=1$

Check! 1　次の連立方程式の解を，右の図にグラフをかいて求めなさい。

$$\begin{cases} 2x+5y=-12 & \cdots\cdots① \\ x-2y=3 & \cdots\cdots② \end{cases}$$

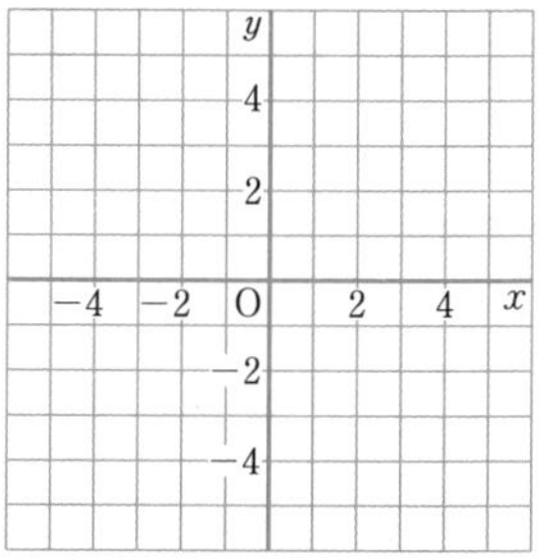

例題2 解が見つからない理由

教 p.81 問4

次の連立方程式の解が見つかりません。その理由を，グラフをかいて説明しなさい。

$$\begin{cases} y=x-3 & \cdots\cdots① \\ 3x-3y=0 & \cdots\cdots② \end{cases}$$

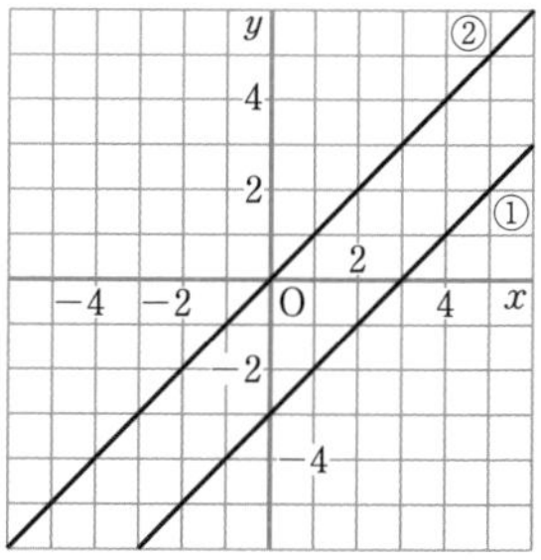

解き方

［説明］ ②の両辺を3でわって整理すると，$y=x$ となるから，①，②のグラフは上の図のようになる。

①と②は平行で，交点をもたない。**例題1** より，連立方程式の解はグラフの交点の x 座標，y 座標の組なので，連立方程式に解はない。

Check! 2　連立方程式 $\begin{cases} y=5x+6 & \cdots\cdots① \\ \boxed{\quad X \quad} & \cdots\cdots② \end{cases}$ の解が見つからないとき，$\boxed{X}$ はどんな方程式ですか。次の㋐～㋓からすべて選びなさい。

㋐ $5x+y=6$　㋑ $15x-5y=18$　㋒ $-5x+y=-6$　㋓ $\dfrac{2}{3}x-\dfrac{2}{15}y=6$

解答 p.33

❶ 連立方程式とグラフ　次の連立方程式の解を，それぞれ下の図にグラフをかいて求めなさい。

教 p.81 問 1

□(1) $\begin{cases} 3x-5y=4 \\ x+y=-4 \end{cases}$

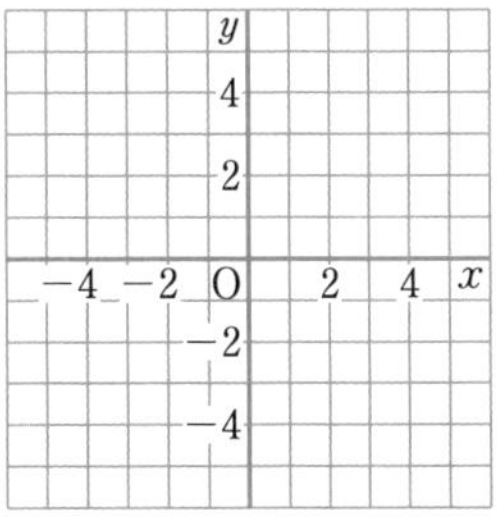

□(2) $\begin{cases} 9x-6y=0 \\ 2x-3y=-5 \end{cases}$

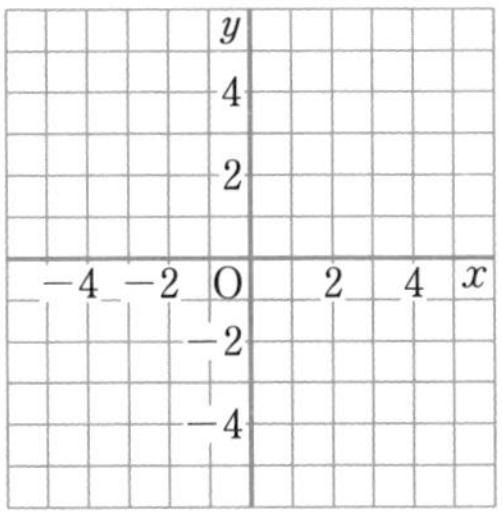

□(3) $\begin{cases} -7x+9y=6 \\ x=3 \end{cases}$

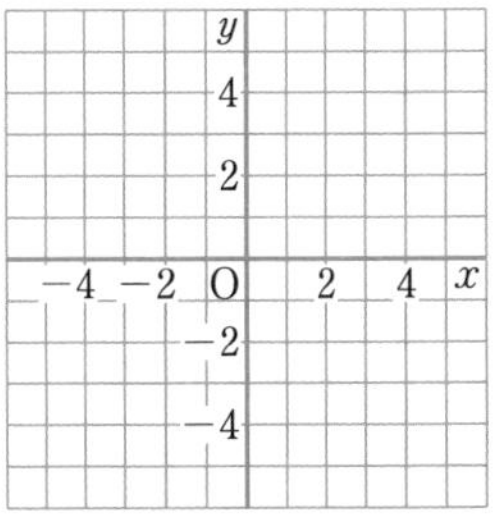

□(4) $\begin{cases} y=4 \\ 6x-5y=4 \end{cases}$

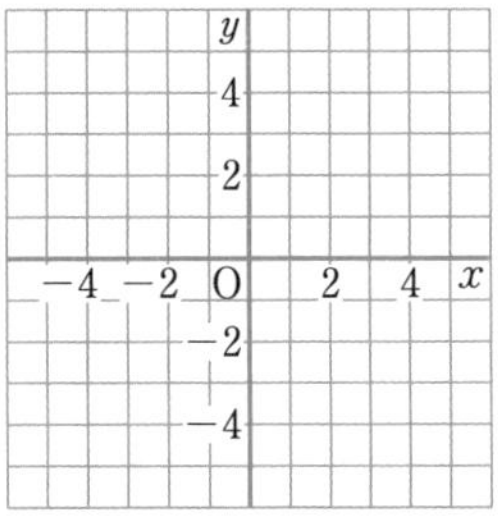

□(5) $\begin{cases} x=8y-6 \\ 5x-5y=5 \end{cases}$

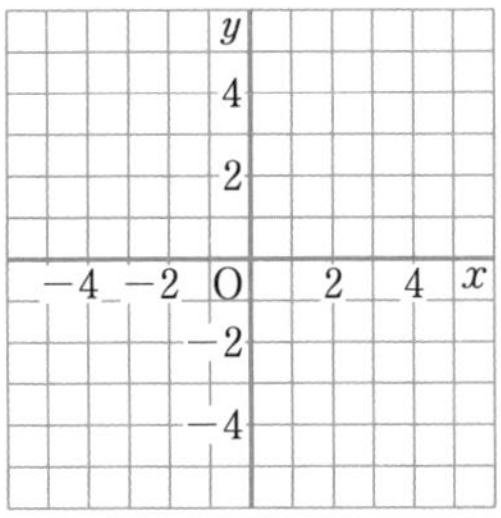

□(6) $\begin{cases} -4x+5y=3 \\ y=2x-3 \end{cases}$

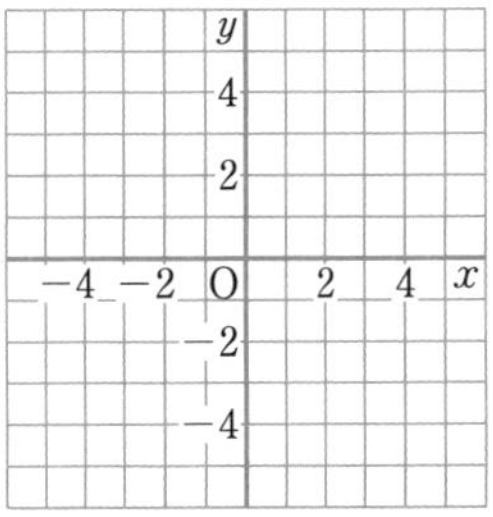

□❷ 解が見つからない理由　連立方程式 $\begin{cases} \boldsymbol{x=2y-4} \\ \boldsymbol{y=0.5x} \end{cases}$ の解が見つからない理由を，右の図にグラフをかいて説明しなさい。

教 p.81 問 4

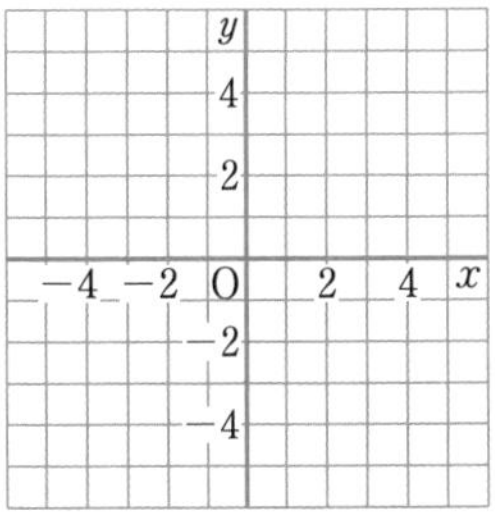

❸ 解が見つからない理由　次の連立方程式の解とグラフの交点は，下の㋐～㋖のどれにあてはまりますか。それぞれ記号をすべて書きなさい。

教 p.81 問 4

□(1) $\begin{cases} x-3y=3 \\ 2x-3y=3 \end{cases}$

□(2) $\begin{cases} y=5x \\ y=5x-1 \end{cases}$

□(3) $\begin{cases} x=4y \\ x=4y+1 \end{cases}$

㋐ 解は1組である　㋑ 解は2組である　㋒ 解はない

㋓ 解は無数にある　㋔ 方程式のグラフの交点がない

㋕ 方程式のグラフの交点は1つ　㋖ 方程式のグラフの交点は無数

解答 p.33

3節の問題 | 2元1次方程式と1次関数

教科書 76 ▸ 82

解答 p.34

□ **1** 次の㋐～㋓のうち，方程式 $3x-y=9$ のグラフ上の点をすべて選びなさい。

㋐ $(2,\ -4)$　㋑ $\left(\dfrac{8}{3},\ -1\right)$,　㋒ $\left(\dfrac{3}{2},\ \dfrac{9}{2}\right)$　㋓ $(4,\ 3)$

2 次の方程式のグラフを右の図にそれぞれかきなさい。

□(1) $2x+y=2$　□(2) $3y-x=-3$

□(3) $5y+4x-5=0$　□(4) $5x=-5$

□(5) $3y-12=0$

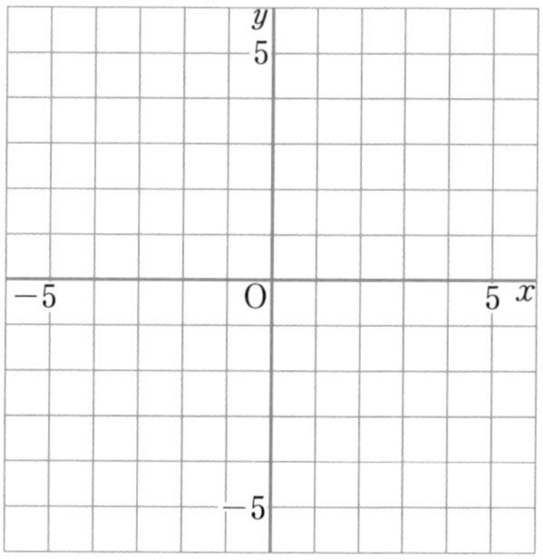

3 連立方程式 $\begin{cases} 2x-y=4 & \cdots\cdots① \\ x-2y=-4 & \cdots\cdots② \end{cases}$ の解を，右の図にグラフをかいて求めなさい。

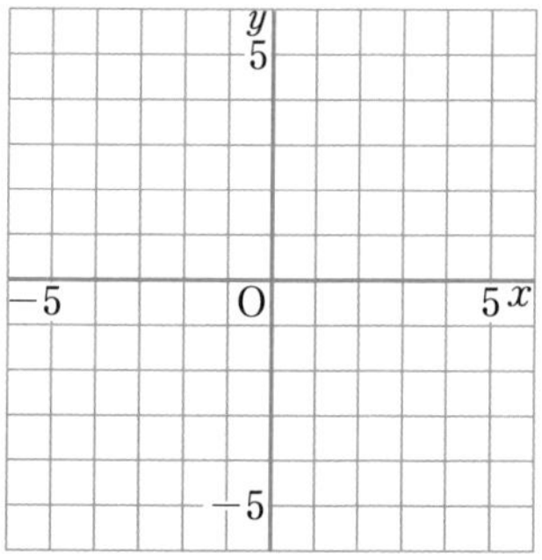

4 右の図のような2つの直線 ℓ，m があります。次の問に答えなさい。

□(1) 直線 ℓ，m の式を求めなさい。

□(2) 直線 ℓ と直線 m の交点の座標を求めなさい。

□(3) 直線 ℓ 上に $x=3$ の点Pがある。点Pの y 座標を求めなさい。

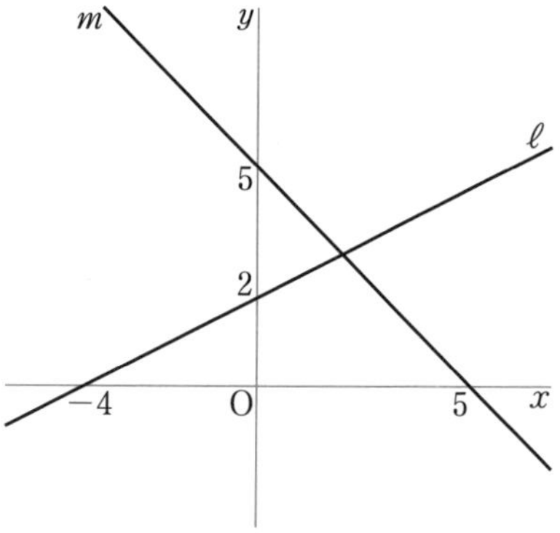

ヒント

2 **3**　2元1次方程式 $ax+by=c$ の式を，y について解いて，1次関数の式の形にしてグラフをかく。
3　直線①，②の交点が，連立方程式の解になる。

5 **右の図のように，3つの直線 ℓ，m，n があります。直線 ℓ と原点を通る直線 m は平行で，直線 m と n は点 A(2, 4) で交わり，直線 ℓ と n は，点 B(0, 3) で交わっています。次の問に答えなさい。**

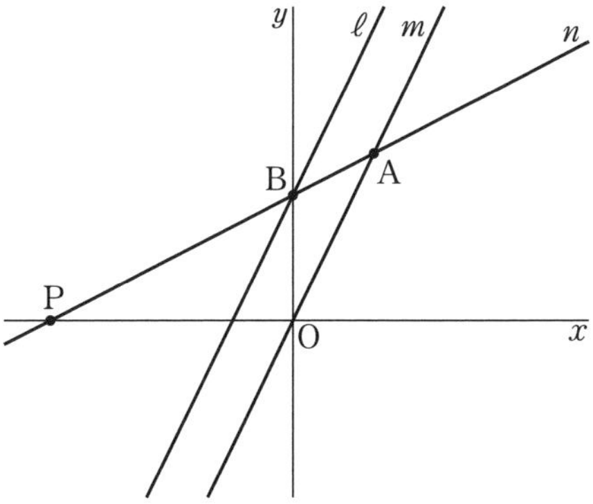

□(1) 直線 ℓ の式を求めなさい。

□(2) 直線 n の式を求めなさい。

□(3) 直線 n と x 軸との交点 P の座標を求めなさい。

6 **次の問に答えなさい。**

□(1) 2 直線 $x-3y=4$，$2x+y=1$ の交点を通り，傾きが 2 の直線の式を求めなさい。

□(2) 2 直線 $x-y=-3$，$ax+y=-6$ が x 軸上で交わるとき，a の値を求めなさい。

□(3) 2 直線 $3x+2y=-1$，$x+by=5$ の交点の y 座標が 1 のとき，b の値を求めなさい。

7 **連立方程式** $\begin{cases} x+3y=3 & \cdots\cdots① \\ 2x+6y=-6 & \cdots\cdots② \end{cases}$ **の解について，次の問に答えなさい。**

□(1) ①，②のグラフを，右の図にかきなさい。

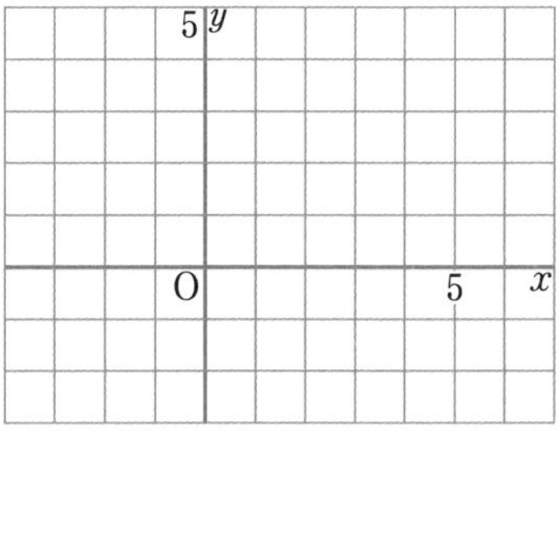

□(2) この連立方程式の解は見つかりません。その理由を，(1)でかいたグラフをもとにして説明しなさい。

ヒント

5 直線 ℓ と直線 m は平行であるから，傾きが等しい。

6(2) 2 直線が x 軸上で交わるので，交点の y 座標は 0 である。

3章

4節 1次関数の利用

もっとチャレンジ!

1 1次関数とみなすこと 2 グラフの利用①

例題 1 1次関数とみなすこと

教 p.85

右の表は，気温が30℃のときに，クーラーボックスに入れたペットボトル飲料の温度の変化を表したものです。また，グラフは表をまとめたものです。これについて，次の問に答えなさい。

(1) グラフが2点(20, 5.8), (60, 7.4)を通る直線になるとして，この直線の式を求めなさい。

(2) ペットボトル飲料の温度が10℃になるまでの時間は，何分と予想できますか。

時間(分)	温度(℃)
20	5.8
30	6.2
40	6.7
50	7.0
60	7.4

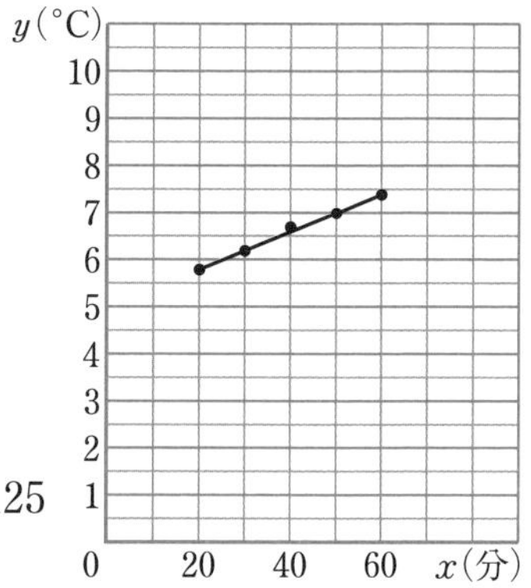

解き方

(1) 2点(20, 5.8), (60, 7.4)を通るので，

(傾き) $=\dfrac{7.4-5.8}{60-20}=\dfrac{1}{25}$ $y=\dfrac{1}{25}x+b$ に

$x=20$, $y=5.8$ を代入して切片を求める。

(2) (1)の式に $y=10$ を代入すると時間 x 分が求められる。$x=125$

答 (1) $y=\dfrac{1}{25}x+5$ (2) 125分

Check! 1 **例題 1** で求めた直線の式の切片と傾きは，それぞれ何を表していますか。

例題 2 グラフの利用①

教 p.86

右の図は，A駅発B駅行きの急行電車の発着状況を表したダイヤグラムの一部です。

AB間の距離が40km，急行電車は一定の速さで進むとき，次の問に答えなさい。

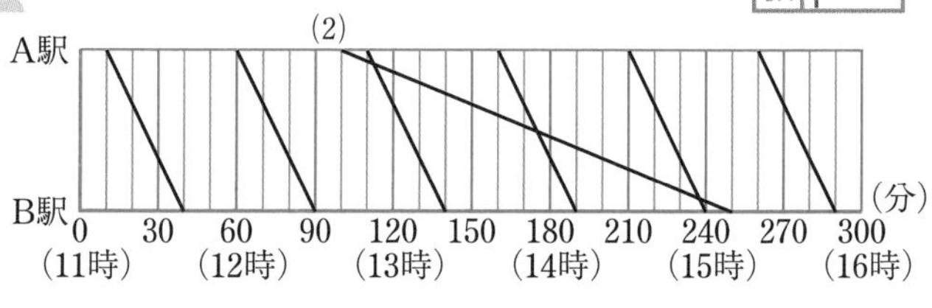

(1) 急行電車の時速は何kmですか。

(2) 12時40分にA駅を出発し，15時10分にB駅に到着するバスの発着状況を表す直線を，図のダイヤグラムにかき入れなさい。ただし，バスは一定の速さで進むものとします。

解き方

(1) 40kmの距離を30分間で進むから，$40\div 0.5=80$(km/h)

(2) バスは一定の速さで進むから，出発時刻と到着時刻の2点を線分で結ぶ。

答 (1) 時速80km (2) 上の図

Check! 2 **例題 2** (2)のバスが急行電車とすれちがうのは，グラフがどうなったときですか。

解答 p.35

❶ 1次関数とみなすこと　**下の表は，おもりの重さを xg，ばね全体の長さを $y$cm として，あるばねにおもりをつるしたときのおもりの重さとばね全体の長さの関係を表したものです。また，グラフは表をまとめたものです。おもりの重さは 10g 単位で増加させるものとして，次の問に答えなさい。** 教 p.85

おもりの重さ x (g)	…	20	40	60	80	…
ばねの長さ y (cm)	…	18.4	24.8	31.2	37.6	…

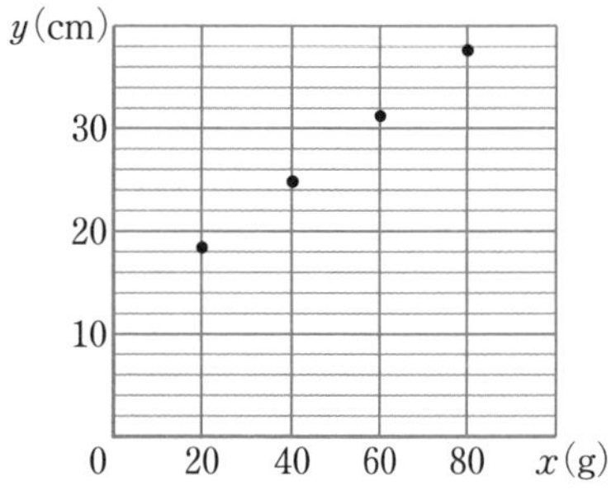

□(1)　グラフの点を結び，直線をひいたとき，このグラフの式を求めなさい。

□(2)　(1)において，グラフの切片は何を表しているか説明しなさい。

□(3)　ばねの長さが 50cm をこえるのは，何 g のおもりをつるしたときであると予想できますか。

❷ グラフの利用①　**前ページの例題 2 について，右の図（例題 2 で示したもの）を見て，次の問に答えなさい。**

なお，バス路線は電車の線路と平行に走っているものとします。 教 p.86

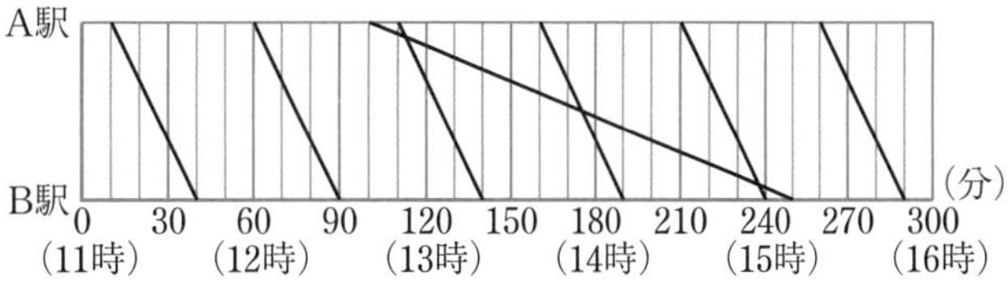

□(1)　バスは A 駅を出発して B 駅に到着するまでに，何本の急行電車に追いこされますか。

□(2)　電車がバスに追いこされるのは何回ですか。

□(3)　バスの時速は何 km ですか。

解答 p.35

◀もっとチャレンジ!

3章　4節 1次関数の利用

2 グラフの利用②　3 1次関数と図形

例題 1　グラフの利用②

教 p.87 問1・2

みゆさんは，家から 5km はなれた友人の家へ自転車で 25 分で行き，そこから友人といっしょに歩いてさらに 2km はなれたコンサートホールへ行きました。2 人がホールに着いたのはみゆさんが家を出発してから 55 分後でした。右のグラフは，みゆさんが出発してから x 分後の自宅からの距離を $y$km として，そのようすを表したものです。次の問に答えなさい。

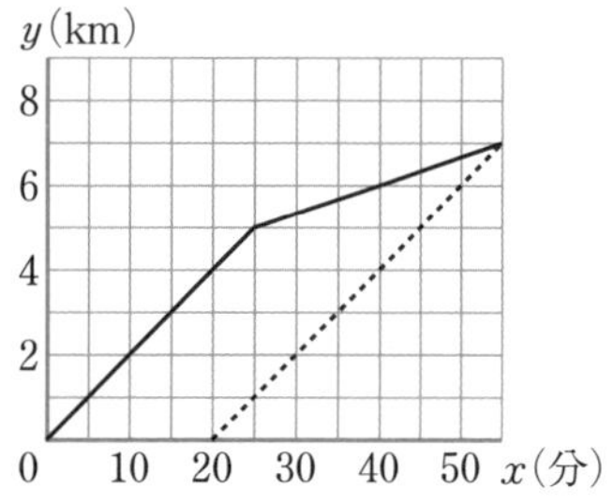

(1)　$0 \leqq x \leqq 25$，$25 \leqq x \leqq 55$ のとき，y を x の式でそれぞれ表しなさい。

(2)　みゆさんが友人の家に寄らずに直接自転車でコンサートホールに向かうとします。同じ時間に到着すればよいとき，家をあと何分遅れて出発することができますか。

解き方

(1)　$0 \leqq x \leqq 25$ のとき，原点と点 (25，5) を通る直線だから，$\boldsymbol{y = 0.2x}$

$25 \leqq x \leqq 55$ のとき，2 点 (25，5)，(55，7) を通る直線だから，$\boldsymbol{y = \frac{1}{15}x + \frac{10}{3}}$

(2)　図の点線のグラフ（(1)の $0 \leqq x \leqq 25$ の部分と平行）から読み取る。　**答**　**20 分**

Check! 1　**例題 1** で，自転車の速さ，歩く速さをそれぞれ分速で求めなさい。

例題 2　1次関数と図形

教 p.88

右の図は縦 6cm，横 8cm の長方形 ABCD です。辺 CD の中点を P とし，点 Q は A を出発して B まで動きます。

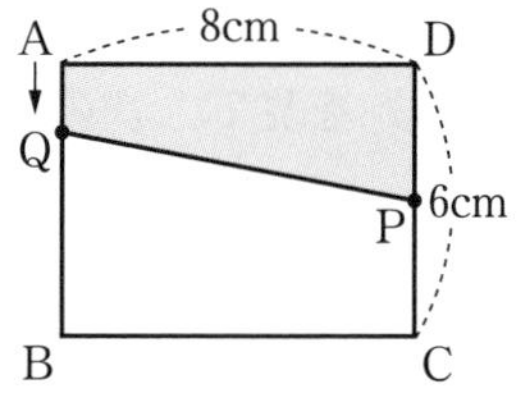

(1)　点 Q が A から $x$cm 動いたときの四角形 AQPD の面積を $y\text{cm}^2$ として，y を x の式で表しなさい。

(2)　$0 \leqq x \leqq 6$ で四角形 AQPD の面積が 20cm^2 となるのは，点 Q が A から何 cm 動いたときですか。

解き方

(1)　AQ＝$x$cm だから，四角形 AQPD は上底 $x$cm，下底 DP＝6÷2＝3(cm)，高さ AD＝8cm の台形である。よって，$y = \frac{1}{2} \times (x+3) \times 8$　$\boldsymbol{y = 4x + 12}$

(2)　Q が AB 間を動くのは $0 \leqq x \leqq 6$ だから，(1)の式で $y = 20$ とすればよい。　**答**　**2cm**

Check! 2　**例題 2** で，点 Q が A を出発すると同時に，点 R が D を出発し，点 P まで動きます。点 Q が B に到着するのと同時に，点 R は点 P に到着しました。このとき，△AQP と △PAR の面積が等しくなるのは点 Q が A から何 cm 動いたときですか。求める過程も説明しなさい。

解答 p.36

1 グラフの利用②　**けいたさんは，家から 9km はなれた友人の家に行きました。はじめの 1 時間は時速 5km で歩き，途中の公園で休んでから時速 6km で歩くと，家を出発してから 2 時間後に友人の家に着きました。次の問に答えなさい。** 教 p.87 問 1・2

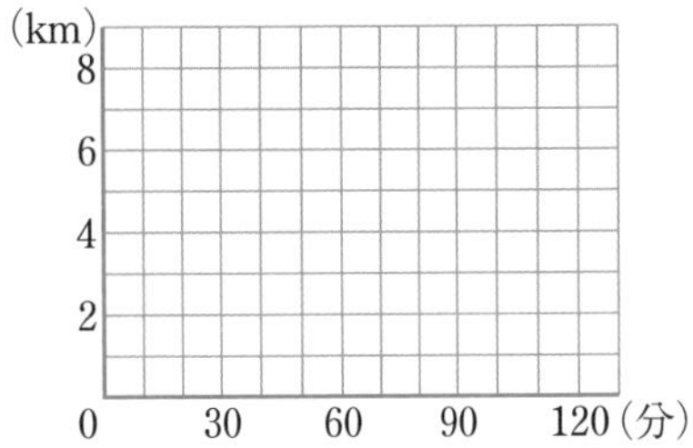

□(1)　最初の 1 時間にけいたさんが歩いたようすを表すグラフを，上の図にかき入れなさい。

□(2)　公園を出発してから友人の家に着くまでにけいたさんが歩いたようすを表すグラフを，上の図にかき入れなさい。

□(3)　けいたさんが公園で休んだ時間は何分間ですか。

□(4)　公園で休んだあと，友人の家に 10 分早く着くためには，公園から友人の家まで時速何 km で進めばよいですか。

2 1 次関数と図形　**右の図は縦 3cm，横 8cm の長方形 ABCD です。点 P はこの長方形の B を出発して，辺上を A，D を通って C まで動きます。点 P が B から $x$cm 動いたときの △PBC の面積を $y\text{cm}^2$ として，次の問に答えなさい。** 教 p.88

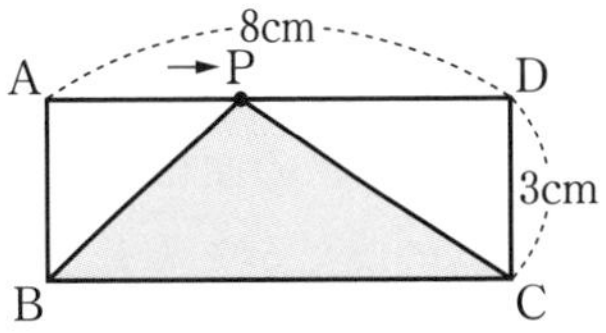

□(1)　点 P が辺 BA 上を動くとき，y を x の式で表しなさい。

□(2)　点 P が辺 AD 上を動くとき，x の変域を求めなさい。

□(3)　点 P が辺 AD 上を動くとき，y を x の式で表しなさい。

□(4)　点 P が辺 DC 上を動くとき，y を x の式で表しなさい。

解答 p.36

4節の問題 | 1次関数の利用

教科書 85 ▸ 88
解答 p.37

1 **あきさんは，午前8時に家を出発して自転車で駅まで行き，駅に到着してから5分後の電車に乗り，学校の最寄り駅に着いたのは，午前8時30分でした。家から学校の最寄り駅までは，12km はなれています。右のグラフは，家から駅まで行ったときの時間と道のりの関係を表したものです。次の問に答えなさい。**

□(1) 家から駅まで，時速何 km で進みましたか。

□(2) あきさんが，駅に到着してから学校の最寄り駅に到着するまでの時間と道のりの関係を表すグラフを，右の図にかき入れなさい。

□(3) あきさんの兄は，あきさんが出発してから5分後に自転車で家を出発し，時速 18km の速さであきさんを追いかけました。兄はあきさんの乗る電車に間に合いましたか。その理由も簡単に説明しなさい。

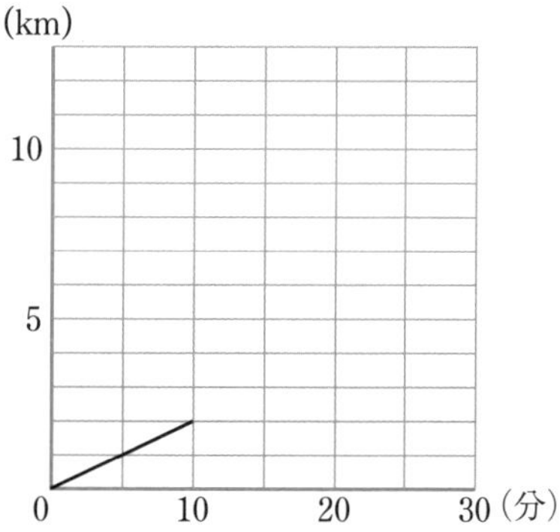

2 **下の図の長方形 ABCD で，点 P は B を出発して秒速 3cm で，辺上を C，D を通って A まで動きます。点 P が B を出発して x 秒後の △ABP の面積を $y$cm^2 として，次の問に答えなさい。**

□(1) 点 P が辺 BC 上を動くとき，y を x の式で表し，x の変域も求めなさい。

□(2) 点 P が辺 DA 上を動くとき，y を x の式で表し，x の変域も求めなさい。

□(3) 点 P が辺 BC，CD，DA 上を動くときの，△ABP の面積の変化のようすを表すグラフを，右の図にかき入れなさい。

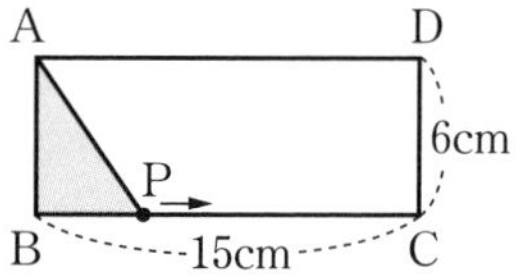

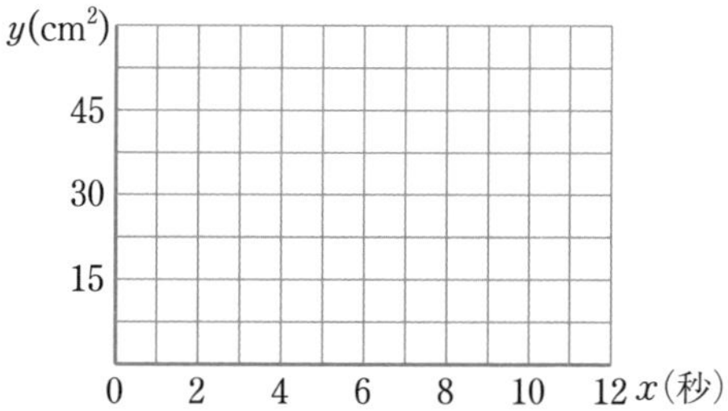

□ **3** **右の図は，ある公園の3月の平均気温を x°C，桜の開花日を4月 y 日として，x，y の値の組を座標とする点をかき入れたもので，y は x の1次関数であるとみなして，直線で表したものです。今年の3月の平均気温はわかりませんが，今年2月の平均気温は 0.7°C で，例年の2月と3月の平均気温の差は 2.8°C です。このことから，今年の開花日は4月何日と予想できますか。**

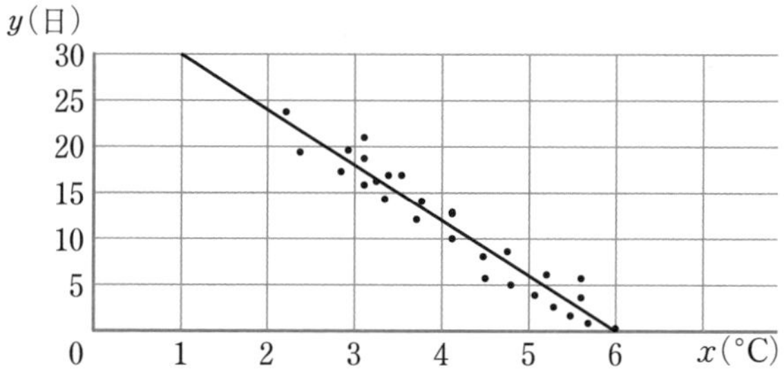

ヒント

2 (1) 点 P は秒速 3cm で動くので，x 秒後には $3x$cm 動くことになる。
(2) 点 P が辺 DA 上にあるとき，AP の長さは辺 BC，辺 CD，辺 DA をあわせた長さから点 P が動いた長さをひいた長さになる。

4 右の図で，直線 m の式は $y=ax+b$，直線 n の式は $y=-x+7$ で，点Pは2つの直線の交点で，その x 座標は4です。点A，Bは直線 n，m それぞれと y 軸との交点で，点Aと点Bの距離は10です。このとき，次の問に答えなさい。

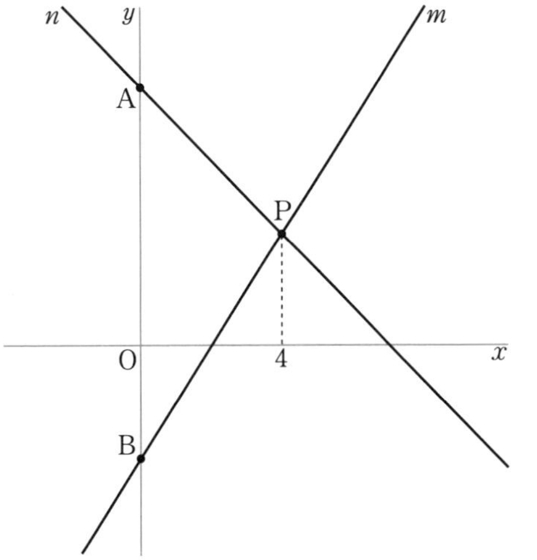

□(1) 点Bの座標を求めなさい。

□(2) 点Pの座標を求めなさい。

□(3) a，b の値をそれぞれ求めなさい。

□(4) △ABPの面積を求めなさい。ただし，座標の1目もりを1cmとします。

5 次の表は，ある地域のA電力会社とB電力会社の，一般家庭用の1ヶ月あたりの電気料金プランです。電気料金は，電気の使用量にかかわらず一定である基本料金と，電気の使用量に応じてかかる使用料金との和で求められます。例えば，1ヶ月間の電気の使用量が200kWhのとき，B電力会社のプランでは，電気料金は $2000+30\times150+20\times50=7500$ (円) となります。1ヶ月あたりの電気使用量を xkWh，電気料金を y 円として，次の問に答えなさい。

	A電力会社	B電力会社
基本料金	0円	2000円
使用料金	1kWhあたり 40円	150kWhまで1kWhあたり30円 150kWhを超えた量は1kWh 20円

□(1) 右の図は，B電力会社で $0\leqq x\leqq150$ のときの x と y の関係を表したグラフです。
$150\leqq x\leqq250$ のグラフをかき入れて，グラフを完成させなさい。

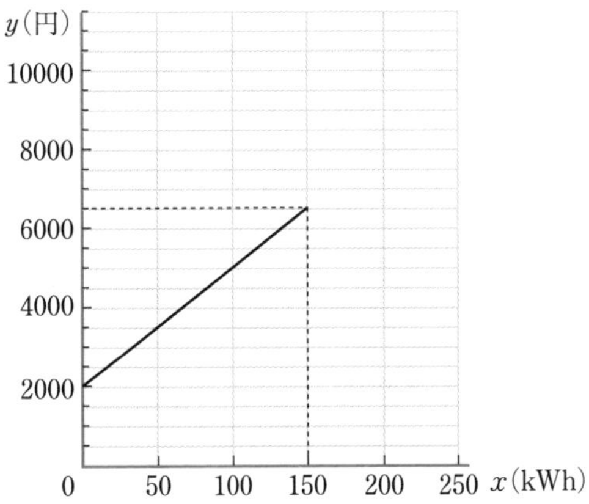

□(2) A電力会社とB電力会社で電気料金が等しくなるときの x の値を求めなさい。

ヒント
5(2) A電力会社のグラフとB電力会社のグラフの交点が，電気料金が等しくなるときである。A電力会社の直線の式とB電力会社の $150\leqq x\leqq250$ の直線の式を連立方程式として解き，x の値を求める。

3章の問題　1次関数　関数を利用して問題を解説しよう

教科書 60 ▸ 94

解答 p.38

□ **1** 次の㋐～㋔のうち，y は x の1次関数であるといえるものをすべて選び，y を x の式で表しなさい。

㋐　長さ10cmのろうそくに火をつけると，1分間に0.5cmずつ短くなるとき，火をつけてから x 分後のろうそくの長さが $y$cm

㋑　底面積が 4cm^2 の正方形で高さが $x$cm の四角錐の体積 $y\text{cm}^3$

㋒　面積が 12cm^2 のひし形で，2つの対角線がそれぞれ $x$cm，$y$cm

㋓　気温24℃のときの地上の気圧が1018hPaで，標高が200m上がるごとに22hPa低くなるとき，標高 xm のときの気圧が yhPa

㋔　周の長さが9cmの長方形の縦が $x$cm，横が $y$cm

2 次の条件をみたす1次関数の式を求めなさい。

□(1)　グラフが，$y=\dfrac{1}{2}x+1$ と x 軸上で交わり，$y=-x+6$ と y 軸上で交わる。

□(2)　グラフが2直線 $y=\dfrac{1}{3}x-6$ と $y=-x-10$ の交点を通り，直線 $y=-2x-9$ に平行である。

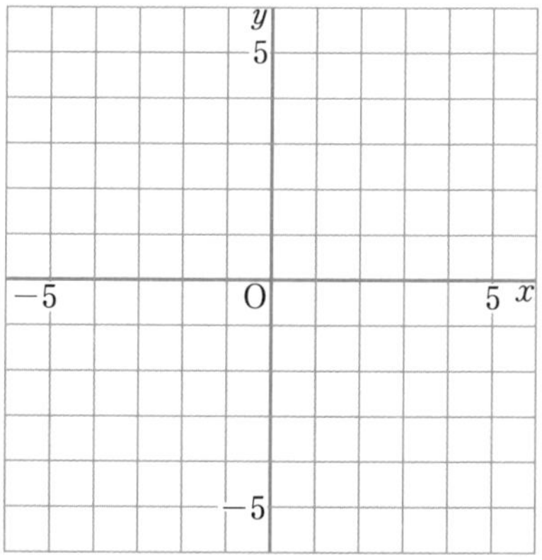

3 次の方程式のグラフをかきなさい。

□(1)　$5x+2y-8=0$

□(2)　$3y-9=0$

□(3)　$2x+4=0$

□ **4** 右の図の直線①，②の式を求めなさい。

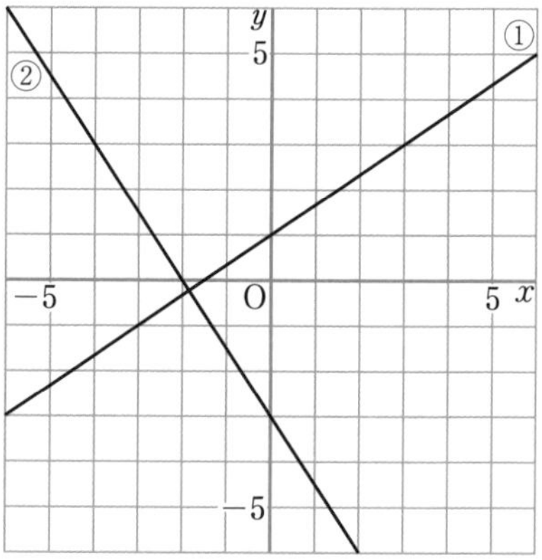

ヒント

2(2)　2直線を連立方程式として解いて，交点の座標を求める。$y=-2x-9$ に平行であるから，傾きは -2

3(1)(2)　2元1次方程式 $ax+by=c$ の式を，y について解いて，1次関数の式にしてグラフをかく。

5 **右の図で，直線 m と n の交点Pの座標は $(2,\ 3)$ です。直線 n の傾きは -2 で，△APQの面積は3です。次の問に答えなさい。**

□(1) 直線 n と x 軸との交点Rの座標を求めなさい。

□(2) 直線 m の式を求めなさい。

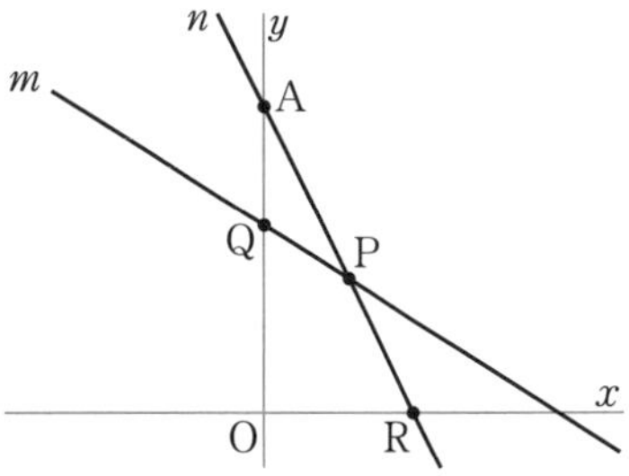

6 **右の図の長方形ABCDで，点PはAを出発してDまでは秒速2cmの速さで，DからCまでは秒速1cmで動きます。点PがAを出発して x 秒後の△ACPの面積を $y$cm^2 とするとき，次の問に答えなさい。**

□(1) 点Pが辺AD上を動くとき，y を x の式で表し，x の変域も求めなさい。

□(2) 点Pが辺DC上を動くとき，y を x の式で表し，x の変域も求めなさい。

□(3) 点Pが辺AD，DC上を動くときの，△ACPの面積の変化のようすを表すグラフを右の図にかき入れなさい。

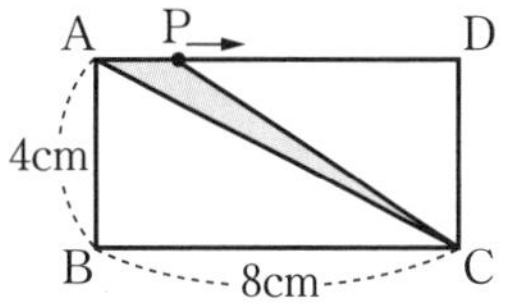

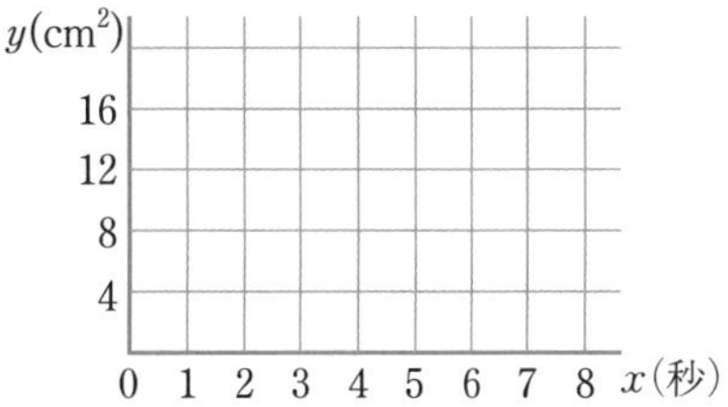

7 **姉は午後2時に家を出発し，歩いて1200mはなれた駅に向かっていましたが，電車の発車時刻に間に合わないので，途中から走りました。右のグラフは，姉が家を出発してからの時間と道のりの関係を表したものです。次の問に答えなさい。**

□(1) 姉が家を出発してから6分後までの速さは，分速何mですか。

□(2) 妹は，午後2時4分に駅から家へ自転車で，分速200mで向かいました。駅から400mの地点で友人と会い，5分間立ち話をしていました。姉と妹が出会った時間は，午後何時何分ですか。

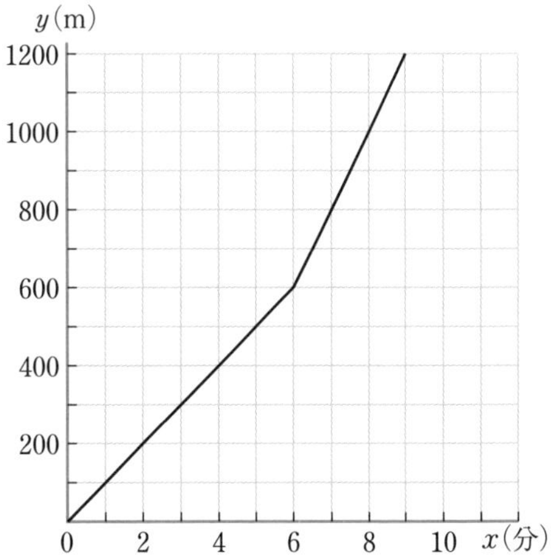

ヒント

5(2) △APQの底辺をAQとすると，高さはPの x 座標だから2　△APQ$=\frac{1}{2}\times$AQ$\times 2=3$　AQ$=3$

7(2) 妹の時間と道のりの関係を表すグラフをかき入れて考える。

4章

平行と合同

中１　平面図形

図形の性質の調べ方を考えよう

ウォーミングアップ

□ **1** 次の図で，合同な三角形の組が２組あります。㋐～㋖の記号で答えなさい。

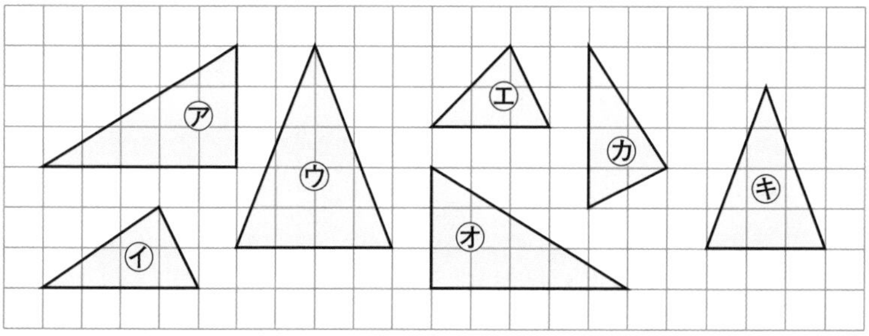

ふりかえり 小５

合同な図形

ぴったり重ね合わせることのできる２つの図形は合同であるという。

2 右の２つの四角形は合同です。次の問に答えなさい。

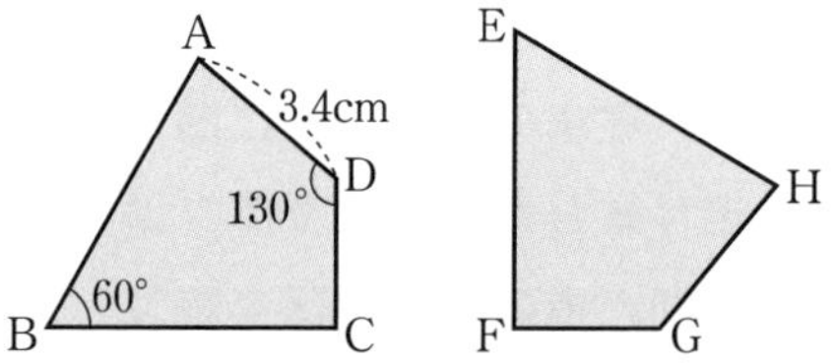

□(1)　辺 GH の長さは何 cm ですか。

□(2)　∠A に対応する角はどれですか。

□(3)　∠E の大きさは何度ですか。

ふりかえり 小５

合同な図形の性質

合同な図形では，対応する辺の長さ，角の大きさは等しい。

3 七角形の７つの角の大きさの和について考えます。

□(1)　頂点 A から対角線をひくと，七角形は何個の三角形に分けられますか。

□(2)　(1)を利用して，七角形の７つの角の大きさの和を求めなさい。

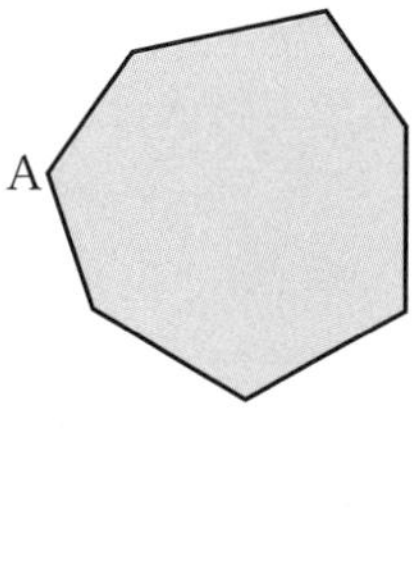

ヒント

多角形の角の大きさの和は，多角形を三角形に分けて
180°×(三角形の個数)
で求めることができる。

□ **4** **右の図で，直線 A と B，直線 C と D はそれぞれ平行です。**
㋐〜㋓の角の大きさはそれぞれ何度ですか。

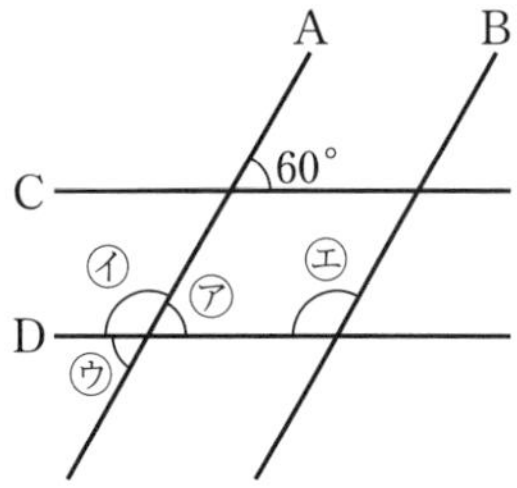

ふりかえり 小4

平行な直線

平行な直線は，ほかの直線と等しい角度で交わる。

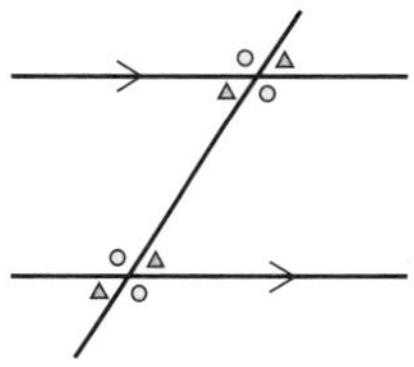

5 **次の図で，∠ x の大きさを求めなさい。**

□(1)

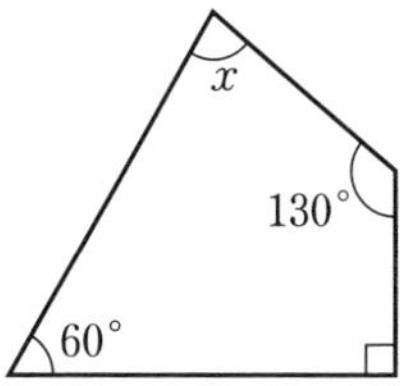

□(2)

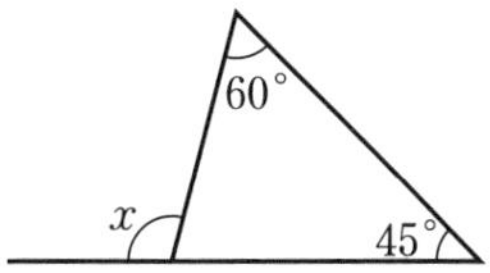

□(3)

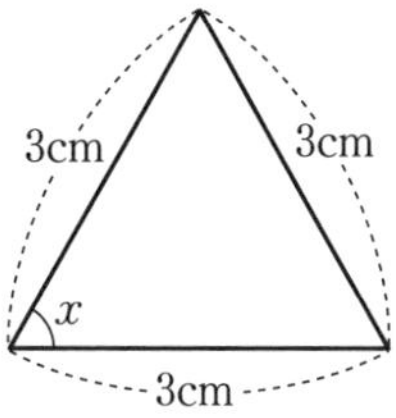

□(4)

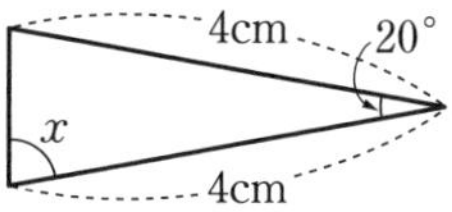

ふりかえり 小3

二等辺三角形の 2 つの角の大きさは等しい。

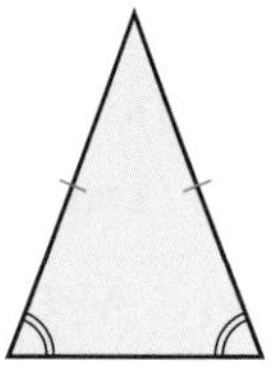

6 **コンパスと定規を使って作図しなさい。**
ただし，方眼の 1 目もりを 1 とします。

□(1) AB＝3，BC＝5，∠ ABC＝45° となる △ABC を作図したい。右の図で，直線 ℓ 上に AB＝3 となる点 A をとり，△ABC を作図しなさい。

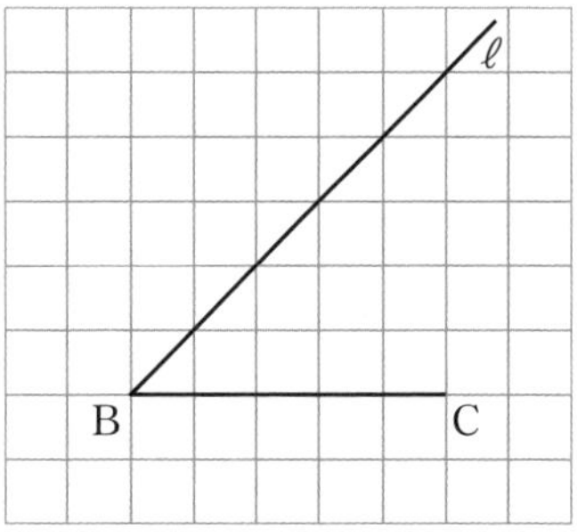

□(2) BC＝5，AB＝4，∠ ACB＝45° となる △ABC を作図したい。右の図の直線 ℓ 上に，AB＝4 となる点 A をとるとき，点 A の位置は 1 つに決まらず，2 種類の三角形がかけます。点 A の 2 つの位置を示しなさい。

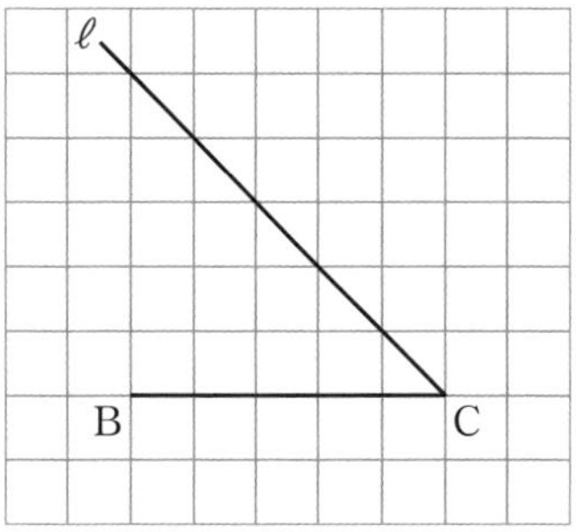

ヒント

点 B から 4 の距離にある直線 ℓ 上の点は 2 つある。

解答 p.39

4章

1節 説明のしくみ

1 多角形の角の和の説明

例題 1 内角の和の求め方の説明

教 p.98 ～ 99

右の多角形について，次の問に答えなさい。

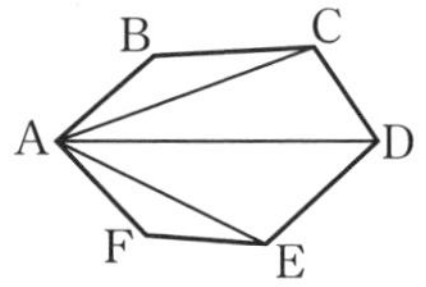

(1) 三角形の内角の和が 180° であることをもとにして，四角形 ABCD の内角の和が 360° であることを説明しなさい。

(2) 三角形の内角の和が 180° であることをもとにして，n 角形の内角の和が $180° \times (n-2)$ の式で表せる理由を説明しなさい。

ポイント

(n 角形の内角の和)
$= 180° \times (n-2)$
180° ← 三角形の内角の和
$(n-2)$ ← 三角形の個数

解き方

(1) ［説明］ △ABC，△CDA の内角の和より，

$\angle ABC + \angle BCA + \angle CAB = 180°$ ……①

$\angle ACD + \angle CDA + \angle DAC = 180°$ ……②　四角形 ABCD の内角の和は，

$\angle ABC + \angle BCD + \angle CDA + \angle DAB$

$= \angle ABC + (\angle BCA + \angle ACD) + \angle CDA + (\angle DAC + \angle CAB)$

$= (\angle ABC + \angle BCA + \angle CAB) + (\angle ACD + \angle CDA + \angle DAC)$ ←交換法則

$=$ (△ABC の内角の和) $+$ (△CDA の内角の和) $= 360°$ ←①，②を代入

(2) ［説明］ 四角形の内角の和は $180° \times 2$　五角形の内角の和は $180° \times 3$

同様に六角形の内角の和は $180° \times 4$　七角形以降も同じ。n 角形の内角の和は $180° \times (n-2)$

Check! 1 **例題 1** で，六角形 ABCDEF の内角の和を求める式を書き，答えを求めなさい。また，内角の和を求めるために，もとにしていることがらをいいなさい。

例題 2 外角の和の求め方の説明

教 p.100

n 角形について，次の問に答えなさい。

(1) 1 つの頂点における内角の大きさを $\angle x$ とするとき，その外角を x の式で表しなさい。

(2) n 角形の外角の和は 360° になります。このことを，1 つの頂点における内角と外角の和が 180° であることをもとにして説明しなさい。

解き方

(1) 1 つの頂点において，(内角) + (外角) = 180°

答 $180° - \angle x$

(2) n 角形のすべての内角と外角の和は $180° \times n$　**例題 1** より n 角形の内角の和は $180° \times (n-2)$

(n 角形の外角の和) = (n 角形のすべての内角と外角の和) − (n 角形の内角の和)

$= 180° \times n - 180° \times (n-2) = 180° \times \{n-(n-2)\} = 180° \times 2 = 360°$

Check! 2 十七角形，二十九角形，七十一角形，a 角形 $(a \geqq 3)$ の外角の和をそれぞれ求めなさい。また，外角の和を求めるために，もとにしていることがらをいいなさい。

解答 p.40

1 内角の和の求め方の説明　四角形の内角の和が 360° であることを「もとにしていることがら」として，次の問に答えなさい。ただし，簡単な図をかいて説明してもかまいません。

教 p.99 問 1・問 2

(1)　次のことを説明しなさい。

□①　六角形の内角の和は 720° である。

□②　八角形の内角の和は 1080° である。

ヒント
（四角形の内角の和）＝360° が 2 つ分あることを説明する。

ヒント
もとにしていることがらと，(1)の結果を組み合わせて説明する。

(2)　$2n$ 角形 $(n \geqq 2)$ の内角の和を考えます。

□①　右の表を完成させなさい。

□②　内角の和を n の式で表しなさい。

n	2	3	4	5	……	n	…
多角形	四角形				……		…
内角の和	360°				……	?	…

2 内角の和の求め方の説明・外角の和の求め方の説明　右の図の $\angle x$ の大きさを求める方法について，次の問に答えなさい。 教 p.98 ～ p.100

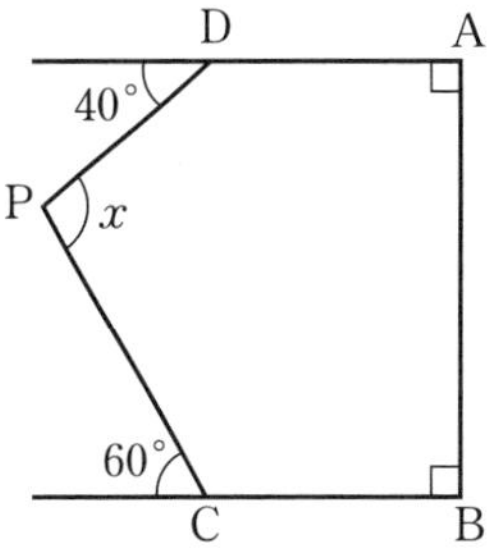

□(1)　五角形の内角の和，外角の和をそれぞれ求めなさい。

□(2)　五角形の内角の和を「もとにしていることがら」として，$\angle x$ の大きさの求め方を説明し，$\angle x$ の大きさを求めなさい。

□(3)　五角形の外角の和を「もとにしていることがら」として，$\angle x$ の大きさの求め方を説明し，$\angle x$ の大きさを求めなさい。

3 外角の和の求め方の説明　次の問に答えなさい。 教 p.100

□(1)　n 角形の内角の和，1 つの内角＋その外角についてまとめた右の表を完成させなさい。

n	3	4	5	6	……	n	…
内角の和	180°				……		…
1 つの内角 ＋ その外角	180°				……		…

□(2)　(1)の表を「もとにしていることがら」として，n 角形の外角の和が 360° であることを説明しなさい。

ヒント
（1 つの頂点における内角）＋（その外角）＝180°，
（n 角形の内角の和）＝180° ×（n−2）を利用。
n 角形の外角の和を x° とすると説明しやすい。

4章　平行と合同

解答 p.40・41

4章　2節 平行線と角

◀もっとチャレンジ!

1 平行線と角(1)

例題 1　対頂角

教 p.102 問 2

右の図のように，3 つの直線が 1 点で交わっています。

$\angle a=\angle b$ のとき，$\angle a\sim\angle e$ の大きさをそれぞれ求めなさい。

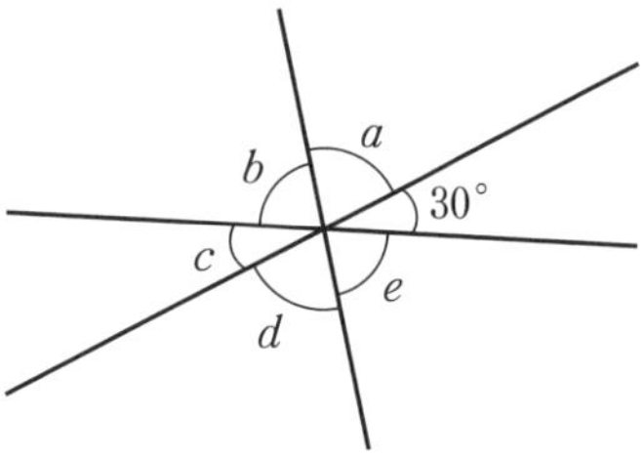

ポイント

対頂角は等しい。

解き方

$\angle a=\angle b$ だから，$\angle a=\angle b=(180°-30°)\div 2=75°$

対頂角は等しいから，$\angle a=\angle d=75°$，$\angle b=\angle e=75°$，$\angle c=30°$

答　$\angle a=\angle b=\angle d=\angle e=75°$，$\angle c=30°$

Check! 1　右の図のように，3 つの直線が 1 点で交わっています。$\angle b=2\angle a$，$\angle c=3\angle a$ のとき，$\angle a\sim\angle f$ の大きさをそれぞれ求めなさい。

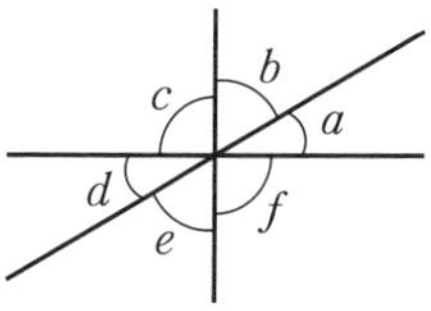

例題 2　平行線と同位角・錯角

教 p.103 問 3

右の図について，次の問に答えなさい。

(1)　$\angle a$ の同位角をすべていいなさい。

(2)　$\angle c$ の錯角をすべていいなさい。

(3)　$\angle b=\angle h$ のとき，$\angle a$，$\angle b$ と等しい角をすべていいなさい。

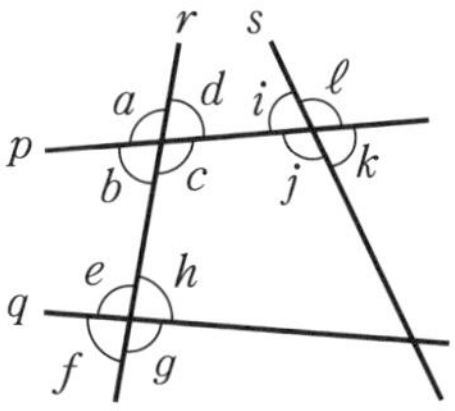

解き方

(1)(2)　ポイントの図の位置関係から同位角，錯角を判断する。

答　(1)　$\angle e$，$\angle i$　　(2)　$\angle e$，$\angle i$

(3)　錯角が等しいから，$p /\!/ q$ である。よって，同位角，錯角は等しい。また，対頂角は等しいから，等しい同位角を（同），対頂角を（対）で表すと，

$\angle a$ に等しい角…$\angle c$（対），$\angle e$（同），$\angle g$

$\angle b$ に等しい角…$\angle d$（対），$\angle f$（同），$\angle h$

答　$\angle a=\angle c=\angle e=\angle g$，$\angle b=\angle d=\angle f=\angle h$

ポイント

同位角と錯角

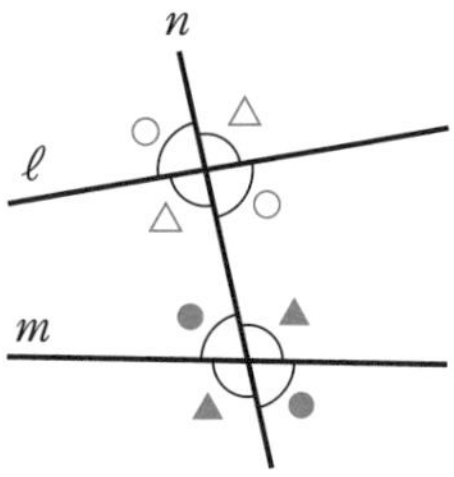

$\ell /\!/ m$ ならば，同位角，錯角は等しい。
同位角，錯角が等しいならば，$\ell /\!/ m$

Check! 2　**例題 2** について，次の問に答えなさい。

(1)　$\angle b=\angle h$ のとき，$p /\!/ q$ となることを，同位角が等しくなることから説明しなさい。

(2)　$r /\!/ s$ のとき，$\angle a$，$\angle b$ と等しい角をすべていいなさい。

解答 p.41

1 対頂角　次の図のように，2 つの直線が交わるとき，$\angle x$ の大きさを求めなさい。

教 p.102 問 2

□(1)

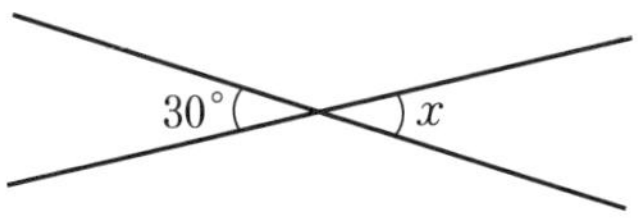

□(2)

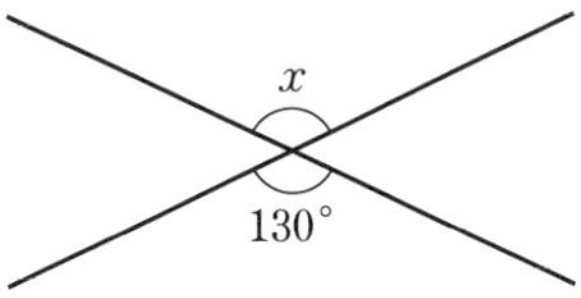

2 平行線と同位角・錯角　次の図で，$\ell \parallel m$ として，$\angle x$ の大きさを求めなさい。

教 p.104 問 5・問 6

□(1)

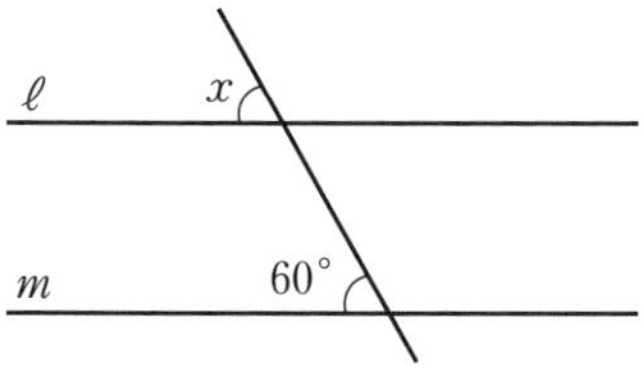

□(2)

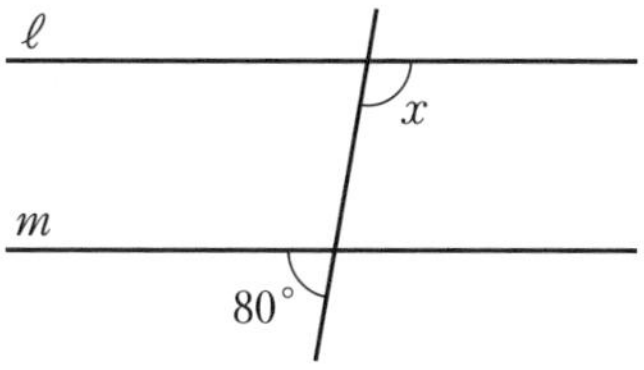

3 対頂角，平行線と同位角・錯角　右の図のように 5 つの直線があり，$\ell \parallel m$ です。このとき，次の問に答えなさい。

教 p.102 ～ 104

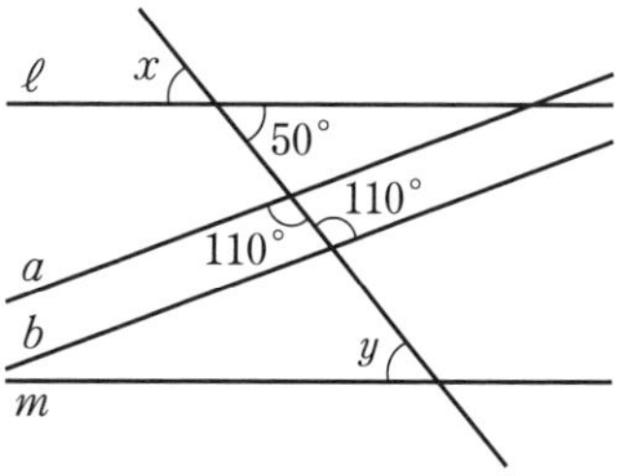

□(1)　$\angle x$ の大きさを求めなさい。

□(2)　$a \parallel b$ となることを説明しなさい。

□(3)　$\angle y$ の大きさを求めなさい。

4 対頂角，平行線と同位角・錯角　右の図について，次の問に答えなさい。教 p.104 問 5・問 6

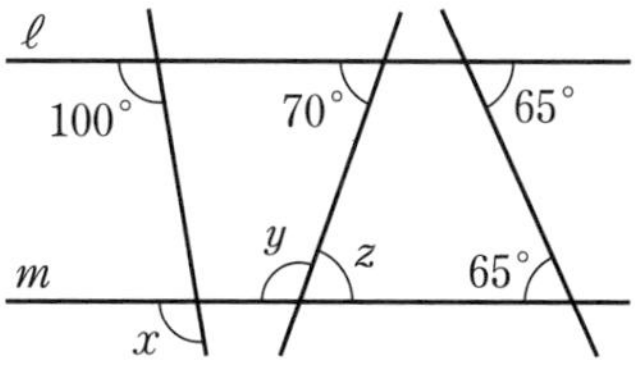

□(1)　$\ell \parallel m$ であることを説明しなさい。

□(2)　$\angle x$，$\angle y$，$\angle z$ の大きさをそれぞれ求めなさい。

解答 p.41

もっとチャレンジ!

4章 2節 平行線と角

1 平行線と角(2)

例題 1 三角形の角と証明

教 p.105・106 問 8

右の図のように，△ABC の頂点 C を通り，辺 AB に平行な直線 DE をひきます。この図を利用して，三角形の内角の和が 180° であることを証明しなさい。

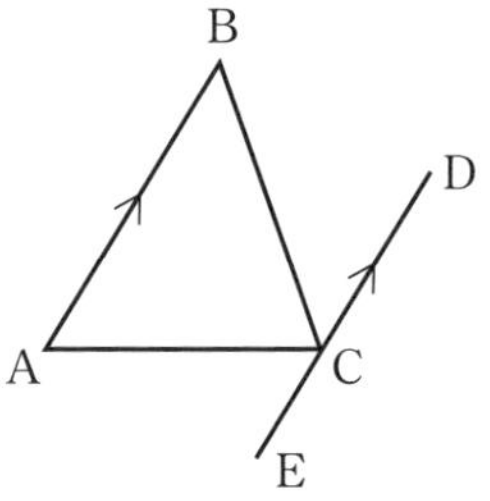

解き方

AB // DE より平行線の錯角は等しいから，∠ACE = ∠A，∠BCD = ∠B

したがって，∠A + ∠ACB + ∠B = ∠ACE + ∠ACB + ∠BCD = 180° となり，三角形の内角の和は 180° である。

Check! **1** **例題 1** の図に補助線を加え，平行線の同位角が等しいことをもとにして，三角形の内角の和が 180° であることを証明しなさい。

ヒント! BC の延長線，AC 延長線を補助線として加える。

例題 2 多角形の内角と外角

教 p.106 問 7

右の図で，∠x の大きさをそれぞれ求めなさい。

(1)

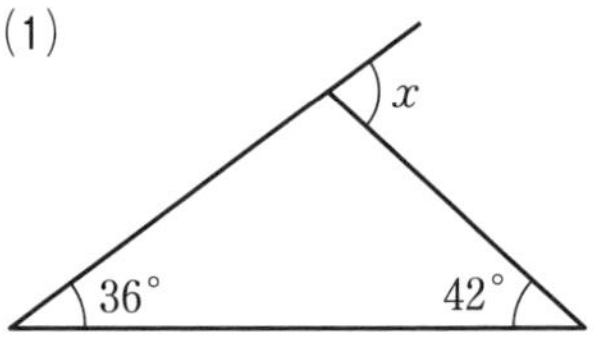

(2) ℓ // m

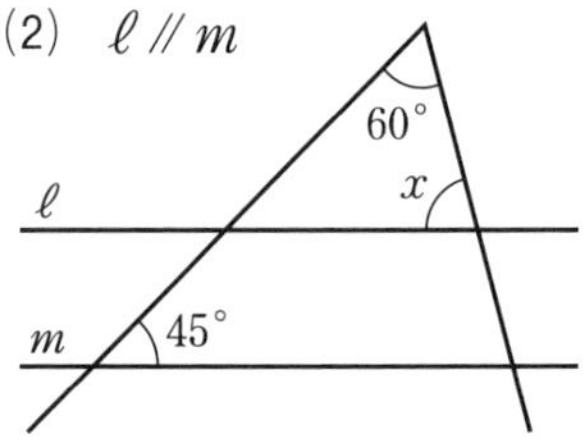

解き方

(1) 三角形の内角の和は 180° だから，∠x にとなり合う角の大きさは，

180° − (36° + 42°) = 102°

一直線は 180° だから，180° − 102° = 78° **答** 78°

［別解］三角形の外角は，それととなり合わない 2 つの内角の和に等しいから，

∠x = 36° + 42° = 78°

(2) 平行線の同位角が等しいこと，三角形の内角の和が 180° であることから，

∠x = 180° − (60° + 45°) = 75° **答** 75°

Check! **2** 右の図で，∠x の大きさを求めなさい。

(1)

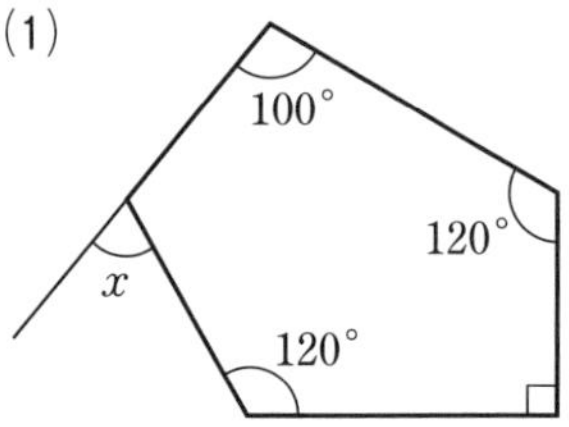

(2) ℓ // m

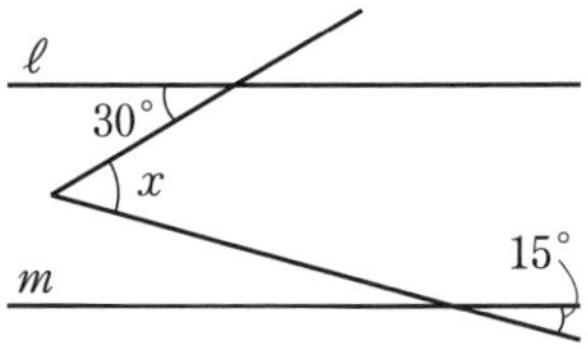

解答 p.42

❶ 三角形の角と証明　下の図で，$\angle x$ の大きさを求めなさい。教 p.106 問 7

□(1)

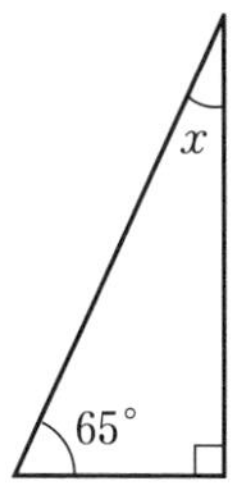

□(2)

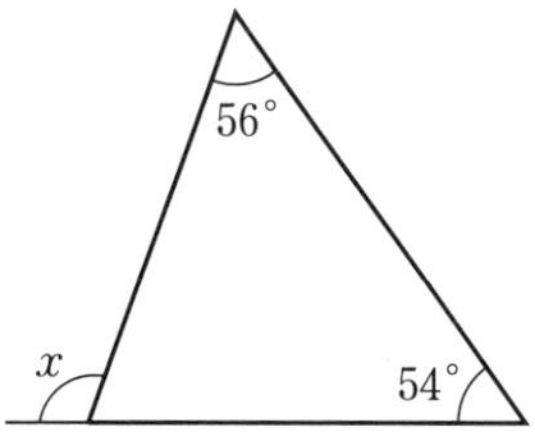

□(3)

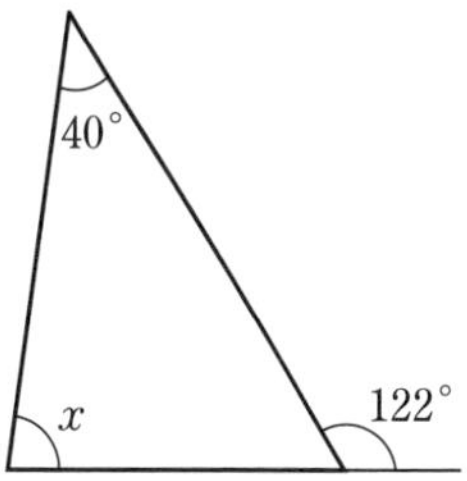

□ **❷ 三角形の角と証明**　三角形の内角の和が 180° であることを「3 つの内角をすきまなく一直線上にならべる」ことで証明します。下の図に，コンパスと定規で作図して証明しなさい。

教 p.105・106 問 8

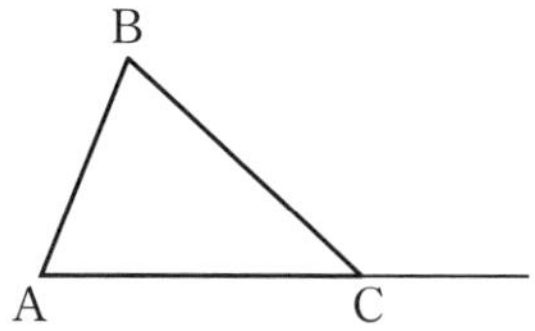

❸ 多角形の内角と外角　下の図で，$\angle x$ の大きさを求めなさい。教 p.106 問 10

□(1)

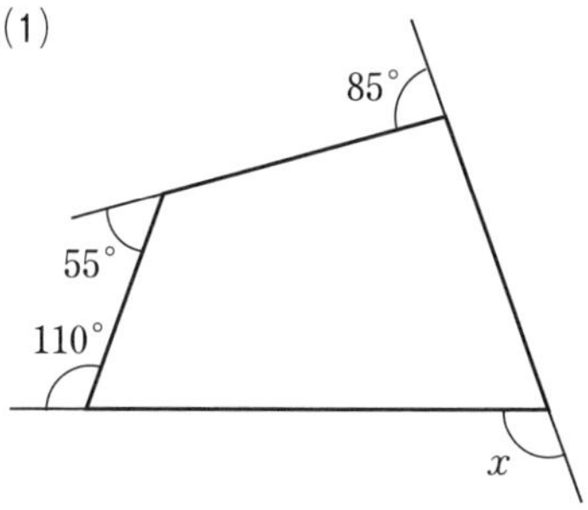

□(2)

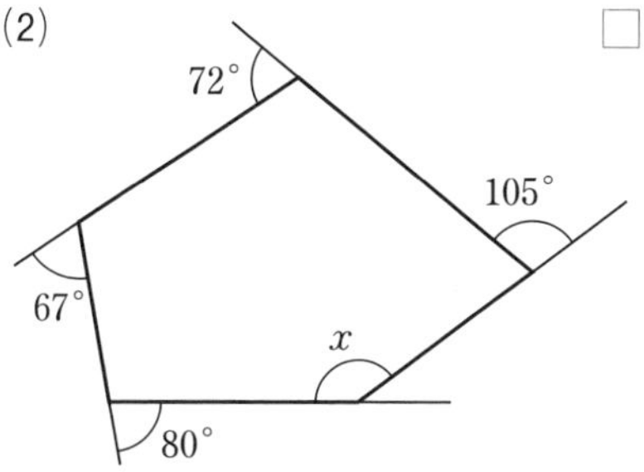

□(3)

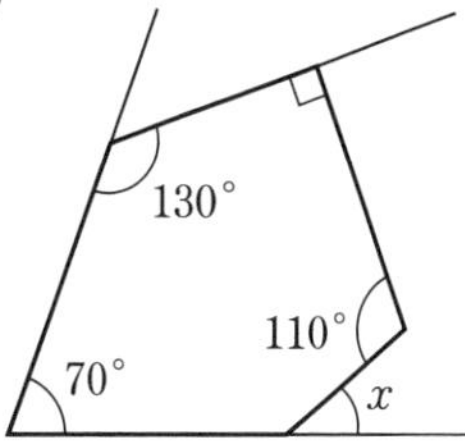

❹ 多角形の内角と外角　次の問に答えなさい。教 p.107 ～ 109

□(1)　右の図で，

$\angle x = \angle A + \angle B + \angle C$

であることを証明しなさい。

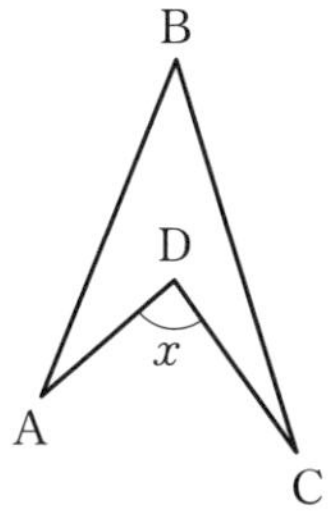

□(2)　下の図で，$\angle x$ の大きさを求めなさい。

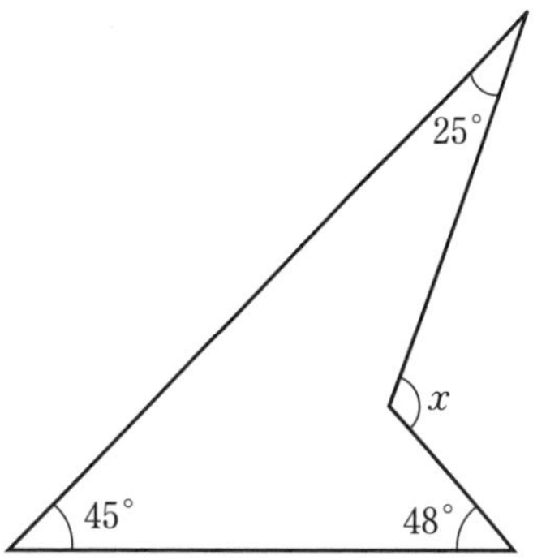

解答 p.42

1・2節の問題　説明のしくみ　平行線と角

教科書 98 ▸ 109
解答 p.43

1 次の問に答えなさい。

□(1)　次の□に，あてはまることばや数，式を答えなさい。

> n 角形の内角の和は，180°×(①)である。この式で使われている 180° は，
> ② の内角の和を表している。例えば，五角形の場合，1 つの頂点から出る対角線で三角形に分けると， ③ つの三角形に分けられるので，五角形の内角の和は，
> 180°×(④ −2)＝180°× ③ ＝ ⑤ °となる。

□(2)　内角の和が 1440° である多角形は何角形ですか。

□(3)　正十二角形の 1 つの外角の大きさを求めなさい。

□(4)　正八角形の 1 つの内角の大きさを求めなさい。

2 右の図について，次の問に答えなさい。

□(1)　∠h の対頂角，同位角，錯角をそれぞれ答えなさい。

□(2)　∠b＝70° のとき，∠d の大きさを求めなさい。

□(3)　$\ell /\!/ m$ のとき，∠a と等しい大きさの角をすべて答えなさい。

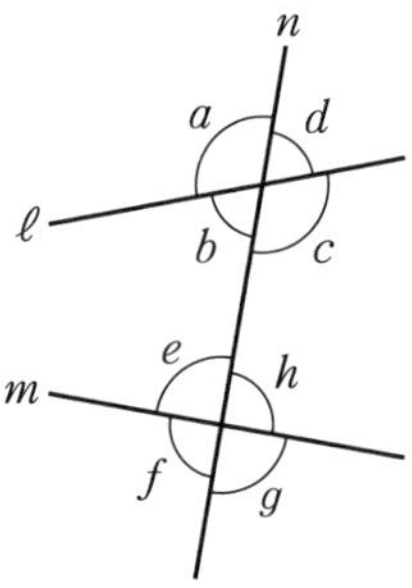

3 下の図で，$\ell /\!/ m$ のとき，∠x の大きさを求めなさい。

□(1)

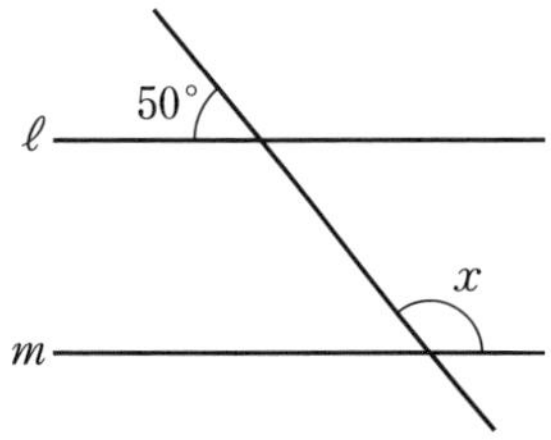

□(2)

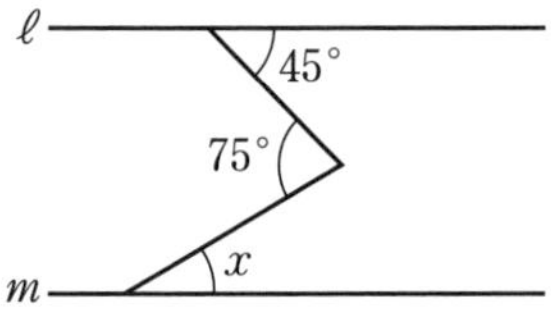

□(3)

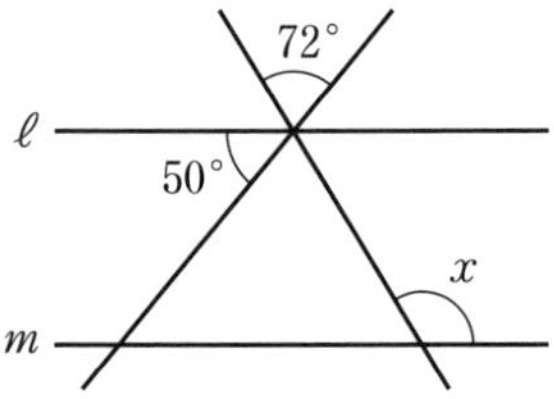

4 下の図で，∠x の大きさを求めなさい。

□(1)

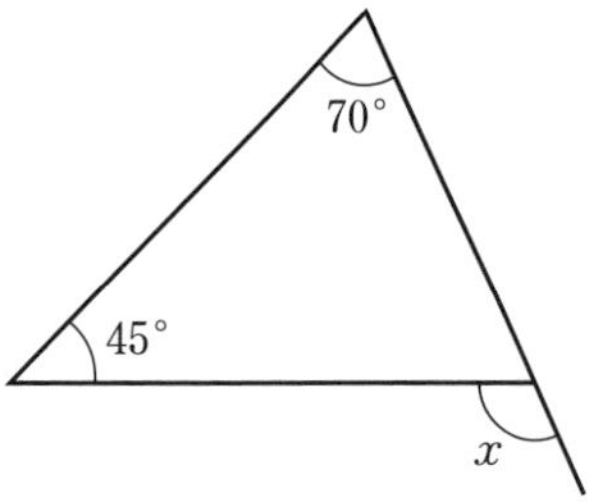

□(2)

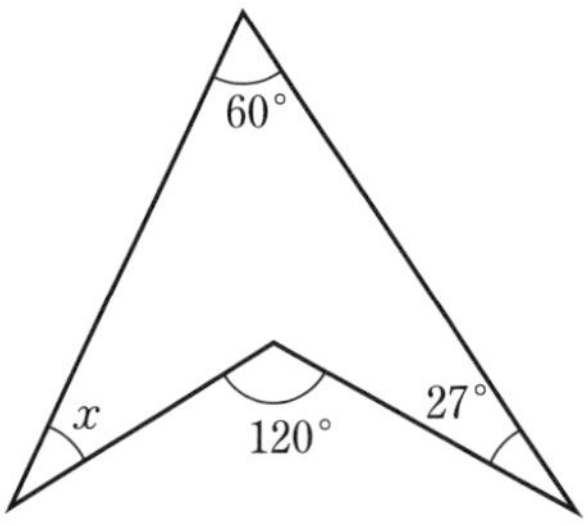

□(3)

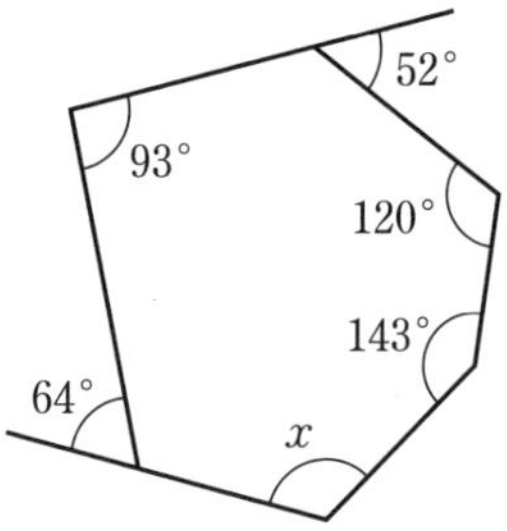

ヒント

1(3)　多角形の外角の和は 360° であることから求める。または，正十二角形の内角の和から 1 つの内角を求め，180° からその内角の大きさをひいて，1 つの外角の大きさを求めてもよい。

□ **5** 右の図において，2 つの直線 ℓ と m が平行であるとき，$\angle a$ と $\angle g$ が等しくなることを証明します。次の □ にあてはまることばを答えなさい。

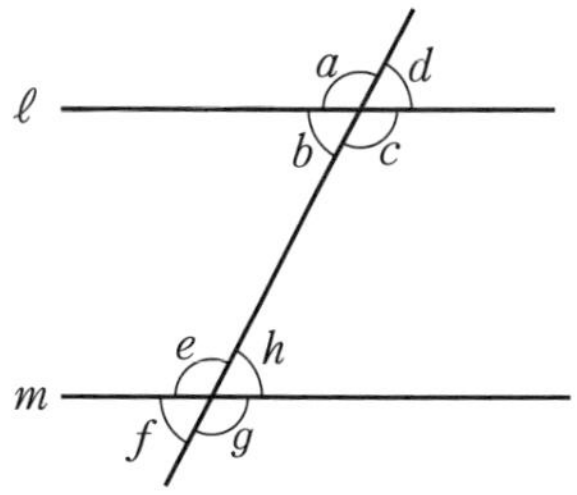

$\angle a$ と $\angle c$ は，［ ① ］であるから	$\angle a=\angle c$
$\angle g$ と $\angle c$ は，平行線の［ ② ］であるから	$\angle g=\angle c$
$\angle a$ と $\angle g$ はどちらも $\angle c$ に等しいから	$\angle a=\angle g$

□ **6** 右の図で，$k /\!/ \ell$ です。$\angle a=\angle c$ のとき，$m /\!/ n$ となることを証明しなさい。

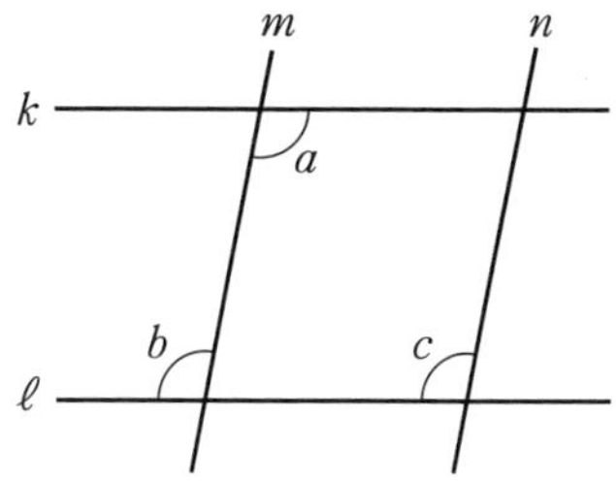

□ **7** 右の図の直線 a 〜 e のうち，平行であるものを記号 $/\!/$ を使って示しなさい。また，$\angle x$，$\angle y$，$\angle z$，$\angle u$ のうち，等しい角の組を答えなさい。

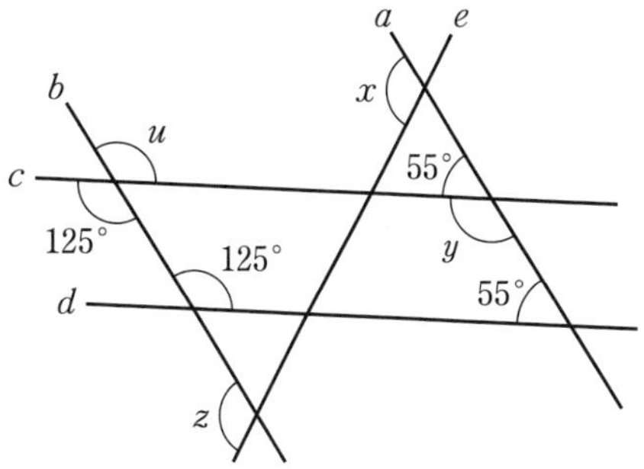

□ **8** 右の $\ell /\!/ m$ のとき，$\angle x$ の大きさを，補助線をひいて求めました。次の □ にあてはまることばや数，式を答えなさい。

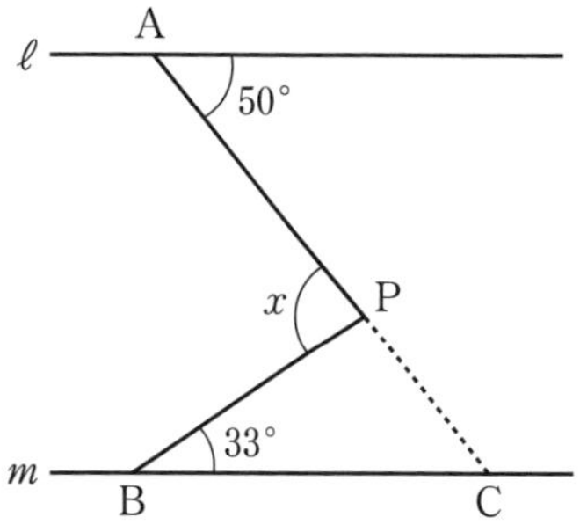

> 右の図のように，AP の延長線と直線 m の交点を C とします。平行線の［ ① ］であるから，
> $\angle \mathrm{ACB}=$［ ② ］°
> △PBC において，三角形の内角，外角の性質から，
> $\angle x=$［ ③ ］$=$［ ④ ］°

ヒント

6 **7** 2 直線に 1 つの直線が交わるとき，2 直線が平行ならば，同位角・錯角は等しい。
8 点 P を通り，直線 ℓ，m に平行な直線を補助線としてひいても，$\angle x$ の大きさを求めることができる。

もっとチャレンジ!

4章　3節 合同な図形

1 合同な図形の性質と表し方　2 三角形の合同条件

例題 1　合同な図形の表し方

教 p.112 問 1

右の 2 つの四角形が合同であることを，記号 ≡ を使って表しなさい。また，等しい辺や角を，それぞれ記号で書きなさい。

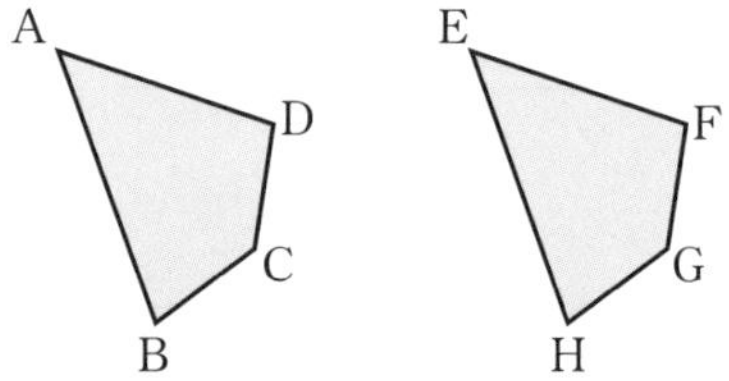

解き方

対応する頂点の名前を周にそって同じ順に書く。また，合同な図形では，対応する線分や角は等しい。

答　**四角形 ABCD ≡ 四角形 EHGF,**

AB = EH, BC = HG, CD = GF, DA = FE,

∠A = ∠E, ∠B = ∠H, ∠C = ∠G, ∠D = ∠F

ポイント

合同な図形は，対応する頂点の名前を周にそって同じ順に
△ABC ≡ △EFG
四角形 ABCD ≡ 四角形 PQRS
などのように表す。

Check! 1　**例題 1** の四角形の対角線を結んでできる三角形すべてについて，合同な三角形を見つけ，合同であることを記号 ≡ を使って表しなさい。

例題 2　三角形の合同条件

教 p.115 例 1

右の図で，AB = PQ, BC = QR, ∠B = ∠Q であるとき，△ABC と △PQR は合同であるといえますか。理由をつけて答えなさい。

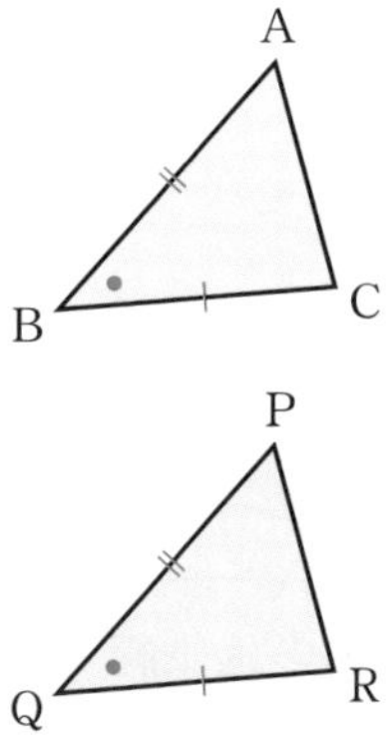

ポイント

三角形の合同条件

1. 3 組の辺がそれぞれ等しい。
2. 2 組の辺とその間の角がそれぞれ等しい。
3. 1 組の辺とその両端の角がそれぞれ等しい。

解き方

AB = PQ, BC = QR で，∠B, ∠Q はそれぞれ AB と BC, PQ と QR の間の角だから，2 組の辺とその間の角がそれぞれ等しいから △ABC ≡ △PQR である。

三角形が合同である理由は，三角形の合同条件のどれかにあてはまればいいね。

Check! 2　**例題 2** の図で，AB = PQ, ∠B = ∠Q, ∠A = ∠P であるとき，三角形の合同条件を明らかにして，△ABC ≡ △PQR であることを説明しなさい。

解答 p.44

□**1** **合同な図形の表し方・三角形の合同条件**　**下の図で，合同な三角形の組を見つけ，記号 ≡ を使って表しなさい。また，そのときに使った合同条件をいいなさい。** 教 p.115 問 1

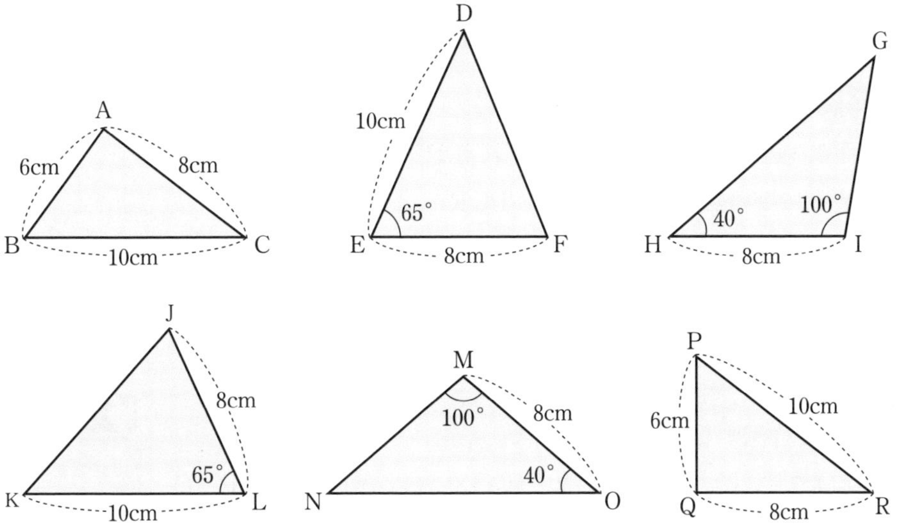

2 **合同な図形の表し方・三角形の合同条件**　**右の四角形 ABCD は，合同な 2 つの三角形，△ABC と △ACD を組み合わせてできた平行四辺形です。対角線 BD を結ぶとき，次の問に答えなさい。** 教 p.115 問 2

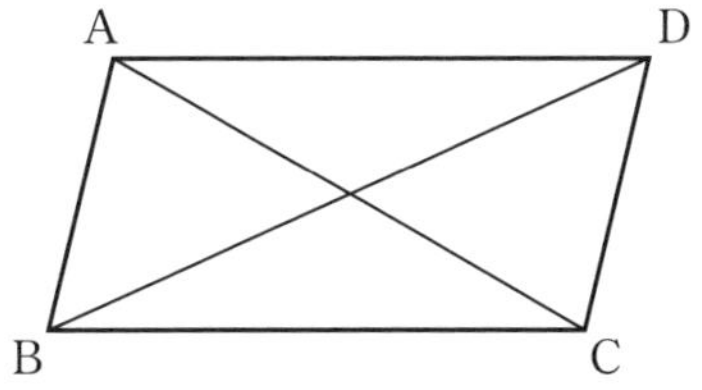

□(1)　組み合わせた 2 つの三角形が合同であることを，記号 ≡ を使って表しなさい。

□(2)　(1)からわかる等しい辺，等しい角をすべていいなさい。ただし，辺や角を表す頂点の記号は，対応する頂点の名前の順に書きなさい。

□(3)　四角形 ABCD が平行四辺形であることからいえる辺の位置関係を，記号を使って表しなさい。

□(4)　△ABD ≡ △CDB であるといえますか。また，そう考える理由を，(2)，(3)で書いた式を使って説明しなさい。

ヒント
(2)からさらにいえる角の関係に着目する。

3 **三角形の合同条件**　**次の問に答えなさい。**

教 p.115 問 2

□(1)　右の図で，△ABC ≡ △DEF であるといえますか。また，そう考える理由もいいなさい。

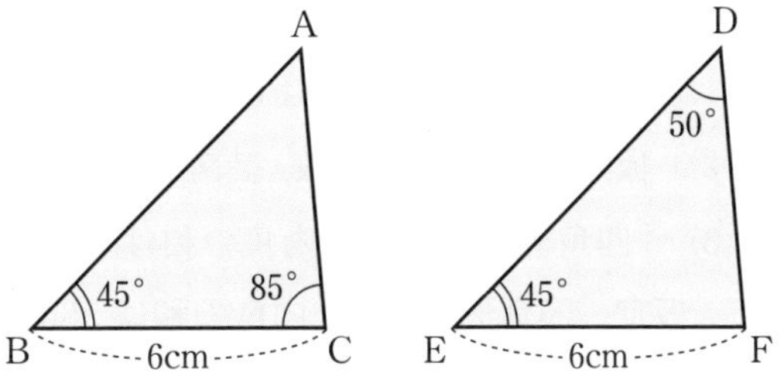

□(2)　右の図で，どんな条件を 1 つつけ加えれば △ABC ≡ △DEF になりますか。つけ加える条件をすべて，式で書きなさい。

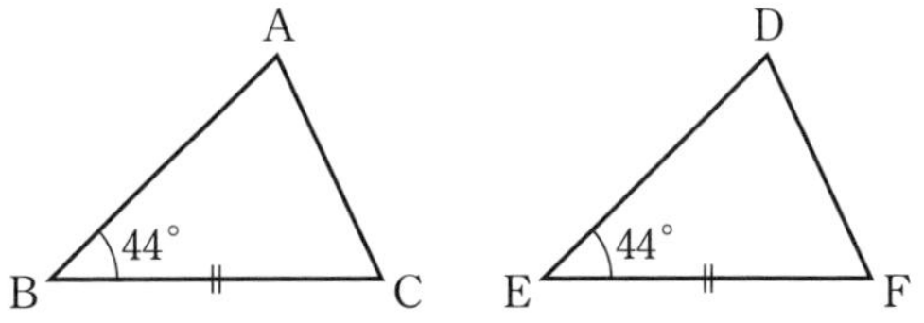

解答 p.44

もっとチャレンジ!

4章

3節 合同な図形

3 証明のすすめ方(1)

例題 1　合同条件を使った証明　教 p.116

(1)　右の図で，辺 OX，OY 上にそれぞれ点 P，Q をとり，OX，OY 上にない点 R をとって，∠POR＝∠QOR となるような 3 点 P，Q，R をコンパスと定規で作図しなさい。

(2)　∠POR＝∠QOR であることを示すには，どの三角形とどの三角形の合同をいえばよいですか。

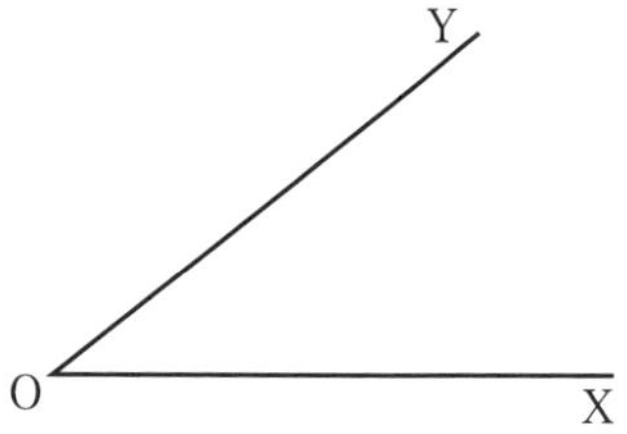

解き方

(1)　次の手順で作図する。

①　頂点 O を中心とする円をかき，辺 OX，OY との交点を P，Q とする。

②　P, Q を中心として等しい半径の円をかき，その交点を R とする。

③　半直線 OR をひく。

(2)　三角形の合同条件をもとに考える。∠POR と ∠QOR を角にもつ三角形を見つける。

答　△POR と △QOR

ポイント

与えられた条件をもれなくチェックし，そのうち三角形の合同条件に使えるような等しい辺，角を見つけ，証明をすすめる。

Check! **1**　**例題 1** で，△POR≡△QOR であることを証明するとき，根拠となる三角形の合同条件をいいなさい。

例題 2　仮定と結論　教 p.117 問 1

次のことがらについて，それぞれ仮定と結論をいいなさい。

(1)　△ABC≡△PQR　ならば　∠B＝∠Q

(2)　m が 3 の倍数　ならば　m は奇数である。

(3)　四角形の内角の和は 360° である。

ポイント

○○○ ならば □□□
↑仮定　↑結論

解き方

(1)　**仮定…△ABC≡△PQR，結論…∠B＝∠Q**

(2)　**仮定…m が 3 の倍数，結論…m は奇数**

(3)　「四角形　ならば　内角の和は 360°」と考える。

仮定…四角形，結論…内角の和は 360°

なお，(2)は結論が誤りである。(例えば m＝6)

「P　ならば　Qである」の「ならば」の前のPの部分を仮定といい，「ならば」のあとのQの部分を結論というよ。

Check! **2**　**例題 1** (2)で，∠POR＝∠QOR であることを証明するとき，仮定と結論をいいなさい。

解答 p.45

□❶ **合同条件を使った証明**　**前ページの例題 1 で，∠POR＝∠QOR であることを次のように証明します。空らんにあてはまる記号やことばを書いて，証明を完成させなさい。** 教 p.116～117

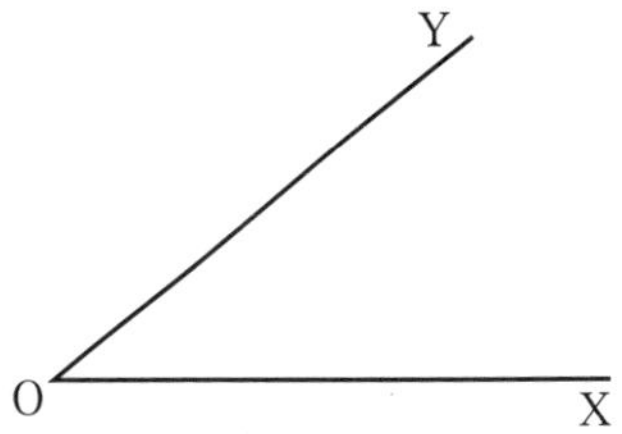

［証明］　△POR と △［ア］において，

円の半径は等しいから，PO＝［イ］……①，

［ウ］＝QR……②

また，［エ］は共通……③

①，②，③より，［オ］から，

△POR≡△［ア］

合同な図形の対応する角は等しいから，

∠［カ］＝∠QOR

ヒント!

PO，QO はコンパスで長さを決めている。その長さはコンパスでかく円の半径に等しい。

□❷ **合同条件を使った証明**　**❶の図で，PQ と直線 OR の交点を S とするとき，PS＝QS であることを，次のように証明します。空らんにあてはまる式や記号，ことばを書いて，証明を完成させなさい。** 教 p.117

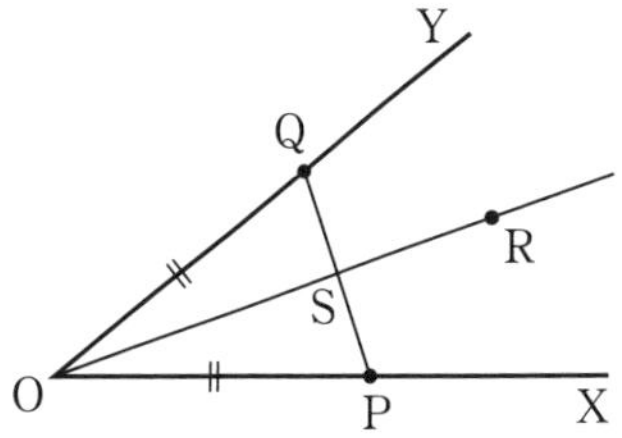

［証明］　△［ア］と △［イ］において，

上の問題❶から，等しい辺について，［ウ］……①，

等しい角について，［エ］……②

であることがわかる。また，［オ］は共通……③

①，②，③より，［カ］から，

△［ア］≡△［イ］

合同な図形の対応する辺は等しいから，［キ］である。

ヒント!

問題❶からわかることは，結論だけでなく，2 つの三角形が合同であることから導かれるすべてのことである。

❸ **仮定と結論**　**「AB＝PQ，BC＝QR，CA＝RP　ならば　△ABC≡△PQR である」ということがらについて，次の問に答えなさい。** 教 p.117 問 1

□(1)　仮定と結論をいいなさい。

□(2)　結論はつねに正しいといえますか。

解答 p.45

もっとチャレンジ!

4章　3節 合同な図形

3 証明のすすめ方(2)

例題 1　根拠の書き方

教 p.118～119

右の図は，線分 AB と CD の交点を E として，EA＝EB，∠A＝∠B となるようにかいたものです。このとき，ED＝EC となることを証明します。次の問に答えなさい。

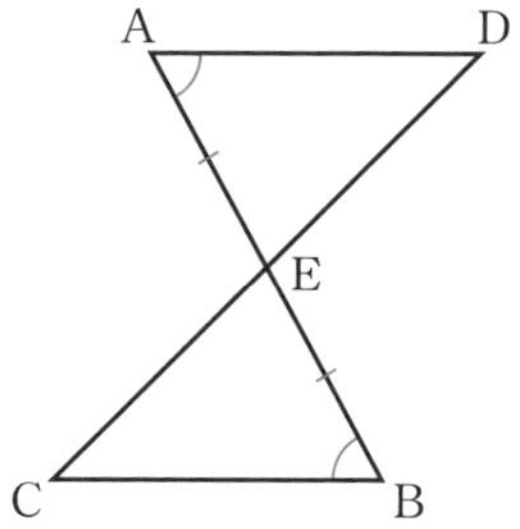

(1)　仮定と結論をいいなさい。　(2)　このことがらを証明しなさい。

解き方

(1)　EA＝EB，∠A＝∠B　ならば　ED＝EC

答　**仮定…EA＝EB，∠A＝∠B，結論…ED＝EC**

(2)　仮定から結論を導くには，△EAD と △EBC が合同であることをいえばよい。

EA＝EB，∠A＝∠B…仮定　∠AED＝∠BEC…対頂角　などの根拠となることがらを明らかにして証明する。

［証明］　△EAD と △EBC において，仮定から，EA＝EB……①　∠A＝∠B……②

対頂角は等しいから，∠AED＝∠BEC……③

①，②，③より，**1 組の辺とその両端の角がそれぞれ等しい**から，→三角形の合同条件

△EAD≡△EBC　合同な図形の対応する辺は等しいから，ED＝EC　→結論

Check! 1　右の図は，線分 AB と CD の交点を E として，ED＝EC，AD // CB であるとき，EA＝EB となることを証明しなさい。

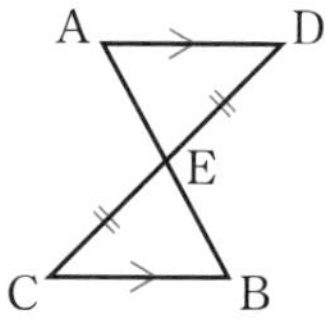

例題 2　合同を利用したいろいろな証明

教 p.120

右の図は，線分 AB と CD の交点を O として，OA＝OB，OC＝OD となるようにかいたものです。このとき，AC // DB となることを証明しなさい。

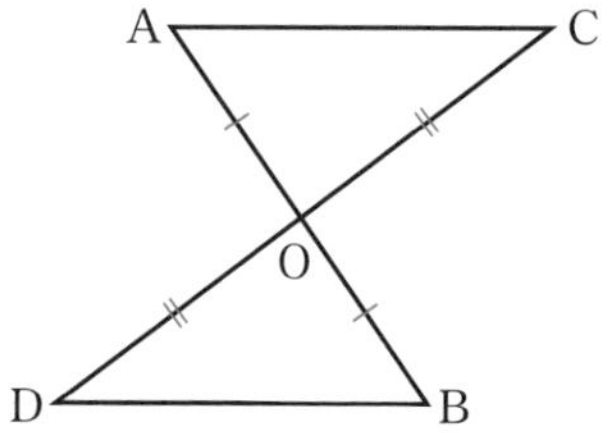

解き方

平行であることを証明するには，錯角や同位角が等しいことをいえばよい。どの角が錯角や同位角の条件としてあてはまるかを考え，証明する。

［証明］　△OAC と △OBD において，仮定から OA＝OB……①　OC＝OD……②

対頂角は等しいから，∠AOC＝∠BOD……③

①，②，③より，2 組の辺とその間の角がそれぞれ等しいから，△OAC≡△OBD

合同な図形の対応する角は等しいから，∠D＝∠C　錯角が等しいから，AC // DB

Check! 2　**例題 2** で，線分 AD と CB を結ぶとき，AD // CB となることを証明しなさい。

解答 p.46

1 根拠の書き方　**右の図の正三角形ABCについて，次の問に答えなさい。** 教 p.119

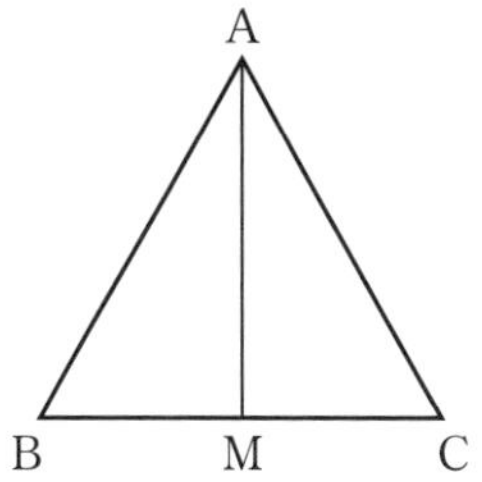

(1)　辺BCの中点をMとすると，△ABM≡△ACMとなることを証明します。

□①　仮定と結論をいいなさい。ただし，すべて式で表しなさい。

□②　このことがらを証明しなさい。

(2)　辺AB，AC上にAD＝CEとなるように2点D，Eをとります。

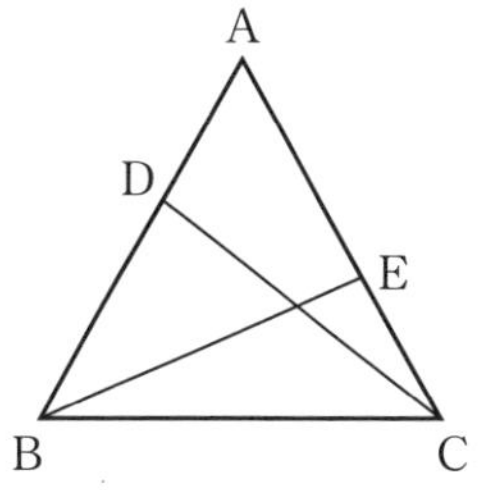

□①　△ADC≡△CEBとなることを証明しなさい。

□②　△ABE≡△BCDとなることを証明しなさい。

□**2 根拠の書き方**　**右の図のように，正方形ABCDの辺AB，BC上に，∠PCB＝∠QDCとなるように2点P，Qをとります。このとき，BP＝CQとなることを証明しなさい。** 教 p.119

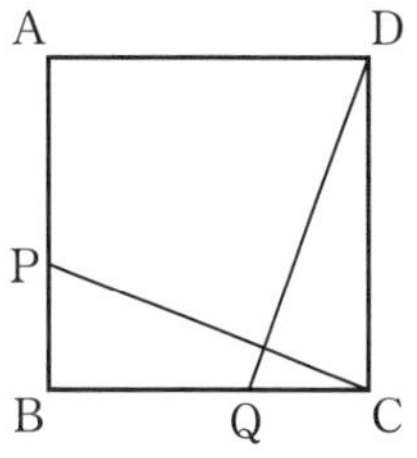

□**3 合同を利用したいろいろな証明**　**右の図で，長方形ABCDの辺BC，AD上に，BE＝DFとなる点E，Fをとり，EFとACの交点をOとするとき，FO＝EOとなることを証明しなさい。** 教 p.119

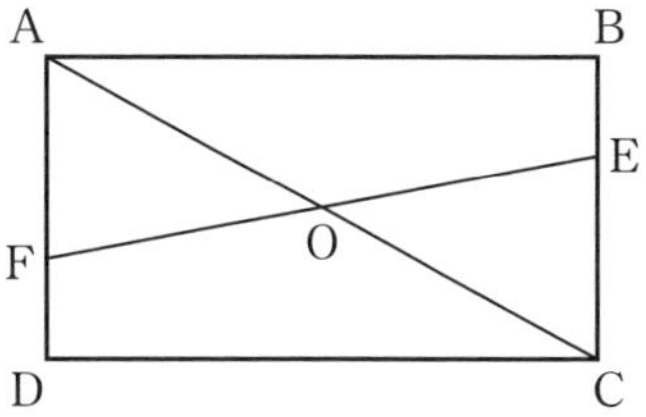

解答 p.46

3節の問題｜合同な図形

解答 p.47

1 右の図で，2つの四角形は合同です。次の問に答えなさい。

□(1) 2つの四角形が合同であることを，記号 ≡ を使って表しなさい。

□(2) 辺 BC の長さを求めなさい。

□(3) ∠C に対応する角を答えなさい。

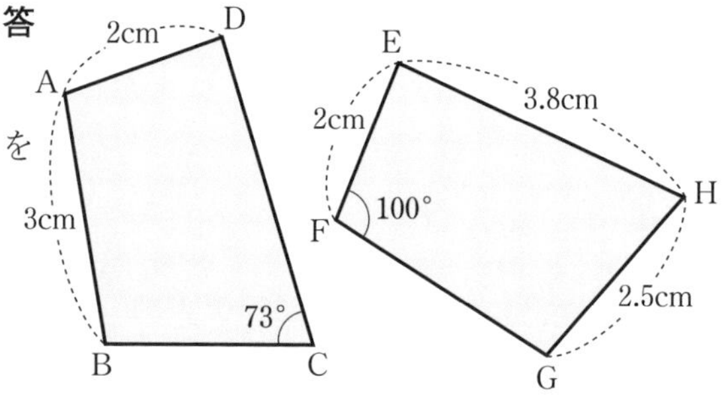

□ **2** 下の図で，合同な三角形の組を見つけ，記号 ≡ を使って表しなさい。また，そのときに使った合同条件を答えなさい。

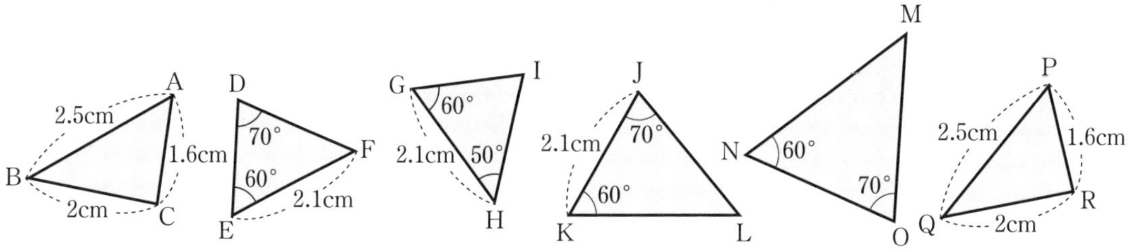

□ **3** △ABC と △DEF において，AB＝DE，∠ABC＝∠DEF のとき，このほかにどんな条件を1つつけ加えれば △ABC≡△DEF になりますか。つけ加える条件を2通り答えなさい。また，そのときのそれぞれの合同条件を答えなさい。

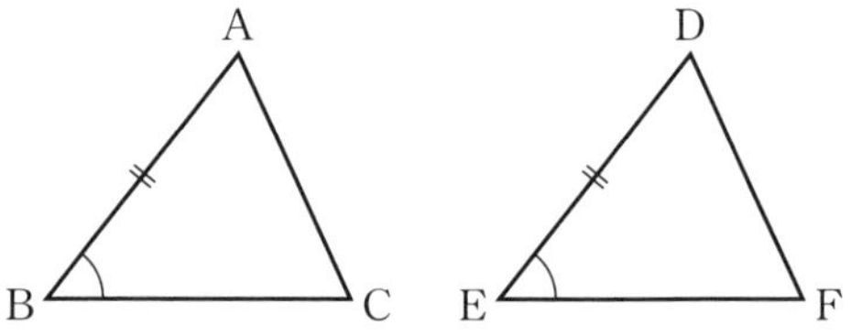

□ **4** 右の図で，合同な三角形の組を見つけ，記号 ≡ を使って表しなさい。また，そのときに使った合同条件を答えなさい。ただし，同じ印をつけた辺や角は等しいものとします。

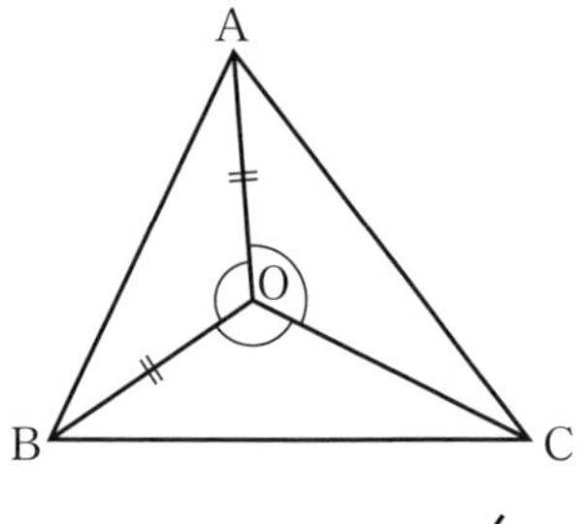

5 次のことがらについて，それぞれ仮定と結論をいいなさい。

□(1) △ABC≡△DEF ならば ∠ACB＝∠DFE

□(2) 右の図で，$\ell \parallel m$ ならば，$\angle x = \angle y$

□(3) n 角形の内角の和は，$180° \times (n-2)$ である。

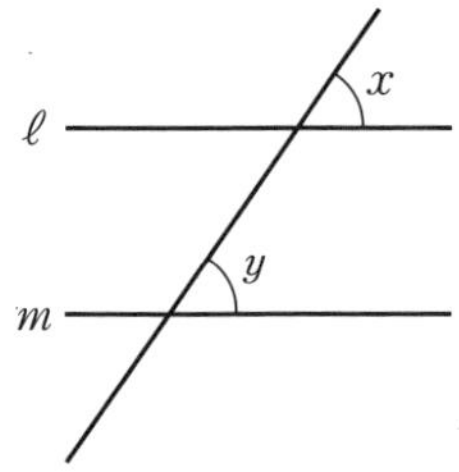

ヒント

1(2) 合同な図形では，対応する線分や角は等しい。
3 三角形の合同条件を満たすために不足している条件を考える。
5 「○○○ ならば □□□」という形で述べられている文では，○○○の部分が仮定，□□□の部分が結論。

6 **右の図で，AE＝DE，BE＝CE ならば，AB＝DC となります。次の問に答えなさい。**

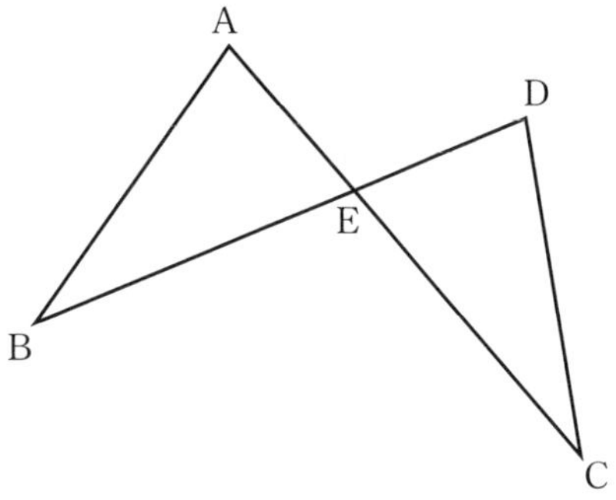

□(1) 仮定と結論を答えなさい。

□(2) このことがらを証明するのに，どの三角形とどの三角形の合同をいえばよいですか。

□(3) (2)の証明をするときに使う三角形の合同条件を答えなさい。

□ **7** **右の図の △ABC と △DEF において，辺 BC と辺 EF は一直線上にあり BC＝EF，また，AB // DE，AC // DF です。このとき，AC＝DF になることを次のように証明しました。㋐～㋘にあてはまる記号やことばを答えなさい。**

［証明］ △ABC と △［㋐］において

仮定から，BC＝［㋑］……①

AB // DE より，平行線の［㋒］は等しいから

∠ABC＝∠［㋓］……②

［㋔］より，平行線の［㋕］は等しいから

∠ACB＝∠［㋖］……③

①,②,③より，［㋗］から，

△ABC≡［㋘］

合同な図形の対応する辺は等しいから AC＝DF

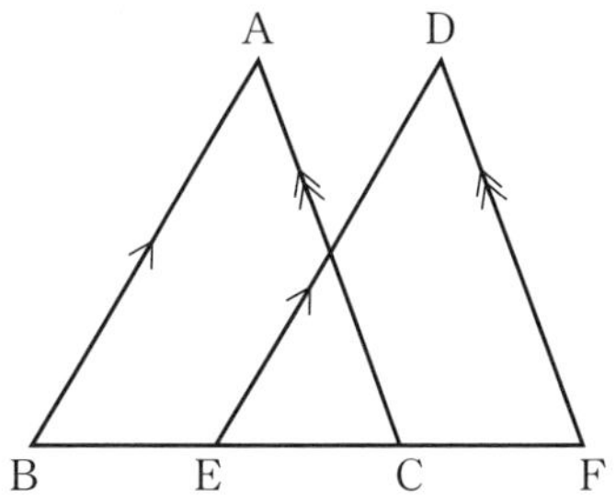

□ **8** **右の図の四角形 ABCD において，AB＝CB，∠ABD＝∠CBD ならば，∠BAD＝∠BCD になることを証明しなさい。**

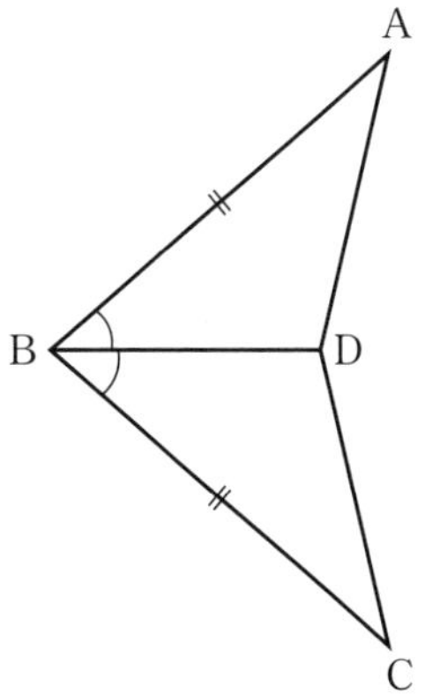

ヒント
7 2 直線に 1 つの直線が交わるとき，2 直線が平行ならば，同位角は等しい。
8 仮定と図の条件から，△ABD と △CBD が合同であることをいえばよい。

4章の問題　平行と合同　図形の性質の調べ方を考えよう

教科書 98 ▸ 124

解答 p.48

1 次の問に答えなさい。

□(1)　八角形の内角の和を求めなさい。

□(2)　1つの外角が18°である正多角形は正何角形ですか。

2 下の図で，$\ell \parallel m$ のとき，$\angle x$ の大きさを求めなさい。ただし，(2)の多角形は正五角形，(3)で同じ印をつけた角は等しいものとします。

□(1)

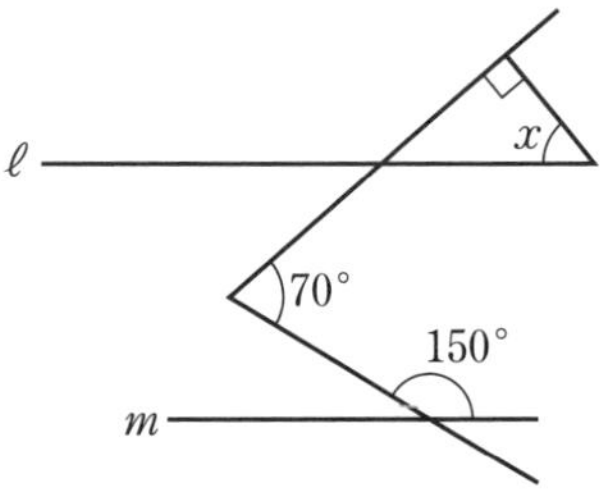

□(2)

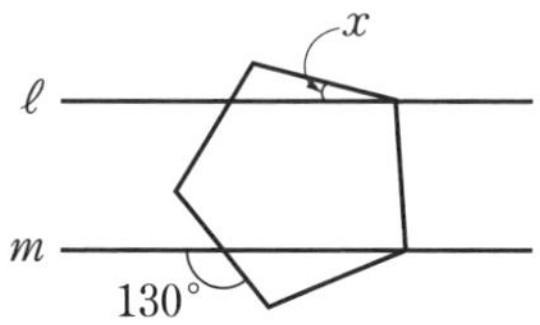

□(3)

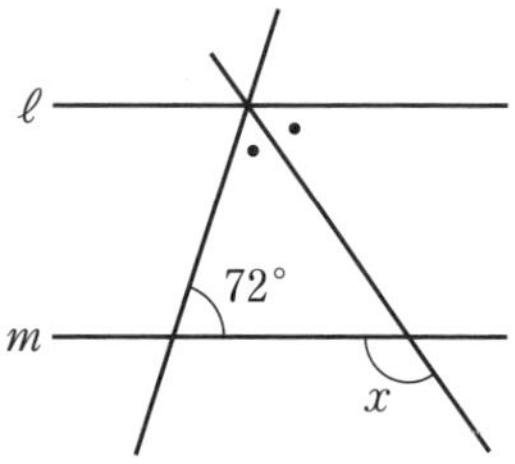

3 長方形の紙を次のように折ったとき，$\angle x$ の大きさを求めなさい。

□(1)

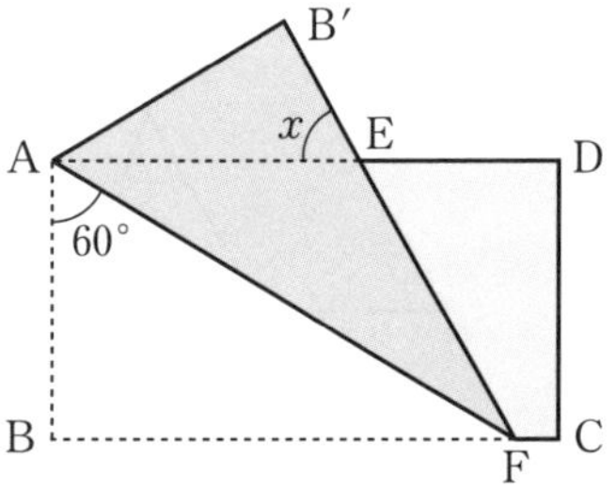

□(2)

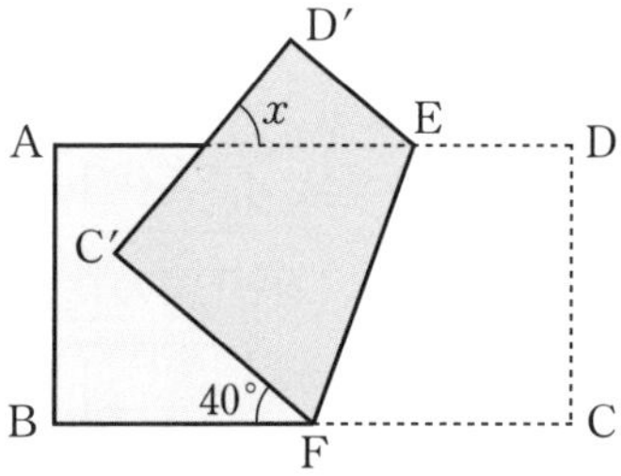

4 下の図で，$\angle x$ と $\angle y$ の2つの角の和を求めなさい。

□(1)

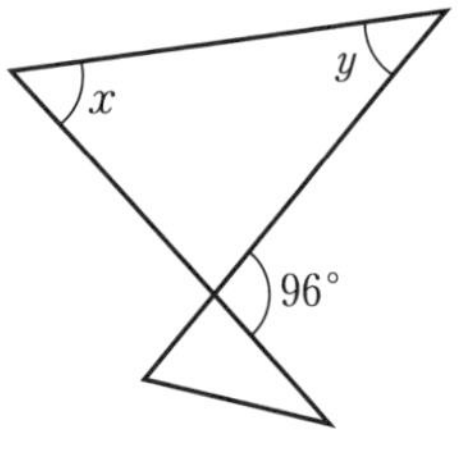

□(2)

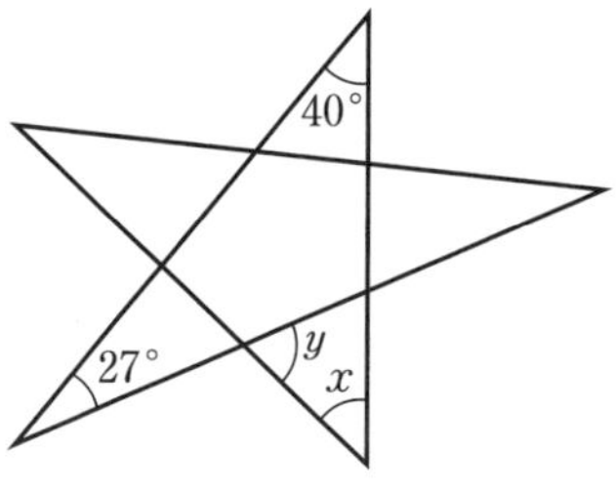

□ **5** 右の図の四角形ABCDにおいて，AB＝DC，AB // DCのとき，AD＝BCになることを証明しなさい。

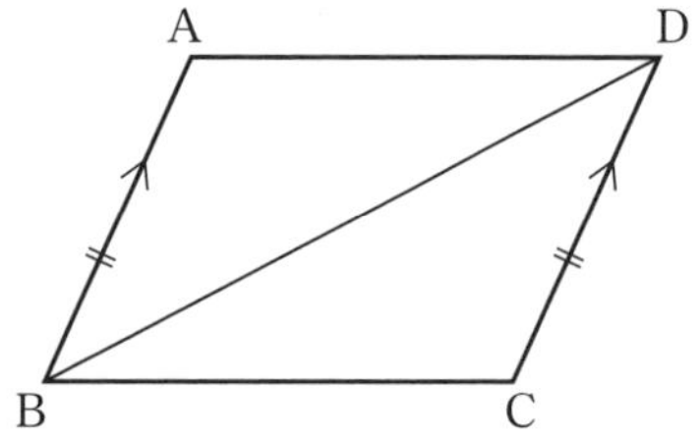

ヒント

3(1)　折り返した角なので∠AFB＝∠AFB′であることを利用する。

4(1)(2)　三角形の内角，外角の性質を使って考える。

□**6** **右の図で，CD＝EB，∠CDF＝∠EBF のとき，DF＝BF となることを次のように証明しました。㋐〜㋔にあてはまる式や記号，ことばを答えなさい。**

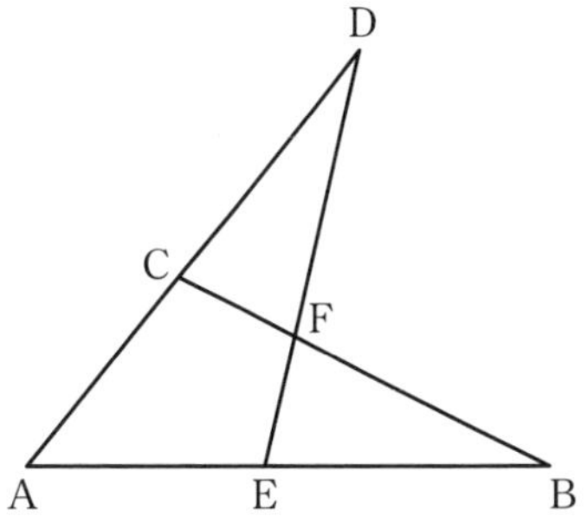

［証明］ △CFD と △［㋐］において
仮定から　CD＝EB　……①
∠CDF＝∠EBF　……②
三角形の内角，外角の性質より
∠DCF＝∠CAB＋∠EBF　……③
∠BEF＝［㋑］　……④
②，③，④から
∠DCF＝∠［㋒］　……⑤
①，②，⑤より，
［㋓］から
△CFD≡△［㋐］
合同な図形の対応する辺は等しいから［㋔］

□**7** **右の図で，線分 AB の中点を C とし，CD＝CE，∠ACD＝∠BCE となるような点 D と E をとります。このとき，∠AEC＝∠BDC となることを次のように証明しました。㋐〜㋕にあてはまる式や記号，ことばを答えなさい。**

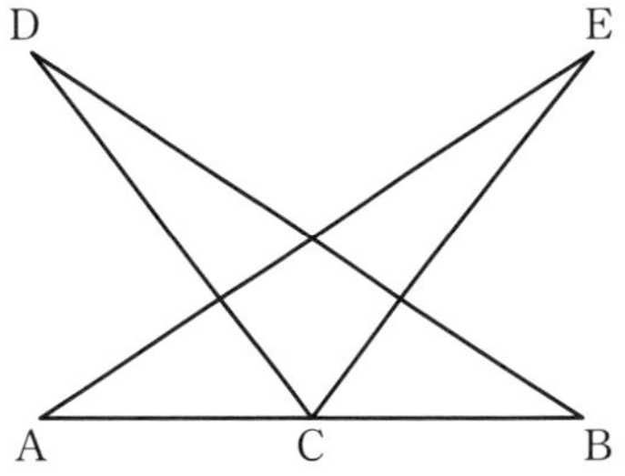

［証明］ △ACE と △［㋐］において
仮定から　AC＝BC　……①
CE＝CD　……②
∠ACD＝∠BCE　……③
∠ACE＝∠ACD＋∠［㋑］　……④
∠BCD＝［㋒］　……⑤
③，④，⑤から　∠ACE＝∠［㋓］　……⑥
①，②，⑥より，
［㋔］から
△ACE≡△［㋐］
合同な図形の対応する角は等しいから
∠AEC＝∠［㋕］

ヒント
6 三角形の内角，外角の性質を使って，∠DCF と ∠BEF が等しいことを導く。
7 ∠ACD＝∠BCE，∠DCE は共通から，∠ACE＝∠BCD であることを導く。

5章 三角形と四角形

中1 平面図形

中2 平行と合同

図形の性質を見つけて証明しよう

ウォーミングアップ

1 次の図で，$\angle x$，$\angle y$ の大きさを求めなさい。

□(1) 平行四辺形

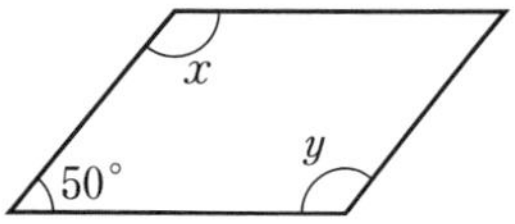

□(2) 長方形

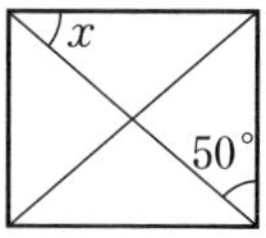

□(3) ひし形

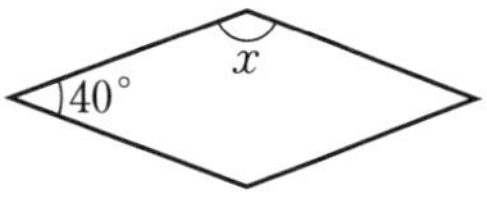

□(4) 二等辺三角形

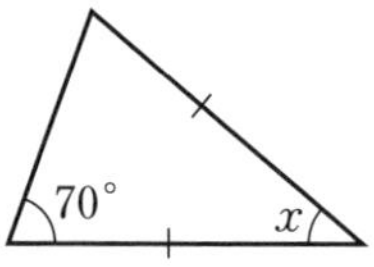

ふりかえり 小4

垂直，平行と四角形

平行四辺形の向かい合う角の大きさは等しい。

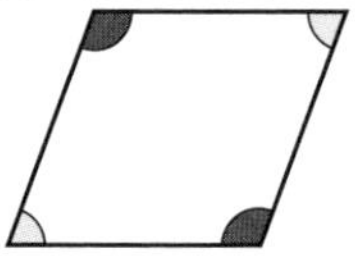

2 線分 AB と CD が次のように交わっています。4 点 A，C，B，D を結んでできる四角形は，何という四角形ですか。

□(1)

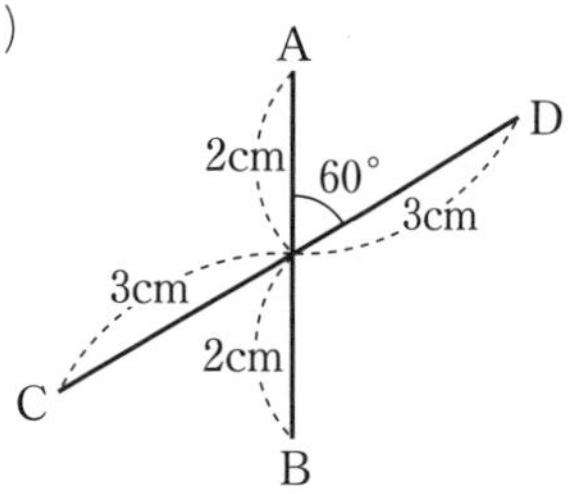

□(2)

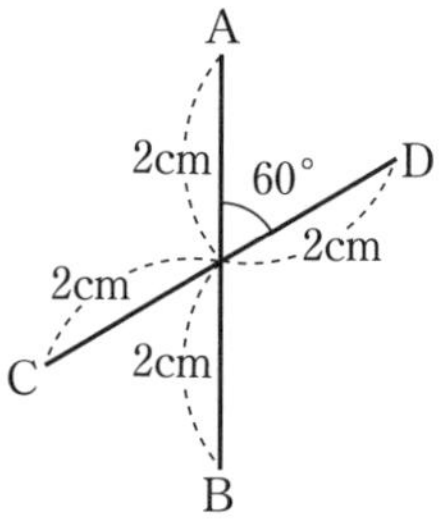

□(3)

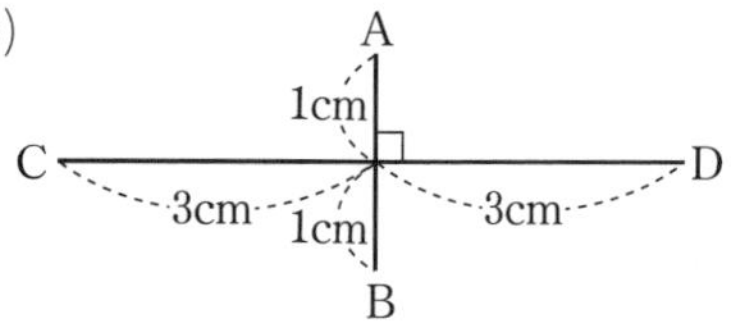

ふりかえり 小4

垂直，平行と四角形

［長方形］

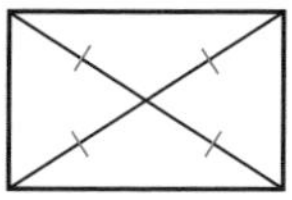

対角線の長さが等しい

［ひし形］

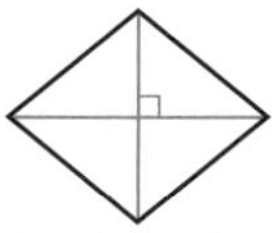

対角線が垂直に交わる

［平行四辺形］

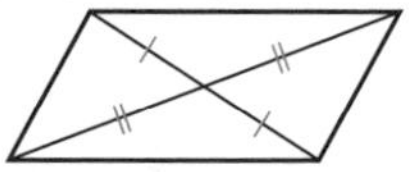

対角線は真ん中で交わる

3 次の図で，∠x の大きさを求めなさい。

□(1) $\ell \parallel m$

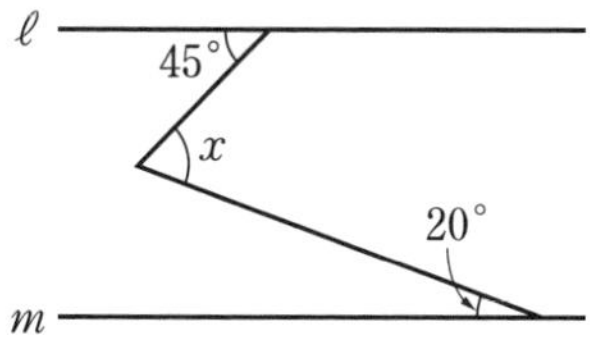

□(2)

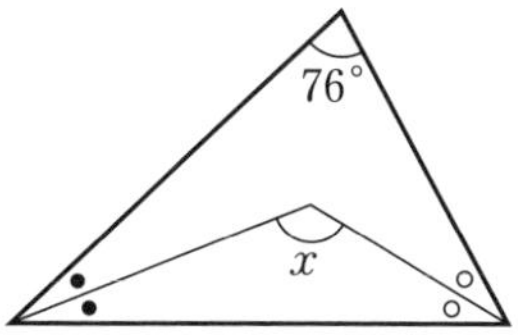

4 次の作図をしなさい。

□(1) 下の図の △ABC で，辺 AC の垂直二等分線を作図しなさい。

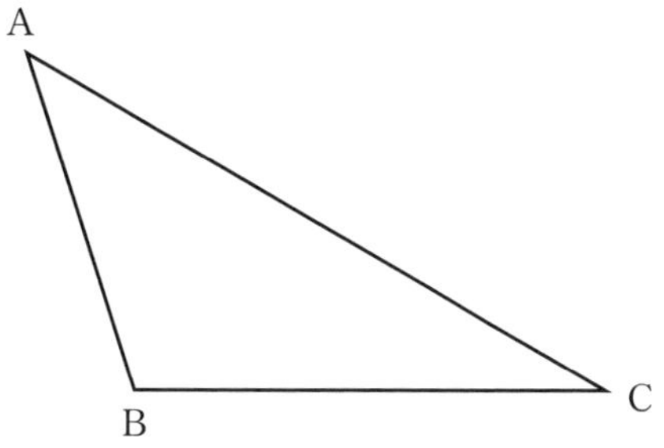

□(2) 下の図の ∠XOY の二等分線を作図しなさい。

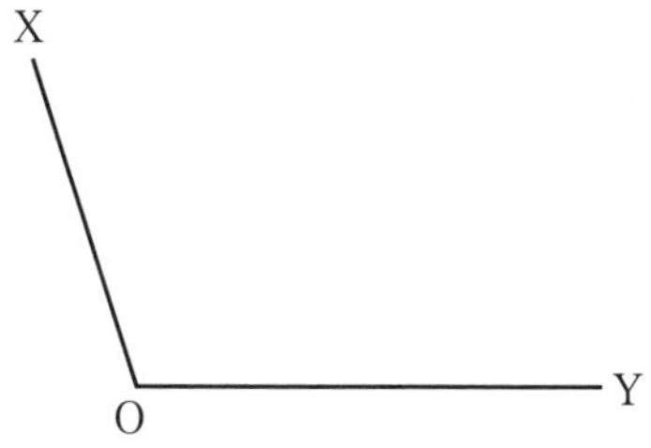

ふりかえり 中1

垂直二等分線

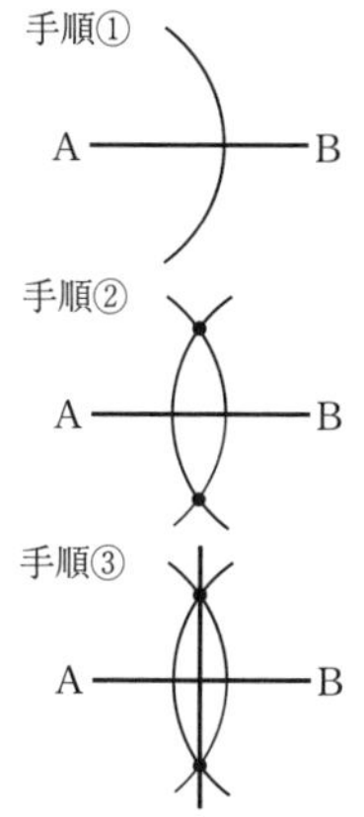

角の二等分線

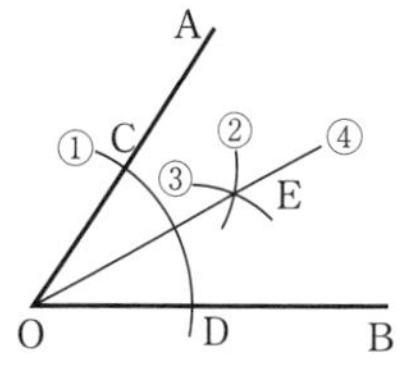

5 次の図で，合同な三角形を記号 ≡ を使って表しなさい。また，そのときの合同条件を答えなさい。ただし，それぞれの図で，同じ印をつけた辺や角は等しいものとします。

□(1)

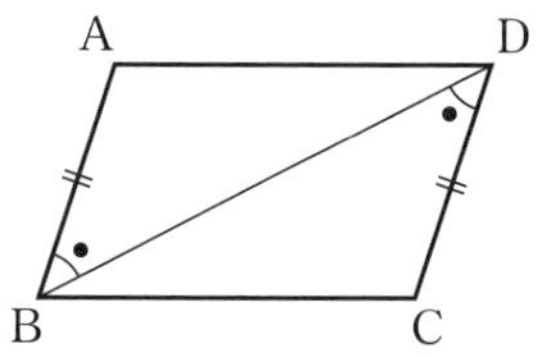

□(2)

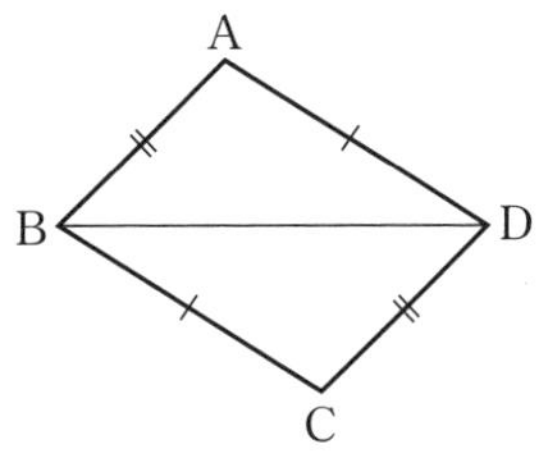

□(3)

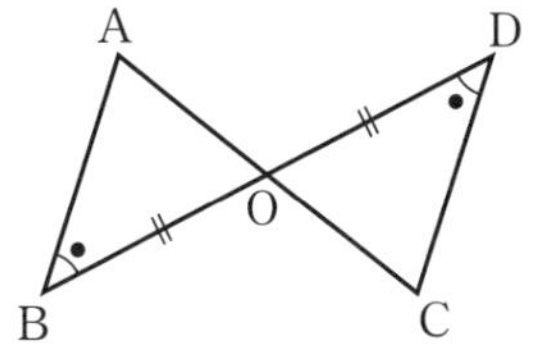

ふりかえり 中2

三角形の合同条件

① 3 組の辺がそれぞれ等しい。

② 2 組の辺とその間の角がそれぞれ等しい。

③ 1 組の辺とその両端の角がそれぞれ等しい。

解答 p.49

◀ もっとチャレンジ!

5章

1節 三角形

1 二等辺三角形の性質

例題 1　二等辺三角形の底角　教 p.128 ～ p.130

次の問に答えなさい。

(1)　二等辺三角形の定義をいいなさい。

(2)　直角二等辺三角形の底角は 45° であることを証明しなさい。

ポイント

［定義］ことばの意味をはっきりと述べたもの
［定理］証明されたことがらのうち，大切なもの

解き方

(1)　例えば，正三角形の定義は「3つの辺が等しい三角形」である。

答　**2つの辺が等しい三角形**

(2)　右の図で，$\angle A = 90^\circ$ の直角二等辺三角形の BC の中点を M とし，$\triangle AMC \equiv \triangle AMB$ を証明すればよい。

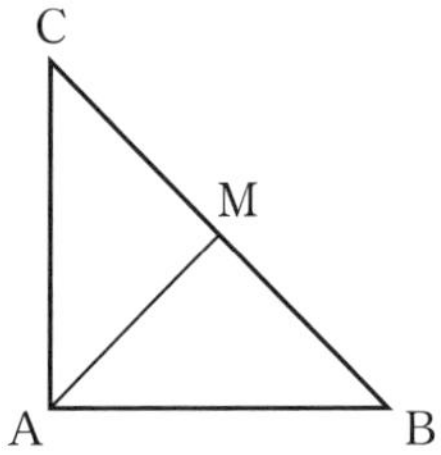

［証明］　$\triangle AMC$ と $\triangle AMB$ において，仮定（二等辺三角形の定義）から $AC = AB$……①　AM は共通……②

また，M は中点だから，$MC = MB$……③

①，②，③より，3組の辺がそれぞれ等しいから $\triangle AMC \equiv \triangle AMB$　したがって $\angle B = \angle C = 45^\circ$　以上から，直角二等辺三角形の底角は 45° である。

Check! 1　**例題 1** (2)の証明は，省略されている部分があります。$\triangle AMC \equiv \triangle AMB$ のとき $\angle B = \angle C = \angle 45^\circ$ になることを証明しなさい。

例題 2　頂角の二等分線　教 p.131 問 4

次の問に答えなさい。

(1)　二等辺三角形の底角についての定理をいいなさい。

(2)　右の図で，二等辺三角形の頂角の二等分線は底辺を垂直に2等分することを，(1)の定理を使って証明しなさい。

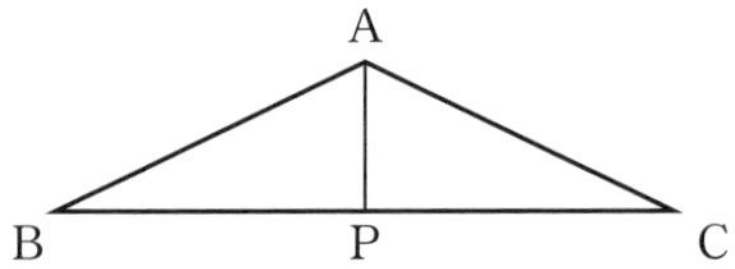

解き方

(1)　定理は定義をもとにして証明することができる。例えば「正三角形の3つの角は等しい」の定理は正三角形の定義から導かれる。

ポイント

証明では，一般に「定義から」とは書かずに，「仮定から」と書く。

答　**二等辺三角形の底角は等しい。**

(2)　［証明］　$\triangle APB$ と $\triangle APC$ において，仮定から $AB = AC$……①

$\angle BAP = \angle CAP$……②　(1)の定理より $\angle B = \angle C$……③

①，②，③より，1組の辺とその両端の角がそれぞれ等しいから，$\triangle APB \equiv \triangle APC$

合同な図形の対応する辺，角は等しいから，$PB = PC$，$AP \perp BC$ である。

Check! 2　**例題 2** (2)で，$\angle BAP = 65^\circ$ のとき，$\angle C$ の大きさを求めなさい。

解答 p.50

1 二等辺三角形の底角　下のそれぞれの図で，同じ印をつけた辺は等しいとして，$\angle x$ の大きさを求めなさい。教 p.130 問 2

□(1)

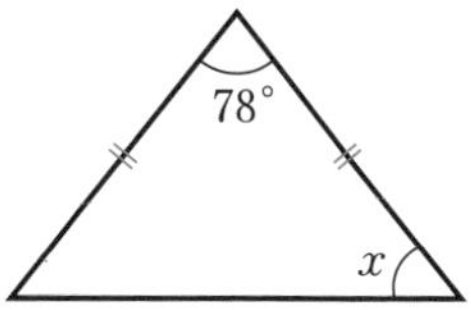

□(2)

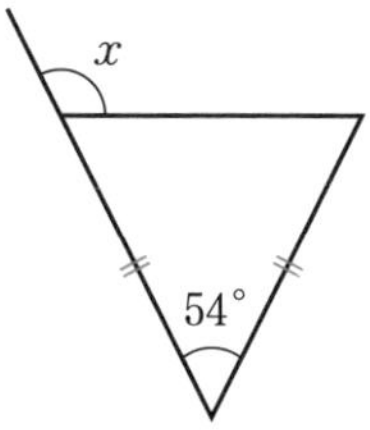

□(3)

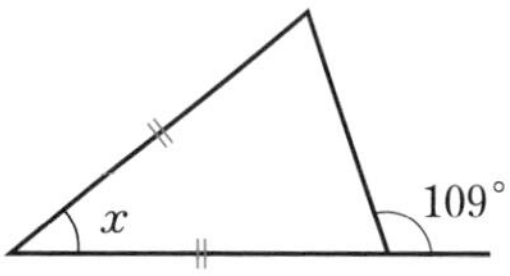

2 二等辺三角形の底角　右の図の正三角形 ABC について，次の問に答えなさい。教 p.132 問 6

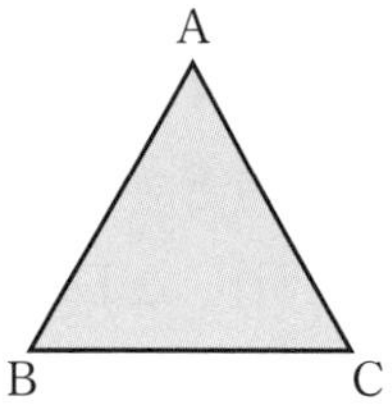

□(1)　正三角形の 1 つの内角の大きさをいいなさい。

□(2)　正三角形の 3 つの角は等しいことを次のように証明します。証明を完成させなさい。

> ［証明］　△ABC は正三角形だから，AB＝AC の二等辺三角形である。したがって，
> 底角は等しいから，$\angle$B＝$\angle$C……①　　同様に，＿＿＿＿＿＿＿＿＿＿
> ＿＿＿＿＿＿＿＿＿＿＿＿＿＿＿＿＿＿＿＿……②
> ①，②より，正三角形の 3 つの角は等しい。

□(3)　(2)より，(1)の結果を導きなさい。

3 二等辺三角形の底角　右の図は，AB＝AC である二等辺三角形で，AB，AC 上にそれぞれ点 P，Q をとり，底辺 BC 上に 2 点 S，R をとって，正方形 PSQR をつくります。このとき，次の問に答えなさい。教 p.130

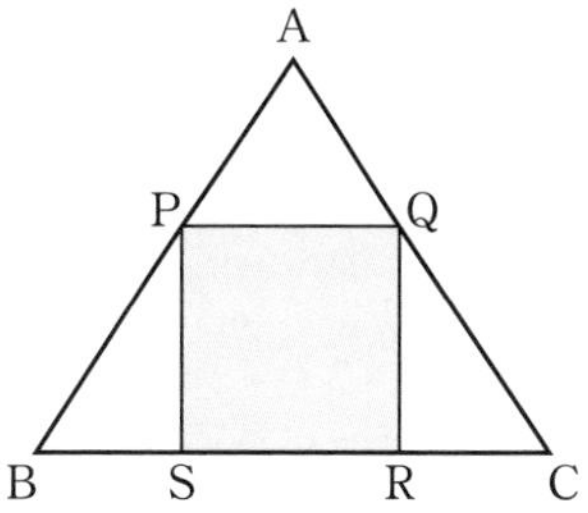

□(1)　AP＝AQ であることを証明しなさい。

□(2)　$\angle$A＝68° のとき，$\angle$BPS の大きさを求めなさい。

□ **4 頂角の二等分線**　右の図の二等辺三角形 ABC で，頂角 $\angle$A の二等分線と辺 BC の交点を P，BP，CP の中点をそれぞれ M，N とします。このとき，AM＝AN であることを証明しなさい。

教 p.132 問 5

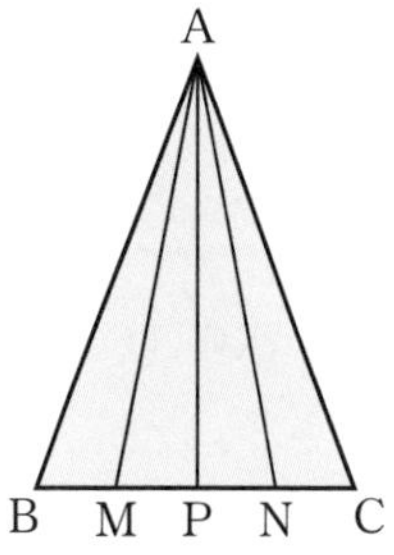

解答 p.50

◀もっとチャレンジ!

5章　1節 三角形

2 二等辺三角形になるための条件

例題 1　二等辺三角形になるための条件　教 p.134 問 1

右の図の二等辺三角形 ABC の AB，AC 上に，BD＝CE となるように，2 点 D，E をとります。CD，BE の交点を P とするとき，△PBC が二等辺三角形になることを証明しなさい。

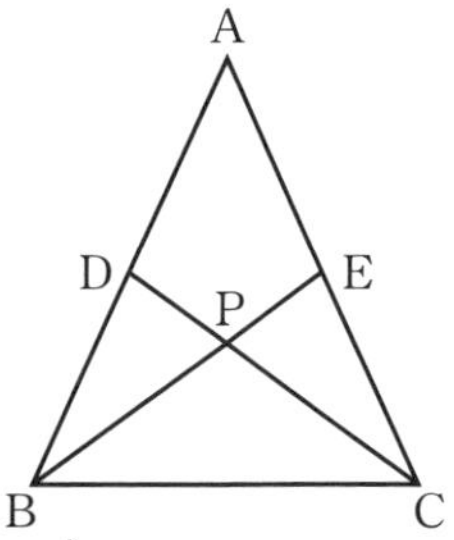

解き方

定理　三角形の 2 つの角が等しければ，その三角形は，等しい 2 つの角を底角とする二等辺三角形である。 この定理を使って証明する。

［証明］　△DBC と △ECB において，仮定から，

DB＝EC……①　∠DBC＝∠ECB……②

また BC は共通……③　①，②，③より，

2 組の辺とその間の角がそれぞれ等しいから，△DBC≡△ECB

合同な図形の対応する角は等しいから，∠PCB＝∠PBC

したがって，三角形の 2 つの角が等しいから，△PBC は PB＝PC の二等辺三角形である。

ポイント

- 二等辺三角形の底角は等しい。
- 頂点の対応順に注意する。

Check! **1**　**例題 1** で，∠A＝50°，∠BDC＝80°のとき，∠BPC の大きさを求めなさい。

例題 2　逆と反例　教 p.135 問 3

「自然数 m が 8 の倍数ならば，m は 4 の倍数である」ということがらの逆をいいなさい。また，それが正しいかどうかもいいなさい。

解き方

「A ならば B」ということがらの逆は「B ならば A」となる。つまり，あることがらの仮定と結論を入れかえたものを，そのことがらの**逆**という。

8 の倍数は 4×(2 の倍数) だから，このこと自体は正しいね。

仮定…自然数 m が 8 の倍数である　　結論…m は 4 の倍数である

この仮定と結論を入れかえると，逆になる。

たとえば，m＝12 であるとすると，12 は 4 の倍数であるが，12 は 8 の倍数ではない。よって，逆は正しくない。

また，あることがらが成り立たない例を**反例**といい，ここでは「m＝12」が反例である。

答　**自然数 m が 4 の倍数ならば，m は 8 の倍数である。／正しくない。　反例…m＝12**

Check! **2**　次の(1)，(2)について，それぞれの逆をいいなさい。また，それが正しいかどうかもいいなさい。

(1)　二等辺三角形の底角は等しい。　　(2)　正方形の 4 つの辺は等しい。

解答 p.51

□**❶ 二等辺三角形になるための条件**　右の図の $\triangle$ABC で，$\angle$A $=36^\circ$，$\angle$B $=72^\circ$ のとき，AB $=$ AC であることを証明しなさい。 教 p.134 問 1・問 2

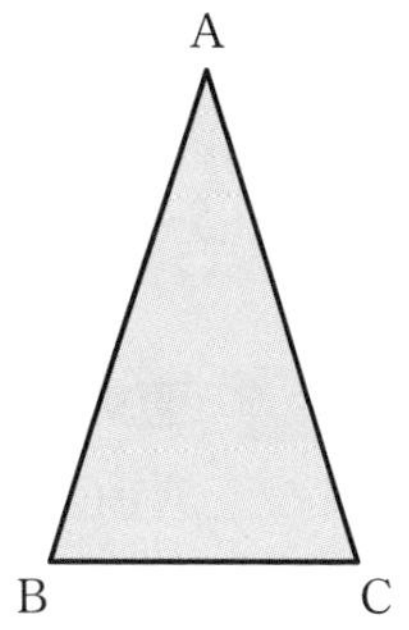

❷ 二等辺三角形になるための条件　右の図は，AB $=$ AC である二等辺三角形の頂点 B が辺 AC 上の点 R に重なるように，PQ を折り目として $\triangle$ABC を折り重ねたものです。PR $/\!/$ QC であるとき，次の問に答えなさい。

教 p.134 問 1・問 2

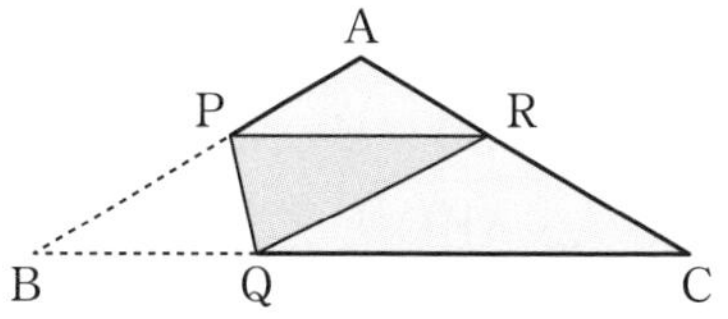

□(1)　$\triangle$RQC が二等辺三角形になることを証明しなさい。

□(2)　$\angle$A $=120^\circ$ のとき，$\angle$RPQ，$\angle$RQP の大きさをそれぞれ求めなさい。

□(3)　$\triangle$PQR はどんな三角形であるか，説明しなさい。

ヒント
(1)，(2)（折り返す前の角）
＝（折り返したあとの角）
折り返しにより等しい角を見つける。

□**❸ 二等辺三角形になるための条件**　右の図の $\triangle$ABC で，頂角 $\angle$A の二等分線 AH が辺 BC の垂線になるとき，$\triangle$ABC は二等辺三角形になることを証明しなさい。

教 p.134 問 1・問 2

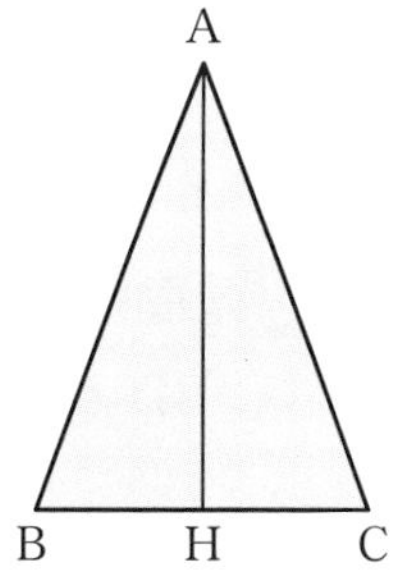

❹ 逆と反例　次の問に答えなさい。 教 p.135 問 3

□(1)　次の①〜③について，正しいかどうかをいいなさい。

①　整数 n の絶対値が 4 以下ならば，$-4<n<4$ である。

②　二等辺三角形の頂角の二等分線は，底辺を垂直に 2 等分する。

③　正三角形は二等辺三角形である。

□(2)　(1)の①〜③について，それぞれの逆をいいなさい。また，それが正しいかどうかもいいなさい。

解答 p.51

もっとチャレンジ!

5章

1節 三角形

3 直角三角形の合同

例題 1 直角三角形の合同条件

教 p.137 例 1

右の図の △ABC は AB＝AC の二等辺三角形で，頂点 B，C から 2 辺 AC，AB にひいた垂線との交点を D，E とします。このとき，次の問に答えなさい。

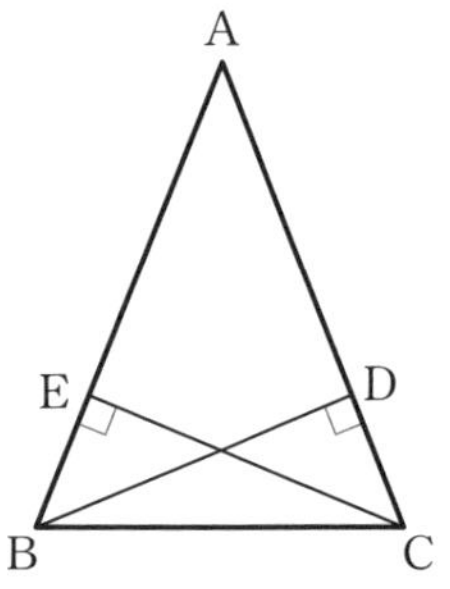

(1) BD＝CE を証明するには，△ABD と △ACE の合同以外に，どの三角形とどの三角形の合同を証明すればよいですか。

(2) △ABD と △ACE は直角三角形です。斜辺をいいなさい。

(3) BD＝CE を証明します。△ABD と △ACE の合同を証明するときに使う合同条件をいいなさい。

解き方

(1) △ABC が二等辺三角形であることを考え，底角（∠ABC，∠ACB）が等しいことや，共通な辺（BC）があることなどを生かす。 **答 △EBC と △DCB**

(2) 直角三角形の直角に対する辺を斜辺という。 **答 △ABD…AB，△ACE…AC**

(3) 直角三角形の合同条件を使う。仮定から ∠ADB＝∠AEC＝90°
∠A は共通，AB＝AC であることがわかる。 **答 斜辺と 1 つの鋭角がそれぞれ等しい。**

Check! 1 **例題 1** (1)の三角形の合同を証明するときに使う合同条件をいいなさい。

例題 2 直角三角形の合同条件の利用

教 p.137 例 1

例題 1 で，BD＝CE を証明する過程で証明する △ABD≡△ACE を，実際に証明しなさい。

解き方

例題 1 (3)の条件を，わかることを整理して書きあげ，証明をすすめていく。

［証明］ △ABD と △ACE において，仮定から， ∠ADB＝∠AEC＝90° ……①
AB＝AC……②　∠A は共通だから，∠DAB＝∠EAC……③
①，②，③より，直角三角形で，斜辺と 1 つの鋭角がそれぞれ等しいから，
△ABD≡△ACE

Check! 2 **例題 1** で，△EBC≡△DCB を証明することにより，BD＝CE であることを証明しなさい。

解答 p.52

1 直角三角形の合同条件　右の図の 2 つの直角三角形が合同であるとき，次の問に答えなさい。教 p.137 問 2

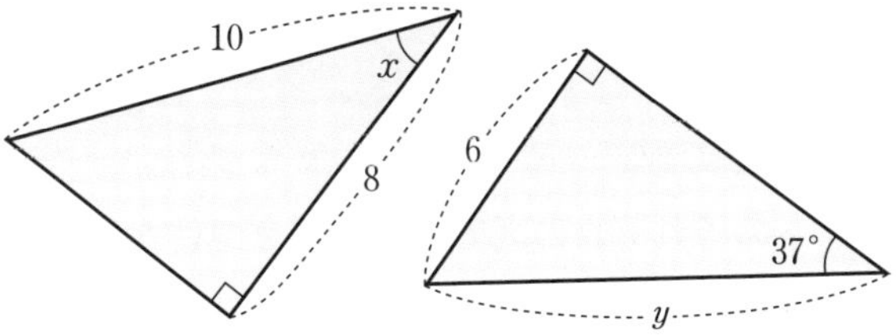

□(1)　x，y の値を求めなさい。

□(2)　2 つの三角形の合同条件が「斜辺と他の 1 辺がそれぞれ等しい。」であるとき，斜辺および他の 1 辺の長さをいいなさい。

□ **2 直角三角形の合同条件**　下の図で，合同な三角形はどれとどれですか。記号 ≡ を使って表しなさい。また，そのときに使った合同条件をいいなさい。教 p.137 問 2

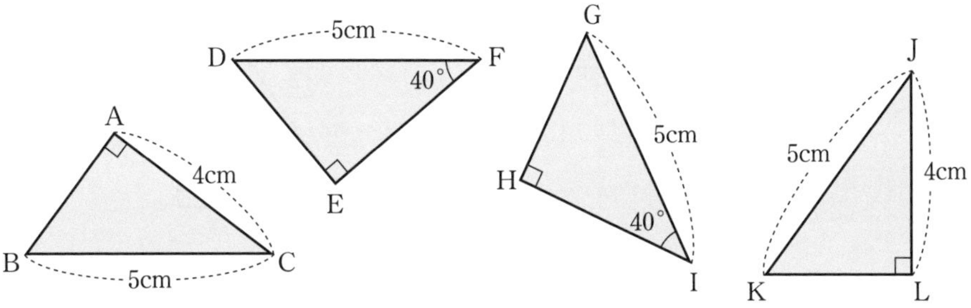

3 直角三角形の合同条件の利用　右の長方形 ABCD について，△ABC ≡ △CDA であることを，次の 2 通りの方法で証明しなさい。教 p.138 問 3

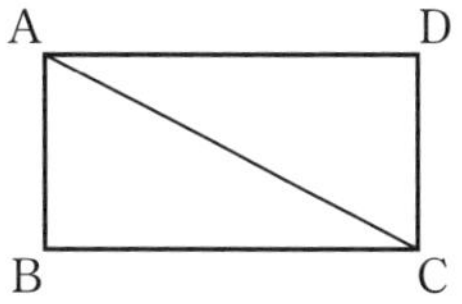

□(1)　合同条件「斜辺と 1 つの鋭角がそれぞれ等しい。」を使う。

□(2)　合同条件「斜辺と他の 1 辺がそれぞれ等しい。」を使う。

□ **4 直角三角形の合同条件の利用**　右の図のように，∠AOB の内部の点 P から，2 辺 OA，OB に垂線をひき，交点をそれぞれ C，D とします。PC ＝ PD であるとき，OP は ∠AOB を 2 等分することを証明しなさい。教 p.138 問 3

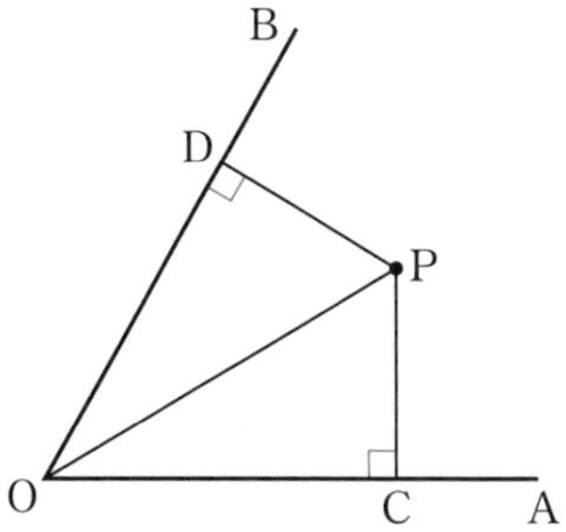

ヒント！
角を 2 等分する
→合同な図形の対応する角がならぶ。

5章 三角形と四角形

解答 p.52

1 節の問題｜三角形

教科書 128▸138
解答 p.53

1 下のそれぞれの図で，同じ印をつけた辺や角は等しいとして，$\angle x$ の大きさを求めなさい。

□(1)

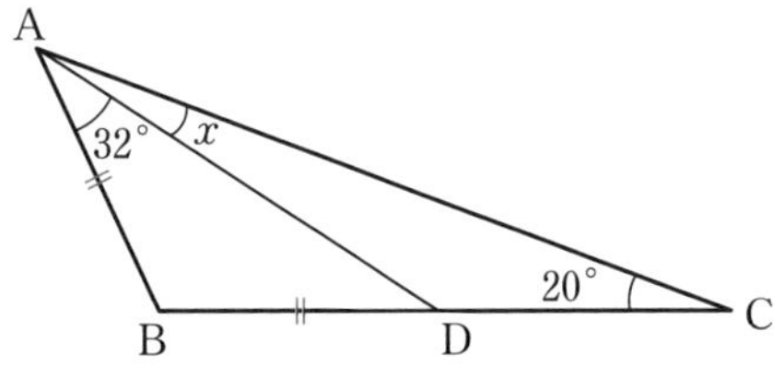

□(2)

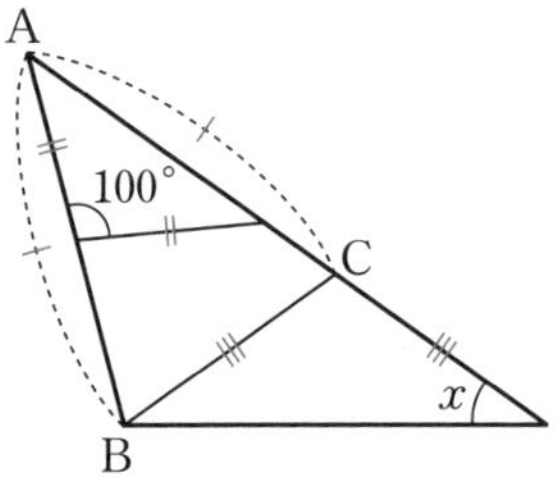

□(3)

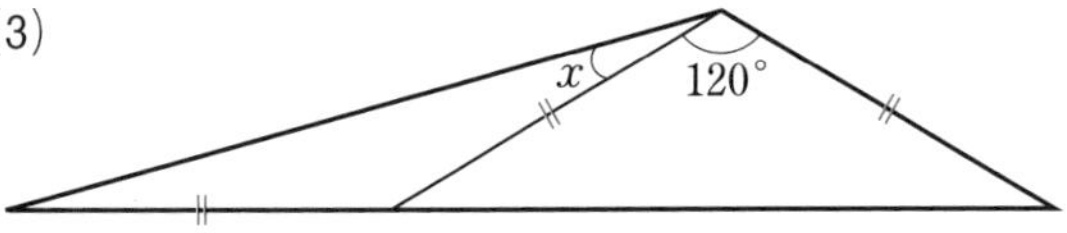

□(4)

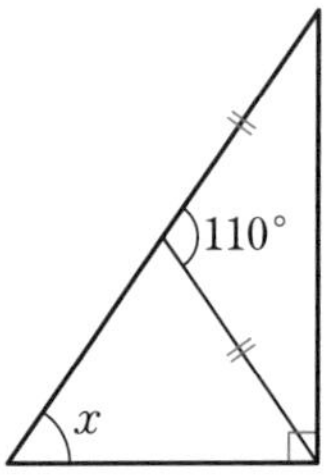

2 右の図で，AB＝AC の二等辺三角形 ABC があり，辺 AB，AC 上に BE＝CD となるような点 E と D をとり，頂点 B と D，頂点 C と E をそれぞれ結び，BD と CE の交点を P とします。次の問に答えなさい。

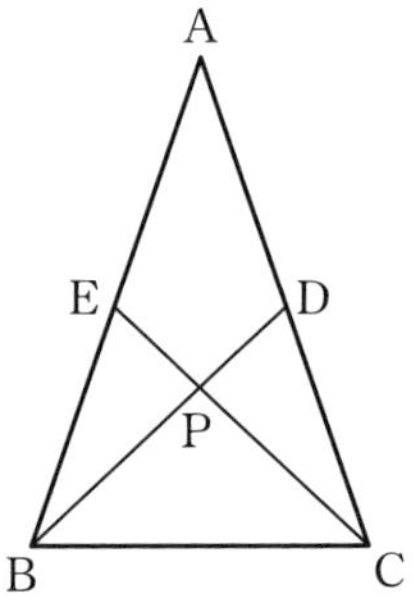

□(1)　△EBC≡△DCB を証明するときに使う合同条件を答えなさい。

□(2)　EC＝DB になることを証明しなさい。

□(3)　PB＝PC を証明するには，△EBC≡△DCB から何を示せばよいですか。

3 次のことがらの逆を答えなさい。また，それが正しいかどうかも答えなさい。

□(1)　右の図で，$\ell \parallel m$ ならば，$\angle a = \angle b$

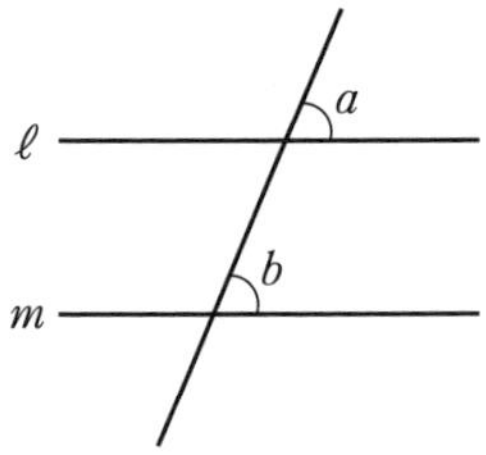

□(2)　2 つの三角形が合同ならば，対応する角はそれぞれ等しい。

□(3)　$x < 0$，$y < 0$ ならば，$x + y < 0$

ヒント

2　二等辺三角形は 2 つの辺が等しく，底角も等しい。

3　あることがらが成り立たないことを示すには，反例を 1 つあげればよい。

□ **4** ∠ACB＝90°の直角三角形ABCがあります。辺BCの延長線上にBC＝CDとなるような点Dをとり，頂点AとDを結びます。このとき，△ABDが二等辺三角形になることを証明しなさい。

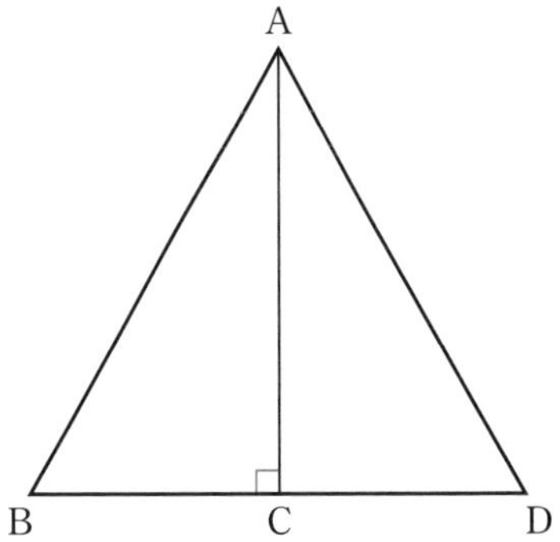

□ **5** 右の図のように，△ABCの頂点B，Cから2辺AC，ABに垂線をひき，AC，ABとの交点をそれぞれD，Eとします。このとき，BE＝CDならば，△ABCが二等辺三角形になることを証明しなさい。

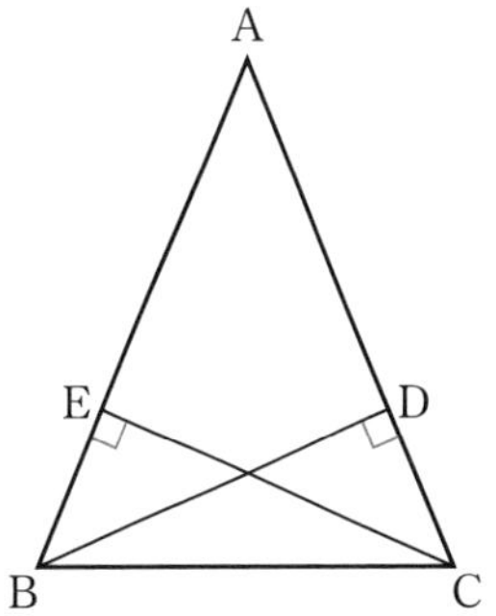

□ **6** 右の図のように，AD∥BCの台形ABCDの頂点AとCを結びます。∠ABC＝∠CADであるとき，AB＝ACになることを証明しなさい。

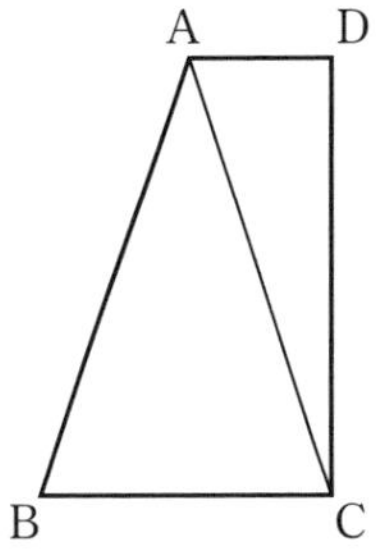

□ **7** 右の図のように，正方形ABCDの辺AB上に点Eがあります。辺BC上に∠DEF＝∠DFEとなるような点Fをとるとき，△DAE≡△DCFになることを証明しなさい。

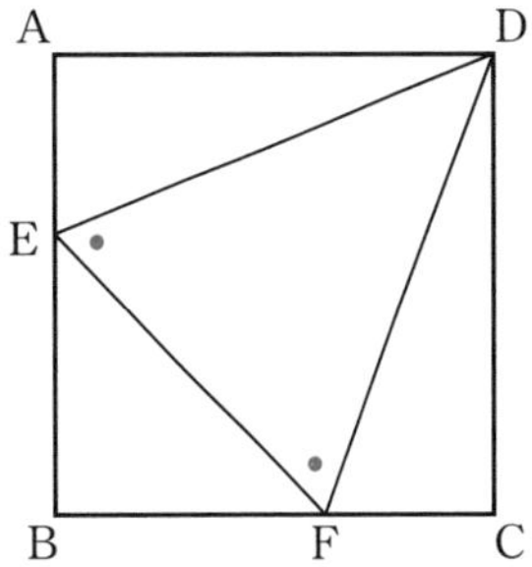

ヒント

5 △ABCの底角が等しくなることを導くには，どの図形の合同を証明すればよいのかを考える。
6 台形ABCDの平行な2つの辺に注目する。2直線に1つの直線が交わるとき，2直線が平行ならば，錯角は等しい。

◀ もっとチャレンジ!

5章 2節 平行四辺形

1 平行四辺形の性質

例題 1 平行四辺形の性質

教 p.140 ～ p.141

右の四角形が平行四辺形であるとき，次のうち正しいものはどれですか。

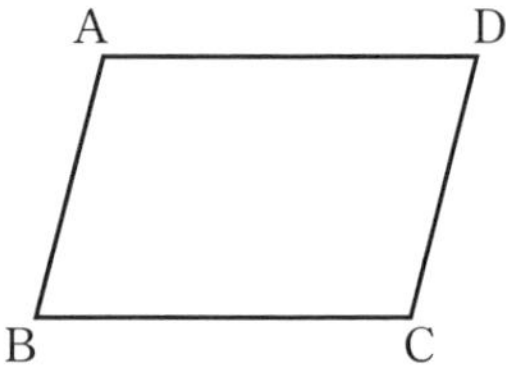

㋐ AB＝BC　㋑ AB＝DC　㋒ ∠A＝∠B

㋓ ∠A＝∠C　㋔ ∠A＝∠D　㋕ 線対称な図形である

解き方

定理 平行四辺形では，2 組の対辺はそれぞれ等しい より，

AB＝DC，AD＝BC

定理 平行四辺形では，2 組の対角はそれぞれ等しい より，

∠A＝∠C，∠B＝∠D　**答** ㋑，㋓

なお，平行四辺形は，点対称な図形であるが，線対称な図形ではない。

ポイント

平行四辺形の定義

2 組の対辺がそれぞれ平行な四角形

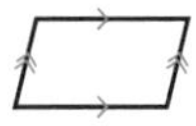

Check! 1 **例題 1** の図で，▱ABCD の対角線の交点を O とするとき，次のうち正しいものはどれですか。また，その根拠となる定理をいいなさい。

㋐ AC＝BD　㋑ AC⊥BD　㋒ AO＝BO　㋓ AO＝CO

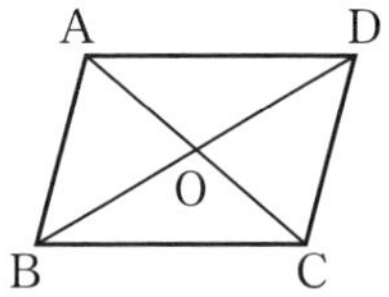

例題 2 平行四辺形の性質の利用

教 p.142 例 1

右の図の ▱ABCD の対角線の交点を O とします。2 点 A, C から対角線 BD にひいた垂線との交点を E, F とします。

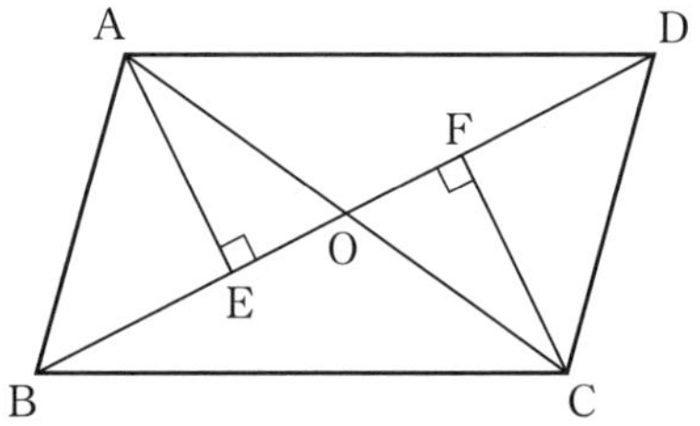

(1) AE＝CF を証明するとき，どの三角形とどの三角形の合同をいえばよいですか。

(2) AE＝CF を証明しなさい。

解き方

(1) AE，CF を辺にもつ三角形は 2 組ある。

答 **△AEB と △CFD または △AEO と △CFO**

(2) ここでは △AEO≡△CFO を示すことにより証明する。

［証明］ △AEO と △CFO において，仮定から　∠AEO＝∠CFO＝90°……①

平行四辺形の対角線はそれぞれの中点で交わるから AO＝CO……②

対頂角は等しいから，∠AOE＝∠COF……③　①，②，③より，直角三角形で，

斜辺と 1 つの鋭角がそれぞれ等しいから，△AEO≡△CFO

合同な図形の対応する辺は等しいから，AE＝CF

ポイント

［定理］平行四辺形では，対角線はそれぞれの中点で交わる。

Check! 2 **例題 2** で，△AEB≡△CFD を示すことにより，AE＝CF を証明しなさい。

解答 p.54

❶ 平行四辺形の性質　右の図で，点 O は ▱ABCD の対角線の交点です。このとき，次の問に答えなさい。 教 p.140 ～ p.141

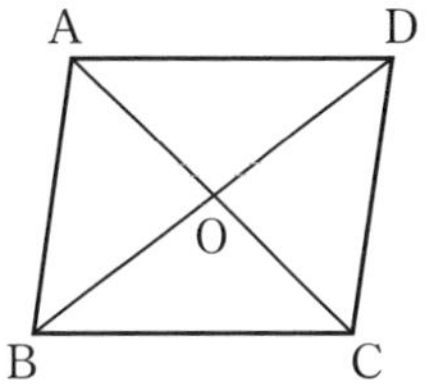

□(1)　合同な三角形の組をすべて，記号 ≡ を使って表しなさい。

□(2)　∠BOC＝100° のとき，∠OAD＋∠OBC の大きさを求めなさい。

❷ 平行四辺形の性質の利用　下の(1)，(2)の ▱ABCD で，x，y の値をそれぞれ求めなさい。また，そのときに使った平行四辺形の性質をいいなさい。 教 p.142 問 4

□(1)

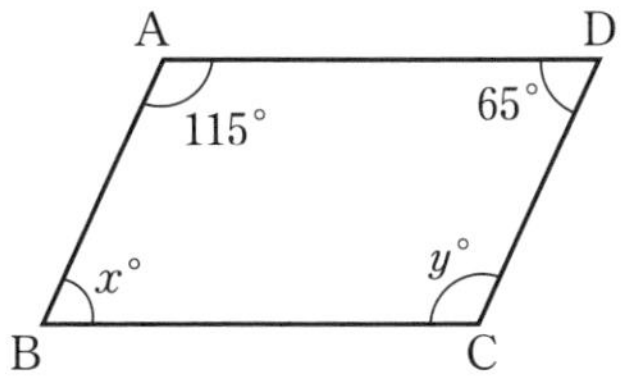

□(2)

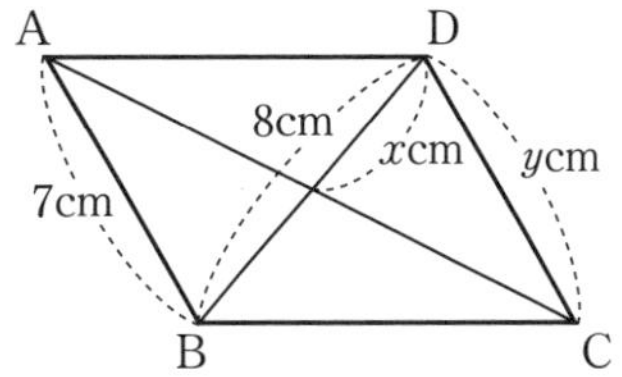

❸ 平行四辺形の性質の利用　右の図の ▱ABCD で，点 O は対角線 BD の中点で，点 O を通る直線と辺 AD，BC との交点をそれぞれ E，F とします。AF，CE を結ぶとき，次の問に答えなさい。 教 p.142 問 4

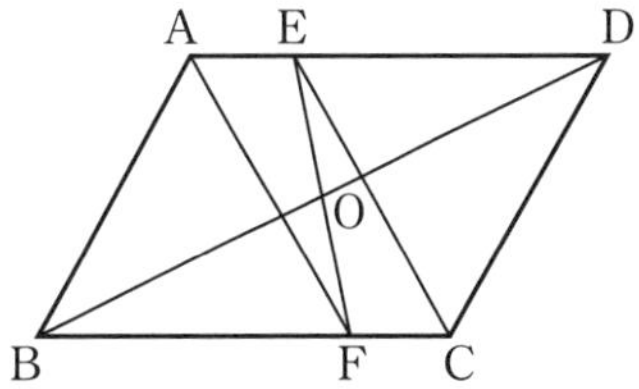

□(1)　△DEO と △BFO の関係に着目して，EO＝FO であることを証明しなさい。

□(2)　(1)の証明の過程を利用して，AF // EC であることを証明しなさい。

□(3)　(1)，(2)の証明の過程を利用して，∠BAF＝∠DCE であることを証明しなさい。

解答 p.54

もっとチャレンジ!

5章　2節 平行四辺形

2 平行四辺形になるための条件

例題 1　平行四辺形になるための条件

教 p.144

右の図の四角形 ABCD で，AB＝DC，AD＝BC ならば，AB // DC であることを証明しなさい。

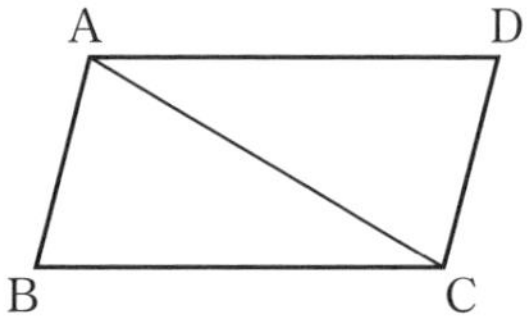

解き方

点 A と C を結び，△ABC≡△CDA を証明する。

［証明］　△ABC と △CDA において，

仮定から AB＝CD，CB＝AD　AC＝CA

3 組の辺がそれぞれ等しいから，△ABC≡△CDA

合同な図形の対応する角は等しいから，∠BAC＝∠DCA

錯角が等しいから，AB // DC

ポイント

平行四辺形になるための条件

［定理］四角形は，次のどれかが成り立てば，平行四辺形である。

1. 2 組の対辺がそれぞれ平行である。……定義
2. 2 組の対辺がそれぞれ等しい。
3. 2 組の対角がそれぞれ等しい。
4. 対角線がそれぞれの中点で交わる。
5. 1 組の対辺が平行でその長さが等しい。

Check! 1　**例題 1** で，AB＝DC，AD＝BC ならば，AD // BC であることを証明しなさい。

例題 2　平行四辺形になるための条件の利用

教 p.147 例 2

右の図は，▱ABCD の辺 AD, BC の中点をそれぞれ E, F とし，A と F, E と F, E と C をそれぞれ結んだものです。これについて，次の問に答えなさい。

(1)　四角形 ABFE が平行四辺形であることを証明しなさい。

(2)　四角形 AFCE が平行四辺形であることを証明しなさい。

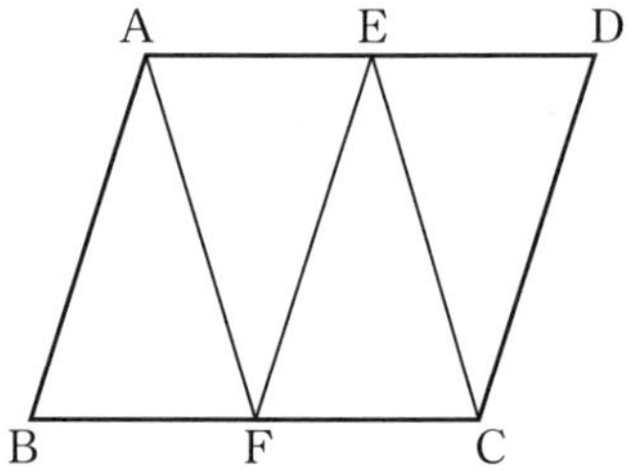

解き方

平行四辺形になるための条件を使って証明する。

(1)　［証明］　▱ABCD だから，AE // BF……①，AD＝BC　E，F はそれぞれ AD，BC の中点だから，AE＝BF……②　①，②より，1 組の対辺が平行でその長さが等しいから，四角形 ABFE は平行四辺形である。

(2)　［証明］　F は辺 BC の中点だから，BF＝FC　(1)の②より，AE＝FC……③　(1)の①より，AE // FC……④　③，④より，1 組の対辺が平行でその長さが等しいから，四角形 AFCE は平行四辺形である。

Check! 2　右の図ように長方形 ABCD の辺の上に，∠APR＝∠CSQ，∠DQS＝∠BRP となるように 4 点 P，Q，R，S をとるとき，四角形 PRSQ は平行四辺形であることを証明しなさい。

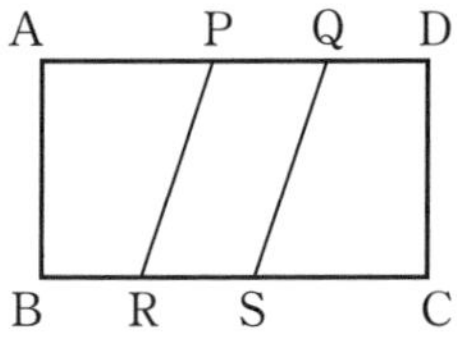

解答 p.55

□❶ **平行四辺形になるための条件**　次の四角形 ABCD について，いつでも平行四辺形になるものはどれですか。また，そのときの平行四辺形になるための条件をいいなさい。教 p.146 問 2

㋐　AB // DC，AB＝CD　㋑　BC // AD，AB＝CD　㋒　∠A＝∠B＝∠C

㋓　対角線 AC＝対角線 BD　㋔　∠A＝∠B の外角＝∠D の外角

❷ **平行四辺形になるための条件**　次の(1)〜(4)のそれぞれについて，四角形 ABCD が平行四辺形になるための条件を 1 つ加えなさい。ただし，O は四角形 ABCD の対角線の交点です。

教 p.146 問 2

□(1)　AB＝CD＝7cm，DA＝8cm　□(2)　AB // CD，AB＝9cm

□(3)　AO＝BO＝5cm　□(4)　∠A＝∠C＝35°

□❸ **平行四辺形になるための条件の利用**　右の図で，2 つの四角形 ABCD，EBCF はともに平行四辺形です。このとき，四角形 AEFD も平行四辺形になることを証明しなさい。

教 p.147

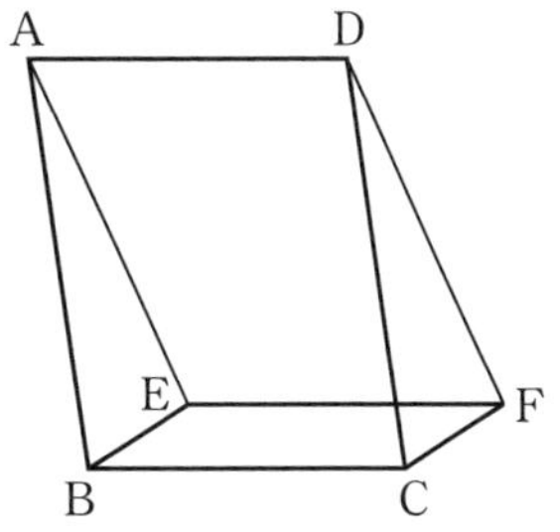

□❹ **平行四辺形になるための条件の利用**　▱ABCD の対角線 AC 上に，AE＝CF となるように 2 点 E，F を，対角線 BD 上にも BG＝DH となるように 2 点 G，H をとります。対角線 AC，BD の交点を O とするとき，四角形 EGFH は平行四辺形になります。このことを証明しなさい。教 p.147

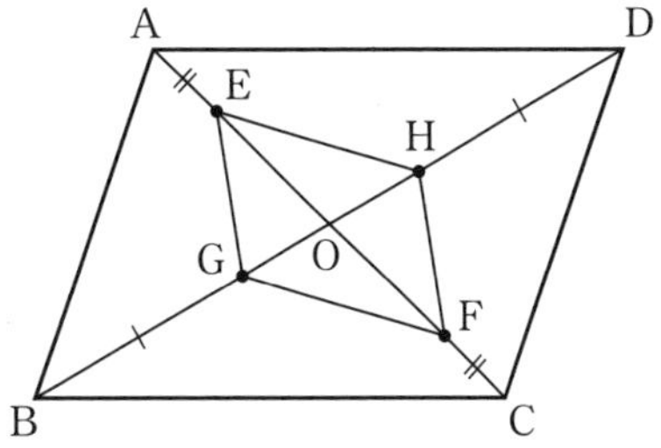

解答 p.55

もっとチャレンジ!

5章　2節 平行四辺形

3 特別な平行四辺形

例題 1　長方形・ひし形・正方形の性質

教 p.148 ～ p.149 例 1

次の問に答えなさい。

(1)　正方形は長方形ですか。また，ひし形は正方形ですか。

(2)　長方形の対角線は等しいことを証明しなさい。

解き方

(1)　定義より，正方形は 4 つの角がすべて等しい四角形だから，長方形である。ひし形は 4 つの辺すべて等しいが，4 つの角がすべて等しいとはいえない。よって，4 つの角がすべて等しいときだけ正方形である。

答　**正方形は長方形である。ひし形は，となり合う角（4 つの角）が等しいときだけ正方形であり，その他の場合は正方形ではない。**

(2)　[証明]　△ABC と △BAD において，仮定から BC＝AD,
∠ABC＝∠BAD　AB＝BA　2 組の辺とその間の角がそれぞれ等しいから △ABC≡△BAD　よって
AC＝BD　したがって，長方形の対角線は等しい。

ポイント

特別な四角形の定義

長方形

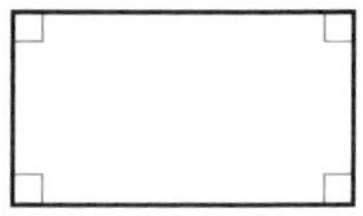

ひし形

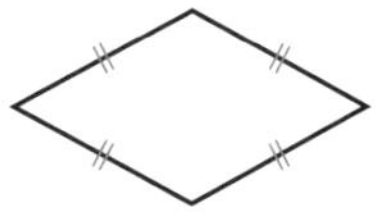

正方形

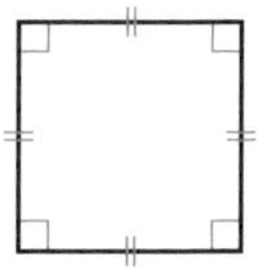

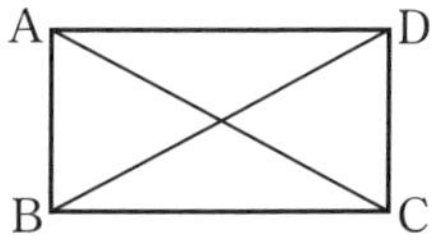

Check! 1　平行四辺形，長方形，正方形，ひし形に共通するすべての性質をもつ四角形は，どんな四角形ですか。また，そう考える理由を簡潔に書きなさい。

例題 2　なるための条件

教 p.150 問 6

▱ABCD が長方形になるための条件を 1 ついいなさい。

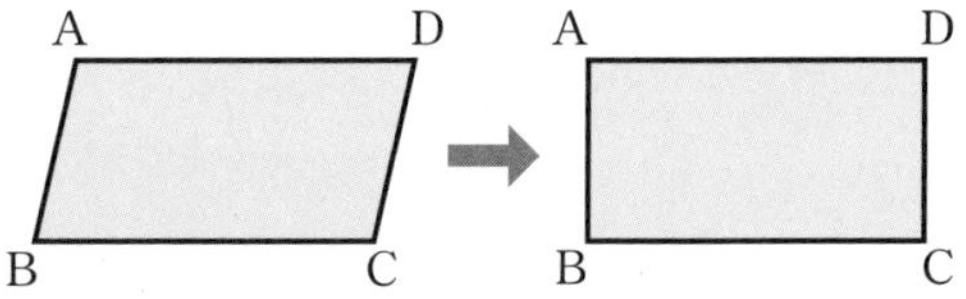

解き方

長方形がもつ性質のうち，平行四辺形がもたない性質をさがす。

2 つの図形に共通する条件として，2 組の対辺がそれぞれ平行であること，2 組の対辺がそれぞれ等しいことである。平行四辺形がもたない性質として，長方形の定義である「4 つの角がすべて等しい」ことが 1 つ。そして，定理である「対角線は等しい」ことが挙げられる。

答　**▱ABCD のとなり合う 2 つの角が等しい。**
または　**▱ABCD の対角線が等しい。**

Check! 2　▱ABCD がひし形になるための条件を 1 ついいなさい。

解答 p.56

□**1** **長方形・ひし形・正方形の性質**　次のうち，正しいものに○，誤っているものに×，どちらともいえないものに△の印をそれぞれつけなさい。教 p.149 問 1

㋐　正方形は長方形であるといえる。　　㋑　長方形は正方形であるといえる。
㋒　正方形は平行四辺形であるといえる。　　㋓　平行四辺形は正方形であるといえる。
㋔　長方形は平行四辺形であるといえない。　　㋕　平行四辺形はひし形であるといえる。

2 **長方形・ひし形・正方形の性質**　ひし形の 4 つの辺の長さがすべて等しいことを使って，ひし形の一方の対角線が他方の対角線を垂直に 2 等分することを証明します。右のひし形 ABCD の対角線の AC，BD の交点を O として，次の問に答えなさい。教 p.149 問 2・問 3

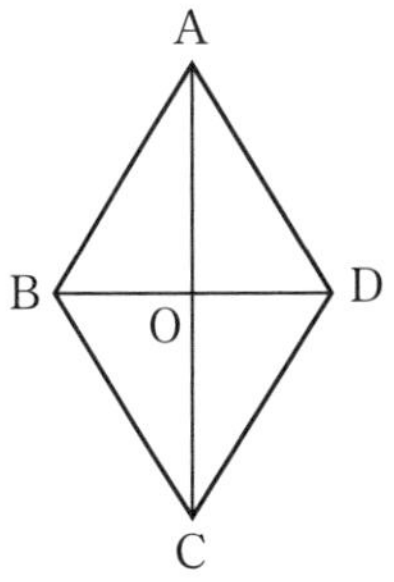

□(1)　△ABC ≡ △ADC を証明しなさい。

□(2)　△ABO ≡ △ADO を証明しなさい。

□(3)　(1)，(2)の結果から，ひし形の一方の対角線が，他方の対角線を垂直に 2 等分していることを説明しなさい。

3 **なるための条件**　▱ABCD にある条件を加えて特別な四角形にします。加える条件が，▱ABCD の対角線に関するものであるとき，次の四角形にするための最低条件をそれぞれ式で表しなさい。
教 p.150 問 6

□(1)　長方形

□(2)　ひし形

□(3)　正方形

4 **なるための条件**　**3**について，加える条件が角に関するものであるとき，次の四角形にするための最低条件をそれぞれ式で表しなさい。また，角だけではその四角形にならないものには×を書きなさい。
教 p.150 問 6

□(1)　長方形

□(2)　ひし形

□(3)　正方形

解答 p.56

5章 2節 平行四辺形

◀もっとチャレンジ!

4 平行線と面積

例題 1 平行線と面積

教 p.153 問 1

右の図は AD∥BC の台形 ABCD で，△ABD の面積を a，△OAD の面積を b とするとき，次の問に答えなさい。

(1) △ADC の面積を文字 a を使って表しなさい。

(2) △OCD の面積を文字 a，b を使って表しなさい。

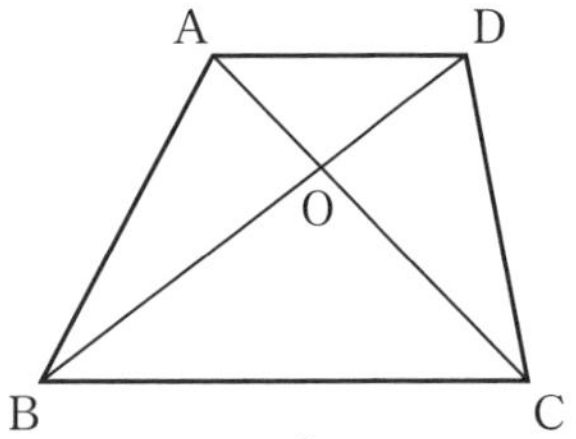

解き方

(1) 台形は，1 組の辺が平行な四角形。平行な辺が上底，下底である。底辺が同じで高さが等しい三角形は面積が等しい。

△ABD の底辺を AD とみると，高さは台形の高さに等しい。

△ADC の底辺を AD とみると，高さは台形の高さに等しい。

よって，△ABD と △ADC は底辺が同じで高さが等しい三角形である。したがって，△ADC＝△ABD＝a **答** a

(2) △AOB＝△ABD－△OAD＝$a-b$，(1)より，

△OCD＝△ADC－△OAD＝$a-b$ **答** $a-b$

ポイント

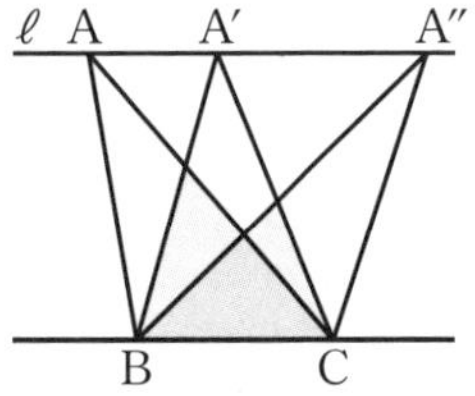

上の図で，ℓ∥BC のとき

△ABC＝△A′BC＝△A″BC

Check! 1 **例題 1** の台形で，△OAD＝10cm²，OB＝2OD のとき，△ACD の面積を求めなさい。また，求める過程も書きなさい。

例題 2 作図への利用

教 p.154 問 2

右の五角形 ABCDE と面積の等しい四角形 ABCP を 1 つ作図しなさい。

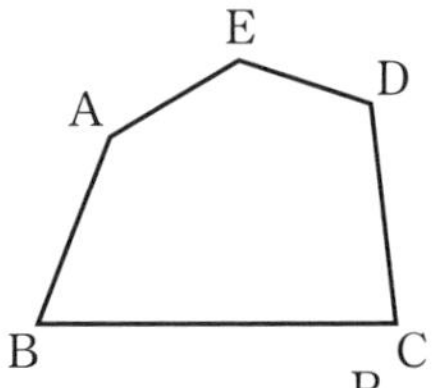

解き方

五角形 ABCDE＝四角形 ABCP だから，△ADE＝△ADP となる P を直線 CD 上にとればよい。

底辺が同じで高さが等しいとき，三角形の面積は等しいから，AD を底辺とみたとき，AD∥EP となる点 P をとれば，高さが等しくなる。 **答** **右の図**

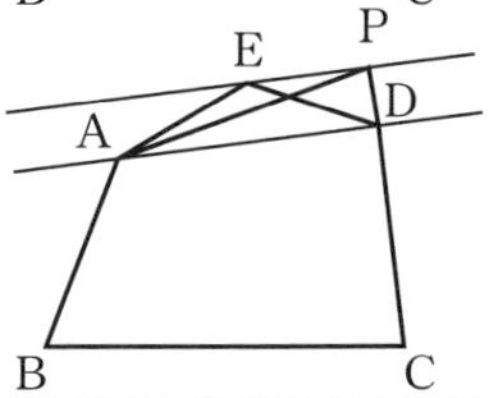

Check! 2 **例題 2** の五角形 ABCDE と面積の等しい △ABQ を 1 つ，五角形 ABCDE＝四角形 ABCP を利用して，**例題 2** の図にかき入れなさい。

解答 p.57

□ **1** **平行線と面積**　右の図で，AD // BC，BE // CD のとき，△ABC＝△ECD であることを次のように証明しました。［　　］にあてはまる記号を書きなさい。 教 p.153 問1

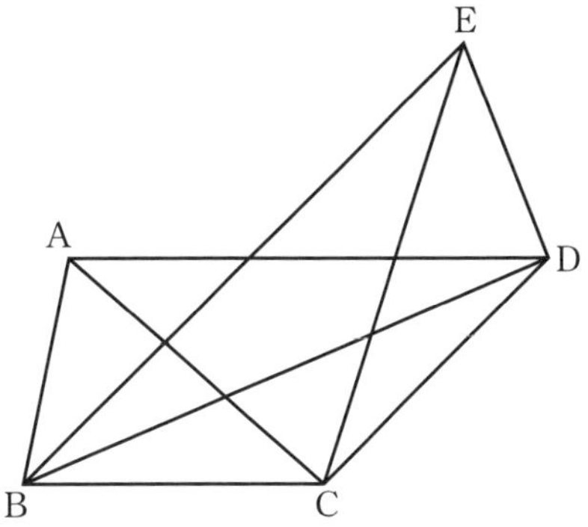

［証明］　BC を底辺として考えると，
△ABC＝［(1)］
次に［(2)］を底辺として考えると，
［(1)］＝△ECD
したがって，△ABC＝△ECD

2 **平行線と面積**　右の図で，四角形 ABCD は平行四辺形で，BD // EF とします。このとき，次の問に答えなさい。 教 p.153 問1

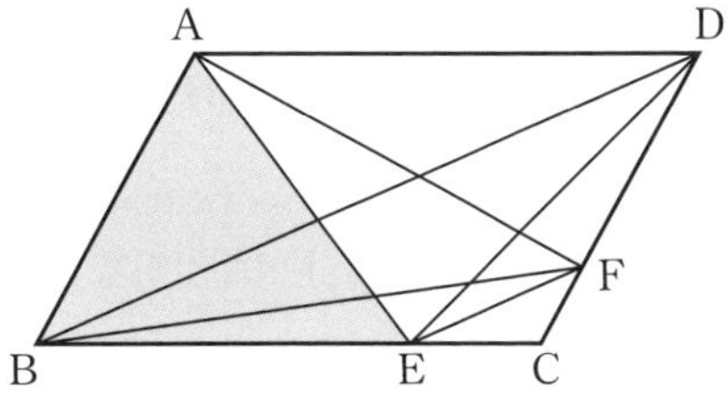

□(1)　△ABE と面積の等しい三角形をすべて答えなさい。

□(2)　▱ABCD＝20cm^2，BE：EC＝DF：FC＝3：2 のとき，△ECF の面積を求めなさい。また，求める過程も書きなさい。

□ **3** **作図への利用**　右の図のように，土地が折れ線 ABC を境界として，2 つの部分①，②に分かれています。それぞれの土地の面積を変えずに，点 A を通る直線 AD で境界線をひきなおそうと思います。点 D の位置は，どのように決めればよいですか。点 D の位置の決め方を説明しなさい。 教 p.154 問2

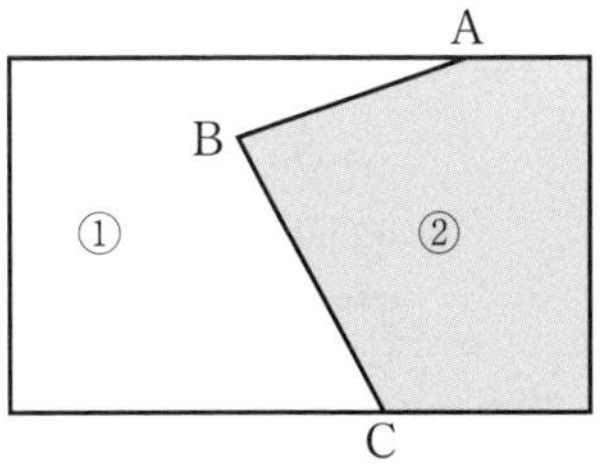

解答 p.57

2節の問題 | 平行四辺形

解答 p.58

1 **下の図の平行四辺形 ABCD で，∠x，∠y の大きさを求めなさい。**

□(1)

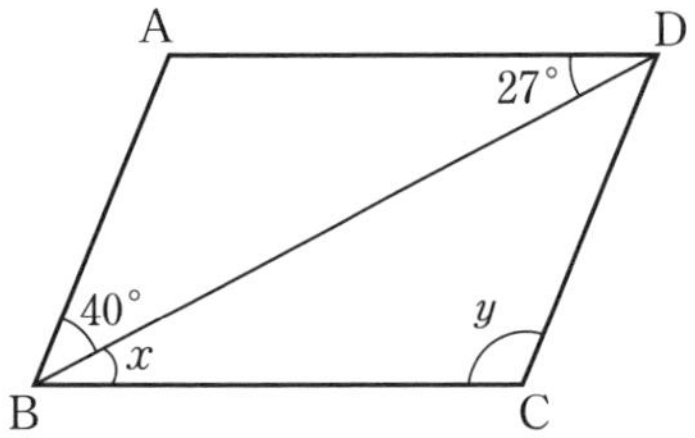

□(2)

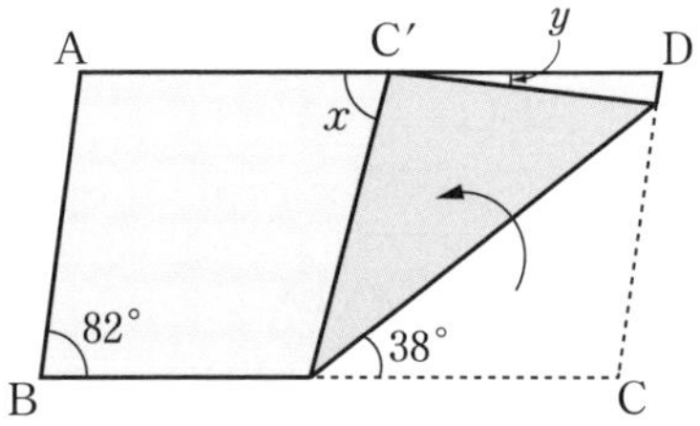

□ **2** **次の㋐〜㋒の四角形 ABCD で，いつでも平行四辺形になるものはどれですか。**

㋐　∠A＝∠D，∠B＝∠C　　　㋑　AD＝BC　AB // DC

㋒　AB＝DC，AD＝BC

3 **四角形 ABCD があり，∠ABC＝∠CDA＝90° で，△ABC≡△CDA のとき，次の問に答えなさい。**

□(1)　四角形 ABCD はどんな図形だといえますか。考えられる図形をすべて答えなさい。

□(2)　AB＝AD のとき，四角形 ABCD は 1 つの図形に決まります。どんな図形ですか。

□ **4** **右の図で，1 組の対辺 AD，BC が平行でその長さが等しいとき，四角形 ABCD は平行四辺形であることが正しいことを頂点 A と C を結び，次のように証明します。㋐〜㋔に適切なことがらを入れて証明を完成させなさい。**

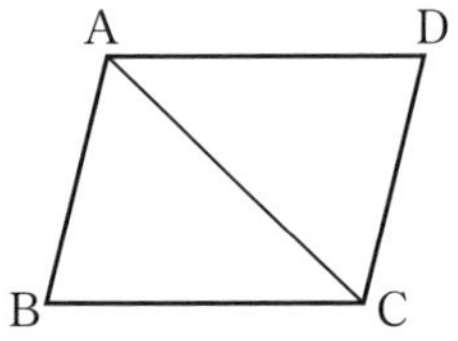

［証明］　△ABC と △CDA において，

㋐ ＿＿＿＿

△ABC≡△CDA

合同な図形の対応する角は等しいから　［　㋑　］

［　㋒　］が等しいので，［　㋓　］……①

また，仮定から　［　㋔　］……②

①, ②より，2 組の対辺がそれぞれ平行だから，四角形 ABCD は平行四辺形といえる。

したがって，1 組の対辺が平行でその長さが等しいならば，平行四辺形であることがいえる。

ヒント

1 (2)　折り曲げた部分で，どの角の大きさが等しいかをおさえ，図にかき入れる。

2　示された条件を平行四辺形の性質にあてはめて考える。

3　与えられた仮定を，特別な平行四辺形の定義にあてはめて考える。

□ **5** 右の図で，正方形の対角線 AC，BD の交点を O として，正方形の対角線が垂直に交わることを △ABO ≡ △ADO を導いて証明しなさい。

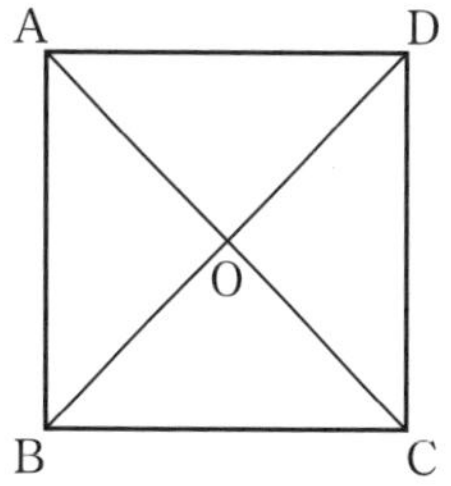

□ **6** 右の図で，四角形 ABCD は平行四辺形で，BD // EF となるように点 E，F を辺 AB，AD 上にとります。このとき，△FCD と面積の等しい三角形をすべて答えなさい。

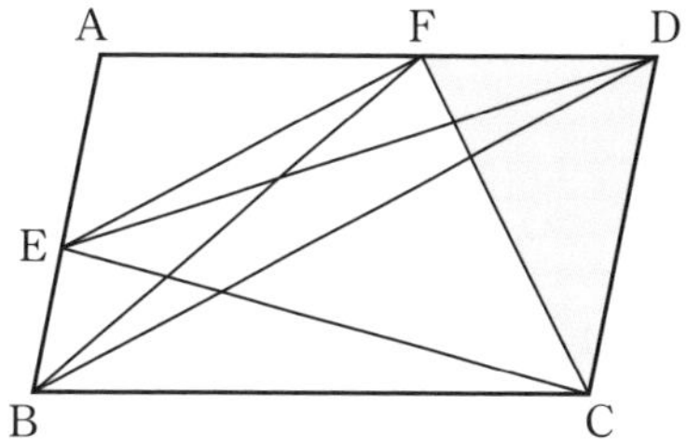

□ **7** 右の図で，四角形 ABCD の BC の延長線上に点 E をとり，四角形 ABCD と面積の等しい △ABE を作図しなさい。

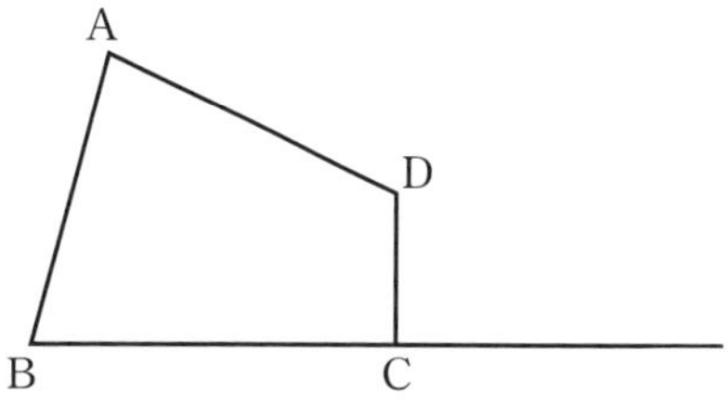

□ **8** 右の図において，▱ABCD の辺 DC の延長線上に AD＝DE となるような点 E をとります。∠BAE＝∠EAD となることを証明しなさい。

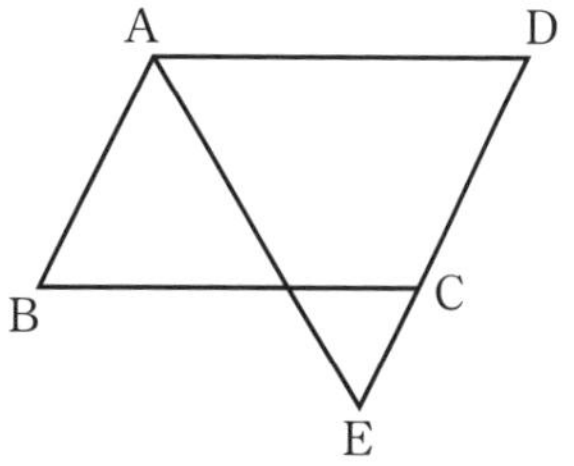

5章 三角形と四角形

ヒント
6 共通な底辺，等しい高さの三角形は，面積が等しくなる。平行線をもとに等しい高さに注目する。
7 △ACD と等しい面積の三角形を作図する。対角線 AC を底辺として，等しい高さの三角形を作図する方法を考える。

5章の問題　三角形と四角形　図形の性質を見つけて証明しよう

教科書 128 ▸ 158　解答 p.59

1 下の図で，(1)の △ABC は二等辺三角形，(2)の四角形 ABCD は平行四辺形です。同じ印をつけた角は等しいとして，∠x，∠y の大きさを求めなさい。

□(1)　AB＝AC

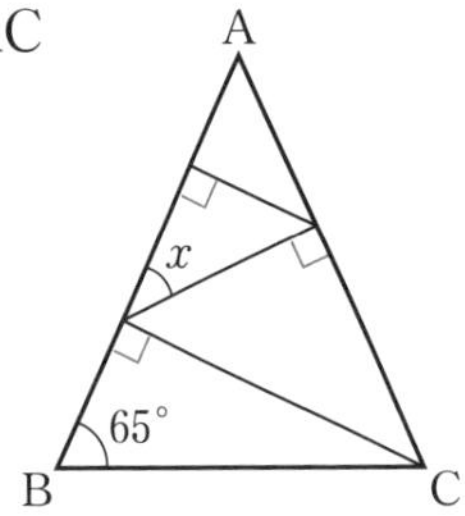

□(2)

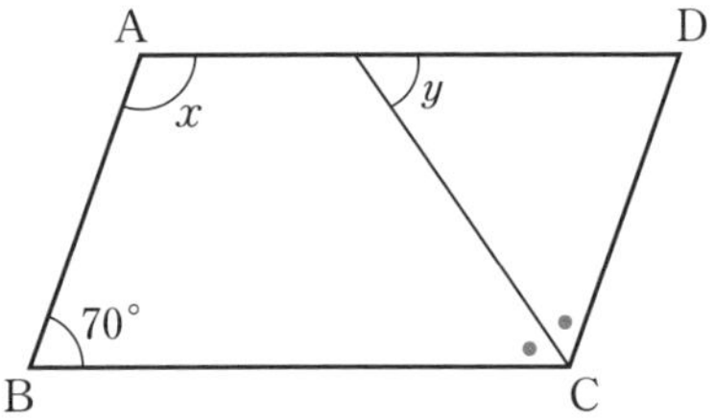

2 次のことがらの逆を答えなさい。また，それが正しければ○を，正しくなければ×をかき，それを示す反例を答えなさい。

□(1)　−5 ならば，絶対値は 5 である。

□(2)　四角形 ABCD が正方形ならば，対角線は等しい。

□(3)　∠A＝∠C ならば，△ABC は二等辺三角形である。

□ **3** 右の図のように，AB＝AC である二等辺三角形 ABC の辺 BC 上に BD＝CE となるような点 D，E をとります。このとき，△ADE が二等辺三角形になることを証明しなさい。

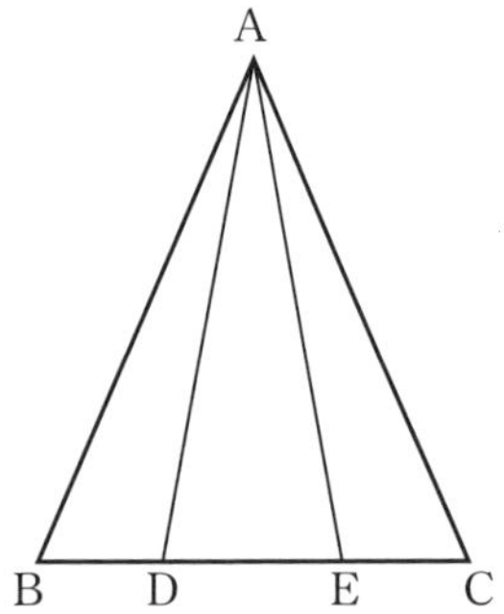

□ **4** ▱ABCD において，辺 BA の延長線上に CB＝CE となる点 E をとり，頂点 C と E を結びます。また，辺 AD と EC の交点を F とするとき，CF＝DF となることを証明しなさい。

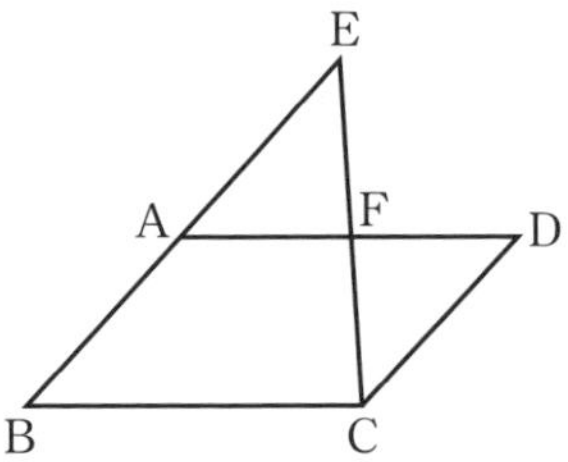

ヒント

1 (1) 「二等辺三角形の底角は等しい」，「三角形の内角の和は 180°」を使って求める。
(2) 「平行四辺形の対角は等しい」，「2 直線に 1 つの直線が交わるとき，2 直線が平行ならば，錯角は等しい」を使って求める。

□ **5** 右の図で，▱ABCD の辺 BC 上に AB＝AE となる点 E をとるとき，△ABC≡△EAD となることを証明しなさい。

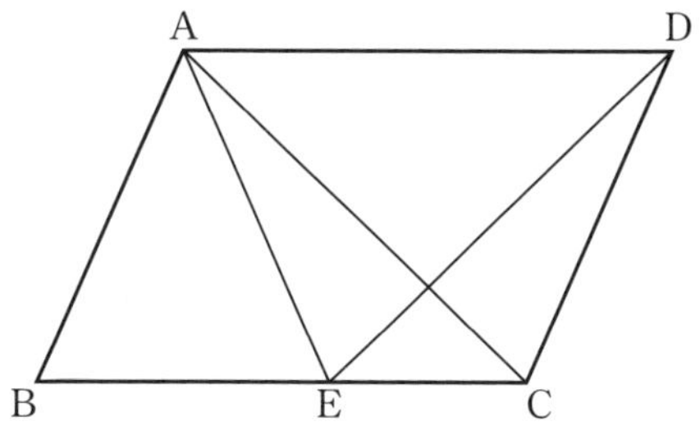

□ **6** 右の図のように，正三角形 ABC と正三角形 EBD があります。頂点 A と E，頂点 C と D をそれぞれ結んだとき，△AEB≡△CDB となることを証明しなさい。

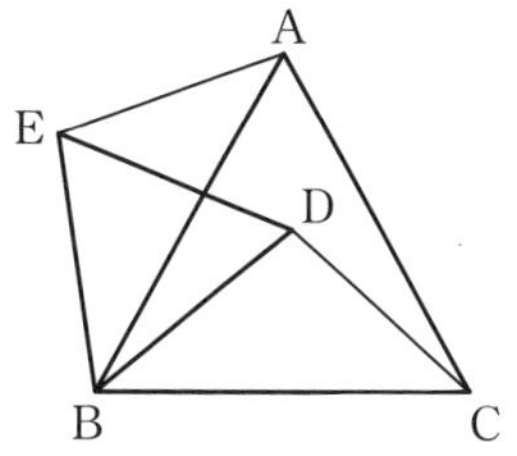

□ **7** 右の図のように，▱ABCD の対角線の交点を O とし，線分 OA，OC 上に，AE＝CF となる点 E，F をとります。このとき，四角形 EBFD は平行四辺形であることを証明しなさい。

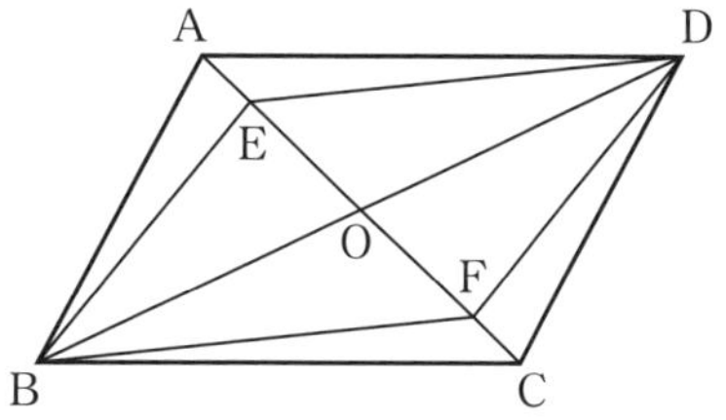

□ **8** 右の図において，四角形 ABCD と四角形 FGCE は合同な長方形です。頂点 C は共通で，頂点 D が辺 FG 上にくるようにし，頂点 E から辺 DC に垂線をひき，辺 DC との交点を H とします。このとき，CG＝EH となることを証明しなさい。

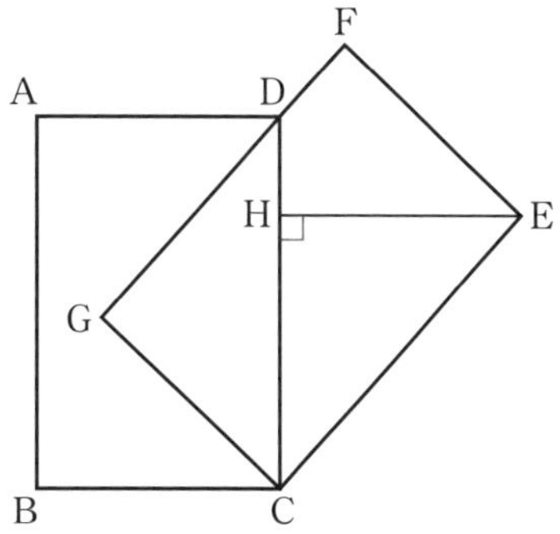

ヒント

7 平行四辺形の対角線はそれぞれの中点で交わることを使って証明する。
8 CG と EH をそれぞれふくむ図形に目をつけ，△DGC と △CHE の合同を証明する。

6章 確率

小6 場合の数，組み合わせ

中1 データの分析と活用（ことがらの起こりやすさ）

起こりやすさをとらえて説明しよう

ウォーミングアップ

□ **1** A，B，C，Dの4つのチームでサッカーの試合をしました。
どのチームも，他のチームと1回ずつ対戦するとき，試合は全部で何通りありますか。

□ **2** A，B，Cの3人でリレーのチームをつくります。3人の走る順番は全部で何通りありますか。

□ **3** A，B，C，Dの4人の班の班長と副班長を決める選び方は全部で何通りありますか。

ふりかえり 小6

場合の数

表や図をかいて考える。

	A	B	C
A			
B			
C			

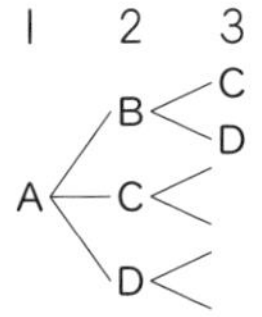

組み合わせを考えるときは，A−BとB−Aは同じと考える。

ヒント

Aが班長のとき副班長はA以外の人から選ぶ。

4 **コインを投げて，表が出るか裏が出るかを調べました。**

□(1)　2 回続けて投げるとき，表と裏の出方は何通りありますか。

□(2)　3 回続けて投げるとき，表と裏の出方は何通りありますか。

5 **次の □ にあてはまる数を答えなさい。**

□(1)　12 人は，24 人の $\frac{1}{2}$ で，□ %です。

□(2)　200m の 1.25 倍は □ m です。

□(3)　□ 個の 60% は，96 個です。

ふりかえり 小5・6

割合

もとにする量				
割合を表す数	1	0.1	0.01	0.001
分数		$\frac{1}{10}$	$\frac{1}{100}$	$\frac{1}{1000}$
百分率	100%	10%	1%	0.1%

$(割合)=\frac{(比べられる量)}{(もとにする量)}$

6 **あるボタンをくり返し投げて，表向きになった回数を調べたところ，下の表のようになりました。ただし，このボタンは必ず表向きか裏向きのどちらかになります。**

投げた回数	100	200	300	400
表向きになった回数	43	88	132	178
表向きになった相対度数	0.430	0.440	0.440	0.445

ふりかえり 中1

起こりやすさ

同じ傾向がくり返し見られる場合は，過去の多数のデータにおける相対度数を確率とみなす。

□(1)　このボタンを投げたとき，表向きになる確率はどのくらいといえますか。

□(2)　このボタンを投げたとき，表向きになる場合と裏向きになる場合のどちらが起こりやすいといえますか。

解答 p.60

もっとチャレンジ!

6章　1節 確率

1 同様に確からしいこと

例題 1　確率とその求め方

教 p.164 例 1

1つのさいころを投げるとき，次の確率を求めなさい。

(1)　偶数の目が出る確率

(2)　1から3の目が出る確率

(3)　1から6までの目が出る確率

解き方

(1)　2，4，6のどれかが出る確率。目の出方は全部で6通り。

偶数の目が出る場合は3通り。求める確率は $\frac{3}{6}=\frac{1}{2}$

(2)　1から3までの目が出る場合の数は3通り。よって $\frac{3}{6}=\frac{1}{2}$

(3)　かならず起こることがらの確率は1。

答　(1) $\frac{1}{2}$　(2) $\frac{1}{2}$　(3) 1

ポイント

同様に確からしい

起こりうる結果のどれが起こることも同じ程度に期待できること。

確率の求め方

起こりうる場合が全部で n 通りあり，どの場合が起こることも同様に確からしいとする。そのうち，ことがらAの起こる場合が a 通りあるとき，Aの起こる確率 p は，

$p=\frac{a}{n}$ $(0 \leqq p \leqq 1)$

Check! 1　**例題 1** で，(1)　2の目が出る確率，(2)　4または5の目が出る確率を求めなさい。

例題 2　樹形図と確率

教 p.165 ~ 166

袋の中に，1, 2, 3の数を1つずつ記入した3枚のカードが入っています。袋から1枚のカードを取り出し，カードをもどさずにもう1枚カードを取り出すとき，次の確率を求めなさい。

(1)　カードに書かれた数の和が3の倍数になる確率

(2)　1回目を十の位の数，2回目を一の位の数としてできる2けたの整数が3の倍数になる確率

解き方

樹形図を利用する。1回目, 2回目の取り出し方は下の6通り。

2枚のカードに書かれた数の和は③，4，③，5，4，5の6通り。

できる2けたの整数は⑫，13，㉑，23，31，32の6通り。

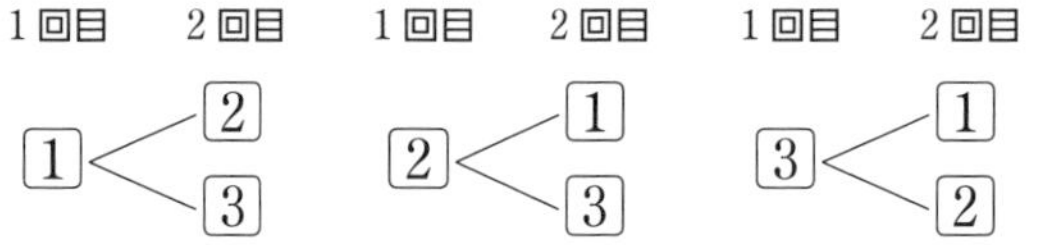

答　(1) $\frac{1}{3}$　(2) $\frac{1}{3}$

ポイント

樹形図

2枚の硬貨を投げるとき，起こりうる場合…4通り（下の樹形図より）

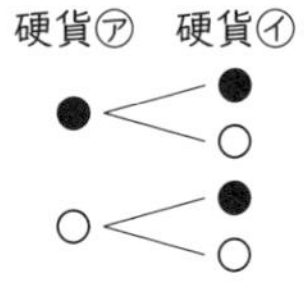

Check! 2　**例題 2** で，1回目のカードを袋にもどして2回目を取り出すとき，(1)，(2)の確率を，樹形図をかいてそれぞれ求めなさい。

解答 p.61

1 確率とその求め方　**1つのさいころを投げるとき，次の確率を求めなさい。** 教 p.164 問1

□(1)　5の目が出る確率

□(2)　2または5の目が出る確率

□(3)　3の倍数または4の倍数の目が出る確率

2 確率とその求め方　**1, 2, …, 12の数を1つずつ記入した12枚のカードがあります。このカードをよくきってから1枚ひくとき，次の確率を求めなさい。** 教 p.164 問1

□(1)　カードに書かれた数が4の倍数である確率

□(2)　カードに書かれた数が2の倍数または3の倍数である確率

3 確率とその求め方　**袋の中に赤球3個，青球2個，白球4個が入っています。この袋の中から球を1個取り出すとき，次の確率を求めなさい。** 教 p.164 問1

□(1)　白球が出る確率

□(2)　赤球または青球が出る確率

4 樹形図と確率　**1から5までの数を1つずつ記入した5枚のカードがあります。このカードをよくきってから1枚ずつ続けて3回ひくとき，次の問に答えなさい。** 教 p.166 問3

□(1)　カードに書かれた数の和が3の倍数になる確率を，樹形図をかいて求めなさい。

□(2)　ひいた順に百の位，十の位，一の位の数としてできる3けたの整数が3の倍数になる確率を求めなさい。

5 樹形図と確率　**2枚の硬貨A，Bを投げるとき，次の問に答えなさい。** 教 p.166 問3

□(1)　硬貨A，Bの表，裏のすべての出方を，樹形図をかいて示しなさい。

(2)　(1)でかいた樹形図を参考にして，次の確率を求めなさい。

□①　2枚とも表が出る確率

□②　2枚とも裏が出る確率

□③　1枚が表で1枚が裏の出る確率

解答 p.61・62

もっとチャレンジ!

6章 1節 確率

2 いろいろな確率

例題1 組み合わせ

教 p.167

箱の中に赤球，青球，黄球，緑球が1個ずつ入っています。この箱の中から同時に2個または3個の球を取り出すとき，次の確率を求めなさい。

(1) 2個取り出して赤球と緑球である確率　(2) 3個取り出して赤球，青球，緑球である確率

解き方

(1) 起こりうる場合は全部で以下の6通り。

{赤，青}，{赤，黄}，{赤，緑}，
{青，黄}，{青，緑}，{黄，緑}

赤球と緑球が取り出されるのは1通り。

(2) 3個が赤球，青球，緑球である確率は，1個取り出して黄球である確率に等しい。
1個の球の取り出し方は全部で4通り。

答 (1) $\frac{1}{6}$　(2) $\frac{1}{4}$

Check! **1** **例題1**で，4個の球を続けて取り出すとき，次の数や確率を求めなさい。

(1) 起こりうる場合の数（樹形図をかいて求める）

(2) 赤球と青球が続けて取り出される確率（ただし，取り出される順はどちらでもよい。）

例題2 表の利用

教 p.168

大小2つのさいころを投げるとき，次の数や確率を求めなさい。

(1) 起こりうる場合の数　(2) 出た目の数の和が6になる確率

小＼大	1	2	3	4	5	6
1	2	3	4	5	6	7
2	3	4	5	6	7	8
3	4	5	6	7	8	9
4	5	6	7	8	9	10
5	6	7	8	9	10	11
6	7	8	9	10	11	12

解き方

(1) $6\times6=36$（通り）

(2) 右の表のように，出た目の数の和が6になるのは，5通り。

答 (1) 36通り　(2) $\frac{5}{36}$

Check! **2** **例題2**で，出た目の数の和が10以上になる確率を，右上の表を利用して求めなさい。

例題3 起こらない確率

教 p.169

1つのさいころを投げるとき，次の確率を求めなさい。

(1) 2と3の目が出ない確率　(2) 7の目が出る確率

ポイント

ことがらAの起こらない確率
(Aの起こらない確率)
=1−(Aの起こる確率)

解き方

(1) 2と3の目が出る確率は $\frac{2}{6}$ だから，2と3の目が出ない確率は，$1-\frac{2}{6}$　**答** $\frac{2}{3}$

(2) 7の目が出ない確率は1だから，7の目が出る確率は，$1-1$　**答** 0

Check! **3** **例題3**で，次の確率を求めなさい。

(1) 出た目の数が3の倍数でない確率　(2) 1から6の目が出ない確率

解答 p.62

1 組み合わせ・起こらない確率　**箱の中に赤球，青球，黄球，緑球，白球が1個ずつ入っています。箱の中から2個の球を同時に取り出すとき，次の確率を求めなさい。** 教 p.167・169

□(1)　緑球または白球が出る確率

□(2)　青球が出ない確率

2 組み合わせ・起こらない確率　**0，1，2，3の数を1つずつ記入した4枚のカードがあります。このカードをよくきってから1枚ずつ2回続けてひき，ひいた順に並べて，2けたの整数をつくります。** 教 p.167・169

□(1)　樹形図をかき，できる2けたの整数をすべてあげなさい。

□(2)　できる整数が奇数になる確率を求めなさい。

□**3 組み合わせ・起こらない確率**　**A，B，C，D，Eの5人がリレー選手に選ばれました。このうち4人がリレーに出場します。出場選手と走る順番をくじで決めるとき，B，Cの2人ともが選ばれる確率を求めなさい。** 教 p.167・169

4 表の利用・起こらない確率　**大小2つのさいころを投げるとき，表を利用して，次の確率を求めなさい。** 教 p.168～169

□(1)　出た目の数の和が偶数になる確率

小＼大	1	2	3	4	5	6
1						
2						
3						
4						
5						
6						

□(2)　出た目の数の和が素数になる確率

小＼大	1	2	3	4	5	6
1						
2						
3						
4						
5						
6						

□(3)　出た目の数が同じである確率

小＼大	1	2	3	4	5	6
1						
2						
3						
4						
5						
6						

□(4)　出た目の数の積が1未満である確率

小＼大	1	2	3	4	5	6
1						
2						
3						
4						
5						
6						

解答 p.62・63

1節の問題 | 確率

教科書 162 ▸ 170

解答 p.64

1 **袋の中に，赤球２個，青球２個，白球１個が入っています。この袋の中から球を２個同時に取り出すとき，次の問に答えなさい。**

□(1) 赤球と青球を１個ずつ取り出す確率を求めなさい。

□(2) 少なくとも１個は赤球を取り出す確率を求めなさい。

□(3) 白球を取り出さない確率を求めなさい。

2 **１枚の硬貨を３回続けて投げます。この硬貨を投げたとき，表が出たら３点，裏が出たら -2 点として，３回の合計点を競います。次の問に答えなさい。**

□(1) ２回目に表が出る確率を求めなさい。

□(2) 合計点が４点になる確率を求めなさい。

□(3) 合計点が０点以上になる確率を求めなさい。

3 **袋の中に１，２，３，４，５，６の数を１つずつ記入した６枚のカードがあります。この袋の中からカードを１枚取り出してからもとにもどして，もう一度カードを１枚取り出します。次の問に答えなさい。**

□(1) １枚目に取り出したカードの数を十の位，２枚目に取り出したカードの数を一の位として，２けたの整数Ａをつくります。整数Ａが61以下になる確率を求めなさい。

□(2) １枚目のカードの数を a，２枚目のカードの数を b とするとき，$\dfrac{b}{a}$ が自然数になる確率を求めなさい。

ヒント

3 (1) 整数Ａが61より大きくなる場合からその確率を求め，１からひくとよい。

(2) $\dfrac{b}{a}$ が自然数になる場合を，表などを使ってもれのないように確かめるようにする。

4 **A, B, C, Dの4人の生徒の中から委員長と副委員長を1人ずつ選びます。次の問に答えなさい。**

□(1) Cが委員長になる確率を求めなさい。

□(2) 役割に関係なく，A，Dの2人が選ばれる確率を求めなさい。

5 **大小2つのさいころを，同時に投げます。次の問に答えなさい。**

□(1) 2つのさいころとも偶数の目が出る確率を求めなさい。

小＼大	1	2	3	4	5	6
1						
2						
3						
4						
5						
6						

□(2) 2つのさいころの出た目の数の和が4以下になる確率を求めなさい。

□(3) 2つのさいころとも6の目が出ない確率を求めなさい。

□(4) (大きいさいころの目)÷(小さいさいころの目)が1以下である確率を求めなさい。

ヒント

4 樹形図ですべての場合を表し，それぞれの場合の数を確かめて，確率を求めるようにする。

6章

2節 確率による説明

もっとチャレンジ!

1 ことがらの起こりやすさ

例題 1　くじと確率

教 p.173 問 1

5 本のうち 2 本のあたりくじが入っているくじがあります。A，B，C の 3 人がこの順にくじを 1 本ずつひくとき，3 人があたる確率をそれぞれ求めなさい。

解き方

あたりくじに①，②，はずれくじに 3，4，5 の番号をつけ，A，B，C の 3 人のくじのひき方を，樹形図をかいて調べる。

A	B	C
①	②	3 4 5
	3	② 4 5
	4	② 3 5
	5	② 3 4
②	①	3 4 5
	3	① 4 5
	4	① 3 5
	5	① 3 4
3	①	② 4 5
	②	① 4 5
	4	①② 5
	5	①② 4
4	①	② 3 5
	②	① 3 5
	3	①② 5
	5	①② 3
5	①	② 3 4
	②	① 3 4
	3	①② 4
	4	①② 3

樹形図から，B があたる確率は $\frac{8}{20}$，C があたる確率は $\frac{24}{60}$　**答** A…$\frac{2}{5}$，B…$\frac{2}{5}$，C…$\frac{2}{5}$

Check! 1　**例題 1** の樹形図を見て，次の問に答えなさい。

(1)　A，B，C が①，②，3 をひいたことを（①，②，3）と表すとき，3 人のうちだれもあたらないくじのひき方を，すべて書きなさい。

(2)　3 人のうち，少なくとも 1 人があたる確率を求めなさい。

(3)　3 人全員があたる確率を求めなさい。

例題 2　起こりやすさの比較

教 p.173 問 1

5 本のうち 2 本のあたりくじが入っているくじがあります。A，B の 2 人がこの順にくじを 1 本ずつひくとき，どちらのほうがあたる確率が大きいか答えなさい。

解き方

あたりくじに①，②，はずれくじに 3，4，5 の番号をつけ，A，B の 2 人のくじのひき方を，樹形図をかいて調べる。

A	B
①	② 3 4 5
②	① 3 4 5
3	① ② 4 5
4	① ② 3 5
5	① ② 3 4

樹形図から，A，B があたる確率はともに $\frac{2}{5}$ であることがわかる。　**答** 同じ

Check! 2　**例題 2** で，あたりくじが 1 本だけである場合，A，B のどちらのほうがあたる確率が大きいですか。樹形図をかいて調べなさい。

解答 p.65

❶ くじと確率　5本のうち2本のあたりくじが入っているくじがあります。このくじを同時に2本ひくとき，次の確率を求めなさい。 教 p.173 問1

□(1)　2本ともあたる確率

□(2)　あたりとはずれをひく確率

□(3)　2本ともはずれる確率

□(4)　少なくとも1本はあたる確率

❷ くじと確率・起こりやすさの比較　箱の中に100本のくじが入っています。あたりくじが8本であるとき，次の問に答えなさい。 教 p.173 問1

□(1)　くじを1本ひいてはずれる確率を求めなさい。

□(2)　くじを1本ひいて結果を確認し，ひいたくじを箱の中にもどします。これを1回と数えるとき，くじを50回ひくと何回あたりが出ると考えられますか。

□ **❸ 起こりやすさの比較　袋の中に，赤球3個，白球2個が入っています。この袋の中から球を1個取り出して色を調べ，袋にもどしてから，もう一度球を1個取り出すとき，次の㋐，㋑のうち，どちらのほうが起こりやすいといえますか。理由も説明しなさい。** 教 p.173 問1

㋐　ちがう色の球が出る

㋑　同じ色の球が出る

解答 p.65

2節の問題 確率による説明

教科書 173

解答 p.66

□ **1** **次の文章は，さいころの目の出方について説明したものです。㋐～㋓のうち，正しいものをすべて選びなさい。**

㋐　さいころを1回投げるとき，偶数と奇数の目が出る確率は同じである。

㋑　さいころを2回投げて2回とも6の目が出たとき，次に6の目が出る確率は $\frac{1}{6}$ より小さい。

㋒　さいころを6回投げれば，1の目はかならず1回出る。

㋓　さいころを2回投げて1，3，5の3つの目から2つの目が出る確率は，同じくさいころを2回投げて2，4の目が出る確率の3倍である。

2 **袋の中に1，2，3，5，6の数を1つずつ記入した5枚のカードあります。この袋の中からカードを2枚同時に取り出すとき，次の問に答えなさい。**

□(1)　2枚のカードに書かれた数の和が，偶数になる確率を求めなさい。

□(2)　6のカードを7に入れかえたとき，2枚のカードに書かれた数の和が偶数になる確率は，どのようになりますか。次の㋐～㋒から選びなさい。

㋐　大きくなる。

㋑　小さくなる。

㋒　変わらない。

3 **右の図のように，AとBの箱には，それぞれ赤球と白球が1個ずつ入っています。また，Cの箱には，赤球が2個と白球が3個入っています。たかしさんは，A，Bの箱からそれぞれ1個ずつ球を取り出し，ゆきさんはCの箱から2個同時に球を取り出します。このとき，次の問に答えなさい。**

□(1)　たかしさんが取り出す2つの球について，少なくとも1個は赤球が出る確率を求めなさい。

□(2)　少なくとも1個は赤球が出る確率が大きいのは，たかしさんとゆきさんのどちらか答えなさい。また，その理由を確率を使って説明しなさい。

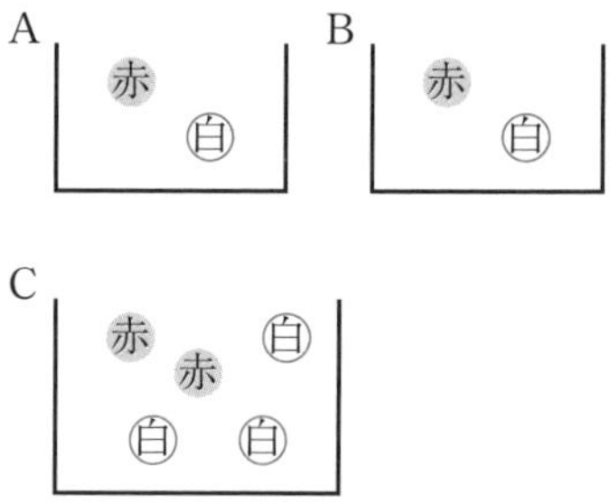

ヒント

1 ㋓　1，3，5の目から2つの目が出る場合と，2，4の目が出る場合をもれのないように確かめる。

3 (2)　2人のそれぞれの確率を求めて，その大きさを比べると，確率の大きいほうを判断することができる。

4 りえさんは，1枚の硬貨を3回続けて投げて，次のようなルールで計算した得点を競うゲームを考えました。

〈ルール〉

① 硬貨を1回投げたとき，表が出たら ＋2点，裏がでたら －1点とする。

② 1回目，2回目，3回目に投げた硬貨の点数をそれぞれ a 点，b 点，c 点として，下の計算式で得点を計算し，得点が2点以上のとき，景品がもらえる。

［得点の計算式］ $a+b+c$

□(1) 景品がもらえる確率を求めなさい。

□(2) りえさんは，ゲームのルールを変えて，②の［得点の計算式］を $a \times b \times c$ にしようと考えました。もとのルールと比べて，景品があたる確率はどのようになりますか。次の㋐～㋒から選びなさい。

㋐ 大きくなる。 ㋑ 小さくなる。 ㋒ 変わらない。

□**5** さきさんとしんじさんは，数学の授業で，次の課題について考えました。下の会話は，そのとき，2人が話し合った内容です。会話の中の ① ～ ⑨ に，あてはまる数や記号を書き入れなさい。

〈課題〉

袋の中に赤球3個，白球2個，青球1個が入っています。この袋の中から2個の球を取り出すとき，ちがう色の球を取り出すことが起こりやすいのは，㋐と㋑のどちらの取り出し方ですか。

㋐ 袋の中から2個同時に球を取り出す。

㋑ 袋の中から球を1個取り出したら，もとの袋にもどしてからもう1個の球を取り出す。

［会話］

さきさん：まず，樹形図をかいて，起こりうる場合をすべてあげると，㋐は全部で ① 通りあるね。

しんじさん：そうだね。㋑のほうは，全部で ② 通りだね。ちがう色が出る場合を調べれば，確率からどちらのほうが出やすいかわかるけど，同じ色が出る確率から求めたほうが速そうだね。

さきさん：㋐のほうは，同じ色が出る場合は ③ 通りだから，ちがう色が出る場合の確率は， ④ － ⑤ ＝ ⑥ だね。

しんじさん：㋑のほうも同様に求めると，式は， ④ － ⑦ ＝ ⑧

さきさん： ⑨ のほうが，ちがう色の球が出やすいね。

ヒント

4(1) 1枚の硬貨を3回続けて投げたときの表，裏の出方を樹形図に表し，それぞれの得点を求めて樹形図に書き入れ，それぞれの場合を確かめて確率を求める。

6章の問題 ｜ 確率 起こりやすさをとらえて説明しよう

教科書 162▸176

解答 p.67

□**1** **A，B，Cの3人でじゃんけんを1回します。どの人についても，グー，チョキ，パーのどれを出すことも同様に確からしいものとします。このとき，次の㋐～㋓のうち，正しいものを選びなさい。**

㋐　あいこになる確率がもっとも大きい。

㋑　2人が勝つ確率は $\frac{1}{3}$ である。

㋒　1人だけが勝つ確率は，$\frac{1}{4}$ である。

㋓　「あいこになる」，「1人だけ勝つ」の起こりやすさは同じである。

2 **大小2つのさいころを投げて，大きいさいころの出た目の数を x，小さいさいころの出た目の数を y とするとき，次の問に答えなさい。**

□(1)　$x+3y=7$ になる確率を求めなさい。

□(2)　$x \times y$ の値がある数の2乗になる確率を求めなさい。

3 **A，B，C，Dの4人が1脚の長いすに座ります。次の問に答えなさい。**

□(1)　A，B，C，Dの4人の座り方は全部で何通りありますか。

□(2)　AとBがとなりどうしに座る確率を求めなさい。

□(3)　AとDが端に座る確率を求めなさい。

4 **A，B，Cの3人の女子と，D，Eの2人の男子がいます。次の問に答えなさい。**

□(1)　3人の女子から2人，2人の男子から1人を選びます。選び方は何通りありますか。

□(2)　5人の中から男子女子関係なく3人を選ぶ選び方は何通りありますか。

□(3)　(2)で，AとCが選ばれる確率を求めなさい。

ヒント

1　3人でじゃんけんをするとき，あいこになるのは，3人がグー，チョキ，パーを出したときか，3人が全員同じものを出したときである。

3(2)　AとBを1組と考え，[AB]，[C]，[D]で樹形図をかいて，並び方を考える。

5 **A の袋の中に 1，2，3，B の袋の中に 4，5，6 と書かれたカードが入っています。A，B の 2 つの袋の中からそれぞれ 1 枚ずつカードを取り出すとき，次の問に答えなさい。**

□(1)　カードの取り出し方は全部で何通りありますか。

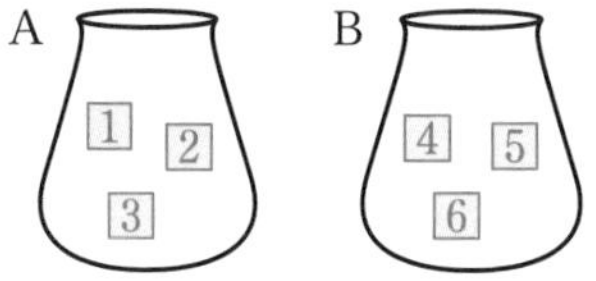

□(2)　取り出したカードに書かれた数の和が 7 以上になる確率を求めなさい。

□(3)　取り出したカードの積が 2 けたの整数になることと，取り出したカードに書かれた数の商 (B ÷ A) が整数になることを比べると，どちらのほうが起こりやすいですか。次の㋐～㋒のうち，正しいものを選びなさい。また，それが正しい理由を確率を使って説明しなさい。

㋐　取り出したカードに書かれた数の積が 2 けたの整数になることのほうが起こりやすい。

㋑　取り出したカードに書かれた数の商 (B ÷ A) が整数になることのほうが起こりやすい。

㋒　取り出したカードに書かれた数の積が 2 けたの整数になることと，取り出したカードに書かれた数の商 (B ÷ A) が整数になる確率は同じである。

6 **右の図のように，正方形 ABCD があります。点 P は頂点 A の位置にあり，1 つのさいころを 1 回投げるごとに，さいころの出た目の数だけ，正方形の辺上の頂点を A から B, C, D, A, …の順に動きます。このとき，次の問に答えなさい。**

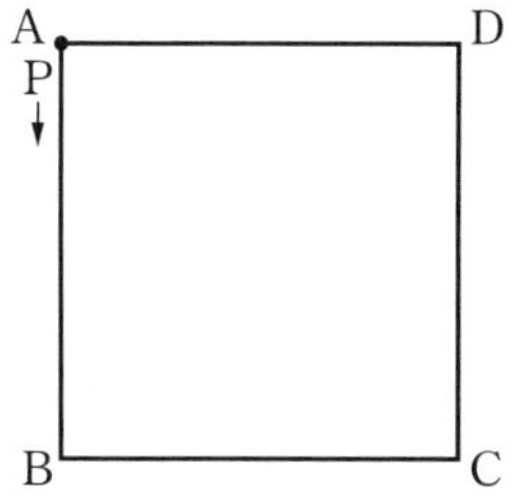

□(1)　さいころを 1 回投げたとき，5 の目が出ました。このとき点 P はどの頂点にありますか。

□(2)　さいころを 2 回投げたとき，点 P が頂点 A の位置にもどる確率を求めなさい。

□(3)　点 Q は，頂点 A からさいころの目の数だけ，点 P とは逆に時計回りに動きます。点 P と点 Q でさいころをそれぞれ 1 回ずつ投げるとき，点 P と点 Q が同じ位置にくる確率を求めなさい。

ヒント

5 (1)　A の袋から取り出す数は 3 通り。その 1 通りに対して，B の袋から取り出す数は 3 通りある。

6 (2)　まず，さいころを 2 回投げたときの目の出方が何通りあるか考える。

7章 データの比較

中1 データの分析と活用

データを比較して判断しよう

ウォーミングアップ

1 次のデータは，ある植物の苗の高さです。次の問に答えなさい。

42　36　37　44　39　40　39　43　（単位　cm）

□(1)　中央値を求めなさい。

□(2)　平均値を求めなさい。

□(3)　最頻値を求めなさい。

2 下の表は，あるクラスの生徒の通学時間を度数分布表にまとめたものです。次の問に答えなさい。

時間(分)	度数(人)	相対度数
以上　未満 0 ～ 10	2	0.08
10 ～ 20	㋐	0.20
20 ～ 30	8	0.32
30 ～ 40	6	0.24
40 ～ 50	4	㋑
合計	㋒	1.00

□(1)　この度数分布表の階級の幅は何分ですか。

□(2)　㋐～㋒にあてはまる数値を答えなさい。

□(3)　10分以上20分未満の階級の累積相対度数を求めなさい。

□(4)　平均値と最頻値を求めなさい。

ふりかえり 中1

中央値（メジアン）

データを大きさ順に並べたときの中央の値。偶数の場合は，中央にある2つのデータの平均の値。

最頻値（モード）

データの中で，もっとも多く出てくる値。度数分布表では，度数のもっとも多い階級の階級値。

相対度数

全体の度数に対するその階級の度数の割合のこと。

$(\text{相対度数})=\dfrac{(\text{その階級の度数})}{(\text{度数の合計})}$

累積相対度数

度数分布表で，最初の階級からある階級までの相対度数の合計。

□(5)　度数分布表をもとに，このクラスの生徒の通学時間を，右のヒストグラムにまとめなさい。

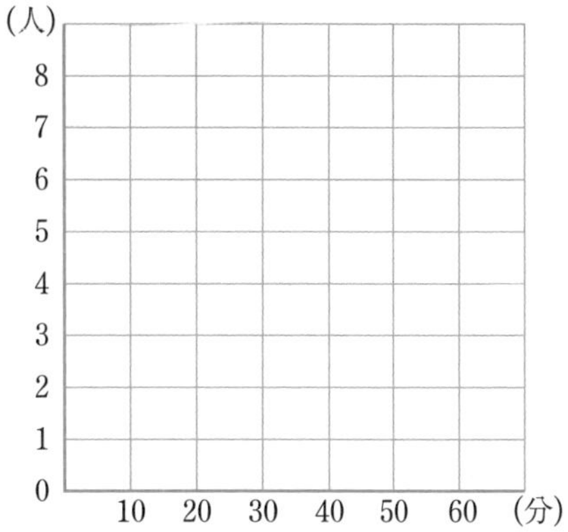

□(6)　クラスごとに分布の形の特徴を比べたいときは，度数分布表とヒストグラムのどちらを使うほうが便利ですか。

3　しおりさんは，紙飛行機の飛んだ距離を競う大会に出場することになり，そのために2種類の紙飛行機を作りました。どちらの紙飛行機がより遠くまで飛ばせるのかを，測定結果をもとに予想します。測定の記録は，A機は10回分，B機は20回分あります。

記録(m)	A機		B機	
	度数(回)	相対度数	度数(回)	相対度数
以上　未満 7 ～ 8	0	0	2	0.10
8 ～ 9	1	0.10	3	0.15
9 ～ 10	2	0.20	5	0.25
10 ～ 11	4	0.40	1	0.05
11 ～ 12	3	0.30	5	0.25
12 ～ 13	0	0	0	0
13 ～ 14	0	0	4	0.20
合計	10	1.00	20	1.00

ヒント
予想を説明するためにどの代表値を用いればよいかを考える。

□(1)　目標は予選通過で，10m以上飛ばすと予選通過となります。A機，B機のどちらのほうが，より目標を達成できるでしょうか。表の相対度数を用いて説明しなさい。

□(2)　決勝ではいちばん遠くまで飛ばせた人が賞品をもらえます。決勝に進出できた場合，A機，B機のどちらのほうが，賞品を獲得できる可能性が高いといえますか。表から読みとれることがらを使って説明しなさい。

解答 p.68

もっとチャレンジ!

7章　1節 四分位範囲と箱ひげ図

1 四分位範囲と箱ひげ図(1)

例題 1　四分位数の求め方

教 p.180～181

次のデータは，15 人の生徒の 1 週間の自宅学習の時間を調べたものです。このデータについて，次の問に答えなさい。

12	2	8	3	14	3	7	17
5	16	9	7	10	14	15	(単位　時間)

(1)　四分位数を求めなさい。

(2)　四分位範囲を求めなさい。

ポイント

四分位範囲と四分位数（箱ひげ図）

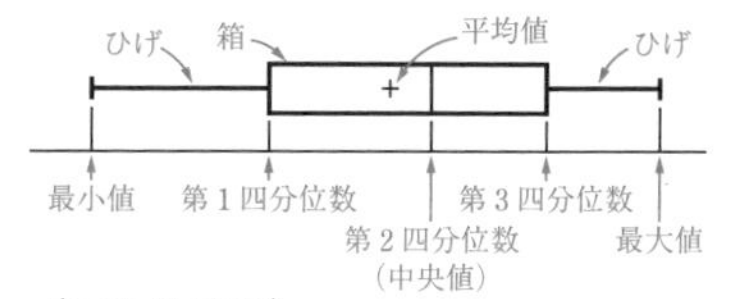

（四分位範囲）
＝（第 3 四分位数）－（第 1 四分位数）

解き方

データを小さい順に並べると，2，3，3，5，7，7，8，9，10，12，14，14，15，16，17

データの中央値（15 個のデータの場合，中央の 8 番目）である 9 が第 2 四分位数，最小値をふくむほうの 7 個のデータの中央値である 5 が第 1 四分位数，最大値をふくむほうの 7 個のデータの中央値である 14 が第 3 四分位数である。四分位範囲は，(第 3 四分位数) －(第 1 四分位数) より，14－5＝9（時間）

答　(1) **第 1 四分位数…5 時間，第 2 四分位数…9 時間，第 3 四分位数…14 時間，**(2) **四分位範囲…9 時間**

Check! 1　**例題 1** の 15 人に，もう 1 人の生徒の自宅学習時間 8 時間を加えたとき，四分位数と四分位範囲をそれぞれ求めなさい。また，求め方も説明しなさい。

ヒント

偶数個のデータの場合は，データ数÷2（個）ずつ上下に分け，それぞれの中央値が第 1 四分位数，第 3 四分位数となる。

例題 2　箱ひげ図のかき方

教 p.182

例題 1 のデータについて，次の問に答えなさい。

(1)　データの範囲を求めなさい。

(2)　データをもとにして箱ひげ図をかきなさい。

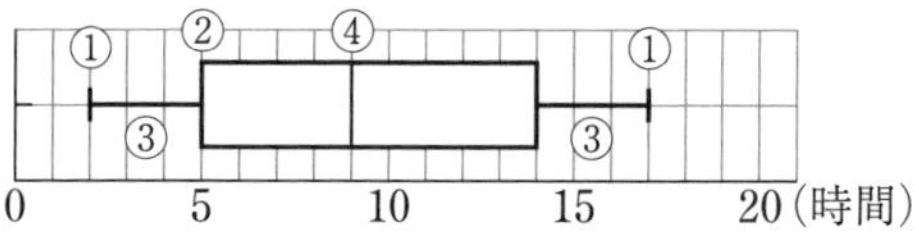

解き方

(1)　データの範囲は (最大値) － (最小値) で求める。　17－2＝15 (時間)　**答**　**15 時間**

(2)　［手順］①最小値，最大値をかく。　②第 1 四分位数から第 3 四分位数までの四分位範囲を箱で示す。　③箱と①をひげ(線分)で結ぶ。　④第 2 四分位数を，箱内部に線分で示す。かく順序は異なってもよい。

Check! 2　Check! 1 のデータの最小値，最大値を求め，箱ひげ図をかきなさい。

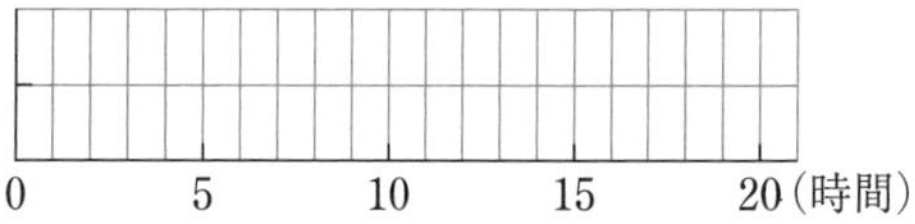

解答 p.69

❶ 四分位数の求め方・箱ひげ図のかき方　下のデータは，生徒 15 人の視力検査の結果を示したものです。このデータについて，あとの問に答えなさい。教 p.180 ～ 182

1.5	1.2	0.6	1.0	0.8	0.3	0.3	0.2
1.5	1.2	0.5	2.0	1.0	0.1	0.5	

□(1)　四分位数と四分位範囲を求めなさい。

□(2)　データの最小値，最大値をそれぞれいいなさい。

□(3)　箱ひげ図をかきなさい。

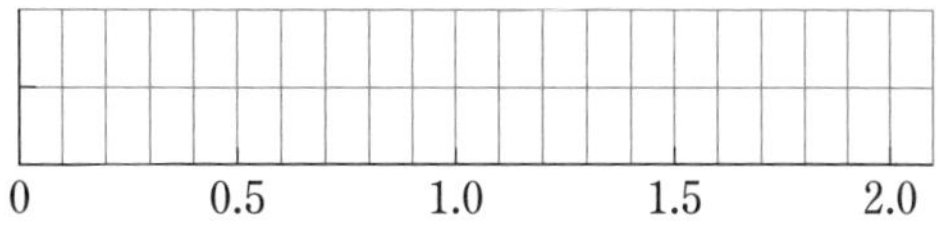

❷ 四分位数の求め方・箱ひげ図のかき方　下のデータは，あるクラスが 14 回長縄跳びの練習をして，連続して跳んだ回数を記録し，少ないほうから順に整理したものです。このデータについて，あとの問に答えなさい。教 p.180 ～ 182

3　7　7　8　10　15　17　18　21　28　30　40　45　47　（単位　回）

□(1)　四分位数と四分位範囲を求めなさい。

□(2)　箱ひげ図をかきなさい。

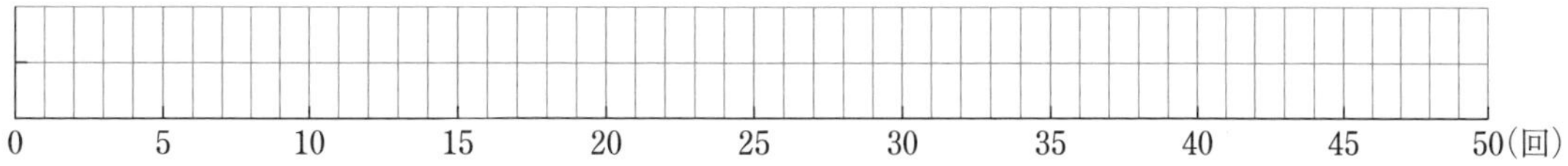

□**❸ 箱ひげ図のかき方**　1 組の生徒 19 人が A，B の 2 つの班に分かれてゲームを行いました。下の表はそれぞれの班のゲームの得点です。このとき，A，B それぞれの班のゲームの得点の箱ひげ図をかきなさい。教 p.182

A	10	4	3	10	6	10	10	5	2	10
B	6	6	7	8	6	4	9	6	9	

（単位　点）

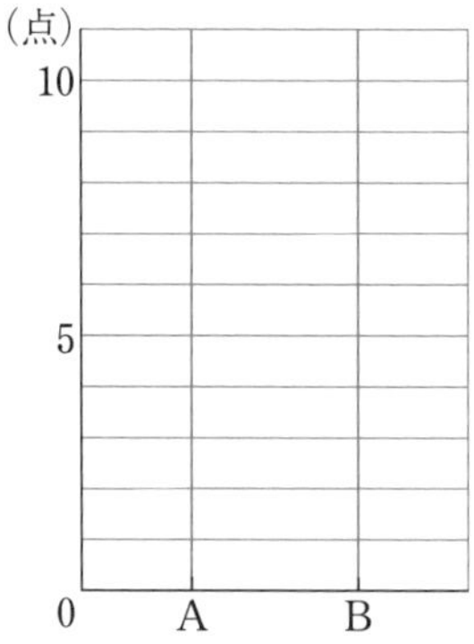

解答 p.69

もっとチャレンジ!

7章 1節 四分位範囲と箱ひげ図

1 四分位範囲と箱ひげ図(2)

例題 1 ヒストグラムと箱ひげ図

教 p.183

右のヒストグラムは，㋐～㋒の箱ひげ図のいずれかに対応しています。その箱ひげ図を記号で答えなさい。

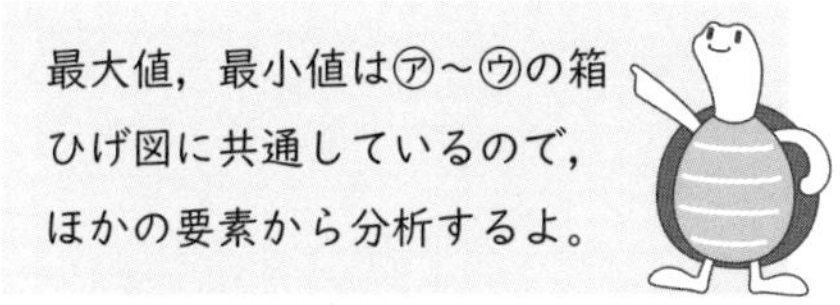

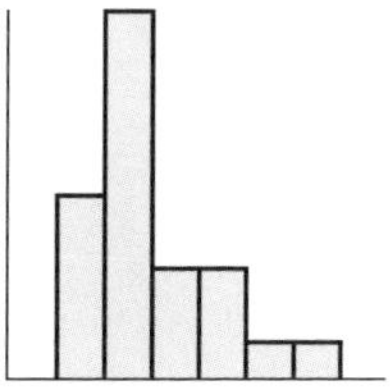

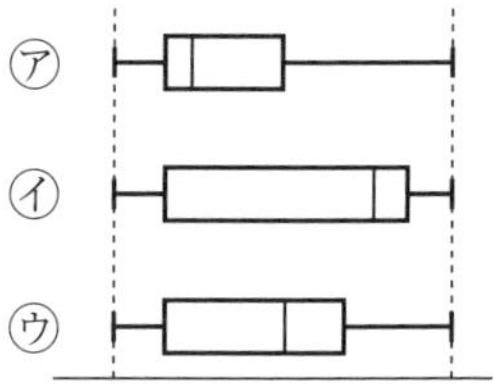

解き方

ヒストグラムが左側にゆがんだ分布になっているので，箱ひげ図も左側にできることがわかる。また，左側の値が大きいことから，第 1 四分位数と第 2 四分位数の間隔が小さくなる。

答 ㋐

Check! 1 **例題 1** のヒストグラムの最大値と，右のヒストグラムの最小値をぴったりつないで 1 つのヒストグラムとするとき，箱ひげ図はどのような形になるか説明しなさい。ただし，1 つにつないだヒストグラムは右にいくほど値が大きくなるものとします。

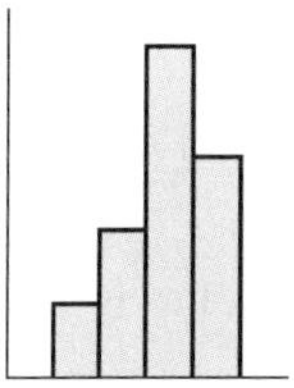

例題 2 箱ひげ図による分布の比較

教 p.184 ～ 185

次の図は，あるクラスの男子と女子のそれぞれ 20 人の 10 点満点の小テストの得点の分布のようすを，箱ひげ図に表したものです。このとき，箱ひげ図から読み取れることとして正しくないものをいいなさい。

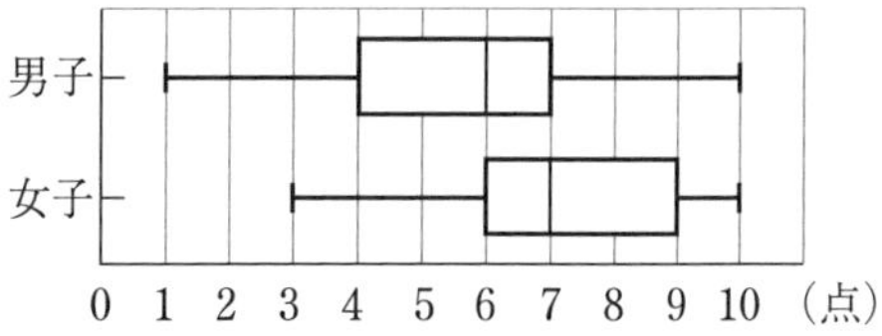

㋐ どちらも，小テストの得点のデータの四分位範囲は 3 点である。
㋑ どちらも，小テストの得点が 7 点以上の生徒は 10 人以上いる。
㋒ 女子の小テストのデータのほうが，男子の小テストのデータより範囲が小さい。
㋓ どちらも，小テストの得点が 10 点の生徒がかならずいる。

解き方

中央値に着目する。男子の中央値は 6 点なので，6 点以上に 10 人以上いることになるので，男子は 7 点以上が 10 人以上いるとは限らない。よって，㋑が正しくない。

答 ㋑

Check! 2 **例題 2** で，女子の小テストの得点が 9 点以上の生徒が 5 人以上いることは正しいといえますか。また，そのように考えた理由も説明しなさい。

解答 p.70

❶ ヒストグラムと箱ひげ図　**右の図は，A 市と B 市の 1 月の日ごとの最高気温を 31 日間調べたものを，それぞれ箱ひげ図に表したものです。これについて，次の問に答えなさい。**教 p.183

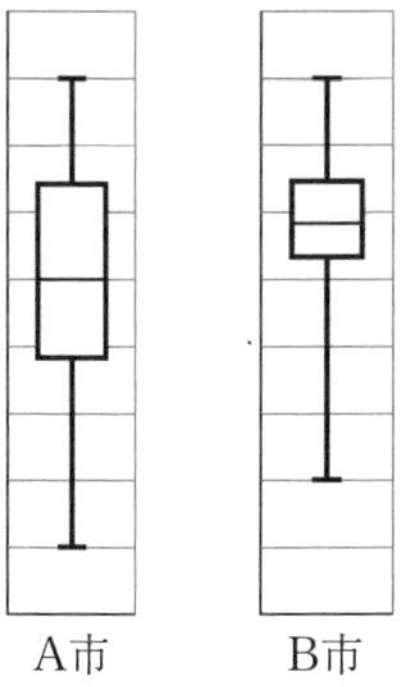

□(1)　下の㋐，㋑のヒストグラムは，右の箱ひげ図の A 市，B 市のどちらかにあてはまります。それぞれに対応する市をいいなさい。また，その理由を説明しなさい。

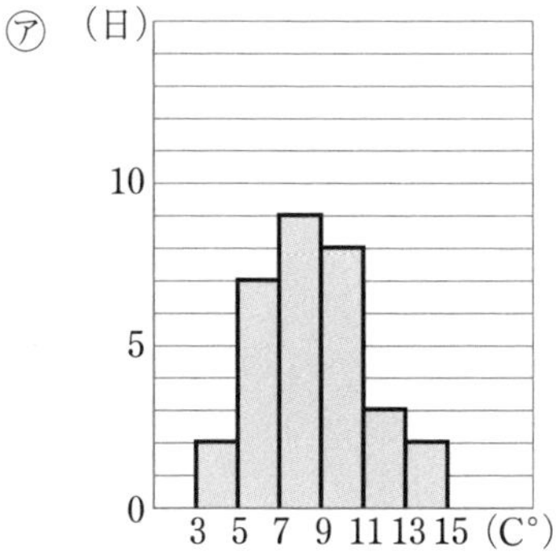

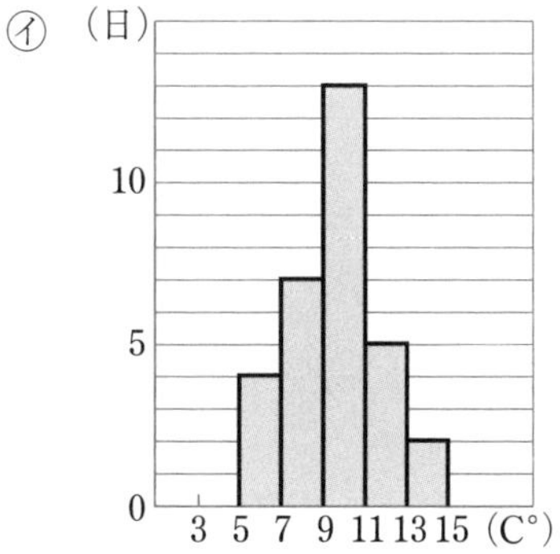

□(2)　右のヒストグラムと箱ひげ図は，C 市のデータです。ある生徒は，C 市のヒストグラムから「中央値は 7℃から 9℃の階級の階級値である 8℃である」と予想しました。ところが，箱ひげ図の第 2 四分位数は 8℃よりも低い温度を示していることに気づきました。このことから，ヒストグラムと箱ひげ図についてわかることをいいなさい。

C市の最高気温

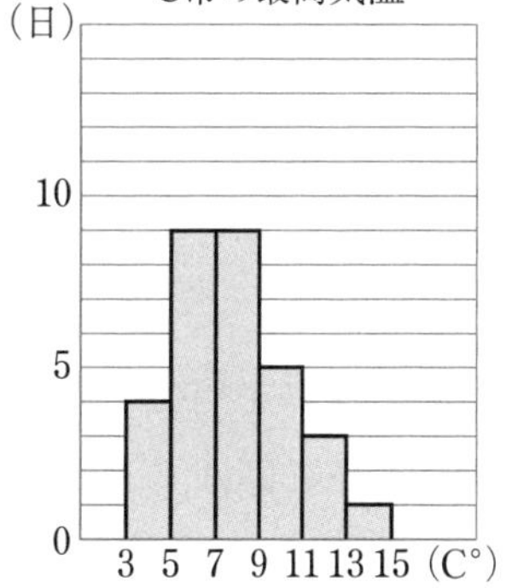

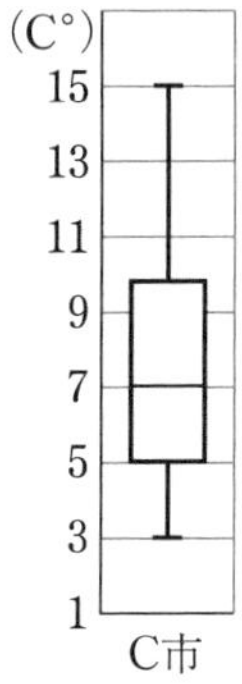

□**❷ 箱ひげ図による分布の比較**　**右の箱ひげ図は，ある学校の 1 組から 3 組の生徒の通学時間を調査した結果を表したものです。この箱ひげ図から読みとれることとして，次の①～④のうち正しいものに○を，正しくないものに×を，箱ひげ図からは判断できないものに△を，それぞれつけなさい。ただし，どの組も人数は 30 人とします。**教 p.184 ～ 185

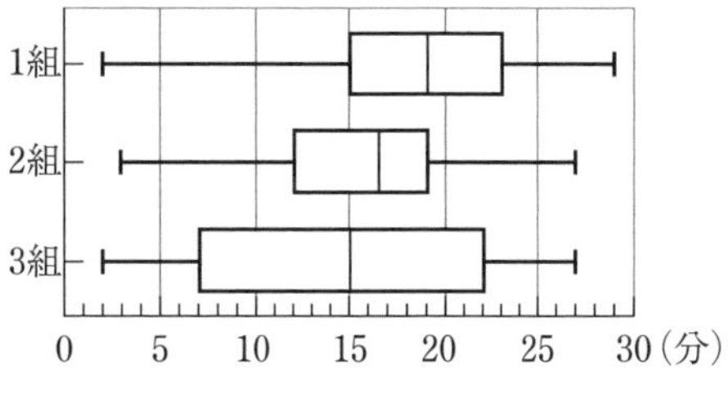

①　3 組の生徒の通学時間の平均値は 15 分である。

②　1 組の通学時間が 14 分以下の人は，2 組の通学時間が 15 分以上の人の半分以下である。

③　通学時間が 20 分以下の人は，1 組より 2 組のほうが多い。

④　範囲も四分位範囲も，3 組がもっとも大きい。

解答 p.70

1節の問題　四分位範囲と箱ひげ図

教科書 180▸185
解答 p.71

1 次のデータは，ある中学校の２年２組15人の１週間の家庭学習の時間を調べ，短いほうから順に整理したものです。次の問に答えなさい。

2　3　4　5　5　6　6　6　7　7　9　10　11　13　14　（単位　時間）

□(1)　四分位数を求めなさい。

①　第１四分位数　　②　第２四分位数　　③　第３四分位数

□(2)　四分位範囲を求めなさい。

□(3)　箱ひげ図を右にかきなさい。

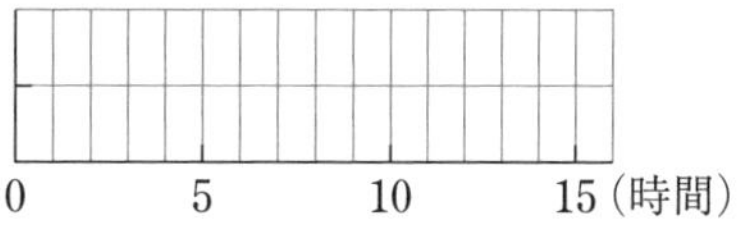

□ **2** 次の①～③のヒストグラムは，㋐～㋒の箱ひげ図のいずれかに対応しています。その箱ひげ図をそれぞれ記号で答えなさい。

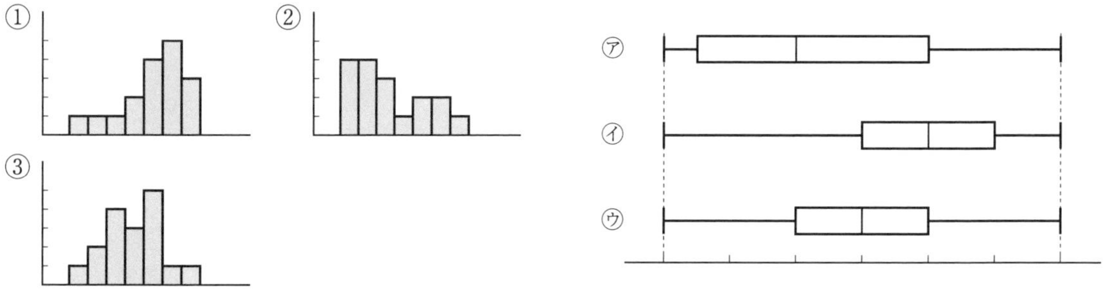

3 ある中学校の２年１組の１班から３班の各班10人の生徒に対して，10点満点の数学のテストを行いました。下の図は，その得点の分布を箱ひげ図に表したものです。次の問に答えなさい。

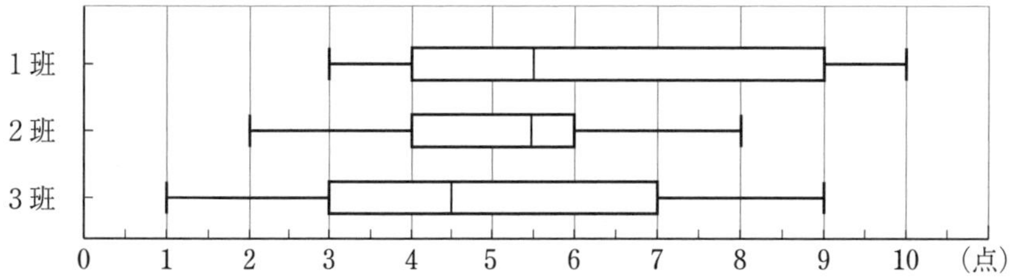

□(1)　２班のデータの四分位数を求めなさい。

①　第１四分位数　　②　第２四分位数　　③　第３四分位数

□(2)　四分位範囲で比べると，得点の散らばりがもっとも小さいのは何班ですか。

□(3)　どの班にも８点以上をとった人がいるといえますか。その理由を説明しなさい。

□(4)　１班には，６点以下の点数の生徒が半数以上いることが読みとれます。なぜそのように読みとれるか，理由を説明しなさい。

ヒント

1(1) **3**(1)　四分位数は，データを小さい順に並べて４等分したときの，３つの区切りの値である。

2　分布が１つの山の形をしたヒストグラムになる場合，対称な分布，散らばりの小さい分布，右にゆがんだ分布，左にゆがんだ分布などの，おおよその形をつかんでおく。

□ **4** **右の図は，1929 年と 2019 年のある都市における月ごとの平均気温のデータを箱ひげ図に表したものです。この箱ひげ図から，どのようなことが読みとれますか。次のことばを使って説明しなさい。**

気温　範囲　四分位範囲

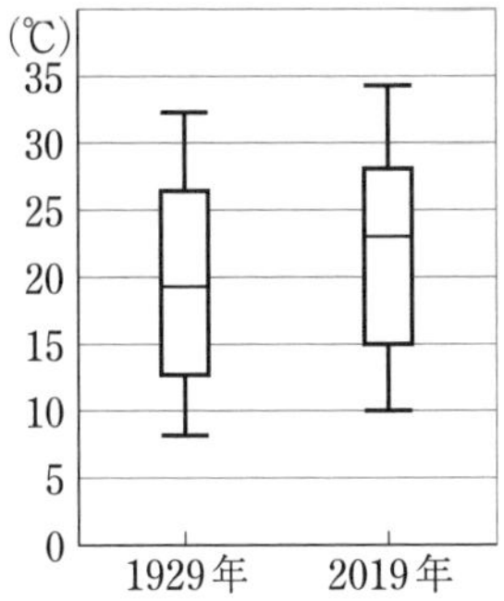

5 **ある村で，移動販売車の弁当の販売個数について，その傾向を調べ，弁当を仕入れる数を決めます。次の問に答えなさい。**

図 1

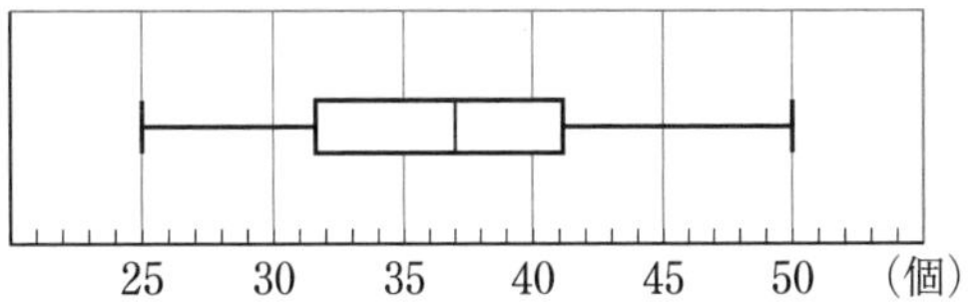

□(1)　右の図 1 は，ある 2 週間に 1 日の弁当の販売個数を調べ，箱ひげ図に表したものです。

図 1 から，この 2 週間で 1 日の弁当の販売個数が多いほうから数えて 4 番目の日の販売個数は何個と読みとれますか。

□(2)　ふみやさんは，このデータだけで弁当を仕入れる数を決めるのでは，弁当が売れ残ってしまう日が多く出るのではと考えました。そこで，下の図のように，弁当を買った年代別の人数をヒストグラムに，販売した弁当の種類別に販売個数を箱ひげ図に表しました。

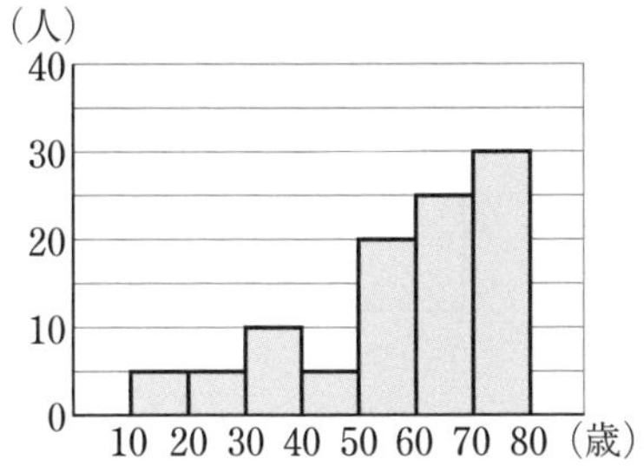

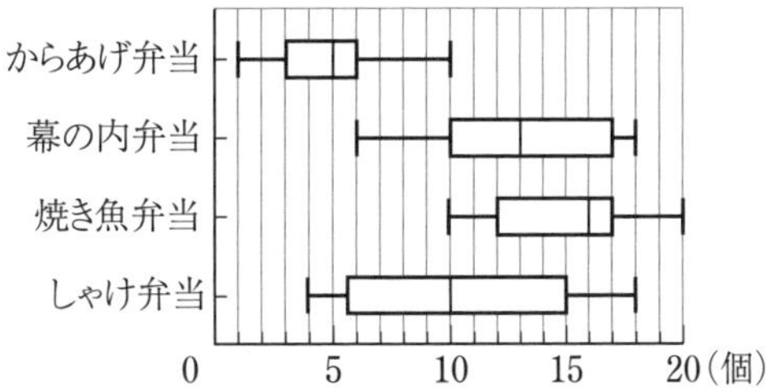

この 2 つのデータから読みとれることとして正しいものに○を，正しくないものや読みとれないものに×を，それぞれつけなさい。また，その理由を説明しなさい。

㋐　からあげ弁当は，販売個数の変化が大きいので，第 2 四分位数である 5 個を仕入れるとよい。

㋑　50 代から 70 代の年代は，この村で弁当を買う人の $\frac{3}{4}$ ほどを占めているので，その年代に合わせた弁当の種類を増やしたほうがよい。

㋒　焼き魚弁当は，範囲も四分位範囲も小さいので，仕入れる数が決めやすい。

㋓　販売個数の散らばりの度合いが一番大きいのは，幕の内弁当である。

㋔　焼き魚弁当がいちばん多く売れた日の個数は，いちばん少なかった日の個数の 1.2 倍である。

ヒント

4　説明に使うことばの，範囲，四分位範囲に注目し，箱ひげ図を読みとる。

5 (1)　2 週間分のデータだからデータの個数は 14。多いほうから 4 番目のデータは，第 3 四分位数。

(2)　範囲，四分位数，四分位範囲，最小値，最大値に注目して，4 つの箱ひげ図を比べる。

7章の問題　データの比較　データを比較して判断しよう

解答 p.72

□ **1** **右の2つの箱ひげ図は，ある中学校の2年1組と2組のそれぞれの生徒21人の通学時間の分布を表しています。この図から読みとれることとして，正しいものには○を，正しくないものには × をつけなさい。**

① 1組と2組の通学時間の平均値は，同じである。

② 1組で，通学時間が5分以上15分未満の生徒の人数は，15分以上20分未満の生徒の人数の2倍である。

③ 1組よりも2組のほうが，通学時間の散らばりの度合いが大きい。

④ 1組の生徒も2組の生徒も，通学時間が20分以上の生徒が10人以上いる。

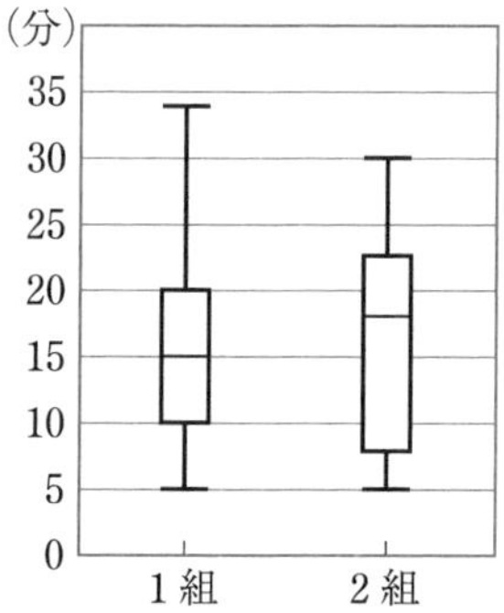

□ **2** **右の度数分布表は，ある中学校の部活動A，B，Cの男子部員の体重を表しています。次の㋐～㋔から，部活動A，B，Cの男子部員の体重を表す箱ひげ図を，それぞれ選びなさい。**

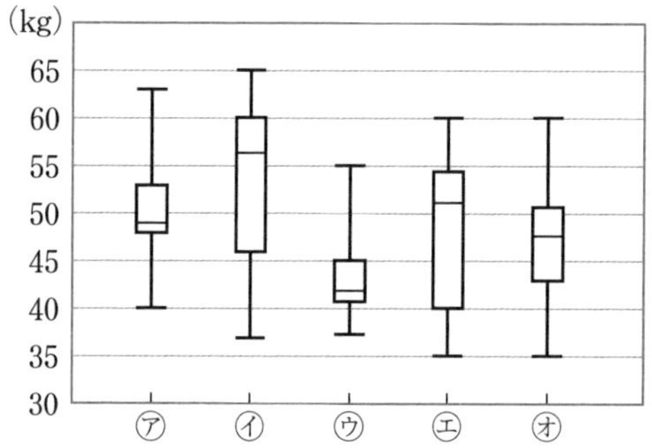

階級(kg)	度数(人)		
	A	B	C
以上　未満 35 ～ 40	3	0	3
40 ～ 45	4	7	10
45 ～ 50	9	3	1
50 ～ 55	8	8	1
55 ～ 60	1	1	0
60 ～ 65	0	1	0
合計	25	20	15

3 **右の箱ひげ図は，ある中学校の2年1組と2組の生徒それぞれ20人の平日の睡眠時間を表したものです。次の問に答えなさい。**

□(1) 1組の半数以上の生徒は，7時間以上の睡眠がとれているといえますか。また，その理由を説明しなさい。

□(2) 睡眠が6時間以下の生徒は，どちらのクラスの生徒のほうが多いか答えなさい。

□(3) この箱ひげ図で，1組は第2四分位数から最小値までの箱の長さと第2四分位数から最大値までの箱の長さが等しいです。この場合，中央値と平均値は等しいといえますか。

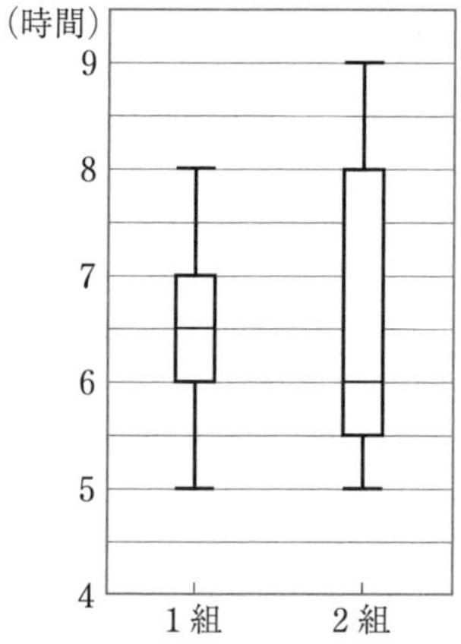

ヒント

2 度数分布表で，部活動A，B，Cの累積度数を求めて四分位数をとらえ，箱ひげ図の特徴を見分ける。

3 四分位数は，データを小さい順に並べて4等分したときの，3つの区切りの値だから，全体のデータが四分位数によって4分の1ずつに分けられているととらえる。

□**4** 右の2つのヒストグラムは，A，Bのグループそれぞれ30人に対し，ある商品の品質について10段階で評価してもらい，その結果をまとめたものです。このA，Bそれぞれのグループのヒストグラムを箱ひげ図にしたとき，下の㋐～㋒の箱ひげ図のどれに対応するかを記号で答えなさい。また，箱ひげ図だけでA，Bを比較できない理由を説明しなさい。

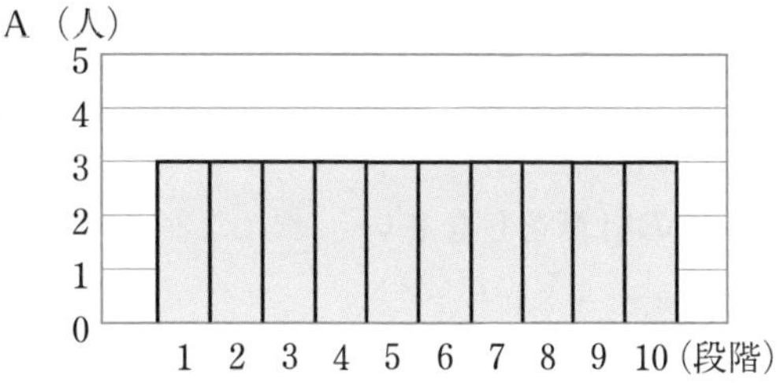

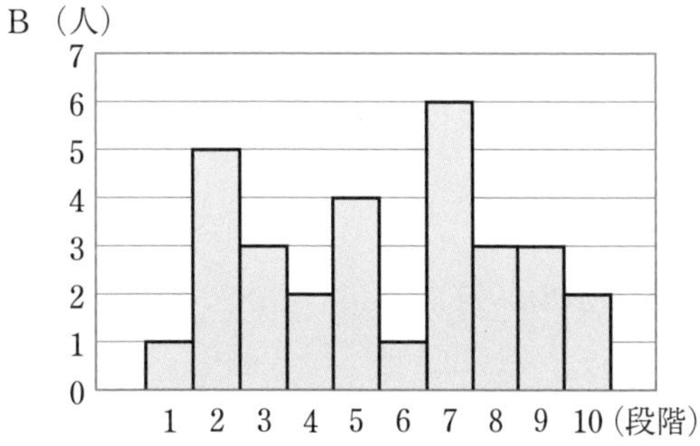

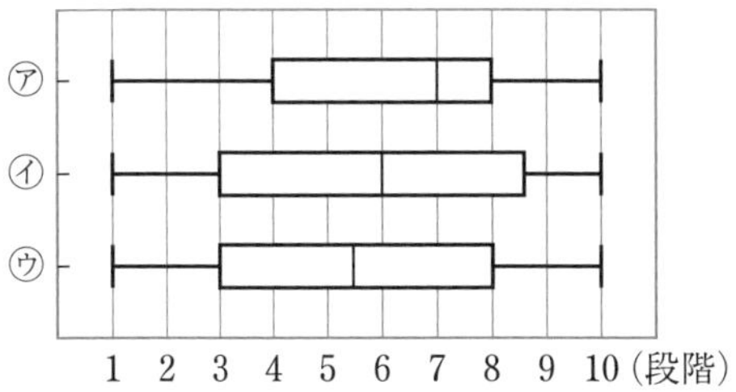

5 A，B，Cの3人の中から，駅伝の大会に出場する最後の1人の選手を誰にするか選ぶことになりました。3人の3000m走の記録を調べたところ，右の結果になりました。次の問に答えなさい。

A	B	C
9分5秒	9分10秒	9分21秒
10分2秒	10分1秒	9分24秒
9分30秒	9分28秒	9分30秒
9分40秒	9分42秒	9分40秒
9分35秒	9分25秒	9分32秒

□(1) Aについて，四分位数を求めなさい。

① 第1四分位数

② 第2四分位数

③ 第3四分位数

□(2) Aの箱ひげ図を右の図にかき入れなさい。

□(3) 右の箱ひげ図から，どの選手を選びますか。
また，その理由を説明しなさい。

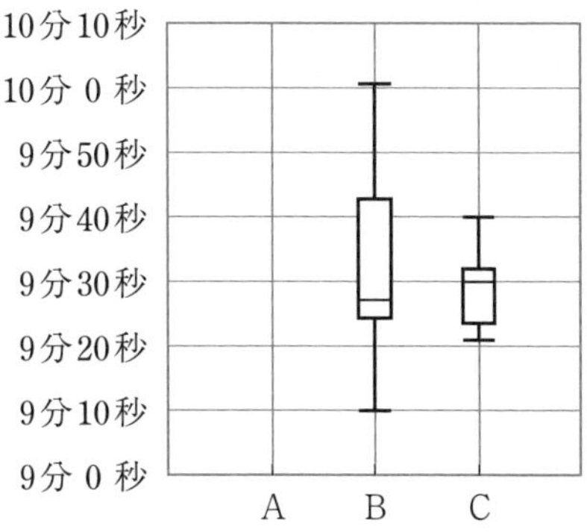

ヒント

4 A，Bそれぞれのヒストグラムから，四分位数を求める。データは30人分だから，小さいほうから第1四分位数は8番目，第2四分位数は15番目と16番目の間，第3四分位数23番目の値である。

定期テスト　予想問題　教科書　p.12～34

定期テスト前に予想問題で実力を確かめよう！　　解答 p.73

時間 40分　　/100

1章　式の計算

1　次の計算をしなさい。　教 p.12～15

各 3 点

□(1)　$4x^2+8x-x^2-x$

□(2)　$-2a+3b+5a-4b$

□(3)　$(3x-9)+(-5x+6)$

□(4)　$(9a+b)-(a-3b)$

□(5)　$2(3a-1)$

□(6)　$(12x-6y)\div(-3)$

(1)	
(2)	
(3)	
(4)	
(5)	
(6)	

2　次の計算をしなさい。　教 p.16

各 4 点

□(1)　$5(2x-y)-3(x-2y)$

□(2)　$2(5a^2+b)+3(a-3b)$

□(3)　$2x+y+\dfrac{x-2y}{3}$

□(4)　$\dfrac{a-3b}{2}-\dfrac{a-2b}{3}$

(1)	
(2)	
(3)	
(4)	

3　次の計算をしなさい。　教 p.17～18

各 3 点

□(1)　$8a^2\times(-3ab)$

□(2)　$(-4a)^2$

□(3)　$\dfrac{1}{2}xy\times 4xy^2$

□(4)　$12a^2b^2\div(-3b^2)$

□(5)　$(-24ab^2)\div\dfrac{3}{4}ab$

□(6)　$10xy^2\div 5y\times(-x)^2$

(1)	
(2)	
(3)	
(4)	
(5)	
(6)	

4 次の問に答えなさい。 教 p.19，p.27～28

各 4 点

(1) $a=3$，$b=-2$ のとき，次の式の値をそれぞれ求めなさい。

□① $3(2a+b)-4(a-2b)$　　□② $20a^2b\div 15a\times 6b$

(2) 次の式を，それぞれ a について解きなさい。

□① $b=12-4a$　　□② $m=\dfrac{2a+b}{3}$

□(3) $3x+y$ に，ある式 A を加えると，和が $2x-y$ になりました。ある式 A を求めなさい。

(1)	①	
	②	
(2)	①	
	②	
(3)		

5 次の問に答えなさい。 教 p.22～26

(1)㋒，(2)㋒は各 6 点，他は各 4 点

□(1) 3 つの連続する整数の和は 3 の倍数になることを，次のように説明しました。［㋐］，［㋑］にあてはまる式を書き，［㋒］には続きを書き入れて説明を完成させなさい。

> ［説明］ 3 つの連続する整数の真ん中の数を n とすると，もっとも小さい数は［㋐］，もっとも大きい数は［㋑］と表される。それらの和は［㋒］。
> n は整数だから，3 つの連続する整数の和は 3 の倍数である。

□(2) 2 けたの自然数をAとし，Aの十の位の数と一の位の数を入れかえた数をBとします。A－Bが 9 の倍数になることを次のように説明するとき，［㋐］，［㋑］にあてはまる式を書き，［㋒］には続きを書き入れて，説明を完成させなさい。

> ［説明］ Aの十の位の数を a，一の位の数を b とするとA＝［㋐］，B＝［㋑］と表されるから
> ㋒ A－B＝

(1)	㋐	
	㋑	
	㋒	
(2)	㋐	
	㋑	

(2)㋒

A－B＝

定期テスト 予想問題 教科書 p.38～56

定期テスト前に予想問題で実力を確かめよう！ 解答 p.74～75

2章 連立方程式

時間 40分

/100

1 次の連立方程式を解きなさい。 教 p.40～43

各5点

□(1) $\begin{cases} x+y=7 \\ 4x-y=8 \end{cases}$

□(2) $\begin{cases} 2x+3y=7 \\ 2x+y=1 \end{cases}$

□(3) $\begin{cases} 2x+y=8 \\ 3x-2y=5 \end{cases}$

□(4) $\begin{cases} 2x-9y=-11 \\ 3x+5y=2 \end{cases}$

(1)	
(2)	
(3)	
(4)	

2 次の連立方程式を解きなさい。 教 p.44～45

各5点

□(1) $\begin{cases} x+y=3 \\ y=3x-5 \end{cases}$

□(2) $\begin{cases} 2x+y=3 \\ x=3y+5 \end{cases}$

□(3) $\begin{cases} y=2x+6 \\ y=-\dfrac{3}{2}x-1 \end{cases}$

□(4) $\begin{cases} 5x+2y=3 \\ 2y=3x+11 \end{cases}$

(1)	
(2)	
(3)	
(4)	

3 次の連立方程式を解きなさい。 教 p.47

各6点

□(1) $\begin{cases} x+y=1 \\ \dfrac{x}{5}-\dfrac{y}{3}=1 \end{cases}$

□(2) $\begin{cases} 6(x+2)+y=1 \\ 0.5x+0.1y=-0.8 \end{cases}$

(1)	
(2)	

4 **次の問に答えなさい。** 教 p.47 ~ 48

各 6 点

□(1) $5x-2y+5=x-3y=4x-y$ を解きなさい。

□(2) 連立方程式 $\begin{cases} ax+4=by \\ ay-x=b \end{cases}$ の解が $x=1$, $y=2$ のとき，a, b の値を求めなさい。

(1)	
(2)	

5 **次の(1)～(3)で，求める数量を文字を使って表して連立方程式をつくり，問題の答えを求めなさい。** 教 p.50 ~ 53

式・答 各 6 点

□(1) 1 個 200 円のケーキと 1 個 130 円のシュークリームを合わせて 14 個買うと，代金の合計は 2380 円でした。ケーキとシュークリームをそれぞれ何個買いましたか。

□(2) 家から 960m はなれた駅まで行くのに，はじめは分速 120m で歩き，途中から分速 180m で走ったら，全体で 7 分かかりました。歩いた道のりと走った道のりは，それぞれ何 m ですか。

□(3) A 中学校の生徒数は男女あわせて 300 人です。そのうち男子の 5％と女子の 15％が吹奏楽部に入っていて，部員数は 31 人です。A 中学全体の男女の生徒数はそれぞれ何人ですか。

(1)	(式)
	(答)
(2)	(式)
	(答)
(3)	(式)
	(答)

定期テスト 予想問題 教科書 p.60～94

定期テスト前に予想問題で実力を確かめよう！ 解答 p.75～76

時間 40分

/100

3章 1次関数

1 次の①～④の1次関数について，下の問に答えなさい。 各3点

教 p.60 ～ 70

① $y=2x-3$　　② $y=-2x+3$

③ $y=\frac{1}{2}x+1$　　④ $y=-\frac{2}{3}x-1$

□(1) ①の変化の割合と $x=0$ のときの y の値を求めなさい。

□(2) ④のグラフの傾きと切片を求めなさい。

□(3) 点 $(6,\ p)$ が③のグラフ上にあるとき，p の値を求めなさい。

□(4) ①～④のグラフをかきなさい。

(1)	変化の割合	
	y の値　$y=$	
(2)	傾き	
	切片	
(3)		

(4)

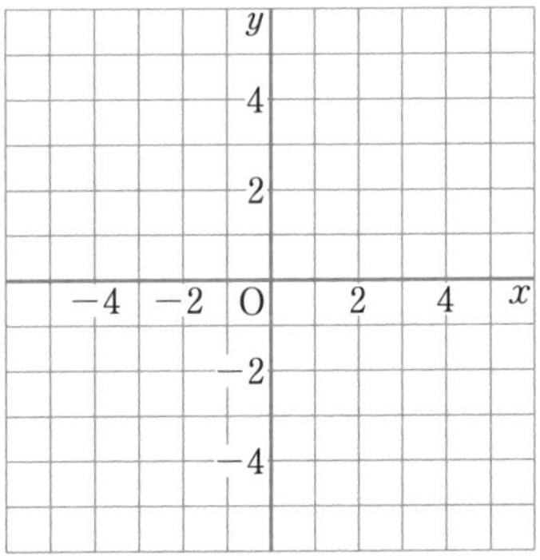

2 次の問に答えなさい。 教 p.71 ～ 74 (1)(2)各3点，(3)～(5)各4点

□(1) 右の図の直線①，②の式を求めなさい。

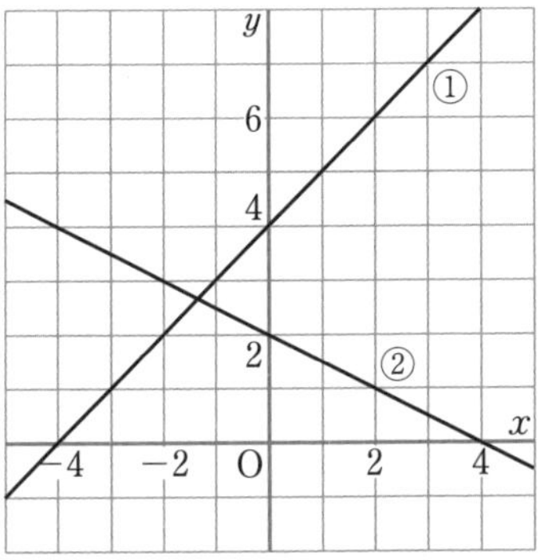

□(2) 変化の割合が $\frac{1}{3}$ で，$x=6$ のとき $y=-3$ である1次関数の式を求めなさい。

□(3) 点 $(-3,\ 7)$ を通り，$y=3x-2$ のグラフに平行な直線の式を求めなさい。

□(4) 2点 $(3,\ 2)$，$(6,\ 0)$ を通る直線の式を求めなさい。

□(5) 直線 $y=-\frac{1}{3}x+b$ が点 $(9,\ -2)$ を通るとき，b の値を求めなさい。

(1)	①	
	②	
(2)		
(3)		
(4)		
(5)		

3 **次の①～⑤の方程式のグラフについて答えなさい。** **(1)各 3 点，(2)～(4)各 4 点**

教 p.76～81

① $3x+y-4=0$　② $x-3y=6$

③ $\dfrac{x}{4}+\dfrac{y}{2}=1$　④ $x=2$

⑤ $2y+6=0$

□(1) ①～⑤のグラフをかきなさい。

□(2) ①のグラフと②のグラフの交点の座標を求めなさい。

□(3) ③のグラフと④のグラフの交点の座標を求めなさい。

□(4) ③のグラフと x 軸，y 軸との交点の座標を求めなさい。

(1)

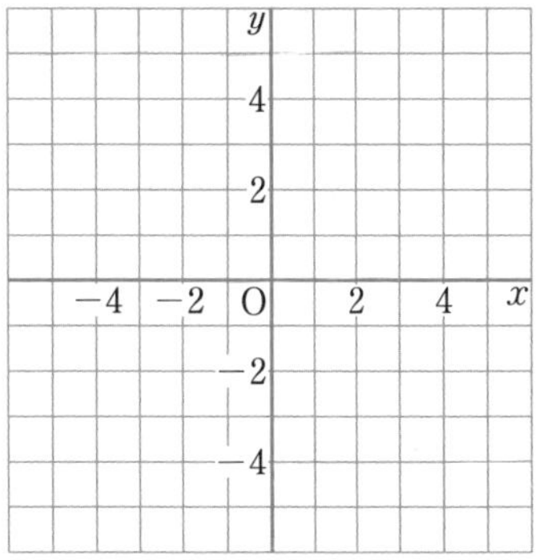

(2)	
(3)	
(4)	

4 **右の図の 1 辺 4cm の正方形で，点 P は A を出発して辺上を B, C を通って D まで動きます。点 P が A から $x$cm 動いたときの △PDA の面積を $y\text{cm}^2$ とし，次の問に答えなさい。** 教 p.88

(4)5 点，他は各 4 点

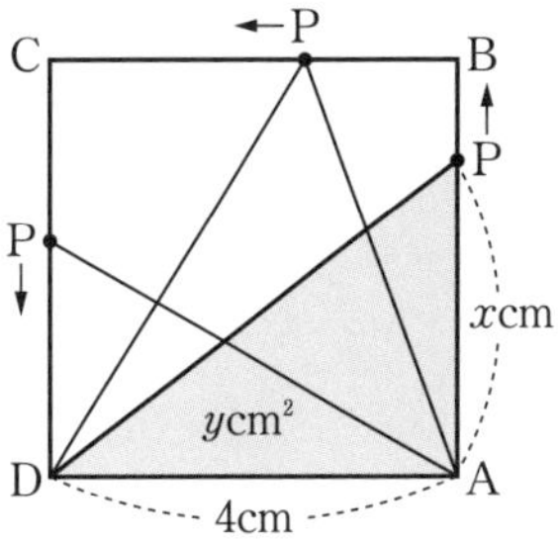

□(1) $x=10$ のときの y の値を求めなさい。

□(2) $y=6$ となるときの x の値をすべて求めなさい。

□(3) x の変域が次の①～③のとき，それぞれ y を x の式で表しなさい。

① $0\leqq x\leqq 4$　② $4\leqq x\leqq 8$

③ $8\leqq x\leqq 12$

□(4) 点 P が A から D まで動くときの，x と y の関係を表すグラフをかきなさい。

(1)		
(2)		
(3)	①	
	②	
	③	

(4)

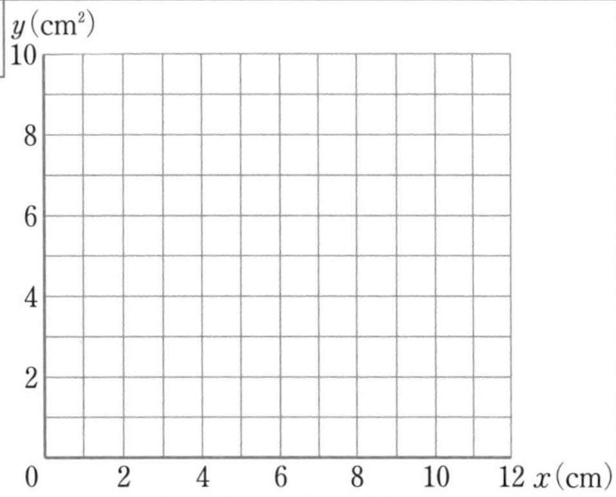

時間　40分　　／100

4章　平行と合同

1 次の問に答えなさい。 教 p.98～100

各7点，(1)完答

□(1)　七角形の内角の和を求めるために，右の図のように，1つの頂点から出る対角線で三角形に分けて，次のように計算しました。㋐～㋒に当てはまる数を求めなさい。

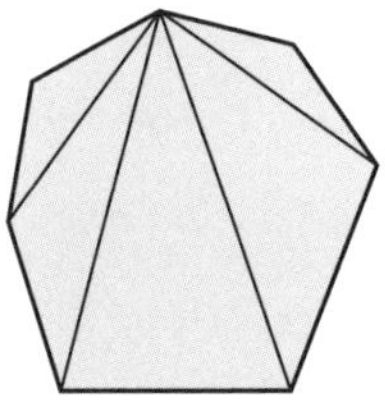

七角形の内角の和＝［㋐］°×(7－［㋑］)＝［㋒］°

□(2)　正十角形の1つの内角と外角の大きさをそれぞれ求めなさい。

□(3)　右の図で，∠xの大きさを求めなさい。

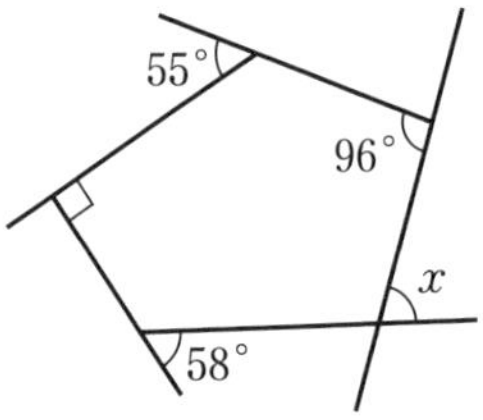

(1)	㋐	
	㋑	
	㋒	
(2)	内角	
	外角	
(3)		

2 次の図で，∠xの大きさを求めなさい。 教 p.102～109

各7点

□(1)　$\ell /\!/ m$

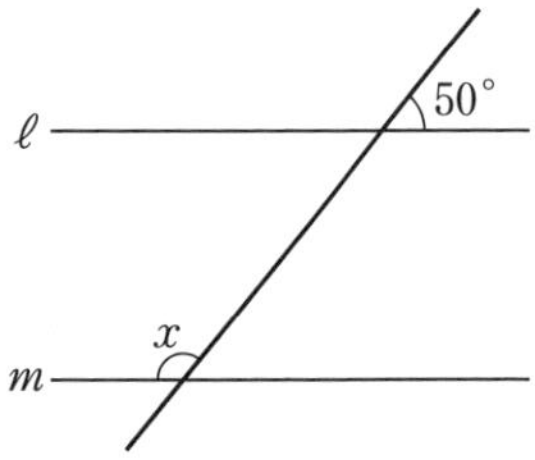

□(2)　$\ell /\!/ m$

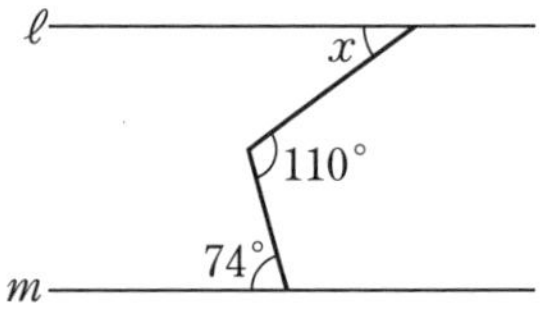

□(3)　$\ell /\!/ m$

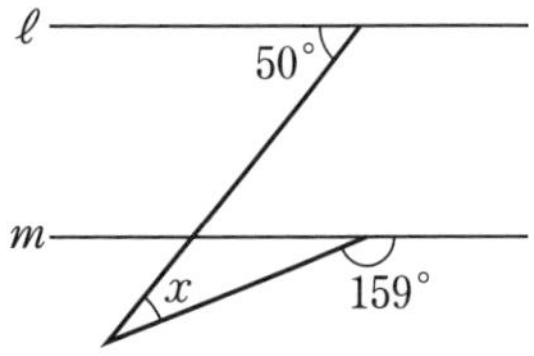

□(4)

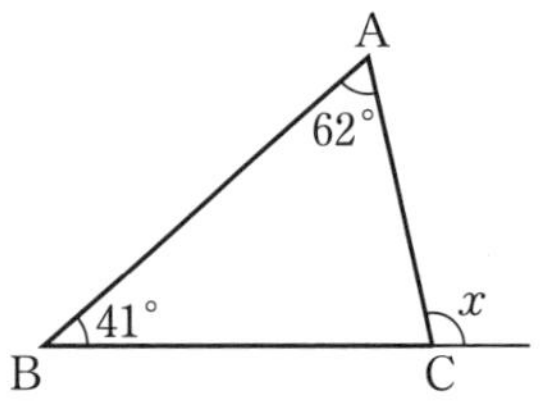

□(5)

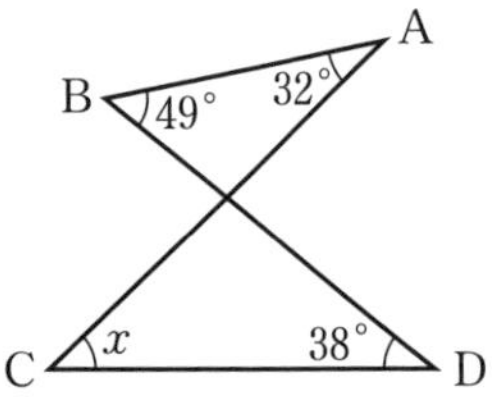

□(6)

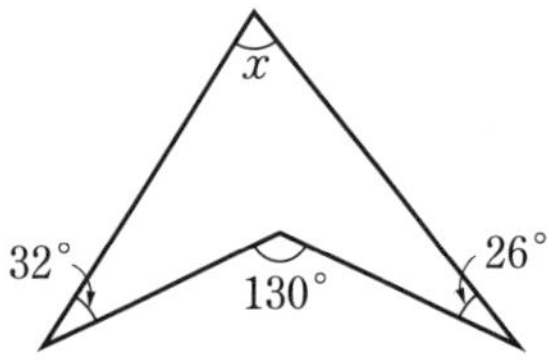

(1)	
(2)	
(3)	
(4)	
(5)	
(6)	

3 次の問に答えなさい。 教 p.113 ~ 121　　(1)~(2)各 9 点, (3) 10 点

□(1) 下の図の 2 つの三角形が合同であることを証明するとき，次の 2 つのことがらに加えて，どの辺または角が等しいことを示せばよいですか。［　　］にあてはまる式を書き，そのとき使った合同条件を書きなさい。

AB = DE
∠B = ∠E
［　　　　］

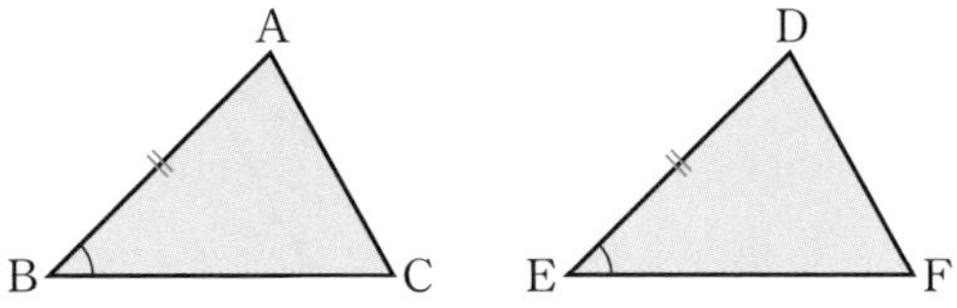

(2) 下の図で，合同な三角形の組を見つけ，記号 ≡ を使って表しなさい。また，そのとき使った合同条件を書きなさい。

□① AB // CD
点 E は線分 AD の中点

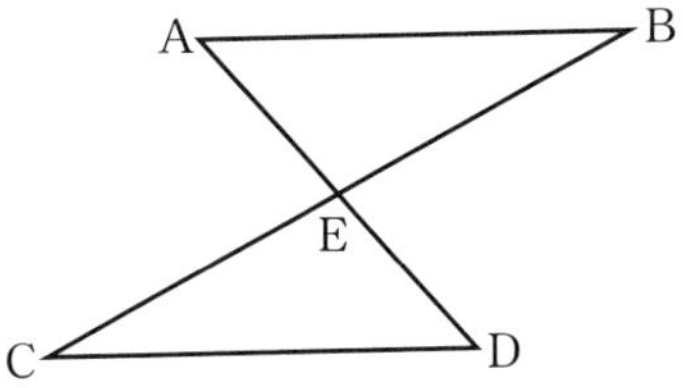

□② AB = AD
BC = DC

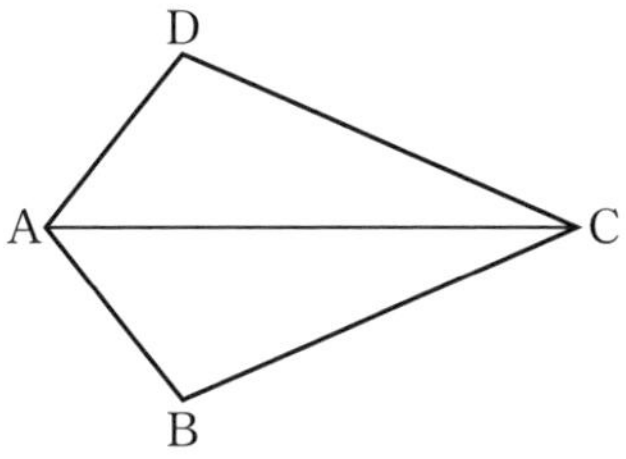

□(3) 右の図のように，長さの等しい線分 AB と DC が点 O で交わっています。

∠ABC = ∠DCB ならば，線分 AC と DB の長さが等しいことを次のように証明しました。

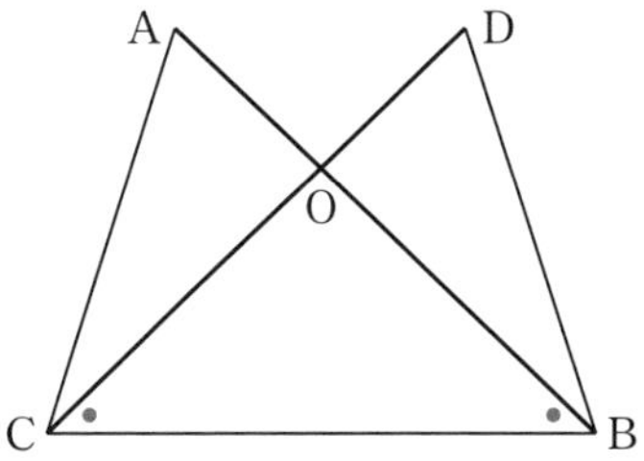

㋐～㋓に当てはまる記号やことばを書いて，証明を完成させなさい。

［証明］ △ABC と［　㋐　］で
仮定から，AB = DC，∠ABC = ∠DCB
また，［　㋑　］は共通
［　　　　㋒　　　　］から
△ABC ≡［　㋐　］
合同な図形の対応する辺は等しいから
［　　㋓　　］

(1)	
	(合同条件)
(2)	①
	(合同条件)
	②
	(合同条件)
(3)	㋐
	㋑
	㋒
	㋓

定期テスト前に予想問題で実力を確かめよう！　解答 p.78

時間 40分　　/100

5章　三角形と四角形

1 次の図で，$\angle x$ の大きさを求めなさい。教 p.129～130　各 6 点

□(1)　AB＝AC

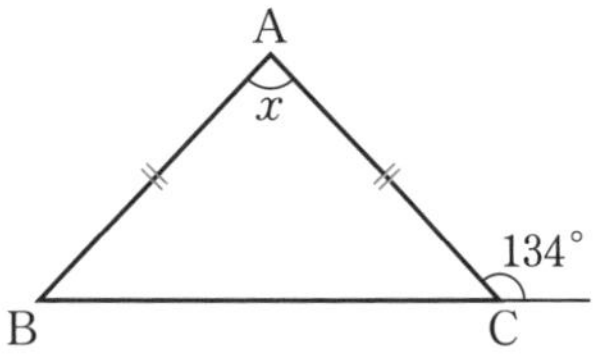

□(2)　BC＝AC＝AD

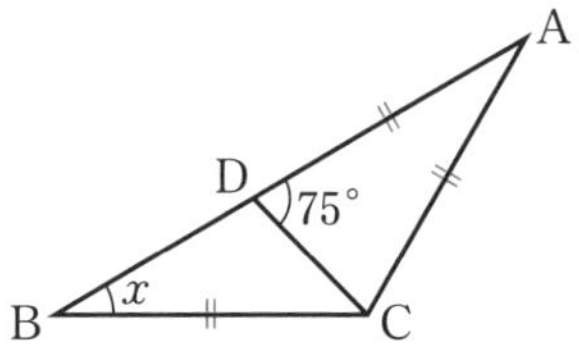

□(3)　$\ell \parallel m$，AB＝AC

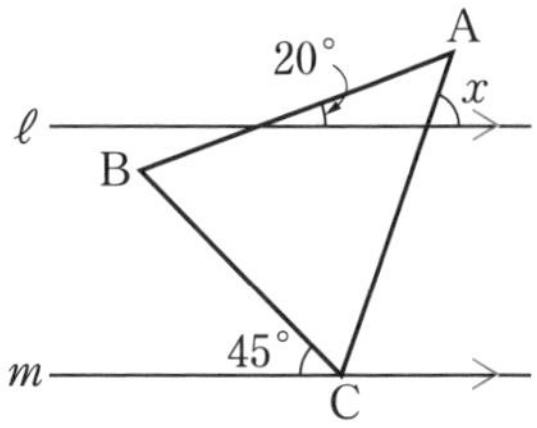

(1)	
(2)	
(3)	

2 右の図のように，AB＝AC の二等辺三角形の辺 AB，AC 上に，BD＝CE となるような点 D，E をとります。BE と CD の交点を O として，次の問に答えなさい。教 p.133～134　各 6 点

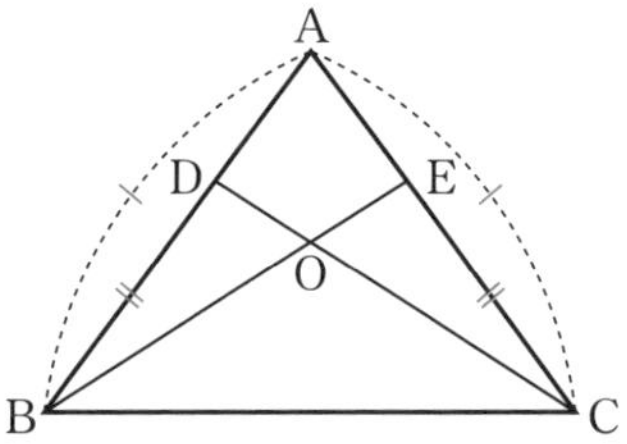

□(1)　△DBC≡△ECB を証明するときに使う合同条件をいいなさい。

□(2)　OB＝OC を証明するとき，△DBC≡△ECB から何を示せばよいですか。

(1)	
(2)	

□ **3** 下の図のように，∠AOB の二等分線上の点 P から，2 辺 OA，OB に垂線をひき，OA，OB との交点をそれぞれ C，D とします。このとき，PC＝PD であることを証明しなさい。教 p.136～138　12 点

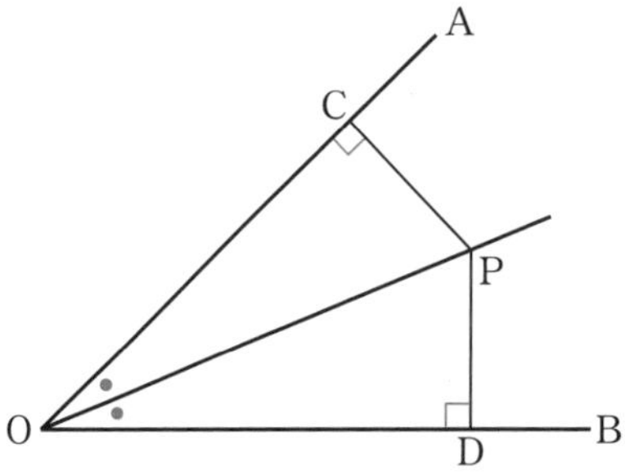

［証明］

4 次の平行四辺形 ABCD において，(1)は ∠x の大きさ，(2)は x の値を求めなさい。教 p.140 ～ 141　　　各 6 点

□(1)

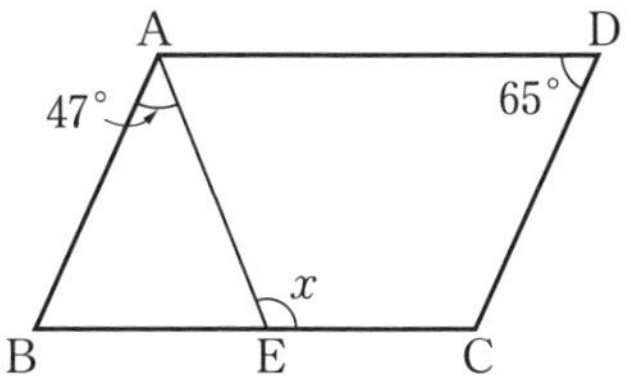

□(2)　DF は ∠D の二等分線

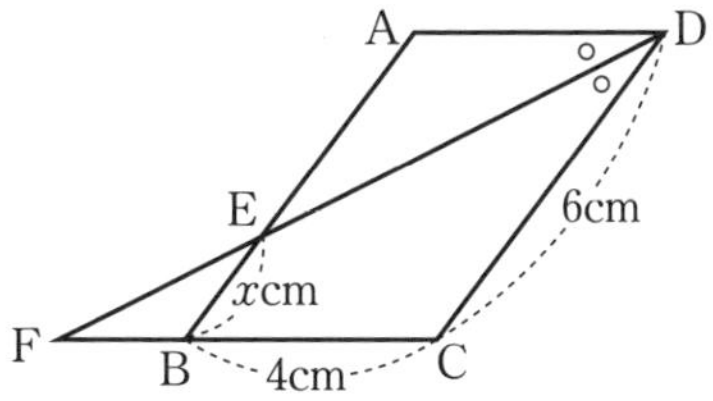

(1)	
(2)	

□ **5** ▱ABCD の対角線の交点を O とし，O を通る直線が，辺 AB，CD と交わる点をそれぞれ E，F とします。

このとき，BE＝DF を証明しなさい。教 p.142　　　12 点

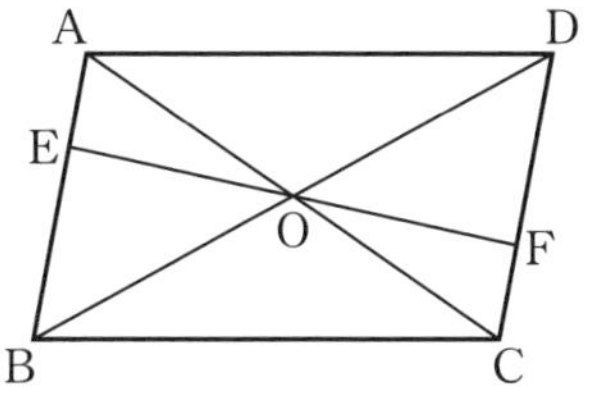

［証明］

6 次の問に答えなさい。教 p.144 ～ 150　　　(1) 12 点，(2)各 6 点

□(1)　右の図の ▱ABCD で，CD の延長上に ED＝DC となる点 E をとります。このとき，四角形 ABDE が平行四辺形になることを証明しなさい。

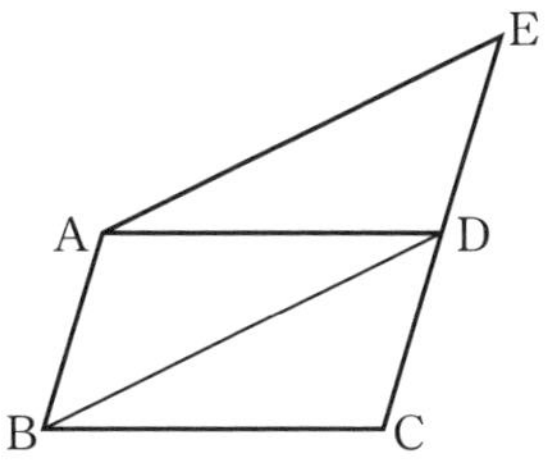

(1)　［証明］

□(2)　▱ABCD の対角線について，次のことが成り立つとき，どのような四角形になりますか。

①　AC ⊥ BD

②　AC＝BD

(2)	①	
	②	

□ **7** 右の図は，AD // BC の台形で，対角線 AC と BD の交点を O とします。このとき，面積の等しい三角形を 3 組答えなさい。教 p.153　　　完答 10 点

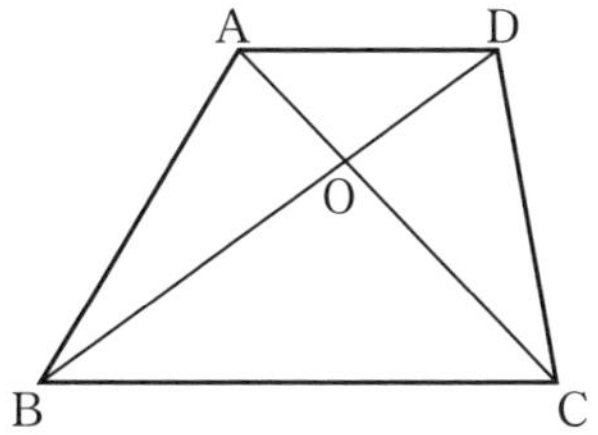

定期テスト前に予想問題で実力を確かめよう！ 解答 p.79

時間 40分　　/100

6章　確率

□ **1** **次の㋐～㋓の文で，正しく述べているものを選びなさい。**　8点

教 p.162～166

㋐　さいころを投げると3回続けて奇数が出た。4回目は偶数が出る確率のほうが大きい。

㋑　青球が3個，白球が2個入った袋から球を1個取り出し，色を確認して袋にもどす。5回くり返すと白球はかならず2回出る。

㋒　硬貨を2枚投げる。表と裏の出方は〔表，表〕〔表，裏〕〔裏，裏〕の3通りだから，2枚とも表になる確率は $\frac{1}{3}$ になる。

㋓　ビンのキャップを1000回投げたら，裏が751回出た。裏が出る確率はおよそ $\frac{3}{4}$ といえる。

□ **2** **さいころを1回投げるとき，6の約数が出る確率を求めなさい。**　8点

教 p.162～163

3 **A，Bの2人でじゃんけんを1回だけします。** 教 p.164　各7点

□(1)　あいこになる確率を求めなさい。

□(2)　Aが負けない確率を求めなさい。

(1)

(2)

□ **4** **1枚の硬貨を3回投げるとき，表が2回出る確率を求めなさい。**　8点

教 p.165～166

5 **A，B，C，Dの4人の卓球部員がいます。** 教 p.167　各7点

□(1)　くじで部長と副部長を1人ずつ選ぶとき，Aが部長でBが副部長になる確率を求めなさい。

□(2)　くじで代表選手を2人選ぶとき，AとBが選ばれる確率を求めなさい。

(1)

(2)

□ **6** 2，3，4，5の数を1つずつ記入した4枚のカードがあります。このカードをよくきってから，1枚ずつ2回続けてひき，ひいた順にカードを並べて，2けたの整数をつくります。できる整数が3の倍数になる確率を求めなさい。

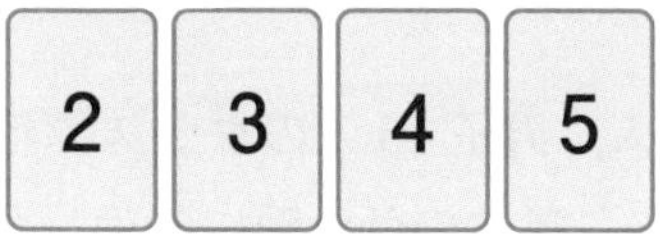

教 p.167～169

8点

7 箱の中に5本のくじが入っていて，2本があたりです。A，Bの2人がこの順に1本ずつくじをひきます。教 p.167～169

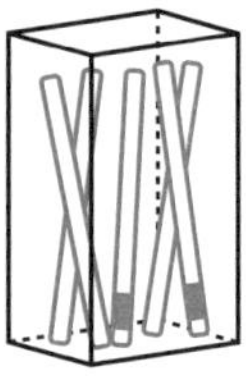

□(1) A，Bのどちらか1人だけがあたる確率を求めなさい。

□(2) A，Bのうち少なくとも1人があたる確率を求めなさい。

各8点

(1)

(2)

□ **8** 袋の中に，赤球1個，青球1個，白球2個が入っています。この袋の中から球を1個ずつ2回続けて取り出すとき，赤球と白球を取り出す確率を求めなさい。教 p.167～169

8点

9 右の図のような，1辺が1cmの正方形ABCDがあり，頂点Dに点P，頂点Aに点Qがあります。赤と白の2個のさいころを同時に1回投げ，Pは赤いさいころの出た目の数だけ，Qは白いさいころの出た目の数だけ，それぞれ正方形の辺上を左回りに移動します。例えば，赤の目の数が1，白の目の数が2のとき，PはD→A，QはA→B→Cと移動します。教 p.175

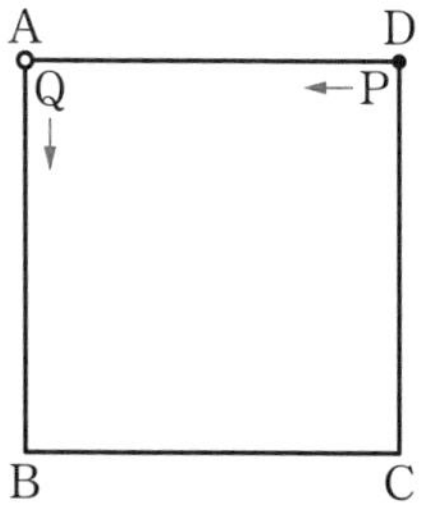

□(1) Pが頂点B，Qが頂点Dに移動する確率を求めなさい。

□(2) PとQが同じ頂点に移動する確率を求めなさい。

各8点

(1)

(2)

定期テスト前に予想問題で実力を確かめよう！　解答 p.80

時間 40分　　/100

7章　データの比較

1 次のデータは，女子 10 人，男子 13 人のクラスで行った 10 点満点のテストの結果を，得点の低い順に整理したものです。教 p.180 ～ 181

(女子) 2　3　3　5　6　6　7　7　9　10
(男子) 2　2　3　4　4　5　5　5　6　7　8　9　9　(単位 点)

□(1)　女子と男子のデータの範囲をそれぞれ求めなさい。

□(2)　女子と男子の四分位数をそれぞれ求めなさい。

□(3)　女子と男子の四分位範囲をそれぞれ求めなさい。

□(4)　女子と男子の箱ひげ図をそれぞれかきなさい。

(1)6 点，(2)～(4)各 9 点，(1)～(3)完答

(1)	女子
	男子
(2)	(点)
(3)	女子
	男子

(2)

	女子	男子
第 1 四分位数		
第 2 四分位数		
第 3 四分位数		

(4)

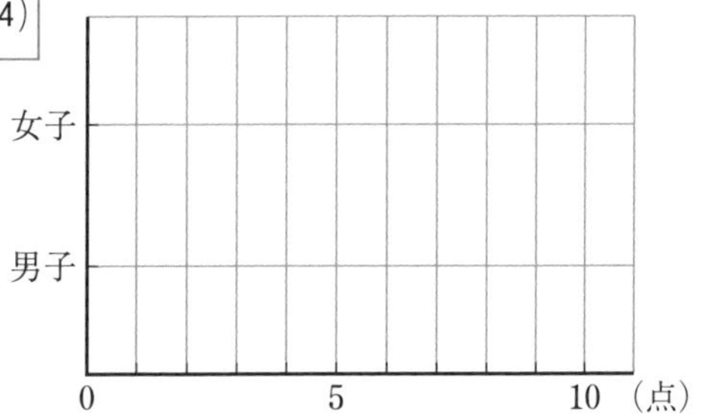

2 下の図は，あるクラスの 30 人が 10 点満点のゲームをしたときの得点の分布を箱ひげ図に表したものです。教 p.180 ～ 181

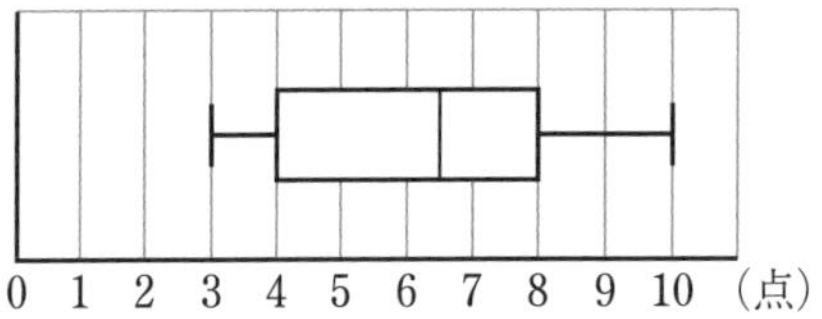

□(1)　得点の範囲を求めなさい。

□(2)　四分位範囲を求めなさい。

□(3)　得点の高いほうから数えて 8 番目の生徒の得点は何点ですか。

各 6 点

(1)	
(2)	
(3)	

3 次の①～③のヒストグラムは，㋐～㋓の箱ひげ図のいずれかに対応しています。教 p.183

各6点

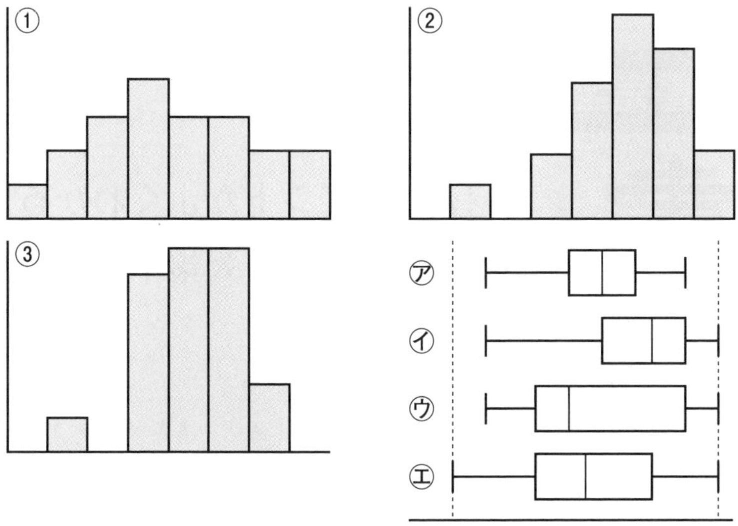

(1)	①	
	②	
	③	
(2)	㋐	
	㋑	
	㋒	
	㋓	

□(1)　①～③のヒストグラムに対応する箱ひげ図を，㋐～㋓からそれぞれ選びなさい。

□(2)　次の文の㋐～㋓にあてはまることばを，右の［　　］の中からそれぞれ選びなさい。

> ヒストグラムでは［　㋐　］がわかりやすいが，中央値はわかりにくい。一方，箱ひげ図は，［　㋑　］を基準にした散らばりのようすがとらえやすい。
> また，データの中に，はなれた値がある場合，［　㋒　］はその影響を受けるが，［　㋓　］はその影響を受けにくい。

範囲
四分位範囲
中央値
最頻値

□**4** 下の図は，1組と2組のそれぞれ30人の，10点満点のテストの得点の分布のようすを箱ひげ図に表したものです。このとき，箱ひげ図から読みとれることとして正しくないものを選びなさい。

7点

教 p.187

㋐　どちらの組もデータの範囲は8点である。

㋑　どちらの組にも，6点以上の生徒は15人以上いる。

㋒　1組の得点のデータのほうが，2組の得点のデータより四分位範囲が大きい。

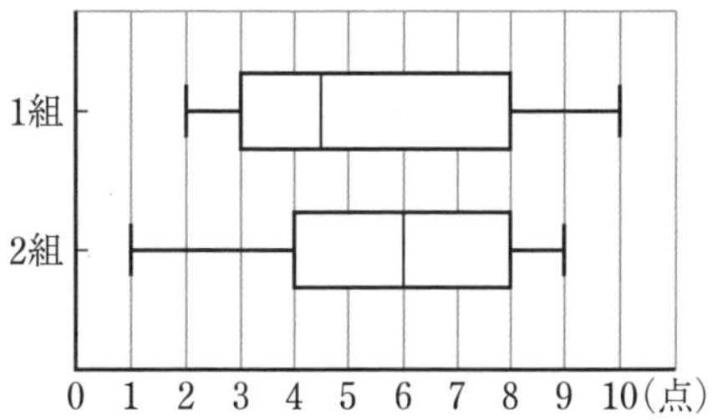

解答と解説

数学 2 年
ワーク&テスト

1 章　式の計算

ウォーミングアップ　p.4 ～ 5

1 (1) $50x+80y$(円)　(2) $\dfrac{a}{9}$ km/h
(3) $0.86b$m　(4) $\dfrac{ah}{2}$ cm^2
(5) πr^2h　(6) $16a-32$

2 (1) $90x+50=500$
(2) $3a<24$

3 (1) $4a+1$　(2) $x-5$
(3) $6a$　(4) $2a-5$
(5) $12x+15$　(6) $24x-14y+20$
(7) $42x-18$　(8) $\dfrac{-13x+23}{12}$

4 (1) -4　(2) 17
(3) $-\dfrac{3}{2}$　(4) 13

5 (1) $2n+7$　(2) 22 と 29

6 (1) 秒速 328.5m　(2) 699m

解説

1(1) 50 円切手が x 枚の代金は $50x$ 円，80 円切手が y 枚の代金は $80y$ 円だから，代金の合計は，$50x+80y$ となる。

(2) (速さ)＝(道のり)÷(時間) より，$a\div 9=\dfrac{a}{9}$

(3) 86％→0.86，$b\times 0.86=0.86b$

(4) (三角形の面積)＝(底辺)×(高さ)×$\dfrac{1}{2}$ より，
$\dfrac{1}{2}\times a\times h=\dfrac{ah}{2}$

(5) (円柱の体積)＝(底面積)×(高さ) より，
$r\times r\times \pi\times h=\pi r^2h$

(6) 図形を移動して簡単に面積を求める。

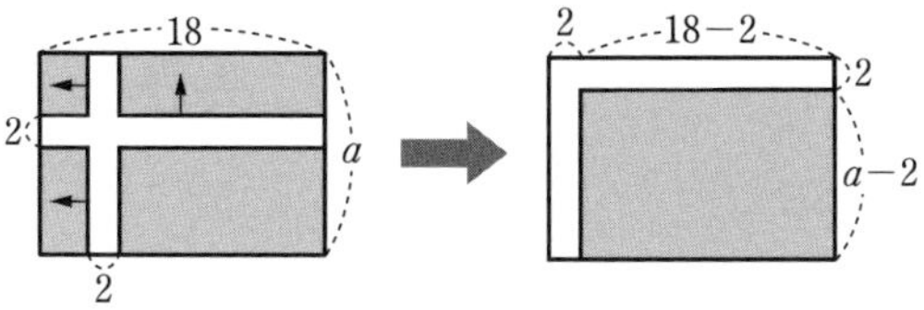

縦 $(a-2)$，横 16 の長方形の面積と同じだから，$(a-2)\times 16=16a-32$

2(1) 90 円のノートが x 冊で代金は $90x$ 円，これに鉛筆 1 本分の 50 円を加えると $(90x+50)$ 円，これが 500 円と等しい。

(2) a 人の生徒に 3 本ずつ配った鉛筆の本数は，$3a$本，これが 24 本に満たないから $3a<24$

3(3) $-42a\div(-7)=\dfrac{-42a}{-7}=6a$

(4) $5a-(3a+5)=5a-3a-5=2a-5$

(6) $6(4x+5)-2(7y+5)=24x+30-14y-10$
$=24x-14y+20$

(7) 分母の 8 と -48 をかけて分母をはらう。
$\dfrac{-7x+3}{8}\times(-48)=-6(-7x+3)$
$=42x-18$

(8) $\dfrac{-5x+7}{6}-\dfrac{x-3}{4}=\dfrac{2(-5x+7)-3(x-3)}{12}$
$=\dfrac{-10x+14-3x+9}{12}=\dfrac{-13x+23}{12}$

4 x，y にそれぞれの値を代入する。

(1) $3x+2=3\times(-2)+2=-6+2=-4$

(2) $2x+7y=2\times(-2)+7\times 3$
$=-4+21=17$

(3) $\dfrac{3}{x}=\dfrac{3}{-2}=-\dfrac{3}{2}$

(4) $x^2+y^2=(-2)^2+3^2=4+9=13$

5(1) もう一方の数は $n+7$。2 つの数の和は，$n+n+7=2n+7$ となる。

(2) $2n+7=51$ となる n を求める。

6(1) t に -5 を代入する。
$331.5+0.6\times(-5)=328.5$

(2) 30℃のときの音が伝わる速さを求めると，$331.5+0.6\times 30=349.5$ となる。
2 秒間に音が伝わる距離を求めると，
$349.5\times 2=699$ (m)

基本ワーク　p.6 ～ 7

Check!

1　項…$6y$，$-5x$，$3z$，4，多項式，1 次式

2　$5x-xy-4y$

3　(1)　$-a-11b+20$

　(2)　$4x-13y-2$

基本問題

❶　(1)　㋕，次数…2　(2)　2 次式

　(3)　㋐，次数…1

　(4)　単項式…㋒，次数…4

　多項式…㋑，次数…3

❷　(1)　$-15x+4$　(2)　$8x-3y$

　(3)　0　(4)　$-2ab-2a$

　(5)　$-q^2+2p+4.4q+2$

　(6)　$-x^3+y^3$

❸　(1)①　$3x-10$　②　x^2-7x+6

　③　$-9x+7y$　④　$-\frac{2}{3}m+\frac{1}{2}n$

　⑤　$-3p^2-3q^2$　⑥　$7a$

　⑦　$-\frac{1}{2}x-\frac{5}{3}y$

　(2)①　和…$-9a^3-2a+1$，

　差…$9a^3-2a-1$

　②　和…$-\frac{8}{5}x+\frac{8}{3}y+6$，

　差…-10

解説

❶(1)　項の数は㋐から順に 2，2，1，2，1，3 だから，㋕がもっとも多い。項の数が 1 の式が単項式である。

(2)　$x^2-1^3=x^2-1$ だから 2 次式。次数はあくまでも「かけられた文字の個数」であることに注意。

(3)　次数は，㋐から順に 1，3，4，2，3，2 だから，もっとも小さい次数は 1 次式の㋐である。なお，π は円周率，つまり文字ではなく「数」であることに注意。

(4)　(3)より，単項式は㋒の 4 次式，多項式は㋑の 3 次式。㋒の $\frac{a^3b}{2}$ は，a が 3 個，b が 1 個の計 4 個の文字がかけられているから 4 次式。㋔の $\frac{1}{3}\pi r^2h$ は係数 $\frac{1}{3}\pi$ と 3 次式 r^2h（r が 2 個，h が 1 個）との積と考える。

❷(1)　$-8x+4-7x=(-8-7)x+4$

$=-15x+4$

(2)　$3y+9x-x-6y=(9-1)x+(3-6)y$

$=8x-3y$

(3)　$2x-5x^2+3x^2-2x+2x^2$

$=(-5+3+2)x^2+(2-2)x=0$

(4)　$-a+b-ab-b-a-ab$

$=(-1-1)ab+(-1-1)a+(1-1)b$

$=-2ab-2a$

(5)　$3p-q^2+0.4q+2-p+4q$

$=-q^2+(3-1)p+(0.4+4)q+2$

$=-q^2+2p+4.4q+2$

(6)　$3x^3+4y^3-4x^3-3y^3$

$=(3-4)x^3+(4-3)y^3=-x^3+y^3$

❸　まず，かっこをはずしてから同類項をまとめる。

(1)①　$(x-5)+(2x-5)=x-5+2x-5$

$=x+2x-5-5=3x-10$

②　$(3x^2-4x+1)-(2x^2-5+3x)$

$=3x^2-4x+1-2x^2+5-3x$

$=(3-2)x^2+(-4-3)x+1+5$

$=x^2-7x+6$

③　$(-3x+2y)+(5y-6x)$

$=-3x+2y+5y-6x$

$=(-3-6)x+(2+5)y=-9x+7y$

④　$\left(\frac{1}{3}m-2n\right)-\left(m-\frac{5}{2}n\right)$

$=\frac{1}{3}m-2n-m+\frac{5}{2}n$

$=\left(\frac{1}{3}-1\right)m+\left(-2+\frac{5}{2}\right)n$

$=-\frac{2}{3}m+\frac{1}{2}n$

⑤　$(2p^2-5q^2)-(5p^2-2q^2)$

$=2p^2-5q^2-5p^2+2q^2$

$=(2-5)p^2+(-5+2)q^2$

$=-3p^2-3q^2$

⑥
$$\begin{array}{r} 2a+3b-c \\ +)\ 5a-3b+c \\ \hline 7a \end{array}$$

⑦
$$\begin{array}{r} \frac{1}{2}x-\frac{2}{3}y \\ -)\quad x+\ \ y \\ \hline -\frac{1}{2}x-\frac{5}{3}y \end{array}$$

※多項式の筆算は，同類項を縦にそろえて表し，係数を計算すればよい。特に減法では，符号に十分注意すること。

(2) ① 和…$-2a+(1-9a^3)$

$=-9a^3-2a+1$

差…$-2a-(1-9a^3)=9a^3-2a-1$

② 和…$\left(-\frac{4}{5}x-2+\frac{4}{3}y\right)+\left(8-0.8x+\frac{4}{3}y\right)$

$=-\frac{4}{5}x-2+\frac{4}{3}y+8-\frac{8}{10}x+\frac{4}{3}y$

$=\left(-\frac{4}{5}-\frac{4}{5}\right)x+\left(\frac{4}{3}+\frac{4}{3}\right)y-2+8$

$=-\frac{8}{5}x+\frac{8}{3}y+6$

差…$\left(-\frac{4}{5}x-2+\frac{4}{3}y\right)-\left(8-0.8x+\frac{4}{3}y\right)$

$=-\frac{4}{5}x-2+\frac{4}{3}y-8+\frac{8}{10}x-\frac{4}{3}y$

$=\left(-\frac{4}{5}+\frac{4}{5}\right)x+\left(\frac{4}{3}-\frac{4}{3}\right)y-2-8$

$=-10$

基本ワーク

p.8 ～ 9

Check!

1 (1) $5a+5b$　(2) $-6a-4b^2$

(3) $-p+\frac{1}{10}q$

2 (1) $13x+19y$　(2) $\frac{-4a-9b}{6}$

基本問題

❶ (1) $40x-y$　(2) $-7y^2-14x^3$

(3) $\frac{1}{2}x-\frac{1}{4}y$　(4) $-2x^2+\frac{333}{11}y$

(5) $-3p-0.8q$　(6) $\frac{5}{2}x-10y$

(7) $\frac{7}{3}a-\frac{7}{2}b^3$

❷ (1) $44x-19y$　(2) $17x+14y-12$

(3) $\frac{13x-5y}{36}$　(4) $\frac{4a+15b}{12}$

(5) $\frac{x-3y+28}{15}$　(6) $\frac{3p^2+q^2}{2}$

(7) $\frac{-6x^2+6x}{7}$　(8) $\frac{5x+18y+30}{6}$

(9) $\frac{7x-3y}{9}$　(10) $\frac{13x-18y}{12}$

❸ $-19y$

解説

❶ 乗法は分配法則でかっこをはずし，除法は逆数をかける乗法になおして分配法則を使う。

(1) $5(8x-0.2y)=5\times 8x+5\times(-0.2y)$

$=40x-y$

(2) $-7(y^2+2x^3)=(-7)\times y^2+(-7)\times 2x^3$

$=-7y^2-14x^3$

(3) $(4x-2y)\div 8=(4x-2y)\times\frac{1}{8}$

$=4x\times\frac{1}{8}+(-2y)\times\frac{1}{8}=\frac{1}{2}x-\frac{1}{4}y$

(4) $(22x^2-333y)\div(-11)$

$=(22x^2-333y)\times\left(-\frac{1}{11}\right)$ ← 逆数をかける

$=22x^2\times\left(-\frac{1}{11}\right)\underline{\underline{+}}\,333y\times\frac{1}{11}$ ← 分配法則

$=-2x^2+\frac{333}{11}y$

また，別解として，

$22x^2 \div (-11) - 333y \div (-11)$ ← 分配法則

と，乗法になおさないでそのまま計算することもできる。

(5) $(0.3p + 0.08q) \div (-0.1)$

$= (0.3p + 0.08q) \div \left(-\dfrac{1}{10}\right)$

$= (0.3p + 0.08q) \times (-10)$ ← 逆数をかける

$= 0.3p \times (-10) + 0.08q \times (-10)$ ← 分配法則

$= -3p - 0.8q$

(6) $\dfrac{5}{6}(3x - 12y) = \dfrac{5}{6} \times 3x - \dfrac{5}{6} \times 12y$

$= \dfrac{5}{2}x - 10y$

(7) $(-2a + 3b^3) \div \left(-\dfrac{6}{7}\right)$

$= (-2a + 3b^3) \times \left(-\dfrac{7}{6}\right)$ ← 逆数をかける

$= -2a \times \left(-\dfrac{7}{6}\right) + 3b^3 \times \left(-\dfrac{7}{6}\right)$ ← 分配法則

$= \dfrac{7}{3}a - \dfrac{7}{2}b^3$

❷(1)，(2) 分配法則でかっこをはずしてから同類項をまとめる。

(3)～(10) 通分して分子の同類項をまとめる。特に減法では，符号に注意する。

(1) $2(x + 8y) + 7(6x - 5y)$ ← 分配法則

$= 2x + 16y + 42x - 35y$

$= (2 + 42)x + (16 - 35)y$ ← 同類項をまとめる

$= 44x - 19y$

(2) $5(4x + y) - 3(x - 3y + 4)$ ← 分配法則

$= 20x + 5y - 3x + 9y - 12$

$= 17x + 14y - 12$ ← 同類項をまとめる

(3) $\dfrac{2(x-y)}{8} + \dfrac{x+y}{9} = \dfrac{x-y}{4} + \dfrac{x+y}{9}$

$= \dfrac{9(x-y) + 4(x+y)}{36}$ ← 通分

$= \dfrac{9x - 9y + 4x + 4y}{36}$

$= \dfrac{(9+4)x + (-9+4)y}{36} = \dfrac{13x - 5y}{36}$

(4) $\dfrac{2a + 7b}{4} - \dfrac{a + 3b}{6}$

$= \dfrac{3(2a + 7b) - 2(a + 3b)}{12}$ ← 通分

$= \dfrac{6a + 21b - 2a - 6b}{12} = \dfrac{4a + 15b}{12}$

(5) $\dfrac{5 - x}{3} + \dfrac{2x - y + 1}{5}$

$= \dfrac{5(5 - x) + 3(2x - y + 1)}{15}$ ← 通分

$= \dfrac{25 - 5x + 6x - 3y + 3}{15} = \dfrac{x - 3y + 28}{15}$

(6) $p^2 + \dfrac{p^2 + q^2}{2} = \dfrac{2p^2 + p^2 + q^2}{2}$ ← 通分

$= \dfrac{3p^2 + q^2}{2}$

(7) $x - x^2 - \dfrac{x - x^2}{7}$

$= \dfrac{7(x - x^2) - (x - x^2)}{7}$ ← 通分

$= \dfrac{7x - 7x^2 - x + x^2}{7} = \dfrac{-6x^2 + 6x}{7}$

※$x - x^2 - \dfrac{x - x^2}{7} = (x - x^2) - \dfrac{1}{7}(x - x^2)$

分配法則から，

$\left(1 - \dfrac{1}{7}\right) \times (x - x^2) = \dfrac{6}{7}(x - x^2)$

としてもよい。

(8) $\dfrac{x + 2y}{2} + 5 - \dfrac{-x - 6y}{3}$

$= \dfrac{3(x + 2y) + 6 \times 5 - 2(-x - 6y)}{6}$ ← 通分

$= \dfrac{3x + 6y + 30 + 2x + 12y}{6} = \dfrac{5x + 18y + 30}{6}$

(9) $\dfrac{5x - 2y}{3} - x + \dfrac{x + 3y}{9}$

$= \dfrac{3(5x - 2y) - 9x + (x + 3y)}{9}$ ← 通分

$= \dfrac{15x - 6y - 9x + x + 3y}{9} = \dfrac{7x - 3y}{9}$

(10) $\dfrac{x}{3} + x - y - \dfrac{x + 2y}{4}$

$= \dfrac{4x + 12x - 12y - 3(x + 2y)}{12}$ ← 通分

$= \dfrac{4x + 12x - 12y - 3x - 6y}{12} = \dfrac{13x - 18y}{12}$

❸ $2(3x - 5y) - 3(2x + 3y)$

$= 6x - 10y - 6x - 9y$

$= -19y$

基本ワーク　p.10～11

Check!

1　(1)　$8a^2b$　(2)　$9a^2b^2$　(3)　$-\dfrac{x^3}{8}$

2　(1)　$3a$　(2)　$-8y$　(3)　$-\dfrac{4a}{3b}$

基本問題

❶　(1)　$-a^4$　(2)　$4x^3y^3$　(3)　$-0.63a^3b$

(4)　$5x^5y^3$　(5)　$\dfrac{2}{5}p^2q$　(6)　$-4x^3y^3$

(7)　$-9x^3y$　(8)　x^3y^3　(9)　$-3a^2b^2$

(10)　$-\dfrac{1}{2}m^4$　(11)　$\dfrac{1}{7}x^5y^3$

❷　(1)　$-a$　(2)　$-y$　(3)　-2

(4)　x^4　(5)　$3y^2$　(6)　$\dfrac{5}{4}p^2q$

(7)　$-\dfrac{5}{24}y$　(8)　$-6y$　(9)　$-b^2$

❸　［説明］　わる数 $\dfrac{14}{3}b$ を逆数にしたときに，b が分子に残ったままになっている。

正しい計算…$\dfrac{3}{2}a$

解説

❶(1)　$a\times(-a^3)=-a\times a^3=-a^4$

(2)　$2xy\times2x^2y^2=2^2\times xy\times x^2y^2=4x^3y^3$

(3)　$(-0.3a^2)\times2.1ab$

$=-0.3\times2.1\times a^2\times ab=-0.63a^3b$

(4)　$(-5x^3y^3)\times(-x^2)=5x^3y^3\times x^2=5x^5y^3$

(5)　$2p\times\dfrac{pq}{5}=\dfrac{2p\times pq}{5}=\dfrac{2p^2q}{5}=\dfrac{2}{5}p^2q$

(6)　$\dfrac{14xy^2}{3}\times\left(-\dfrac{6}{7}x^2y\right)=-\dfrac{14\times6}{3\times7}\times xy^2\times x^2y$

$=-4x^3y^3$

(7)　$\left(-\dfrac{3}{2}x\right)^3\times\dfrac{8}{3}y=-\dfrac{27x^3}{8}\times\dfrac{8y}{3}=-9x^3y$

(8)　$(-1.5x^3y)\times\left(-\dfrac{2}{3}y^2\right)$

$=\dfrac{3x^3y}{2}\times\dfrac{2y^2}{3}=\dfrac{3\times2}{2\times3}\times x^3y\times y^2=x^3y^3$

(9)　$2a\times4ab\times\left(-\dfrac{3}{8}b\right)=-2\times4\times\dfrac{3}{8}\times a^2b^2$

$=-3a^2b^2$

(10)　$\left(-\dfrac{2m}{11}\right)^2\times\left(-\dfrac{m}{4}\right)^2\times(-242)$

$=\dfrac{4m^2}{121}\times\dfrac{m^2}{16}\times(-242)$

$=-\dfrac{4\times242}{121\times16}\times m^2\times m^2=-\dfrac{1}{2}m^4$

(11)　$(-0.7xy)^2\times\dfrac{xy}{7}\times\left(-\dfrac{10x}{7}\right)^2$

$=\left(-\dfrac{7xy}{10}\right)^2\times\dfrac{xy}{7}\times\left(-\dfrac{10x}{7}\right)^2$

$=\dfrac{7\times7\times10\times10}{10\times10\times7\times7\times7}\times x^2y^2\times xy\times x^2$

$=\dfrac{1}{7}x^5y^3$

❷(1)　$-a^2\div a=-\dfrac{a^2}{a}=-a$

(2)　$3x^2y\div(-3x^2)=-3x^2y\div3x^2$

$=-3x^2y\times\dfrac{1}{3x^2}=-\dfrac{3\times x\times x\times y}{3\times x\times x}=-y$

(3)　$4ab^2\div(-2ab^2)=-\dfrac{4\times a\times b\times b}{2\times a\times b\times b}=-2$

(4)　$-x\div\left(-\dfrac{1}{x^3}\right)=-x\times(-x^3)=x^4$

(5)　$0.6x^3y^2\div0.2x^3$　まず，小数を分数になおす。

$=\dfrac{3}{5}x^3y^2\div\dfrac{1}{5}x^3=\dfrac{3x^3y^2}{5}\div\dfrac{x^3}{5}$

$=\dfrac{3x^3y^2}{5}\times\dfrac{5}{x^3}=\dfrac{3\times x\times x\times x\times y\times y\times5}{5\times x\times x\times x}$

$=3y^2$

(6)　$3p^3q^2\div\dfrac{12}{5}pq=3p^3q^2\times\dfrac{5}{12pq}$

$=\dfrac{3\times p\times p\times p\times q\times q\times5}{12\times p\times q}=\dfrac{5}{4}p^2q$

(7)　$\left(-\dfrac{5}{6}xy\right)^2\div\left(-\dfrac{10x^2y}{3}\right)$

$=\dfrac{25x^2y^2}{36}\times\left(-\dfrac{3}{10x^2y}\right)$

$=-\dfrac{25\times x\times x\times y\times y\times3}{36\times10\times x\times x\times y}=-\dfrac{5}{24}y$

(8)　$\dfrac{27x^3y^4}{2}\div\left(-\dfrac{9x^3y^3}{4}\right)=-\dfrac{27x^3y^4}{2}\times\dfrac{4}{9x^3y^3}$

$=-\dfrac{27\times x^3y^4\times4}{2\times9\times x^3y^3}=-6y$

(9)　$(-3.5ab^3)\div\dfrac{7}{2}ab=-\dfrac{7ab^3}{2}\times\dfrac{2}{7ab}=-b^2$

❸　文字のふくまれた分数では，逆数にするときに文字の位置に注意しなければならない。

正しい計算…$7ab\div\frac{14}{3}b=7ab\div\frac{14b}{3}$

$=7ab\times\frac{3}{14b}=\frac{7ab\times3}{14b}=\frac{3}{2}a$

基本ワーク　p.12 ～ 13

Check!

1　(1)　$\frac{2a^2}{b}$　(2)　$-\frac{2a}{3b^2}$　(3)　$\frac{5}{2x}$

2　(1)　2　(2)　$\frac{3}{2}$

基本問題

❶　(1)　$\frac{x}{y}$　(2)　$-a$　(3)　$\frac{1}{2x}$　(4)　x^3

(5)　$-\frac{3}{2}a^3b$　(6)　$-\frac{q}{3}$　(7)　$\frac{162x^2}{y}$

(8)　$-12m^2n$　(9)　$\frac{27}{2}$

❷　(1)①　12　②　$\frac{2}{3}$　③　0

(2)①　-19　②　-64　③　$\frac{19}{3}$

(3)①　8　②　11

❸　［説明］　わられる数を逆数にしている。

正しい計算…$-\frac{1}{4}$

解説

❶(1)　$x\times xy\div xy^2=\frac{x\times xy}{xy^2}=\frac{x}{y}$

(2)　$-a^2\div ab\times b=-a^2\times\frac{1}{ab}\times b$

$=-\frac{a\times a\times b}{a\times b}=-a$

(3)　$2xy^3\div(-4x^2y^2)\div(-y)$

$=2xy^3\times\frac{1}{4x^2y^2}\times\frac{1}{y}=\frac{2\times xy^3}{4\times x^2y^2\times y}=\frac{1}{2x}$

(4)　$-x^3\times xy^2\div(-xy^2)$

$=x^3\times xy^2\times\frac{1}{xy^2}=\frac{x^3\times xy^2}{xy^2}=x^3$

(5)　$12ab\div 8b\times(-a^2b)$

$=-12ab\times\frac{1}{8b}\times a^2b=-\frac{12\times ab\times a^2b}{8\times b}$

$=-\frac{3a^3b}{2}=-\frac{3}{2}a^3b$

(6)　$\left(-\frac{1}{3}pq\right)^3\div\left(-\frac{1}{2}p^3\right)\div\left(-\frac{2}{9}q^2\right)$

$=-\frac{p^3q^3}{27}\times\frac{2}{p^3}\times\frac{9}{2q^2}=-\frac{2\times9\times p^3q^3}{27\times2\times p^3\times q^2}$

$=-\dfrac{q}{3}$

(7) $-3x^3y^2\times 6x\div\left(-\dfrac{x^2y^3}{9}\right)$

$=\dfrac{3x^3y^2\times 6x\times 9}{x^2y^3}=\dfrac{162x^2}{y}$

(8) $\dfrac{9}{5}m^2\div 0.3n^2\times(-2n^3)$

$=-\dfrac{9m^2}{5}\div\dfrac{3n^2}{10}\times 2n^3$

$=-\dfrac{9\times 10\times 2\times m^2\times n^3}{5\times 3\times n^2}=-12m^2n$

(9) $1.2x^3y^2\div\left(-\dfrac{4xy}{3}\right)\div\left(-\dfrac{1}{15}x^2y\right)$

$=\dfrac{6\times x^3y^2\times 3\times 15}{5\times 4\times xy\times x^2y}=\dfrac{27}{2}$

❷(1)① $2a-3b=2\times 3-3\times(-2)=12$

② $\dfrac{1}{3}ab\times\left(-\dfrac{1}{9}a\right)=-\dfrac{ab\times a}{3\times 9}=-\dfrac{a^2b}{27}$

$=-\dfrac{3^2\times(-2)}{27}=\dfrac{2}{3}$

③ $\dfrac{b-8}{5}+\dfrac{a+1}{2}=\dfrac{-2-8}{5}+\dfrac{3+1}{2}$

$=-2+2=0$

(2)① $4x^2-\dfrac{5}{16}y^2=4\times\left(-\dfrac{1}{2}\right)^2-\dfrac{5}{16}\times 8^2$

$=1-20=-19$

② $24y^3\div(-4x^2y)\times\dfrac{x^2}{6}$

$=-\dfrac{24\times y^3\times x^2}{4\times x^2y\times 6}=-y^2=-64$

③ $\dfrac{2x+y}{2}-\dfrac{x-y}{3}$

$=\dfrac{3(2x+y)}{6}-\dfrac{2(x-y)}{6}$

$=\dfrac{6x+3y-(2x-2y)}{6}$

$=\dfrac{6x+3y-2x+2y}{6}$

$=\dfrac{4x+5y}{6}=\dfrac{1}{6}\times\left\{4\times\left(-\dfrac{1}{2}\right)+5\times 8\right\}$

$=\dfrac{1}{6}\times(-2+40)=\dfrac{19}{3}$

(3)① $2(x-3y)+(3x-4y)$

$=2x-6y+3x-4y=5x-10y$

$=5\times 2-10\times\dfrac{1}{5}=10-2=8$

② $4(2x-y)-3(x-3y)$

$=8x-4y-3x+9y=5x+5y$

$=5\times 2+5\times\dfrac{1}{5}=10+1=11$

❸ 逆数にするのは「わる数」のみ。

正しい計算…$0.5x^3y^3\div 2x^2y\div(-xy^2)$

$=-\dfrac{x^3y^3}{2}\times\dfrac{1}{2x^2y}\times\dfrac{1}{xy^2}$

$=-\dfrac{x^3y^3}{2\times 2\times x^2y\times xy^2}=-\dfrac{1}{4}$

1 節の問題　p.14 ～ 15

1 (1) x^2y，$7x$，-4

(2) 3 次式

2 (1) $-4x+y$　(2) $5a$

(3) $-2x-6y$　(4) $-ab+8a-3$

(5) $7x-3y$　(6) $x^2+2x-10$

3 (1) $-10x+4y-4$

(2) $9a-\dfrac{9}{4}b$

(3) $10a-17b$　(4) $-6x+23b$

4 (1) $\dfrac{8a+3b}{4}$　(2) $\dfrac{4a+3b}{6}$

(3) $3x+6y$　(4) $-4a+2b-6$

(5) $\dfrac{6a-15b}{5}$　(6) $\dfrac{3x+9y}{4}$

5 (1) $-42ab$　(2) $10x^3y$

(3) $36b^2$　(4) $12ab$

(5) $-2y$　(6) $\dfrac{a}{b}$

6 (1) $200x^2y^4$　(2) $-5y^3$

(3) $\dfrac{4y}{3x}$　(4) $-\dfrac{5}{3}x$

7 (1) 18　(2) -4

(3) 12

8 ㋐ $7ab^3\div\dfrac{7}{2}b=7ab^3\times\dfrac{2}{7b}$

$=\dfrac{7ab^3\times2}{7b}$

$=2ab^2$

9 (1) $2x-11y$　(2) $10x-5y$

10 (1) $ab\text{cm}^2$　(2) $\pi a^2b\text{cm}^3$

解説

1 (1) 1 つ 1 つの単項式が，多項式の項になる。

(2) 各項の次数のうちでもっとも大きいものが，多項式の次数である。x^2y は次数 3，$7x$ は次数 1。よって，3 次式となる。

4 (2) $\dfrac{3a+b}{3}-\dfrac{2a-b}{6}=\dfrac{2(3a+b)-(2a-b)}{6}$

$=\dfrac{6a+2b-2a+b}{6}$

$=\dfrac{4a+3b}{6}$

(4) $(10a-5b+15)\times\left(-\dfrac{2}{5}\right)$

$=10a\times\left(-\dfrac{2}{5}\right)-5b\times\left(-\dfrac{2}{5}\right)+15\times\left(-\dfrac{2}{5}\right)$

$=-4a+2b-6$

(6) $x+2y-\dfrac{x-y}{4}=\dfrac{4(x+2y)-(x-y)}{4}$

$=\dfrac{4x+8y-x+y}{4}$

$=\dfrac{3x+9y}{4}$

5 (3) $(-6b)^2=(-6b)\times(-6b)$

$=36b^2$

(4) $9a^2b\div\dfrac{3}{4}a=9a^2b\times\dfrac{4}{3a}$

$=\dfrac{9a^2b\times4}{3a}$

$=12ab$

7 (3) $6a^2b^2\times\left(-\dfrac{1}{2}a^2\right)\div a^2b=-\dfrac{6a^2b^2\times a^2}{2\times a^2b}$

$=-3a^2b=-3\times2^2\times(-1)=12$

8 わる式が分数のときは，その逆数をかける。

$\dfrac{7}{2}b$ を逆数にすると，$\dfrac{2}{7b}$ となる。

9 (2) $(6x-8y)-(-4x-3y)$

$=6x-8y+4x+3y=10x-5y$

10 (2) 右の図のような，底面の半径が $a$cm，高さが $b$cm の円柱 P となるから，

(円柱 P の体積)

$=\pi a^2\times b=\pi a^2b\ (\text{cm}^3)$

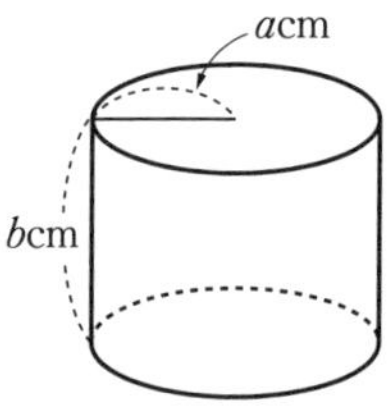

基本ワーク　p.16～17

Check!

1　［説明］　真ん中の整数が m であるとき，3つの続いた整数は $m-1$，m，$m+1$ と表される。したがって，それらの和は
$(m-1)+m+(m+1)=3m$
m は整数だから，$3m$ は3の倍数である。したがって，3つの続いた整数の和は，3の倍数になる。

2　3の倍数
［説明］　2けたの自然数は $10a+b$ だから，この数を2倍した数は $2(10a+b)$ と表される。
はじめの数の一の位の数字と十の位の数字を入れかえた数は $10b+a$ だから，はじめの数の2倍と，一の位の数字と十の位の数字を入れかえた数の和は，
$2(10a+b)+(10b+a)$
$=20a+2b+10b+a=21a+12b$
$=3\times 7a+3\times 4b=3(7a+4b)$
$7a+4b$ は整数だから，$3(7a+4b)$ は3の倍数である。

基本問題

❶ (1)　$n-2$，$n-1$，$(n,)\,n+1$，$n+2$
(2)　5の倍数
［説明］　真ん中の整数が n であるとき，5つの続いた整数は $n-2$，$n-1$，n，$n+1$，$n+2$ と表される。したがって，5つの続いた整数の和は，
$(n-2)+(n-1)+n+(n+1)+(n+2)$
$=5n+(-2-1+1+2)=5n$
n は整数だから，$5n$ は5の倍数である。したがって，5つの続いた整数の和は5の倍数である。
(3)　99の倍数

❷ (1)　$(m,)\ m+1$，$m+2$
(2)　30，31，32
［説明］　3つの続いた整数の和は，
$m+(m+1)+(m+2)=3m+3$
これが93だから，$3m+3=93$ より，
$m=30$　m はもっとも小さいから，3つの続いた整数は，30，31，32

❸ (1)　$\mathrm{Y}=10a+b+1$
(2)　$\mathrm{Z}=10(b+1)+a$
(3)　9の倍数
［説明］(1)，(2)より，
$\mathrm{Y}-\mathrm{Z}=10a+b+1-\{10(b+1)+a\}$
$=9a-9b-9$　（※解説参照）
$=9(a-b-1)$
$a-b-1$ は整数だから，$9(a-b-1)$ は9の倍数である。したがって，$\mathrm{Y}-\mathrm{Z}$ は9の倍数である。

❹ (1)［説明］□で囲んだ左上の数を x とすると，カレンダーの性質から，右上，左下，右下の数はそれぞれ $x+1$，$x+7$，$x+8$ と表される。したがって，これら4つの数の和は，
$x+(x+1)+(x+7)+(x+8)$
$=4x+16=4(x+4)$
$x+4$ は整数だから，$4(x+4)$ は4の倍数である。
(2)［説明］左上の数を m とすると，斜めの4つの数は，上から m，$m+8$，$m+16$，$m+24$ と表される。
したがって，これら4つの数の和は，
$m+(m+8)+(m+16)+(m+24)$
$=4m+48=4(m+12)$
$m+12$ は整数だから，$4(m+12)$ は4の倍数である。

解説

❶(1)　わからないときは具体的な数で考えてみる。例えば，4，5，6，7，8では，$4=6-2$，$5=6-1$，$7=6+1$，$8=6+2$ となる。
(3)［説明］真ん中の数を m とすると，真ん中の数のほかに98個の整数があるから，m より小さい整数，大きい整数はどちらも $98\div 2=49$（個）ある。小さいほうから99個の整数を並べると，整数は1ずつ増減するから，$m-49$，$m-48$，…，$m-1$，m，$m+1$，…，$m+48$，$m+49$ となる。これら全部の和は，$(m-49)+\cdots+(m-1)+$

$m+(m+1)+\cdots+(m+49)=$
$\{(m-49)+(m+49)\}+\cdots+\{(m-1)+(m+1)\}$
$+m=2m\times49+m=99m$ → 99 の倍数

❸(1)　$\mathrm{X}=10a+b$，$\mathrm{Y}=\mathrm{X}+1=(10a+b)+1$

(2)　Y の十の位が a，一の位が $b+1$ だから，Z の十の位は $b+1$，一の位は a である。

(3)　解答の（※）の部分の説明は以下の通り。

$10a+b+1-\{10(b+1)+a\}$　…{　}が先
$=10a+b+1-(10b+10+a)$
$=10a+b+1-10b-10-a$
$=(10-1)a+(1-10)b+1-10$
$=9a-9b-9=9(a-b-1)$

このように，単なる計算の部分は解答にふくめる必要がない。説明する問題や，このあと学習する証明問題では，必要最低限の内容をわかりやすく説明することが重要。

❹(1)　右に進むたびに 1 増加し，下に進むたびに 7 増加するのがカレンダーの性質である。

(2)　右斜め下に進むということは，右に 1 つ，下に 1 段進むということだから，右斜め下に進むたびに $1+7=8$ ずつ増加していく。

基本ワーク　p.18 ～ 19

Check!

1　［説明］ n を整数とする。もっとも大きい奇数を $2n+1$ とすると，ほかの 2 つの奇数は小さい順に $2n-3$，$2n-1$ と表される。よって，それらの和は，
$(2n-3)+(2n-1)+(2n+1)=6n-3$
$=3(2n-1)$
$2n-1$ は整数だから，$3(2n-1)$ は 3 の倍数である。したがって，3 つの続いた奇数の和は 3 の倍数になる。

2　(1)　$b=\dfrac{6V}{ah}$　　(2)　$h=\dfrac{6V}{ab}$

基本問題

❶　(1)　$3k$　　(2)　いえない。

［説明］ k が偶数のとき，$k=2n$（n は整数）より，$3k=3\times2n=2\times3n$　$3n$ は整数だから，$2\times3n$ は偶数である。したがって，k が偶数のとき，3 の倍数は奇数であるとはいえない。

❷　(1)　$2n-2$，$2n$，$2n+2$

(2)　6 の倍数

［説明］ 3 つの偶数の和は，
$(2n-2)+2n+(2n+2)=6n$
n は整数だから，$6n$ は 6 の倍数である。したがって，3 つの続いた偶数の和は 6 の倍数になる。

(3)　8 の倍数

［説明］ $(2n-2)\times2n\times(2n+2)$
$=2\times(n-1)\times2n\times2\times(n+1)$
$=2\times2\times2\times(n-1)\times n\times(n+1)$
$=8\times(n-1)\times n\times(n+1)$
$(n-1)\times n\times(n+1)$ は整数だから，
$8\times(n-1)\times n\times(n+1)$ は 8 の倍数である。したがって，3 つの続いた偶数の積は 8 の倍数になる。

❸　(1)　$x=\dfrac{y-6}{3}$

(2)　$y=\dfrac{3}{4}x-\dfrac{1}{8}$

(3)　$a=\dfrac{360S}{\pi r^2}$

❹ (1)　$h=\dfrac{x}{a}+\dfrac{x}{b}$

(2)　$x=\dfrac{abh}{a+b}$

解説

❶(1)　3 の倍数→ 3 の整数倍，つまり $3\times k$

(2)　k が偶数のときと奇数のときに分けて考える。

❷(1)　続いた偶数は 2 ずつ増減する。

❸　解く文字を左辺において，等式の性質を使って解く。

(1)　$3x+6=y$　← 両辺を入れかえる

$3x=y-6$　← 6 を移項

$x=\dfrac{y-6}{3}$　← 両辺を 3 でわる

(2)　$-4y=\dfrac{1}{2}-3x$　← $3x$ を移項

$y=-\dfrac{1}{4}\left(\dfrac{1}{2}-3x\right)$　← 両辺 $\div(-4)$

$=\dfrac{3}{4}x-\dfrac{1}{8}$　← 分配法則

(3)　$\pi r^2\times\dfrac{a}{360}=S$　← 両辺を入れかえる

$\dfrac{\pi r^2}{360}a=S$　← 乗法の交換法則

$a=S\times\dfrac{360}{\pi r^2}$　← 両辺 $\times\dfrac{360}{\pi r^2}$

$=\dfrac{360S}{\pi r^2}$

❹(1)　道のりと速さの関係より，行きは $\dfrac{x}{a}$ 時間，帰りは $\dfrac{x}{b}$ 時間かかる。Q 市で t 分，つまり $\dfrac{t}{60}$ 時間買い物をしたので，かかった時間について，等式 $h+\dfrac{t}{60}=\dfrac{x}{a}+\dfrac{x}{b}+\dfrac{t}{60}$ が成り立つ。

両辺に $\dfrac{t}{60}$ がたされているので，整理すると，

$h=\dfrac{x}{a}+\dfrac{x}{b}$

(2)　両辺を入れかえて，$\dfrac{x}{a}+\dfrac{x}{b}=h$

まずは x について解く。分配法則より，

$\dfrac{x}{a}+\dfrac{x}{b}=\left(\dfrac{1}{a}+\dfrac{1}{b}\right)x$

係数を通分して，　$\dfrac{a+b}{ab}x=h$

両辺に $\dfrac{ab}{a+b}$ をかけて，

$x=h\times\dfrac{ab}{a+b}$　$x=\dfrac{abh}{a+b}$

2節の問題　p.20 ～ 21

1 ㋐ $2m$　㋑ $2n+2m+1$

㋒ $n+m$　㋓ 1

2 (1) (例) $2n-1$, $2n+1$, $2n+3$

(2) ［説明］ n を整数とすると，3 つの続いた奇数は，$2n-1$, $2n+1$, $2n+3$ と表される。したがって，3 つの続いた奇数の和は，

$$(2n-1)+(2n+1)+(2n+3)$$
$$=6n+3$$
$$=3(2n+1)$$

$2n+1$ は整数だから，$3(2n+1)$ は 3 の倍数である。したがって，3 つの続いた奇数の和は，3 の倍数になる。

3 ［説明］ 十の位の数を x，一の位の数を y とする。2 けたの自然数から，この自然数の十の位と一の位の数の和をひくと，

$$10x+y-(x+y)=9x$$

x は自然数だから，$9x$ は 9 の倍数になる。したがって，2 けたの自然数から，この自然数の十の位と一の位の和をひくと，9 の倍数になる。

4 (1) $n+1$, $n+8$

(2) ［説明］ (1)より，3 つの数は，n, $n+1$, $n+8$ と表される。3 つの数の和は，

$$n+(n+1)+(n+8)$$
$$=3n+9$$
$$=3(n+3)$$

$n+3$ は自然数だから，$3(n+3)$ は 3 の倍数である。したがって，3 つの数の和は，3 の倍数になる。

5 (1) $x=\frac{3}{5}y+\frac{9}{5}\left(x=\frac{3y+9}{5}\right)$

(2) $y=\frac{3}{2}x+4\left(y=\frac{3x+8}{2}\right)$

(3) $b=\frac{m}{14a}$

6 (1) $h=\frac{3V}{\pi r^2}$，円錐の体積

(2) $h=\frac{6V}{ab}$，三角錐の体積

(3) $c=\frac{S}{a}-b$，縦 a，横 $b+c$ の長方形の面積

(4) $b=\frac{\ell}{4}-2a$，縦 a，横 b，高さ a の直方体の辺の長さの和

7 (1) $r=\frac{200-a}{\pi}$　(2) $\frac{116}{\pi}$ m

解説

1 連続する奇数と偶数ではないので，それぞれの数を表すのに，同じ文字を使わず，n，m を整数として説明する。

2 3 の倍数であることを説明するときは，3 ×(整数) の形に式を変形させる。

5 (2) $-2y=-3x-8$　← $3x$ と 8 を移項する

$2y=3x+8$　（両辺に (-1) をかける）

$y=\frac{3}{2}x+4\left(y=\frac{3x+8}{2}\right)$　（両辺を 2 でわる）

6 (2) $\frac{1}{6}abh=V$　← 両辺を入れかえる

$\frac{ab}{6}h=V$

$h=V\times\frac{6}{ab}$　（両辺に $\frac{6}{ab}$ をかける）

$h=\frac{6V}{ab}$

(4) $4(2a+b)=\ell$　← 両辺を入れかえる

$2a+b=\frac{\ell}{4}$　（両辺を 4 でわる）

$b=\frac{\ell}{4}-2a$　（$2a$ を移項する）

7 (1) $2\pi r=400-2a$　← $2a$ を移項する

$r=\frac{400}{2\pi}-\frac{2a}{2\pi}$　（両辺を 2π でわる）

$r=\frac{200}{\pi}-\frac{a}{\pi}$　（約分する）

$r=\frac{200-a}{\pi}$

(2) (1)の式に $a=84$ を代入すると，

$$r=\frac{200-84}{\pi}=\frac{116}{\pi}$$

1章の問題 p.22 〜 23

1 (1) $7x-2y$ (2) $-x^2+2y$
(3) $9a-18b$ (4) $-9a-3b$
(5) $-a+2b$ (6) $14a-14b$
(7) $4x^2+16x-5$ (8) $\dfrac{y}{6}$

2 (1) $-15x^2$ (2) $12a^3$
(3) $-2a$ (4) $-\dfrac{7}{2}x$
(5) $16y^2$ (6) $-15ab^2$

3 (1) $\dfrac{1}{4y^3}$ (2) $9x-6y-10$

4 (1) $x-2y$ (2) $7x-14y$
(3) $4x-8y$

5 (1) $y=\dfrac{4x-5}{6}$ (2) $a=\dfrac{5n+b}{3}$
(3) $y=2x-2$ (4) $r=\dfrac{6S}{t}$

6 $S=\dfrac{1}{2}(a+b)h$　$b=\dfrac{2S}{h}-a$

7 ［説明］ 百の位の数を x，一の位の数を y とすると，十の位は，$x+y$ と表せる。百の位の数と一の位の数の和が，十の位の数に等しい3けたの整数は，

$100x+10(x+y)+y$
$=110x+11y$
$=11(10x+y)$

$10x+y$ は整数だから，$11(10x+y)$ は 11 の倍数である。したがって，百の位の数と一の位の数の和が，十の位の数に等しい3けたの整数は，11 の倍数になる。

8 ［説明］ n を自然数とし，囲んだ数の小さい数から3番目の数を n とすると，小さい数から順に，$n-3$，$n-1$，n，$n+1$，$n+3$ と表される。
囲んだ数の和は，
$(n-3)+(n-1)+n+(n+1)+(n+3)=5n$
n は自然数だから，$5n$ は5の倍数である。
したがって，囲んだ数の和は，5の倍数になる。

9 ㋑

［説明］ 辺ACの長さは，辺BCの長さの2倍だから，$\mathrm{AC}=2x$ と表される。円錐Pの体積は，底面の半径が x，高さが $2x$ だから，$\dfrac{1}{3}\times\pi x^2\times 2x=\dfrac{2}{3}\pi x^3$
円錐Qの体積は，底面の半径が $2x$，高さが x だから，
$\dfrac{1}{3}\times\pi\times(2x)^2\times x=\dfrac{4}{3}\pi x^3=2\times\dfrac{2}{3}\pi x^3$
$\mathrm{Q}\div\mathrm{P}=2$　したがって，Qの体積は，Pの体積の2倍になるから，㋑が正しいといえる。

解説

2(6) $\dfrac{5}{3}a^2b^3\div\left(-\dfrac{1}{9}ab\right)=\dfrac{5}{3}a^2b^3\div\left(-\dfrac{ab}{9}\right)$
$=-\dfrac{5a^2b^3\times 9}{3\times ab}$
$=-15ab^2$

3(2) $7(x-3y)-\{5(2-3y)-2x\}$
$=7x-21y-(10-15y-2x)$
$=7x-21y-10+15y+2x$
$=9x-6y-10$

4(3) $4A-(2A-B)=4A-2A+B$
$=2A+B$　← $A=3x-6y$，$B=-2x+4y$ を代入する
$=2(3x-6y)-2x+4y$
$=6x-12y-2x+4y$
$=4x-8y$

5(4) $\dfrac{4}{3}rt=8S$　← 両辺を入れかえる
$\dfrac{4t}{3}r=8S$
$r=8S\times\dfrac{3}{4t}$　← 両辺に $\dfrac{3}{4t}$ をかける
$r=\dfrac{6S}{t}$

8 囲まれた5つの数のうち，小さい数から3番目の数を n とすると，右の図のように数を表せる。

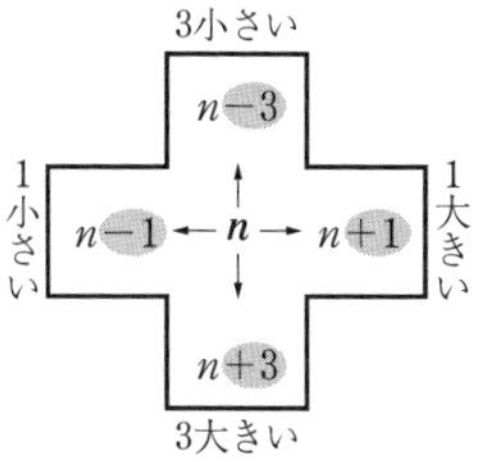

2章　連立方程式

ウォーミングアップ　p.24 ～ 25

1　(1)　$x=-\frac{1}{5}$　　(2)　$x=\frac{5}{8}$

(3)　$x=0$　　(4)　$x=-2$

(5)　$x=1$　　(6)　$x=3$

(7)　$x=18$　　(8)　$x=-6$

2　(1)　$a=-17$　　(2)　$a=15$

3　6 個

4　赤い袋…59 個，青い袋…31 個

5　(1)　12 分　　(2)　12km

6　(1)　220 人　　(2)　480 人

解説

1(1)　両辺を (-5) でわる。

$\frac{-5x}{-5}=\frac{1}{-5}$，$x=-\frac{1}{5}$

(2)　$7x-3=7-9x$

$7x+9x=7+3$

$16x=10$，$x=\frac{5}{8}$

(3)　$5x+5-2=3x+3$

$2x=0$，$x=0$

(5)　両辺を 10 倍，$5x+14=20x-1$　$x=1$

(6)　両辺を 100 倍，$7x-12=2x+3$　$x=3$

(7)　両辺に分母の最小公倍数である 18 をかける。

$18\left(\frac{4}{9}x-1\right)=18\left(\frac{1}{6}x+4\right)$

$8x-18=3x+72$

$x=18$

(8)　両辺に分母の最小公倍数である 12 をかける。

2(1)　$2x-a=5-x$ に，$x=-4$ を代入すると，

$2\times(-4)-a=5-(-4)$　より　$a=-17$

(2)　まず方程式 $x+5=3x+1$ の解を求めると，

$x=2$，これを $x-7=5x-a$ に代入し a の値を求める。

3　りんごの個数を x 個とすると，みかんの個数は，$(14-x)$ 個となる。80 円のみかん $(14-x)$ 個と，130 円のりんご x 個の代金の合計が 1420 円なので，$80(14-x)+130x=1420$ となる。これを解くと $x=6$ となり，りんごの個数は 6 個。

4　青い袋のあめの個数を x 個とする。

赤い袋のあめの個数は，青い袋の 2 倍より 3 個少ないから $(2x-3)$ 個と表される。赤い袋のあめと青い袋のあめは，合計 90 個なので，

$2x-3+x=90$　$x=31$　赤い袋のあめ 59 個，青い袋のあめ 31 個。

5(1)　時速 4km で 3 時間かかる道のりは，

$4\times3=12$ (km)　この道のりを時速 60km で行くときにかかる時間は，

(時間) $=\frac{(道のり)}{(速さ)}$ より，$\frac{12}{60}=\frac{1}{5}$ 時間，

$\frac{1}{5}$時間 $=12$ 分。

(2)　$x$km の道のりを時速 6km で進むときにかかる時間は，(時間) $=\frac{(道のり)}{(速さ)}$ より，$\frac{x}{6}$ (時間)

行きにかかった時間は $\frac{x}{6}$ 時間，帰りにかかった時間は $\frac{x}{4}$ 時間，往復 5 時間なので，

$\frac{x}{6}+\frac{x}{4}=5$　$x=12$

6(1)

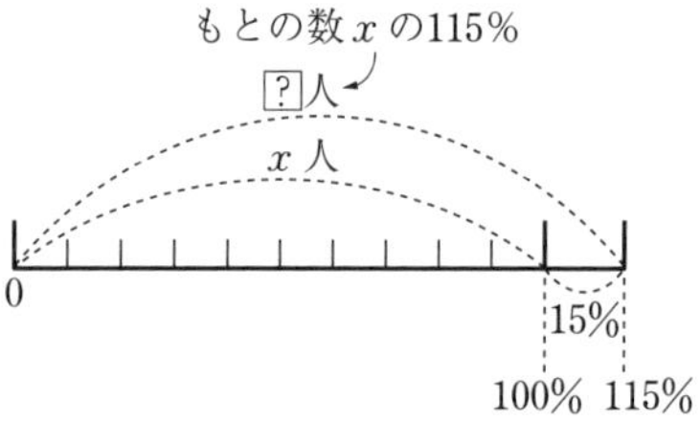

昨年の入学者数を x 人とすると，

$x\times1.15=253$　$x=220$

(2)　全校生徒の人数を x 人とすると，女子の人数は $0.45x$ 人，男子の人数は $0.55x$ 人となり

$0.55x-0.45x=48$　$x=480$

基本ワーク　p.26 ～ 27

Check!

1　$y=5$

2　$x=2,\ y=2$

基本問題

❶ (1) ㋒, ㋓　(2) ㋐, ㋑, ㋓　(3) ㋐

❷ (1) $y=\dfrac{5}{7}$　(2) $x=-\dfrac{3}{2}$

(3) $x=\dfrac{3}{5},\ y=\dfrac{3}{5}$

❸ (1) ㋑　(2) ㋐　(3) ㋒

解説

❶　方程式に x, y の値を代入して等式が成り立つものが解である。

(1)　$y=3x$ だから，y の値が x の値の 3 倍になっているものを選ぶ。

(2)㋐　$x=10,\ y=4$ を代入する。

左辺 $=5\times10-9\times4=14=$ 右辺…○

㋑　$x=-\dfrac{1}{5},\ y=-\dfrac{5}{3}$ を代入する。

左辺 $=5\times\left(-\dfrac{1}{5}\right)-9\times\left(-\dfrac{5}{3}\right)=14$

$=$ 右辺…○

㋒　$x=8,\ y=6$ を代入する。

左辺 $=5\times8-9\times6=-14\neq$ 右辺…×

㋓　$x=-8,\ y=-6$ を代入する。

左辺 $=5\times(-8)-9\times(-6)=14$

$=$ 右辺…○

(3)㋐　$x=4.5=\dfrac{9}{2},\ y=-1$ を代入する。

左辺 $=\dfrac{2}{3}\times\dfrac{9}{2}+\dfrac{5}{2}\times(-1)=\dfrac{1}{2}$

$=$ 右辺…○

㋑　$x=4.5=\dfrac{9}{2},\ y=1$ を代入する。

左辺 $=\dfrac{2}{3}\times\dfrac{9}{2}+\dfrac{5}{2}\times1=\dfrac{11}{2}\neq$ 右辺…×

㋒　$x=-1,\ y=1$ を代入する。

左辺 $=\dfrac{2}{3}\times(-1)+\dfrac{5}{2}\times1$

$=\dfrac{11}{6}\neq$ 右辺…×

㋓　$x=1,\ y=-1$ を代入する。

左辺 $=\dfrac{2}{3}\times1+\dfrac{5}{2}\times(-1)$

$=-\dfrac{11}{6}\neq$ 右辺…×

❷(1)　$x=1$ を方程式に代入して，

$2\times1-7y+3=0$

この方程式を y について解いて，$y=\dfrac{5}{7}$

(2)　$y=0$ を方程式に代入して，$2x+3=0$

$x=-\dfrac{3}{2}$

(3)　$x=y$ だから，方程式の y を x におきかえて，

$2x-7x+3=0$　$-5x=-3$　$x=\dfrac{3}{5}$

❸　連立方程式に x, y の値を代入し，2 つの等式を同時に成り立たせるものが解である。上の式を①，下の式を②とする。

(1)　②の式より $x:y=4:3$ であるものを選ぶ。

(2)　①に㋐の $x=1,\ y=-1$ を代入する。

左辺 $=2\times1-3\times(-1)=5=$ 右辺…○

②にも代入して，$5\times1-2\times(-1)=7=$ 右辺となって，2 つの 2 元 1 次方程式を成り立たせるので，$x=1,\ y=-1$ が連立方程式の解である。

※㋓も①の式を成り立たせるが，②の式は成り立たない。

(3)　①に㋐の $x=2.5,\ y=3.5$ を代入する。

左辺 $=2\times2.5-6\times3.5=-16\neq$ 右辺…×

この時点で㋐が解ではないことが確定した。

①に㋑の $x=4,\ y=0.5$ を代入する。

左辺 $=2\times4-6\times0.5=5=$ 右辺…○

②にも代入して，$3\times4-11\times0.5=6.5$ となり，㋑は連立方程式の解ではない。

①に㋒の $x=2.5,\ y=0$ を代入する。

左辺 $=2\times2.5-0=5=$ 右辺…○

②にも代入して，$3\times2.5-0=7.5=$ 右辺

よって，$x=2.5,\ y=0$ は連立方程式の解。

基本ワーク　p.28〜29

Check!

1　(1)　$x=10$，$y=-1$

(2)　$x=2$，$y=-\dfrac{25}{2}$

(3)　$x=1$，$y=-\dfrac{1}{2}$

2　(1)　$x=47$，$y=-18$

(2)　$x=1$，$y=1$

基本問題

❶　(1)　$x=2$，$y=5$　(2)　$x=2$，$y=2$

(3)　$x=-5$，$y=0$　(4)　$x=\dfrac{8}{9}$，$y=1$

(5)　$x=20$，$y=-9$

(6)　$x=-21$，$y=-\dfrac{64}{5}$

❷　㊁

❸　(1)　$x=-42$，$y=-11$

(2)　$x=3$，$y=-6$　(3)　$x=-5$，$y=\dfrac{15}{2}$

(4)　$x=-1$，$y=-1$　(5)　$x=1$，$y=-4$

(6)　$x=-\dfrac{25}{2}$，$y=3$　(7)　$x=2$，$y=0$

(8)　$x=-7$，$y=\dfrac{27}{2}$　(9)　$x=1$，$y=13$

解説

上の式を①，下の式を②とする。

❶(1)　①＋②より $2x=4$　$x=2$ を②に代入。

(2)　①＋②より $6x=12$　$x=2$ を②に代入。

(3)　①の 5，$-5y$ を移項して

$x+5y=-5$　……③

②－③より $6x=-30$　$x=-5$ を①に代入。

(4)　②を整理して $-9x+2y=-6$　……③

①＋③より $8y=8$　$y=1$ を①に代入。

(5)　①＋②より $-2y=18$　$y=-9$ を②に代入すると $0.2x+9=13$　$0.2x=4$　$x=20$

(6)　①－②より $-\dfrac{1}{3}x=7$　$x=-21$ を①に代入すると $-7-\dfrac{5}{8}y=1$　$y=-\dfrac{64}{5}$

❷　[A] に㋐〜㊁の方程式を 1 つずつあてはめて連立方程式を解く方法もあるが，ここではわかっている方程式を利用する方法を考える。2 つの連立方程式の解が同じなので，3 つの 2 元 1 次方程式の解はすべて同じであるから，すでにわかっている 2 つの方程式を連立方程式として解けばよい。

$$\begin{cases}8x+5y=-20 & \cdots\cdots① \\ 9x+5y=-15 & \cdots\cdots②\end{cases}$$ とすると，

①－②より $-x=-5$　$x=5$ を①に代入すると

$40+5y=-20$　$5y=-60$　$y=-12$

㋐〜㊁のうち，$x=5$，$y=-12$ を解とする方程式を選ぶ。

❸(1)　①×2＋②より $-3y=33$　$y=-11$

①に代入すると $x-5\times(-11)=13$

$x+55=13$　$x=-42$

(2)　①×5 より $20x+5y=30$　……③

③－②より $8x=24$　$x=3$ を①に代入。

別解例　①×3－②で x を消去してもよい。

(3)　①×2－②より $-3x=15$　$x=-5$ を①に代入すると $-10+2y=5$　$y=\dfrac{15}{2}$

(4)　①×3＋②×2 より $29y=-29$　$y=-1$ を①に代入すると $2x-5=-7$　$x=-1$

※①×7－②×5 の方法もあるが，係数を大きくしないほうが計算ミスをしづらい。

(5)　①×3－②×4 より $7x=7$　$x=1$ を②に代入すると，$5+3y=-7$　$y=-4$

(6)　①×10 より $2x+10y=5$　……③

③－②より $5y=15$　$y=3$ を②に代入すると

$2x+15=-10$　$x=-\dfrac{25}{2}$

(7)　①÷3＋②より $6x=12$　$x=2$ を②に代入すると $10+2y=10$　$y=0$

※①＋②×3 でもよいが，係数は大きくなる。

(8)　②÷2 より $3x+2y=6$　……③

①－③より $2x=-14$　$x=-7$ を①に代入すると $-35+2y=-8$　$y=\dfrac{27}{2}$

(9)　①÷5 より $20x-y=7$　……③

③＋②より $27x=27$　$x=1$ を②に代入すると

$7+y=20$　$y=13$

基本ワーク　p.30 ~ 31

Check!

1　(1)　$x=-2,\ y=-4$

(2)　$x=-3,\ y=-2$

2　［説明］

(例) 上の式を $3x-2\times 4y=3$……①とみて，下の式を $4y=5x+9$ と変形して①に代入すると $3x-2(5x+9)=3$ となり，これを解けばよい。

解は $x=-3,\ y=-\frac{3}{2}$

基本問題

❶　(1)　$x=-4,\ y=1$

(2)　$x=-3,\ y=-16$

(3)　$x=2,\ y=1$　(4)　$x=2,\ y=-1$

(5)　$x=5,\ y=\frac{21}{2}$

(6)　$x=\frac{1}{3},\ y=1$　(7)　$x=\frac{124}{5},\ y=45$

(8)　$x=-10,\ y=-3$

(9)　$x=\frac{3}{4},\ y=0$

❷　(1)　$x=-4,\ y=1$

(2)　$x=-\frac{4}{5},\ y=\frac{44}{5}$

(3)　$x=1,\ y=-1$

解説

上の式を①，下の式を②とする。

❶(1)　①の $x(=5y-9)$ を②の x に代入すると $-(5y-9)=4y$　$-5y+9=4y$　$y=1$ を①に代入すると $x=5\times 1-9=-4$

(2)　①を②に代入すると $(7x+5)-2=6x$　$7x+5-2=6x$　$x=-3$ を①に代入すると $y=7\times(-3)+5=-16$

(3)　②を①に代入すると $2x-5(-x+3)=-1$　$2x+5x-15=-1$　$7x=14$　$x=2$ を②に代入すると $y=-2+3=1$

(4)　①を変形した $x=3y+5$ を②に代入すると $2(3y+5)-5y=9$　$6y+10-5y=9$　$y=-1$ を①に代入すると $x-5=-3$　$x=2$

(5)　②を $2y=3x+6$ として①に代入すると $7x-(3x+6)=14$　$4x=20$　$x=5$ を②に代入すると $15+6=2y$　$y=\frac{21}{2}$

(6)　①を②に代入して $(5y-4)+8y=9$　$13y=13$　$y=1$ を①に代入する。

(7)　①を $2\times 5x-5y=23$ とみて，②を①に代入して $2(3y-11)-5y=23$　$6y-22-5y=23$　$y=45$ を①(※)に代入する。

※数は大きくても②より①のほうが計算しやすい。

(8)　②÷2 より $0.5x=-2+y$ を①に代入すると $(-2+y)-9y=22$　$-2-8y=22$　$y=-3$ を②に代入する。

(9)　$\frac{4}{5}x=0.8x$ より，②の $0.8x$ を①の $\frac{4}{5}x$ に代入すると $\left(-\frac{4}{5}y+0.6\right)+\frac{1}{3}y=\frac{3}{5}$　$0.6=\frac{3}{5}$ だから，$-\frac{4}{5}y+\frac{1}{3}y=0$　$y=0$ を②に代入。

❷(1)　加減法のほうがよい。また，係数が大きいので，消去するためにかける数は小さくしたほうがよい。本問では x を消去するのが適当。

①×3＋②×5 より $41y=41$　$y=1$ を②に代入すると $3x+4=-8$　$x=-4$

(2)　消去するのが x でも y でも，代入法がよい。

①を②に代入すると $x=8-(-6x+4)$

$x-6x=8-4$　$x=-\frac{4}{5}$ を①に代入する。

(3)　加減法で解く場合…①＋②×3 より $41x=41$　$x=1$ を①に代入する。

代入法で解く場合…①を $2x+3\times 3y=-7$ とみて，②より $3y=13x-16$ を①に代入すると $2x+3(13x-16)=-7$

$41x=41$　$x=1$ を①に代入する。

基本ワーク　p.32 ～ 33

Check!

1　$x=-5,\ y=2$

2　$x=3,\ y=6$

3　$x=13,\ y=-2$

基本問題

❶　(1)　$x=4,\ y=2$　(2)　$x=-5,\ y=10$

(3)　$x=2,\ y=1$　(4)　$x=2,\ y=4$

(5)　$x=3,\ y=-2$　(6)　$x=-24,\ y=46$

❷　(1)　$x=-1,\ y=1$　(2)　$x=1,\ y=1$

(3)　$x=4,\ y=5$　(4)　$x=3,\ y=3$

(5)　$x=-1,\ y=9$　(6)　$x=2,\ y=7$

❸　(1)　$x=3,\ y=1$　(2)　$x=8,\ y=-9$

(3)　$x=2,\ y=2$

解説

上の式を①，下の式を②とする。

❶(1)　①のかっこをはずすと $2x-3y=2$ ……③

②より $y=3x-10$ を③に代入すると

$2x-3(3x-10)=2$　$-7x=-28$　$x=4$

(2)　②を①に代入すると

$7x+3\{-(x+5)+10\}=-5$

$7x-3(x+5)+30=-5$

$4x+15=-5$　$x=-5$ を②に代入すると

$y=-(-5+5)+10=10$

(3)　①，②のかっこをはずすとそれぞれ

$4x+5y=13$ ……③，$-2x-2y=-6$ ……④

③＋④×2 より $y=1$ を③に代入すると

$4x+5=13$　$x=2$

(4)　①，②とも $3(-2y+7)$ の項をふくむから，この項を A とおくと，①，②はそれぞれ

$5x+A=7$ ……③，$2x+A=1$ ……④

③－④より $3x=6$　$x=2$ を④に代入すると

$4+A=1$　$A=-3$　$3(-2y+7)=-3$

$-2y+7=-1$　$-2y=-8$　$y=4$

(5)　①，②とも $3x-4$ の項をふくむから，②の $3x-4(=-2y+1)$ を①に代入すると

$4(-2y+1)+7y=6$　$-y=2$　$y=-2$ を②に代入すると $3x-4=-2\times(-2)+1$　$x=3$

別解例　①のかっこをはずすと，$12x+7y=22$

②の -4，$-2y$ を移項して $3x+2y=5$

この2つの式を連立させて解く。

(6)　①，②のかっこをはずすと，それぞれ

$3x+2y=20$ ……③，$11x+6y=12$ ……④

③×3－④ より $-2x=48$　$x=-24$ を③に代入すると $-72+2y=20$　$y=46$

❷(1)　①×10 より $5x-3y=-8$ ……③

③＋②×3 による加減法，または②から $y=-4x-3$ を③に代入する代入法で解く。

(2)　①×10 より $2x-10y=-8$ ……③

③×11＋②×2 より $-92y=-92$　$y=1$ を②に代入すると $-11x+9=-2$　$x=1$

(3)　②×100 より $-2x+3y=7$ ……③

①×2＋③×3 より $13y=65$　$y=5$ を①に代入すると $3x+10=22$　$x=4$

(4)　②×10（5，2，10 の最小公倍数）より

$-6x+5y=-3$ ……③

①×5＋③×6 より　$-x=-3$　$x=3$ を①に代入すると $21-6y=3$　$-6y=-18$　$y=3$

(5)　①×9 より $-27x-5y=-18$ ……③，

③×3＋②×5 より $-91x=91$　$x=-1$ を②に代入すると $2+3y=29$　$y=9$

(6)　②×6 より $3x+2y=20$ ……③

①×2＋③×3 より $25x=50$　$x=2$ を③に代入すると $6+2y=20$　$2y=14$　$y=7$

❸　(1)，(2)，(3)はそれぞれ

$\begin{cases}4x+y=13\\3x+4y=13\end{cases}$，$\begin{cases}2x+y=5x+2y-15\\3x+2y+1=5x+2y-15\end{cases}$，

$\begin{cases}\dfrac{x+y}{4}=1\\[2mm]\dfrac{x+1}{3}=1\end{cases}$　として解く。

(2)は①，②を整理するとそれぞれ

$3x+y=15$ ……③，$2x=16$ ……④

④より $x=8$ を③に代入すると $24+y=15$

$y=-9$

(3)　①×4，②×3 より，それぞれ

$x+y=4$ ……③，$x+1=3$ ……④

④より $x=2$ を③に代入すると $2+y=4$

$y=2$

1節の問題　p.34〜35

1 ㋑

2 (1) $x=2,\ y=1$

(2) $x=1,\ y=3$

(3) $x=2,\ y=-2$

(4) $x=7,\ y=3$

3 (1) $x=3,\ y=-2$

(2) $x=2,\ y=11$

(3) $x=0,\ y=-1$

(4) $x=-14,\ y=-3$

(5) $x=7,\ y=3$

4 (1) $x=2,\ y=-2$

(2) $x=3,\ y=-1$

(3) $x=6,\ y=-3$

(4) $x=5,\ y=\dfrac{5}{2}$

(5) $x=\dfrac{1}{5},\ y=-6$

(6) $x=4,\ y=9$

(7) $x=\dfrac{2}{7},\ y=\dfrac{2}{21}$

(8) $x=-1,\ y=-4$

5 $a=-2$

6 (1) $\begin{cases}5a-b=-6\\5b+a=4\end{cases}$

(2) $a=-1\quad b=1$

解説

1 $\begin{cases}x-3y=-10 & \cdots\cdots①\\x+y=2 & \cdots\cdots②\end{cases}$ で，㋐から㋓の解を

それぞれ①，②の式に代入して確かめる。

㋐　①：$1-3\times(-3)=10$，②：$1+(-3)=-2$ で，①，②が成り立たない。

㋑　①：$(-1)-3\times3=-10$，②：$(-1)+3=2$ で，①，②が成り立つ。

㋒　①：$2-3\times4=-10$，②：$2+4=6$ で，②が成り立たない。

㋓　①：$4-3\times(-2)=10$，②：$4+(-2)=2$ で，①が成り立たない。

よって，この連立方程式の解は㋑。

3 上の式を①，下の式を②とする。

(3) ①を②に代入すると

$5x+(-4x+3)=3$

$x+3=3\quad x=3-3=0\quad x=0$ を②に代入すると　$5\times0-3y=3\quad -3y=3\quad y=-1$

4 上の式を①，下の式を②とする。

(5)
$$\begin{array}{lrl} ①\times100 & 80x+y & =10 \\ ②\times5 & -)\ \ 5x+y & =-5 \quad\cdots\cdots③ \\ \hline & 75x\qquad & =15 \end{array}$$

$$x=\frac{1}{5}$$

$x=\dfrac{1}{5}$ を③に代入すると　$y=-6$

(6) ①÷10　$20x-3y=53$　……③

②×14　$2(5x+1)=7(y-3)$

$10x+2=7y-21$

$10x-7y=-23$　……④

$$\begin{array}{lrl} ③ & 20x-\ \ 3y & =53 \\ ④\times2 & -)\ 20x-14y & =-46 \\ \hline & 11y & =99 \end{array}$$

$$y=9$$

$y=9$ を④に代入すると

$10x-7\times9=-23\quad 10x=40\quad x=4$

(8) $\begin{cases}x+y+3=6x-y\\6x-y=-2x+y\end{cases}$ として，解く。

5 連立方程式 $\begin{cases}2x=3y\\4x-y=10\end{cases}$ を解くと，

$x=3,\ y=2$　これを，$x+ay=-1$ に代入すると　$3+2a=-1\quad a=-2$

6 上の式を①，下の式を②とする。

(1) ①，②の式にそれぞれ $x=5,\ y=-1$ を代入する。$\begin{cases}5a-b=-6 & \cdots\cdots③\\5b+a=4 & \cdots\cdots④\end{cases}$

(2) (1)の④を入れかえて，

$\begin{cases}5a-b=-6\\a+5b=4\end{cases}$

この連立方程式を解いて，$a=-1,\ b=1$

基本ワーク　p.36 〜 37

Check!

1　(1)　$\begin{cases} 1+a+b=7 \\ 400+100a+180b=1320 \end{cases}$

(2)　小学生…2 人，中学生…4 人

2　式…$\begin{cases} 7a+4b=2190 \\ 5(a+b)=2250 \end{cases}$

※ジュース 1 本の値段を a 円，
ケーキ 1 個の値段を b 円とした場合

答　ジュース…130 円，ケーキ…320 円

基本問題

❶ (1)

	アイス	ケーキ	合計
1 つの値段(円)	150	370	
個数(個)	x	y	13
代金(円)	$150x$	$370y$	3050

(2)　$\begin{cases} x+y=13 \\ 150x+370y=3050 \end{cases}$

(3)　アイス…8 個，ケーキ…5 個

❷ (1)　$\begin{cases} x+y=13 \\ 260x+130y=2340 \end{cases}$

(2)　おとな…5 人，こども…8 人

❸ (1)　㋐4，㋑3，㋒6，㋓7

(2)　$\begin{cases} 4x+3y=2210 \\ 6x+7y=3690 \end{cases}$

(3)　おとな…440 円，中学生…150 円

❹　小学生…200 円，中学生…380 円

解説

上の式を①，下の式を②とする。

❶(1)　表の x，y を使って表す。

(2)　上下の式は，それぞれ「アイスとケーキの個数の合計」，「代金の合計」についての方程式。

(3)　②÷10 より $15x+37y=305$ に，①より $x=13-y$ を代入すると
$15(13-y)+37y=305$　$22y=110$　$y=5$ を①に代入すると $x+5=13$　$x=8$

❷(1)　①は人数についての方程式，②は運賃についての方程式。

(2)　②÷130 より $2x+y=18$ ……③
③－①より $x=5$　これを①に代入すると $y=8$

❸(1)　問題文と図をよく見て数を入れる。

(2)　①，②とも入館料についての方程式。

(3)　x を消去するため，①×3，②×2 として x の係数を 12 にする。①×3－②×2 より
$-5y=-750$　$y=150$ を①に代入すると
$4x+450=2210$　$4x=1760$　$x=440$

❹　小学生 1 人，中学生 1 人の入館料をそれぞれ x 円，y 円とすると，おとな 1 人の入館料が 600 円だから，入館料についての連立方程式

$\begin{cases} 600+5x+3y=2740 \\ 600+3x+5y=3100 \end{cases}$ が成り立つ。

①×5－②×3 より $16x=3200$　$x=200$ を②に代入すると $600+600+5y=3100$　$y=380$

基本ワーク p.38 ～ 39

Check!

1 式… $\begin{cases} x+y=14 \\ 45x+75y=980 \end{cases}$

歩いた時間… $\dfrac{7}{3}$ 分（2 分 20 秒）

走った時間… $\dfrac{35}{3}$ 分（11 分 40 秒）

2 図書館まで…450m，駅まで…500m

［説明］(例)　図書館までの道のりは $12x$m，$15y$m だから，$y=30$ を代入して，$15\times30=450$(m)　駅までの道のりは，図書館までよりも 50m 長いから，$450+50=500$(m)

基本問題

❶ (1)　2 分 24 秒

(2)　傘あり…1000m，傘なし…200m

❷ 式… $\begin{cases} s+t=28 \\ \dfrac{125}{3}s+50t=1200 \end{cases}$

答…傘あり　24 分，傘なし　4 分

❸ (1) $\begin{cases} \dfrac{4}{y}+\dfrac{4}{x}=\dfrac{1}{6} \\ 7y=5x \end{cases}$

(2)　P 店まで… $\dfrac{288}{5}$km/h，Q 店まで… $\dfrac{288}{7}$km/h

(3)　P 店まで…8km，Q 店まで…12km

解説

❶(1)　時間は速さに反比例するから，$2\times1.2=2.4$ $=2+\dfrac{2}{5}$(分)　$\dfrac{2}{5}$ 分 $=\dfrac{24}{60}$ 分→ 24 秒なので，2 分 24 秒

(2)　傘を閉じて歩く速さは $100\div2=50$(m/min)

傘をさして歩く速さは $50\div1.2=\dfrac{125}{3}$ (m/min)

傘をさして歩いた道のりを xm，傘を閉じて歩いた道のりを ym とすると，

$\begin{cases} x+y=1200 & \cdots\cdots① \\ x\div\dfrac{125}{3}+\dfrac{y}{50}=28 & \cdots\cdots② \end{cases}$

← 道のりについての方程式
← 時間についての方程式

②を整理すると $\dfrac{3x}{125}+\dfrac{y}{50}=28$　両辺に 250 をかけると $6x+5y=28\times250$ ……③

③－①×5 より $x=28\times250-5\times1200$

$x=1000$ を①に代入すると $y=200$

❷　上の式を①，下の式を②とする。②の両辺に $\dfrac{3}{25}$ をかけると $5s+6t=144$ ……③

③－①×5 より $t=4$ を①に代入すると

$s+4=28$　$s=24$

❸(1)　下のように図にまとめて考える。

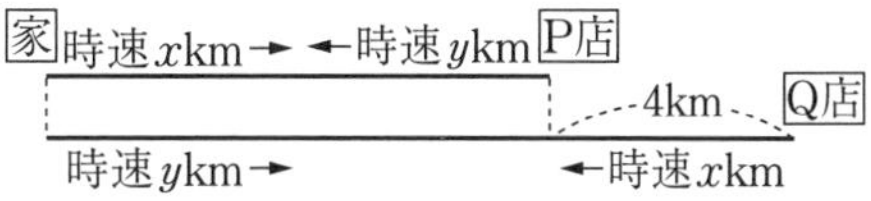

家とＰ店，家とＱ店との往復で，走行時間はそれぞれ $50-30=20$(分)，$50-20=30$(分) で，道のりの差の 4km が，走行時間の差に表れるから，$30-20=10$(分) → $\dfrac{1}{6}$ 時間より $\dfrac{4}{y}+\dfrac{4}{x}=\dfrac{1}{6}$ ……①

また，家とＱ店との往復で，行き帰りの走行時間の差から，帰りの時間を a 時間とすると，

5 分 $=\dfrac{1}{12}$ 時間，30 分 $=\dfrac{1}{2}$ 時間より

$\left(a+\dfrac{1}{12}\right)+a=\dfrac{1}{2}$　$2a+\dfrac{1}{12}=\dfrac{1}{2}$　$a=\dfrac{5}{24}$

したがって，$\left(\dfrac{5}{24}+\dfrac{1}{12}\right)y=\dfrac{5}{24}x$

$7y=5x$ ……②

(2)　②より $y=\dfrac{5}{7}x$ を①に代入すると

$4\div\dfrac{5x}{7}+\dfrac{4}{x}=\dfrac{1}{6}$　$\dfrac{28}{5x}+\dfrac{4}{x}=\dfrac{1}{6}$

$\dfrac{28+20}{5x}=\dfrac{1}{6}$　$5x=288$　$x=\dfrac{288}{5}$

したがって，$y=\dfrac{5}{7}\times\dfrac{288}{5}=\dfrac{288}{7}$

(3)　(1)より，家とＱ店との帰りにかかった時間は $\dfrac{5}{24}$ 時間なので，行きの時間は

$\dfrac{5}{24}+\dfrac{1}{12}=\dfrac{7}{24}$(時間)

(道のり)＝(速さ)×(時間) だから，家からＱ店までの行きの道のりは，(2)より　$\dfrac{288}{7}\times\dfrac{7}{24}=12$ (km)　Ｐ店までは，$12-4=8$(km)

基本ワーク　p.40 ～ 41

Check!

1　式…$\begin{cases} x+y=84 \\ \dfrac{100}{40}x+\dfrac{100}{50}y=187 \end{cases}$

答　男子…38 人，女子…46 人

2　式…$\begin{cases} x+y=400\times\dfrac{6}{100} \\ \dfrac{100}{9}x+\dfrac{100}{4}y=400 \end{cases}$

答　9%…14.4g，4%…9.6g

基本問題

❶ (1)　式…$\begin{cases} x+y=575 \\ \dfrac{8}{100}x-\dfrac{4}{100}y=7 \end{cases}$

答　男子…250 人，女子…325 人

(2)　［説明］　男子は 8%増えているから，今年の男子の生徒数は

$250\times\dfrac{108}{100}=270$（人）

女子は 4%減っているから，今年の女子の生徒数は $325\times\dfrac{96}{100}=312$（人）

答　男子…270 人，女子…312 人

(3)　式…$\begin{cases} x+y=582 \\ \dfrac{100}{108}x+\dfrac{100}{96}y=575 \end{cases}$

答　男子…270 人，女子…312 人

❷　スカート…2800 円，かばん…1800 円

❸　(1)①　28g　②　7.8%　(2)　7.5%

(3)　食塩水 A…216g，食塩水 B…144g

解説

❶(1)　生徒数について，$x+y=575$　……①

生徒数の増減について，

$\dfrac{8}{100}x-\dfrac{4}{100}y=7$　……②

②より $2x-y=175$　……③

①＋③より求める。

(3)　今年の生徒数について

$x+y=575+7$　……①

増減の割合から，去年の男子，女子の生徒数はそれぞれ $\dfrac{100}{108}x$ 人，$\dfrac{100}{96}y$ 人だから，去年の生徒数について，$\dfrac{100}{108}x+\dfrac{100}{96}y=575$　……②

②の係数を約分すると $\dfrac{25}{27}x+\dfrac{25}{24}y=575$

両辺を 25 でわると $\dfrac{1}{27}x+\dfrac{1}{24}y=23$

両辺に 24×27 をかけると

$24x+27y=23\times24\times27$　……③

①×27－③より $3x=27\times(582-23\times24)$

$x=9\times(582-552)=270$　$y=582-270=312$

❷　スカートとかばんの通常価格をそれぞれ x 円，y 円とすると，代金の合計について，

$x+y=3730+870$　……①

値引きされた分の金額について，

$\dfrac{15}{100}x+\dfrac{25}{100}y=870$　……②

①，②を連立方程式として解くと，$x=2800$，$y=1800$

❸(1)①　食塩水 A に $200\times0.1=20$(g)，食塩水 B に $160\times0.05=8$(g) の食塩がふくまれているから，食塩水 C には $20+8=28$(g) の食塩がふくまれる。

②　$28\div360\times100=7.77\cdots$

(2)　A，B どちらも 180g ずつ混ぜるから，混ぜる食塩水にふくまれる食塩の重さは，

A…$180\times0.1=18$(g)，B…$180\times0.05=9$(g)

よって，360g の食塩水 C には 27g の食塩がふくまれるから，求める濃さは，

$27\div360\times100=7.5$(%)

別解例　10%の A と 5%の B を同じ量だけ混ぜるので，C の濃さは A と B の平均である。

よって，$(10+5)\div2=7.5$(%)

(3)　食塩水 A を xg，食塩水 B を yg 混ぜて 8%になるとすると，次の連立方程式が成り立つ。

$\begin{cases} x+y=360 \text{（食塩水の重さ）} \\ \dfrac{10}{100}x+\dfrac{5}{100}y=360\times\dfrac{8}{100} \text{（食塩だけの重さ）} \end{cases}$

これを解くと，$x=216$，$y=144$

2節の問題　p.42～43

1　おとな…1200円，中学生…800円

2　たこ焼き…600円，飲み物…150円

3　小さいほうの数…24，大きいほうの数…36

4　74

5　上底6cm，下底8cm

6　(1)　$\begin{cases} 5x+8y=11 \\ x+y=\dfrac{19}{10} \end{cases}$

(2)　1時間24分

7　おとな…3人，こども…9人

8　(1)　男子…360人，女子…240人

(2)　男子…342人，女子…216人

9　(1)　分速800m

(2)　$x=480$，$y=7200$

解説

2　たこ焼き1パックの定価をx円，飲み物1本の定価をy円とすると，それぞれの定価の合計の関係から$x+y=750$ ……①

特売日のたこ焼き1パックと飲み物1本の合計金額の関係から

$$\left(1-\frac{10}{100}\right)\times x+\left(1-\frac{20}{100}\right)\times y=750-90$$

したがって，$\dfrac{9}{10}x+\dfrac{4}{5}y=660$ ……②

①，②を連立方程式として解くと，

$x=600$，$y=150$　これらは問題に適している。

4　各位の数の和の関係から$x+y=11$ ……①

もとの自然数と，十の位と一の位を入れかえた数の関係から$10y+x=10x+y-27$ ……②

①，②を連立方程式として解くと，

$x=7$，$y=4$　これらは問題に適している。

5　上底の長さを$x$cm，下底の長さを$y$cmとすると，上底と下底の長さの比の関係から

$x:y=3:4$　$4x=3y$ ……①

台形の面積は35cm^2だから

$$\frac{1}{2}\times(x+y)\times 5=35$$

$\dfrac{5}{2}(x+y)=35$ ……②

①，②を連立方程式として解くと，

$x=6$，$y=8$　これらは問題に適している。

6(1)　全体の道のりの関係から$5x+8y=11$ ……①

$$1\text{時間}54\text{分}=1\frac{54}{60}\text{時間}=1\frac{9}{10}\text{時間}$$

$$=\frac{19}{10}\text{時間}$$

かかる時間の関係から$x+y=\dfrac{19}{10}$ ……②

(2)　①－②×5より，$y=\dfrac{1}{2}$

②に代入して，$x=\dfrac{19}{10}-\dfrac{1}{2}=\dfrac{7}{5}$

これらは問題に適している。

$\dfrac{7}{5}$時間$=\dfrac{7}{5}\times 60=84$分$=1$時間24分

7　おとなの人数をx人，こどもの人数をy人とすると，人数の関係から$x+y=12$ ……①

団体料金は一般料金より，1人あたりおとなは400円，こどもは300円安くなるから

$400x+300y=3900$ ……②

①，②を連立方程式として解くと，$x=3$，$y=9$

これらは問題に適している。

8(1)　昨年の男子の人数をx人，女子の人数をy人とすると，男子と女子の人数の比の関係から

$x:y=3:2$　$2x=3y$ ……①

全生徒数の増減より，今年は，昨年より7%人数が減って558人だから，

(昨年の全生徒数)$\times(1-0.07)=558$

(昨年の全生徒数)$\times 0.93=558$

(昨年の全生徒数)$=558\div 0.93=600$

(昨年の全生徒数)$=x+y$から

$x+y=600$ ……②

①，②を連立方程式として解くと，

$x=360$，$y=240$　これらは問題に適している。

9(2)　家から学校までの全体の道のりの関係から

$x+y=7680$ ……①

かかった時間の合計の関係から

$\dfrac{x}{80}+\dfrac{y}{800}+2=17$ ……②

①，②を連立方程式として解くと，

$x=480$，$y=7200$

これらは問題に適している。

2章の問題　p.44～45

1 (1) $x=3,\ y=-2$ (2) $x=-1,\ y=4$

(3) $x=6,\ y=1$ (4) $x=-3,\ y=2$

2 (1) $x=-2,\ y=1$ (2) $x=3,\ y=\dfrac{5}{2}$

3 $a=-2$

4 348

5 ノート…100円

消しゴム…80円

6 (例) ㋐の長さを 3cm，㋑の長さを 5cm とした場合…① 34，② 32

㋐の長さを $x$cm, ㋑の長さを $y$cm とすると，

$$\begin{cases}8x+2y=34\\4x+4y=32\end{cases}$$

7 A　分速 60m，B　分速 50m

8 (1) ㋐ 300　㋑ x　㋒ y

㋓ 24　㋔ $\dfrac{3}{100}x$　㋕ $\dfrac{5}{100}y$

(2) $$\begin{cases}300+x=y\\24+\dfrac{3}{100}x=\dfrac{5}{100}y\end{cases}$$

$x=450,\ y=750$

9 豚肉…100g，豆腐…150g

解説

3 $x:y=2:5$ から $5x=2y$ ……①

①と，a の文字が入っていない $7x-4y=-6$ を連立方程式として解いて，$x=2,\ y=5$

x と y の値を $3x+ay=-4$ に代入すると，

$a=-2$

4 百の位の数を x，十の位の数を y とすると，一の位の数は，十の位の数の 2 倍だから，$2y$ とおける。百の位と十の位の和から $x+y=7$ ……①

3 けたの整数と，それぞれの位の数の差の関係から $100x+10y+2y-(x+y+2y)=333$

$11x+y=37$ ……②

①，②を連立方程式として解いて，$x=3$，$y=4$　これは問題に適している。

また，一の位の数 $2y$ は $2\times4=8$　したがって，3 けたの整数は，348

5 ノート 1 冊の定価を x 円，消しゴム 1 個の定価を y 円とすると，ノート 4 冊と消しゴム 5 個の定価が等しいから $4x=5y$ ……①

ノート 3 冊と消しゴム 2 個の割引額の関係から

$0.2x\times3+0.15y\times2=84$

$0.6x+0.3y=84$ ……②

①，②を連立方程式として解いて，

$x=100$，$y=80$　これは問題に適している。

7 A の歩いた速さを分速 xm，B の歩いた速さを分速 ym とすると，A，B が反対の方向に歩いたときの道のりの関係から $10x+10y=1100$ ……①

A，B が同じ方向に歩いたときの道のりの関係から $110x-110y=1100$ ……②

①，②を連立方程式として解いて，

$x=60$，$y=50$　これは問題に適している。

8 (1) a%の食塩水にふくまれる食塩の重さは，

(食塩水の量) $\times\dfrac{a}{100}$ で求められるので，

㋓は，$300\times\dfrac{8}{100}=24$ (g)

㋔は，$x\times\dfrac{3}{100}=\dfrac{3}{100}x$ (g)

㋕は，$y\times\dfrac{5}{100}=\dfrac{5}{100}y$ (g)

(2) ㋓と㋔の食塩の量の和が㋕になるので，

㋓ ＋ ㋔ ＝ ㋕

したがって，$24+\dfrac{3}{100}x=\dfrac{5}{100}y$

9 麻婆豆腐を作るのに必要な豚肉を xg，豆腐を yg とすると，麻婆豆腐の全体の量の関係から

$x+y=250$ ……①

表の 100g あたりのタンパク質をとれる量から，豚肉は全体の量の 19%，豆腐は 6%とれる。タンパク質は 28g 必要だから，

$\dfrac{19}{100}x+\dfrac{6}{100}y=28$ ……②

①，②を連立方程式として解いて，

$x=100$，$y=150$　これは問題に適している。

3章　1次関数

ウォーミングアップ　p.46 ～ 47

1　㋐，㋑，㋓

2　(1)　$y=-5x$　　(2)　$y=-18$

(3)　$y=-\dfrac{6}{x}$

3　右の図

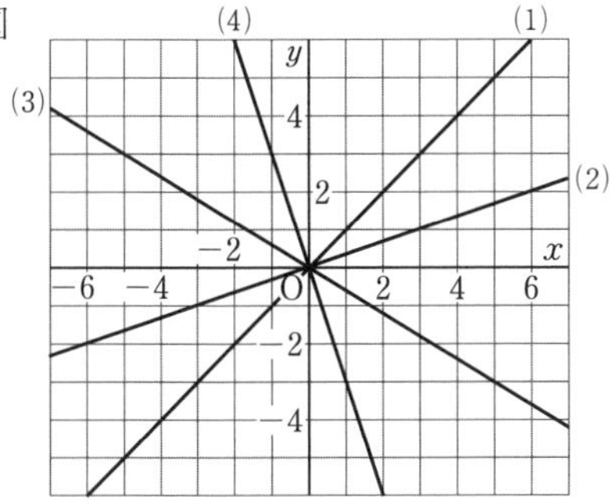

4　(1)　$y=x$，$0 \leqq x \leqq 6$

(2)

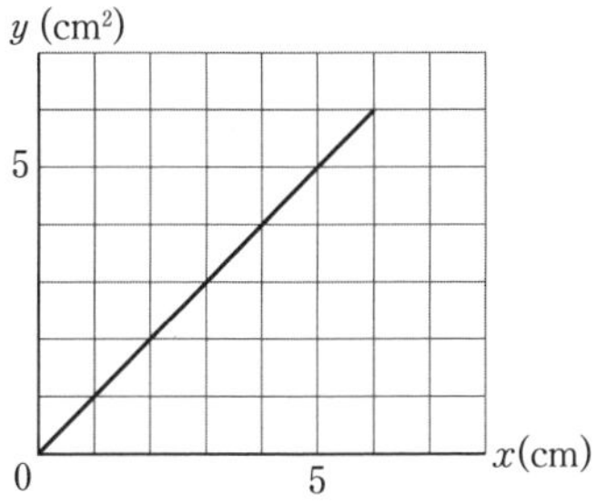

(3)　5cm

5　(1)　$x=2$，$y=-3$

(2)　$x=\dfrac{5}{3}$，$y=-2$

(3)　$x=8$，$y=15$

(4)　$x=-\dfrac{3}{2}$，$y=-\dfrac{9}{2}$

解説

1　y が x の関数であるとは，x の値を1つ決めると，y の値もただ1つに決まること。㋒は，これを満たさない。

2(1)　$y=ax$ とおいて，$x=-2$，$y=10$ を代入すると $a=-5$　よって $y=-5x$

(2)　$y=ax$ とおいて，$x=5$，$y=-15$ を代入し，式を求めると $y=-3x$　これに $x=6$ を代入すると，$y=-18$

(3)　$y=\dfrac{a}{x}$ とおいて，$x=2$，$y=-3$ を代入すると $a=-6$　よって $y=-\dfrac{6}{x}$

3　原点と x，y 座標ともに整数となるもう1点をとって直線をひく。

(1)　y 座標と x 座標が同じ点，例えば (5，5) と原点を結んだ直線

(2)　(3，1) を通る直線

(3)　(5，−3) を通る直線

(4)　(1，−3) を通る直線

4(1)　△ABP の面積は $y=x\times 2\times\dfrac{1}{2}$ で表され $y=x$ となる。点Pは辺BC上の点だから，Bにあるとき $x=0$，Cにあるとき $x=6$ となる。したがって，変域は $0 \leqq x \leqq 6$

5(1)　$\begin{cases} 2x+y=1 & \cdots\cdots① \\ 2x-y=7 & \cdots\cdots② \end{cases}$

①＋②より　$4x=8$　$x=2$

これを①に代入すると $4+y=1$　$y=-3$

(2)　$\begin{cases} 3x+y=3 & \cdots\cdots① \\ y=3x-7 & \cdots\cdots② \end{cases}$

②を①に代入すると $3x+(3x-7)=3$，

$6x=10$　$x=\dfrac{5}{3}$　これを②に代入すると

$y=-2$

(3)　$\begin{cases} x=y-7 & \cdots\cdots① \\ y=2x-1 & \cdots\cdots② \end{cases}$

②を①に代入すると $x=(2x-1)-7$　$x=8$

これを②に代入すると $y=16-1=15$

(4)　$\begin{cases} \dfrac{3}{2}=2x-y & \cdots\cdots① \\ x-y=3 & \cdots\cdots② \end{cases}$

①×2　$3=4x-2y$ ……③

$$\begin{array}{rr} ③ & 4x-2y=3 \\ ②\times 2 & -)\ 2x-2y=6 \\ \hline & 2x \qquad =-3 \end{array}\quad x=-\dfrac{3}{2}$$

これを②に代入して $y=-\dfrac{9}{2}$

基本ワーク　p.48 ～ 49

Check!

1　$y=\dfrac{70}{3}-\dfrac{1}{3}x$，いえる。

2　㋑，㋒，㋓

基本問題

❶ (1)　0.1L

(2)　$y=30-0.1x$

❷ (1)　$y=0.6x+331$

(2)　いえる。

❸　㋐，㋒，㋓

❹　㋐…いえる。㋑…いえない。

㋒…いえる。㋓…いえない。

解説

❶(1)　5km 走るのに 0.5L のガソリンを使うので，1km 走るには $0.5\div5=0.1$ (L) のガソリンを使う。

(2)　(1)より 1km 走るのに 0.1L のガソリンを使うので，$x$km 走るのには $0.1x$L のガソリンを使う。

❷(1)　気温が 1℃上がるごとに秒速 0.6m ずつ速くなるから，x℃上がると秒速 $0.6x$m 速くなる。

(2)　1 次関数は，$y=$(x に比例する部分)$+$(定数の部分) の形で表されることが多い。x に比例する部分が $0.6x$ で，定数の部分が 331 である 1 次関数といえる。

❸　㋐～㋓の式を $y=$ の形に変形して考える。

㋐…$y=-8x+1$，㋑…$y=-\dfrac{4}{x}$，

㋒…$y=\dfrac{1}{3}x$，㋓…$y=7x+5$

一般に，1 次関数は $y=ax+b$ の形に表され，x に比例する部分 ax と定数部分 b の和の形になる。また，比例は 1 次関数の特別な場合であり，比例の関係すべてが 1 次関数である。㋒では，比例する部分が $\dfrac{1}{3}x$，定数の部分 b が 0 である。また，㋑は反比例の式である。

❹　それぞれ y を x の式で表す。▒が比例する部分。

㋐　$y=x-780$ … 1 次関数

㋑　$y=\pi x^2$ … y が x^2 に比例している

㋒　$y=60x$ … 1 次関数（比例）

㋓　$y=\dfrac{10}{x}$ … y が x に反比例している

基本ワーク　p.50 ～ 51

Check!

1　y の増加量…-6，変化の割合…-2

2　①　-1　②　50　③　-0.7

基本問題

❶　(1)　($x=2$，5，8 の順に) $y=-1$，8，17
　変化の割合…3

(2)①　3　②　30
③　-9　④　2.4

(3)①　$\dfrac{1}{3}$　②　$\dfrac{10}{3}$
③　-1　④　$\dfrac{4}{15}$

❷　(1)　12　(2)　9

❸　(1)　-2.5　(2)　$a=-2.5$
(3)　-7.5　(4)　$b=-2$，$p=-9.5$

解説

❶(1)　$x=2$，$x=5$，$x=8$ をそれぞれ式に代入すると $y=-1$，$y=8$，$y=17$ となる。
これより，x の値が2から5のときをみると
(x の増加量) $=5-2=3$，
(y の増加量) $=8-(-1)=9$
よって (変化の割合) $=\dfrac{(y\text{の増加量})}{(x\text{の増加量})}=3$

別解例　(変化の割合) $=$ (x の係数) $=3$

(2)　1次関数 $y=ax+b$ では，
(y の増加量) $=a\times$ (x の増加量) となるので，
(1)より $a=3$ と x の増加量を代入する。
①　(y の増加量) $=3\times1=3$
②　(y の増加量) $=3\times10=30$
③　(y の増加量) $=3\times(-3)=-9$
④　(y の増加量) $=3\times0.8=2.4$

(3)　$\dfrac{(y\text{の増加量})}{(x\text{の増加量})}=3$ より，
(x の増加量) $=\dfrac{(y\text{の増加量})}{3}$
①　(x の増加量) $=\dfrac{1}{3}$
②　(x の増加量) $=\dfrac{10}{3}$
③　(x の増加量) $=\dfrac{-3}{3}=-1$
④　(x の増加量) $=\dfrac{0.8}{3}=\dfrac{8}{30}=\dfrac{4}{15}$

❷　1次関数以外の関数でも，変化の割合は $\dfrac{(y\text{の増加量})}{(x\text{の増加量})}$ で定められる。

(1)　$x=-3$ のとき $y=12$，$x=-1$ のとき $y=36$ だから，
(変化の割合) $=\dfrac{36-12}{-1-(-3)}=\dfrac{24}{2}=12$

(2)　$x=1$ のとき $y=-36$，$x=4$ のとき $y=-9$ だから，
(変化の割合) $=\dfrac{-9-(-36)}{4-1}=\dfrac{27}{3}=9$

※反比例 $y=-\dfrac{36}{x}$ のグラフは右の図のようになる。(1)，(2)のように x が増加するとき，y の値も増加することがグラフからわかる。

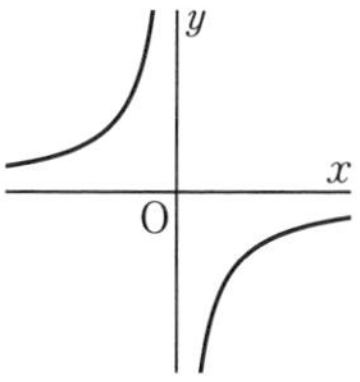

❸(1)　x の値が -4 から -2 まで2増加すると，y の値は8から3まで -5 増加している。
(変化の割合) $=\dfrac{(y\text{の増加量})}{(x\text{の増加量})}=-\dfrac{5}{2}=-2.5$

(2)　1次関数 $y=ax+b$ では，$a=$ (変化の割合) で一定。

(3)　$\dfrac{(y\text{の増加量})}{3}=-2.5$
(y の増加量) $=-2.5\times3=-7.5$

(4)　$x=0$ のとき，$y=b$ となるから，$x=0$ のときの y の値を求めればよい。

x	…	-4	-3	-2	-1	0	1	2	3	4	…
y	…	8		3		b			p		…

1次関数では変化の割合は一定だから，x の値が -2 から 0 まで増加するときの変化の割合も -2.5 である。よって，$\dfrac{b-3}{0-(-2)}=\dfrac{b-3}{2}=-2.5$　$b-3=-2.5\times2$　$b-3=-5$
$b=-2$
$y=-2.5x-2$ に $x=3$ を代入して，
$y=-2.5\times3-2=-9.5$　よって，$p=-9.5$

基本ワーク　p.52 ～ 53

Check!

1　①傾き…1，切片…2

②傾き…1，切片…-2

(1，-1)

2

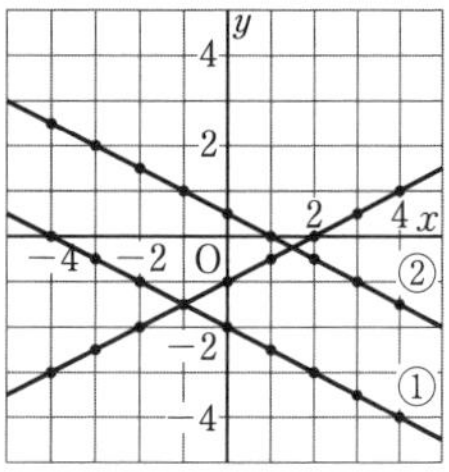

基本問題

❶ (1)　変化の割合…①　a，②　c

$x=0$ のときの y の値…①　b，②　d

(2)　傾き…①　a，②　c

切片…①　b，②　d

❷ (1)①　＞　　②　＜　　③　b

④　a　　⑤　b　　⑥　a

(2)⑦　右上がり　　⑧　右下がり

❸ (1)～(6)　下の図

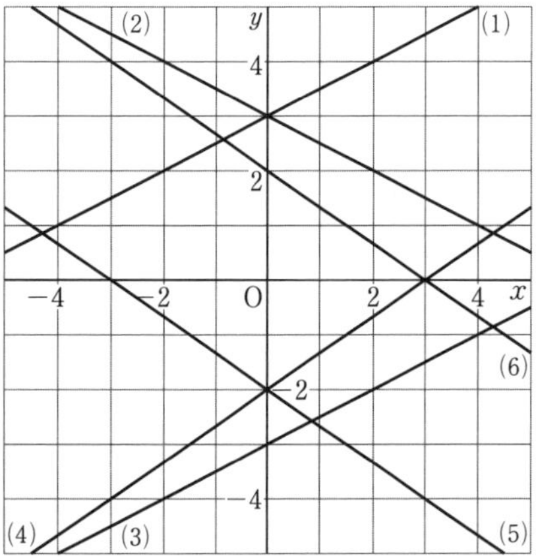

解説

❶(1)　1次関数 $y=px+q$ の p が変化の割合で，$x=0$ とすると $y=q$ となる。

(2)　一般に，$y=px+q$ の p は「変化の割合」といい「傾き」とはいわない。傾きはあくまでも「グラフの傾きの度合い」を指すから，グラフを扱うときに使う用語である。ただし数値上は「変化の割合＝傾き」であり，どちらも $y=px+q$ の p である。また，「切片」は直線と y 軸の交点の y 座標を指す。切片は $x=0$ のときの y の値，つまり $y=px+q$ の q に等しい。

❷(1)(2)　傾き＞0 → x の増加量＞0，y の増加量＞0 →グラフは右上がりの直線

傾き＜0 → x の増加量＞0，y の増加量＜0 →グラフは右下がりの直線

b は切片…y 軸と直線の交点の y 座標

❸　グラフをかくときは，わかっていること (切片，傾き) をていねいに読み取る。切片から決めるとかきやすい。また，傾きが等しいグラフは平行である。

基本ワーク　p.54 〜 55

Check!

1　(1)　$y=3x-5$　(2)　$y=5x-3$

2　式…$\begin{cases}2=a+b\\4=3a+b\end{cases}$　$a=1,\ b=1$

基本問題

❶　(1)　$y=-4x-3$　(2)　$y=8x+26$

(3)　$y=-\dfrac{5}{2}x+\dfrac{29}{2}$

(4)　$y=-2x+7$

(5)　$y=x$　(6)　$y=\dfrac{1}{3}x+\dfrac{1}{3}$

❷　(順に)$-9,\ -6,\ -3,\ 3,\ 6,\ 9$

❸　(1)　$y=-x-1$　(2)　$y=\dfrac{11}{7}x+\dfrac{8}{7}$

(3)　$y=-x+7$　(4)　$y=\dfrac{23}{50}x+\dfrac{27}{25}$

(5)　$y=-x+3.5$　(6)　$y=-\dfrac{25}{27}x-\dfrac{13}{27}$

(7)　$y=-\dfrac{10}{11}x+\dfrac{10}{11}$　(8)　$y=-4x-3$

解説

❶(1)　直線 $y=ax+b$ の a が傾き，b が切片

(2)　$y=8x+b$ と表される。これが点 $(-3,\ 2)$ を通るから，$x=-3$，$y=2$ を代入すると

$2=8\times(-3)+b$　$b=26$

(3)　$(\text{変化の割合})=\dfrac{(y\text{の増加量})}{(x\text{の増加量})}$

$=5\div(-2)=-\dfrac{5}{2}$

$y=-\dfrac{5}{2}x+b$ に $x=3$，$y=7$ を代入して，

$7=-\dfrac{5}{2}\times3+b$　$b=\dfrac{29}{2}$

(4)　平行な直線は傾きが等しいから，

$y=-2x+b$ が点 $(4,\ -1)$ を通る。

$-1=-2\times4+b$　$b=7$

(5)　(x の増加量)＝(y の増加量) だから変化の割合は 1 で，$x=0$ のとき $y=0$ だから，$b=0$

(6)　傾きと切片が等しいから，$y=ax+a$ が点 $(2,\ 1)$ を通る。$1=2a+a$　$a=\dfrac{1}{3}$

❷　傾きは -3 で，わかっている点はすべて x 軸と直線との交点だから，$y=0$ である。よって，直線 $y=-3x+b$ の式に，x の値が $-3,\ -2,\ -1,\ 1,\ 2,\ 3$ それぞれのとき，$y=0$ を代入して切片 b を求めればよい。$x=-3$ のとき

$0=(-3)\times(-3)+b$　$b=-9$

ほかも同様。

❸(1)　$(\text{傾き})=\dfrac{-4-1}{3-(-2)}=-1$

$y=-x+b$　$1=2+b$　$b=-1$

(2)　$(\text{傾き})=\dfrac{-2-9}{-2-5}=\dfrac{11}{7}$

$y=\dfrac{11}{7}x+b$　$-2=\dfrac{11}{7}\times(-2)+b$　$b=\dfrac{8}{7}$

(3)　$(\text{傾き})=\dfrac{4-3}{3-4}=-1$　$y=-x+b$

$4=-3+b$　$b=7$

(4)　$(\text{傾き})=\dfrac{-0.3-2}{-3-2}=\dfrac{23}{50}$　$y=\dfrac{23}{50}x+b$

$2=\dfrac{23}{50}\times2+b$　$b=\dfrac{27}{25}$

(5)　$(\text{傾き})=\dfrac{-2.5-7.6}{6-(-4.1)}=-1$　$y=-x+b$

$-2.5=-6+b$　$b=3.5$

(6)　$(\text{傾き})=\left\{1-\left(-\dfrac{7}{3}\right)\right\}\div\left(-\dfrac{8}{5}-2\right)$

$=\dfrac{10}{3}\times\left(-\dfrac{5}{18}\right)=-\dfrac{25}{27}$

$y=-\dfrac{25}{27}x+b$　$1=-\dfrac{25}{27}\times\left(-\dfrac{8}{5}\right)+b$

$b=1-\dfrac{40}{27}=-\dfrac{13}{27}$

(7)　求める直線を左に 1 だけ平行移動すると，2 点 $(0,\ 0)$，$(-11,\ 10)$ を通る。この直線の式は $y=-\dfrac{10}{11}x$ であるが，実際には右に 1 だけ平行移動する (元に戻す) から，$y=-\dfrac{10}{11}x+b$

これが点 $(1,\ 0)$ を通るから，

$0=-\dfrac{10}{11}+b$　$b=\dfrac{10}{11}$

別解例　(5)までと同様に傾き，切片を順に求める。

(8)　点 $(0,\ -3)$ を通るから切片は -3　よって，$y=ax-3$ と表される。点 $(-2,\ 5)$ を通るから $5=-2a-3$　$a=-4$

(1)〜(8)は，連立方程式をつくって求めてもよい。

1・2節の問題　p.56～57

1 ㋐，㋑，㋔

2 地上から 1km 上がるごとに気温が 6℃下がること。

3 (1) ㋐　-7，㋑　-1

(2) 3　　(3) 9

4 (1) 右の図

(2) $y=-\dfrac{1}{3}x-2$

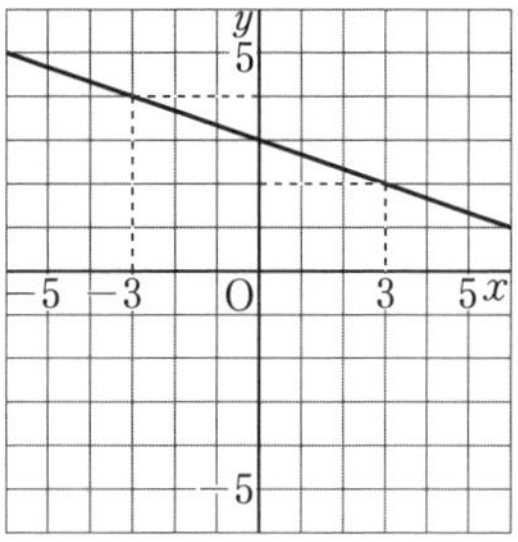

5 右の図

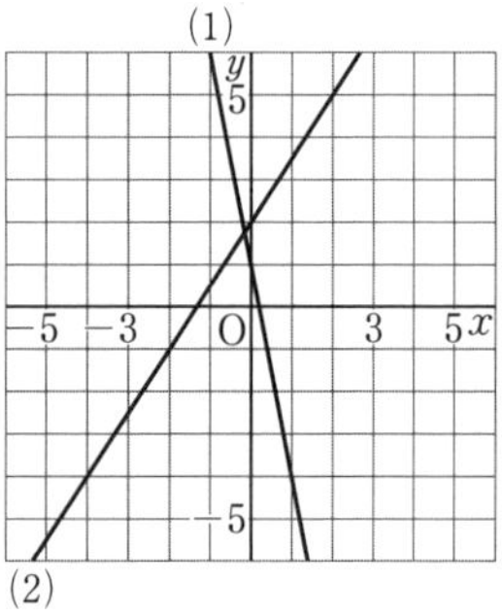

6 ①　$y=\dfrac{2}{5}x-2$　　②　$y=-2x+2$

7 (1) $y=4x-3$　　(2) $y=-x+7$

(3) $y=-3x+4$　　(4) $y=\dfrac{3}{4}x-2$

(5) $y=-x+1$

8 $b=2$

解説

1 ㋐　$y=25x$　　㋑　$y=420x+30$

㋒　$y=\dfrac{56}{x}$　　㋓　$y=x^3$

㋔　$y=-4.5x+50$

これより，1次関数を表す式 $y=ax+b$ の形になっている㋐，㋑，㋔があてはまる。(㋐は比例の式を表し，これは $b=0$ の1次関数の特別な場合なので，あてはまる。)

3 (1) 表から x が1増加すると，y が3増加しているのがわかる。これは，x が1減少すると，y が3減少することと等しい。よって，㋐は，x の値が -1 から1減少したときに y の値が -4 から3減少するので，$-4-3=-7$　㋑は，x の値が -1 から1増加したときに，y の値は3増加するので，$-4+3=-1$

(2) 変化の割合は，x の値が1だけ増加したときの y の増加量なので，表より3

(3) $x=-2$ のとき $y=-7$，$x=1$ のとき $y=2$ より，y の増加量は，$2-(-7)=9$

4 (1) グラフから，切片である (0, 3) に点をとり，傾きから，x が右へ3だけ進むと y は下へ1だけ進むように階段状に下がって点をとっていき，直線でつなげる。

(2) 平行な直線は傾きが等しいから，

$y=-\dfrac{1}{3}x+b$ が点 $(-3,\ -1)$ を通る。

$-1=-\dfrac{1}{3}\times(-3)+b$　$b=-2$

6 ①　切片が -2，切片から x が右へ5だけ進むと，y は上へ2だけ進むことがわかるので，傾きは $\dfrac{2}{5}$　よって，$y=\dfrac{2}{5}x-2$

7 (1) (変化の割合)$=a$ より，$y=ax+b$ に $a=4$ を代入し，$y=4x+b$　この式に $x=2$，$y=5$ を代入すると，$5=4\times2+b$　$b=-3$

よって，$y=4x-3$

(3) (変化の割合)$=\dfrac{-3}{1}=-3$ より，

$y=-3x+b$

グラフが点 $(2,\ -2)$ を通るから，$x=2$，$y=-2$ を代入すると，$-2=-3\times2+b$　$b=4$

よって，$y=-3x+4$

(4) 直線 $y=\dfrac{3}{4}x-1$ に平行だから，傾きが等しく，$y=\dfrac{3}{4}x+b$　グラフが点 $(4,\ 1)$ を通るから，$x=4$，$y=1$ を代入すると，$1=\dfrac{3}{4}\times4+b$

$b=-2$　よって，$y=\dfrac{3}{4}x-2$

(5) グラフの傾きが直線 $y=-x-1$ と等しいので，傾きが -1，切片が1

よって，$y=-x+1$

8 1次関数 $y=-\dfrac{2}{3}x+b$ に $x=6$，$y=-2$ を代入すると，$-2=-\dfrac{2}{3}\times6+b$　$b=2$

基本ワーク　p.58 ～ 59

Check!

1　(例)　点 $(-2,\ 0)$ など

2　$y=-\dfrac{2}{5}x+3$，下の図

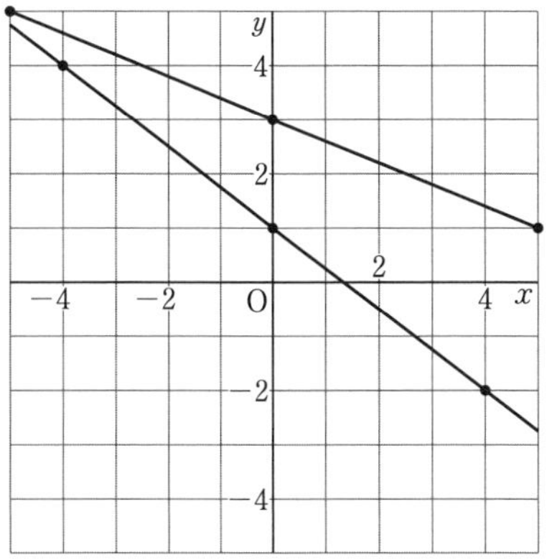

基本問題

❶ (1)　B，C，E

(2)　$a=\dfrac{7}{3}$，$b=\dfrac{1}{5}$，$c=-1$，$d=-\dfrac{1}{2}$，

$e=\dfrac{1}{6}$

(3)　$a=\dfrac{4}{9}$，$b=-\dfrac{4}{9}$

❷ (1)～(6)　下の図

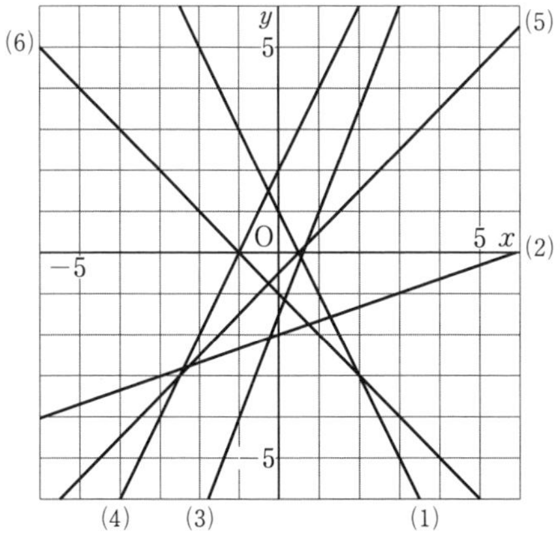

❸ $y=-\dfrac{3}{4}x$

解説

❶(1)　x 座標，y 座標の値を方程式に代入して等式を成り立たせるものがグラフ上の点。

A…$x=0$，$y=0$ を代入すると (左辺) $=0$

(右辺) $=9$ より，等式が成り立たない。

B…$x=0$，$y=\dfrac{9}{8}$ を代入すると

(左辺) $=0+8\times\dfrac{9}{8}=9=$ (右辺)

C…$x=7$，$y=-5$ を代入すると

(左辺) $=49-40=9=$ (右辺)

D…(左辺) $=7\times\left(-\dfrac{9}{7}\right)=-9\neq$ (右辺)

E…(左辺) $=7\times(-6)+8\times\dfrac{51}{8}$

$=-42+51=9=$ (右辺)

(2)　式の x に x 座標の値，y に y 座標の値を代入してできる方程式を解く。

F…$x=1$，$y=a$ を代入すると

$-5\times1=2-3a$　$3a=7$　$a=\dfrac{7}{3}$

G…$-5b=2-3\times1$　$b=\dfrac{1}{5}$

H…$-5\times(-1)=2-3c$　$3c=-3$

I…$x=2d$，$y=-1$ を代入。

$-5\times2d=2-3\times(-1)$　$-10d=5$

J…$-5\times(-0.5)=2-3\times(-e)$

$2.5=3e+2$　$3e=0.5$　$e=\dfrac{5}{30}=\dfrac{1}{6}$

(3)　点 P がグラフ上にあるから $x=a+b$，$y=2$ を代入すると $-6+2(a+b)+6=0$……①

点 Q がグラフ上にあるから $x=-1$，$y=a-2b$ を代入すると $-3(a-2b)-2+6=0$……②

①，②を連立方程式として解く。

❷ $y=ax+b$ の式に変形してグラフをかく。

(1)　$y=-2x+1$　　(2)　$y=\dfrac{1}{3}x-2$

(3)　$y=\dfrac{5}{2}x-\dfrac{3}{2}$　　(4)　$y=2x+2$

(5)　$y=x-\dfrac{1}{2}$　　(6)　$y=-x-1$

❸ ①を変形すると $y=-\dfrac{3}{4}x+\dfrac{1}{2}$

平行な 2 直線の傾きは等しい。

基本ワーク　p.60 ~ 61

Check!

1　(1)　下の図

(2)　x 軸…$\left(\dfrac{1}{4},\ 0\right)$，$y$ 軸…$\left(0,\ \dfrac{1}{7}\right)$

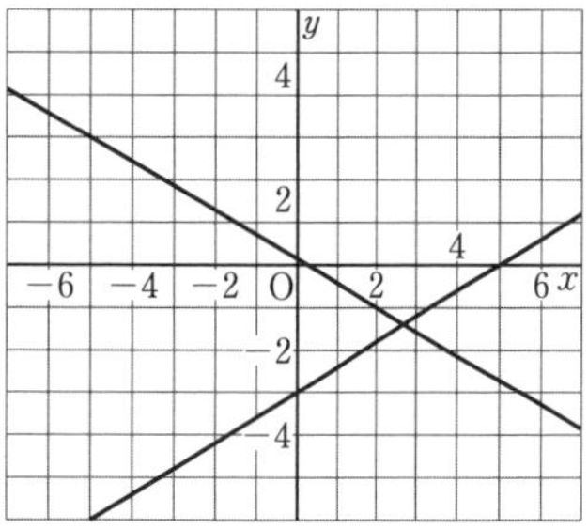

2　下の図

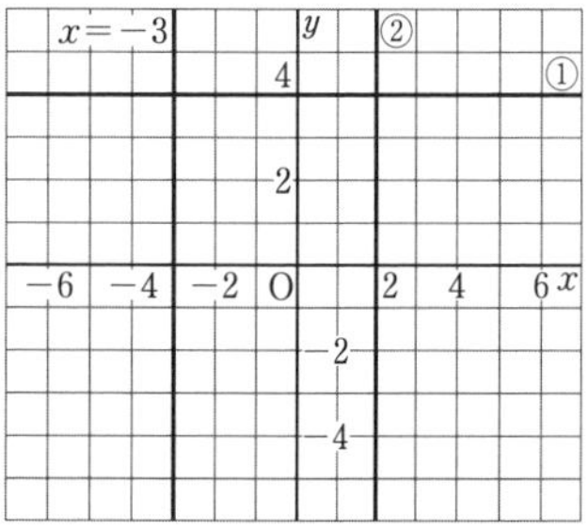

基本問題

❶　(1)～(4)　グラフは下の図

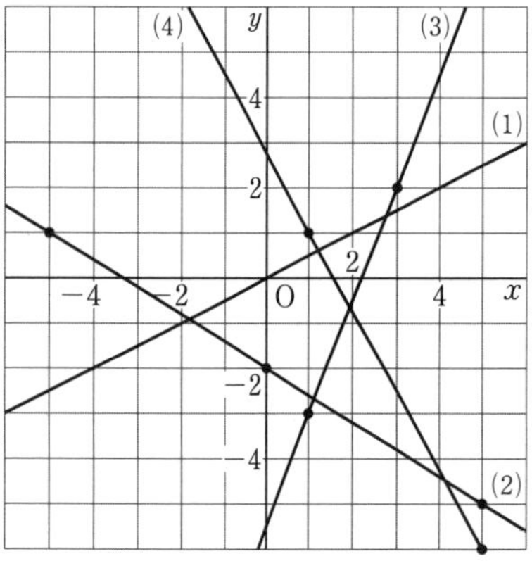

❷　(1)　$y=-\dfrac{1}{2}x+\dfrac{7}{2}$　(2)　$y=\dfrac{3}{8}x-\dfrac{11}{8}$

(3)　$y=-\dfrac{6}{13}x+\dfrac{4}{13}$

(4)　$y=-\dfrac{11}{8}$　(5)　$x=\dfrac{2}{3}$

❸　(1)～(6)　下の図

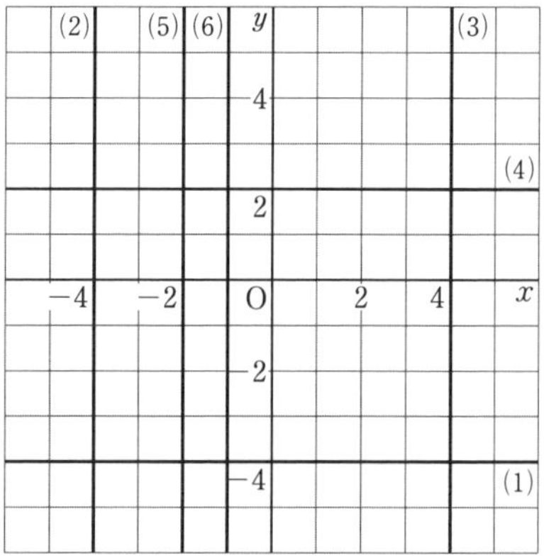

解説

❶(1)　変形すると $y=\dfrac{1}{2}x$　原点を通る。

(2)　変形すると $y=-\dfrac{3}{5}x-2$　傾きが $-\dfrac{3}{5}$，切片が -2 のグラフ。

(3)，(4)は $y=ax+b$ の形に変形しても切片を図に表せないので，グラフが通る 2 点をさがす。

(3)　2 点 $(1,\ -3)$，$(3,\ 2)$ を通る。

(4)　2 点 $(1,\ 1)$，$(5,\ -6)$ を通る。

❷(1)　2 点 $(1,\ 3)$，$(3,\ 2)$ を通るから，求める直線の傾きは $\dfrac{2-3}{3-1}=-\dfrac{1}{2}$　$(0,\ 3.5)$ を通るから，切片は $\dfrac{7}{2}$　$y=-\dfrac{1}{2}x+\dfrac{7}{2}$

(2)　2 点 $(-3,\ -2.5)$，$(1,\ -1)$ を通るから，直線の式は $y=\dfrac{3}{8}x-\dfrac{11}{8}$

(3)　2点 $(5,\ -2)$，$(-1.5,\ 1)$を通るから，直線の式は $y=-\dfrac{6}{13}x+\dfrac{4}{13}$

(4)　グラフは(2)のグラフと y 軸との交点 $\left(0,\ -\dfrac{11}{8}\right)$ を通り，x 軸に平行な直線。

(5)　グラフは(3)のグラフと x 軸との交点 $\left(\dfrac{2}{3},\ 0\right)$ を通り，y 軸に平行な直線。

❸(3)～(6)　1 次方程式を解く。直線 $y=a$ は x 軸に平行で，点 $(0,\ a)$ を通る。直線 $x=b$ は y 軸に平行で，点 $(b,\ 0)$ を通る。

(3)　$x=4$　(4)　$y=2$　(5)　$x=-2$

(6)　$x=-1$

基本ワーク　p.62 ～ 63

Check!

1　グラフは右の図

解…$x=-1$,

$y=-2$

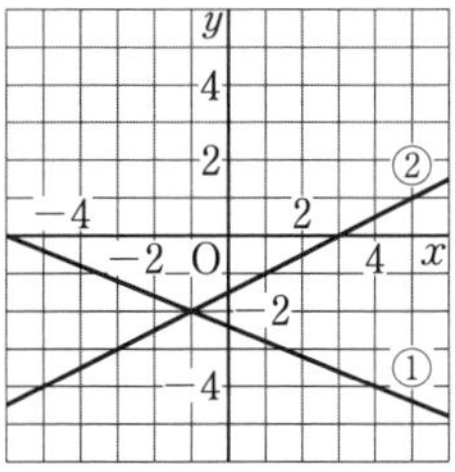

2　㋒, ㋓

基本問題

❶ (1)

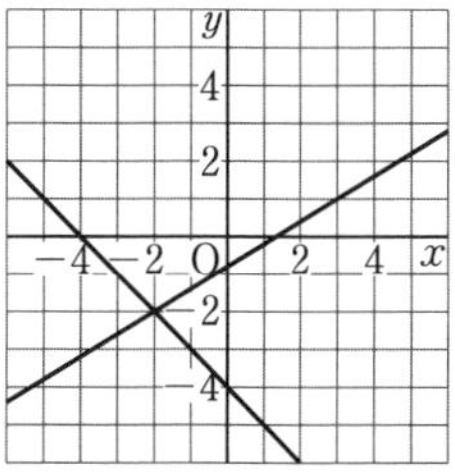

$x=-2$, $y=-2$

(2)

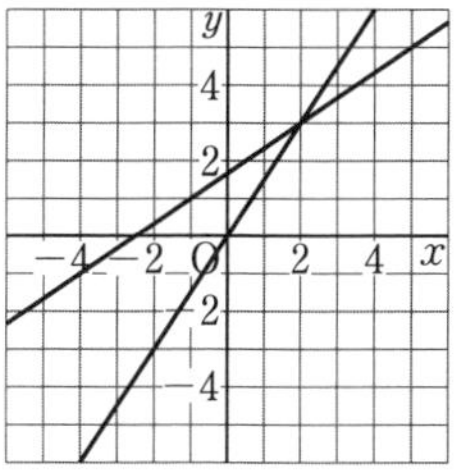

$x=2$, $y=3$

(3)

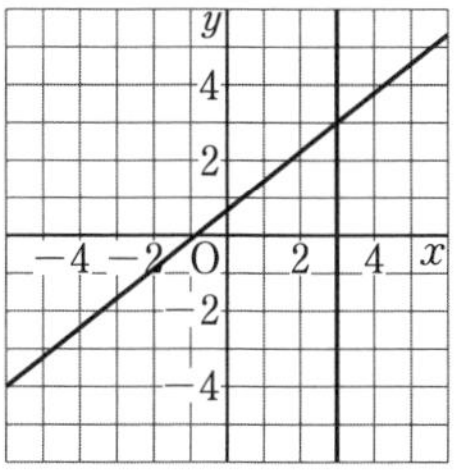

$x=3$, $y=3$

(4)

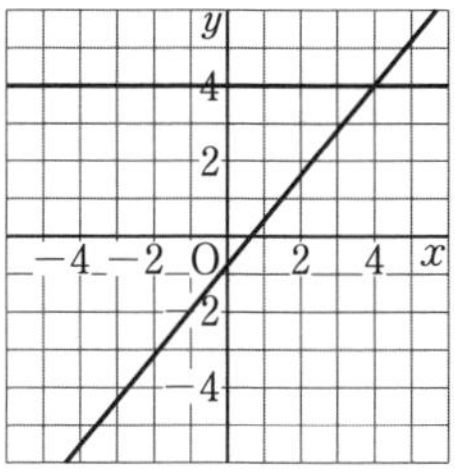

$x=4$, $y=4$

(5)

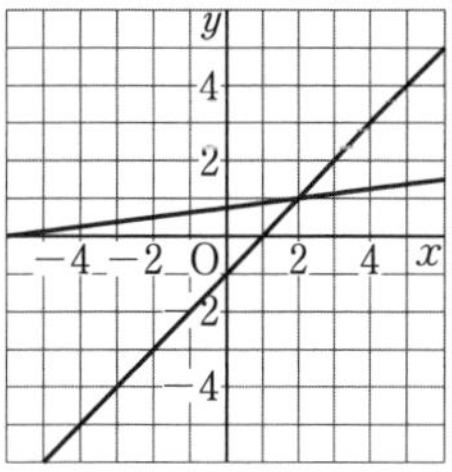

$x=2$, $y=1$

(6)

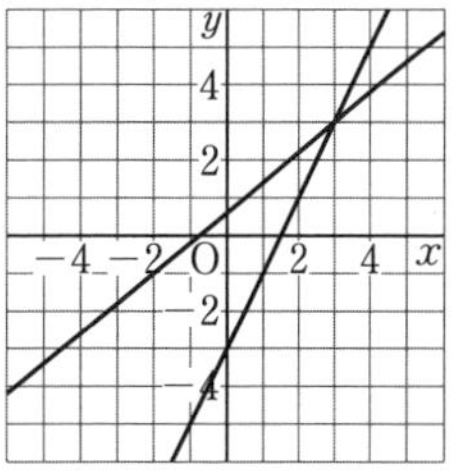

$x=3$, $y=3$

❷

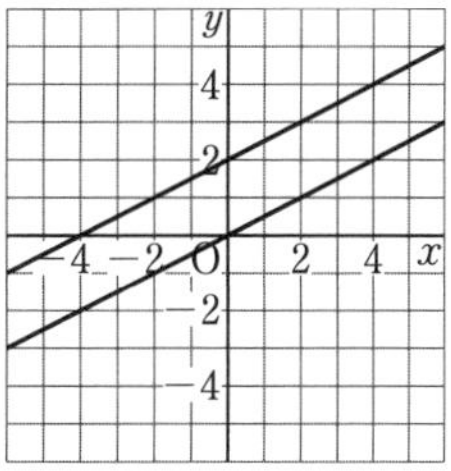

2つの方程式のグラフの傾きはどちらも0.5で等しく，グラフは平行だから，交点をもたない。よって，連立方程式の解はない。

❸ (1) ㋐, ㋕　(2) ㋒, ㋔　(3) ㋒, ㋔

解説

❶ 連立方程式それぞれのグラフをかいて，その交点を読みとる。交点のx座標が連立方程式の解x，y座標が連立方程式の解yである。

❷ グラフの交点が連立方程式の解である。グラフを正しくかいて，2直線が平行であれば，連立方程式の解がないことがわかる。

❸ 上下の式をそれぞれ①，②とする。2直線の位置関係だから，2直線が2点で交わることはない。よって，㋑はどれにも当てはまらない。

(1) ①…$y=\frac{1}{3}x-1$，②…$y=\frac{2}{3}x-1$だから，

2直線は平行でなく，どこか1点で交わる。

(2)(3) 傾きが等しいからグラフは平行→解はない。

3節の問題　p.64 ～ 65

1　㋑，㋓

2　右の図

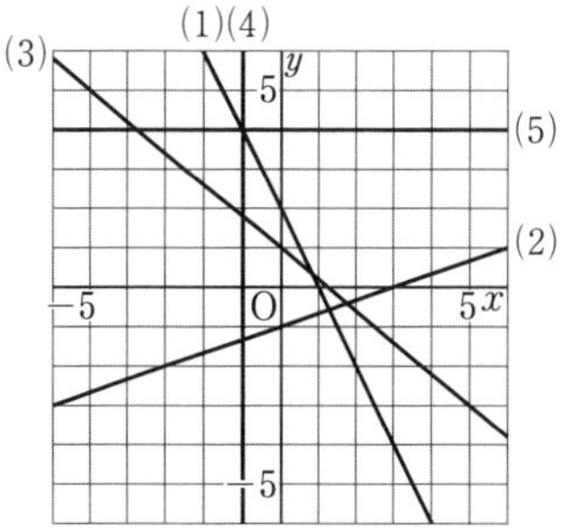

3　右の図より，
$x=4,\ y=4$

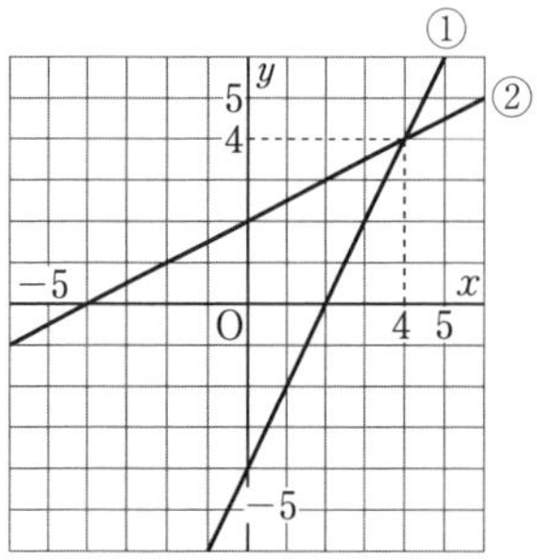

4　(1)　$\ell \cdots y=\dfrac{1}{2}x+2,\ m \cdots y=-x+5$

(2)　(2, 3)　　　(3)　$\dfrac{7}{2}$

5　(1)　$y=2x+3$　　(2)　$y=\dfrac{1}{2}x+3$

(3)　P(−6, 0)

6　(1)　$y=2x-3$　(2)　$a=2$　(3)　$b=6$

7　(1)　右の図

(2)　①と②の直線は平行で，交点がないため連立方程式の解が見つからない。

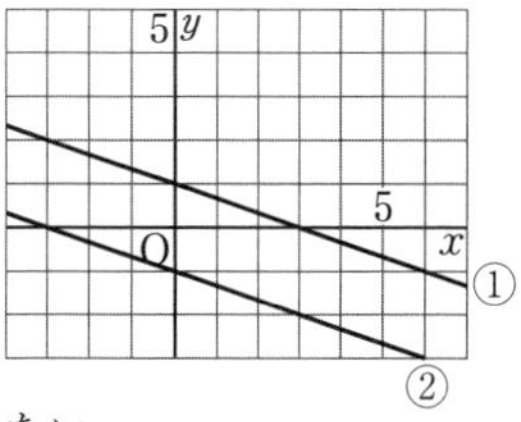

解説

1　方程式 $3x-y=9$ に，㋐～㋓の点の x 座標，y 座標の値を代入して (左辺)=(右辺) になれば，$3x-y=9$ のグラフ上の点といえる。

㋑ $x=\dfrac{8}{3}, y=-1$ を代入すると，$3\times\dfrac{8}{3}-(-1)=8+1=9$ で (左辺)=(右辺) となり，グラフ上の点といえる。同様に，㋓ $x=4,\ y=3$ を代入すると，$3\times4-3=12-3=9$ で (左辺)=(右辺) となり，グラフ上の点といえる。

4(1)　直線 ℓ は切片が 2，右へ 4 だけ進むと，上へ 2 だけ進むので，傾きは $\dfrac{2}{4}=\dfrac{1}{2}$

よって，$y=\dfrac{1}{2}x+2$

直線 m は切片が 5，右へ 5 だけ進むと，下へ 5 だけ進むので，傾きは $\dfrac{-5}{5}=-1$

よって，$y=-x+5$

(2)　(1)より，直線 $y=\dfrac{1}{2}x+2$ と $y=-x+5$ を連立方程式として解き，交点の座標を求める。

(3)　直線 ℓ の式 $y=\dfrac{1}{2}x+2$ に $x=3$ を代入して，

$y=\dfrac{1}{2}\times3+2=\dfrac{7}{2}$

5(1)　直線 m は，原点と (2, 4) を通ることから，比例の式で，比例定数は $\dfrac{4}{2}=2$ より，$y=2x$

直線 ℓ は，直線 m に平行で，B(0, 3) を通るので，傾きが 2 で切片が 3

よって，$y=2x+3$

(2)　直線 n は，A(2, 4)，B(0, 3) を通るので，傾きは，座標から $\dfrac{4-3}{2-0}=\dfrac{1}{2}$ で切片は 3

よって，$y=\dfrac{1}{2}x+3$

(3)　直線 n の式 $y=\dfrac{1}{2}x+3$ に $y=0$ を代入し，交点 P の x 座標を求める。$0=\dfrac{1}{2}x+3$　$x=-6$

6(2)　2 直線が x 軸上で交わるので，交点の y 座標は 0　$x-y=-3$ に $y=0$ を代入すると $x-0=-3$　$x=-3$　2 直線は，点 (−3, 0) で交わるので，$ax+y=-6$ に $x=-3,\ y=0$ を代入して a の値を求める。$-3a+0=-6$　$-3a=-6$　$a=2$

7(1)　①，②の 2 元 1 次方程式をそれぞれ $y=ax+b$ の式の形に変形し，図にかいて，2 直線の交点の座標から連立方程式の解を求める。

①　$3y=-x+3$　より，　$y=-\dfrac{1}{3}x+1$

②　$6y=-2x-6$　より，　$y=-\dfrac{1}{3}x-1$

基本ワーク　p.66 ～ 67

Check!

1　切片…クーラーボックスに入れた時点の
　　　　ペットボトル飲料の温度
　傾き…1 分あたりの上昇温度

2　（例）(2)でかいたバスのグラフと急行電車のグラフが交わるとき。

基本問題

❶　(1)

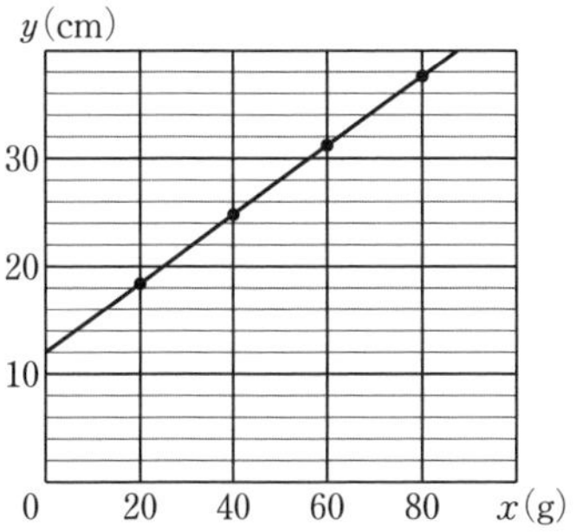

$y=\frac{8}{25}x+12$

(2)　おもりをつるしていないときのばねの全体の長さ

(3)　120g のおもり

❷　(1)　3 本　　　(2)　0 回

(3)　時速 16km

解説

❶(1)　2 点 (20，18.4)，(40，24.8) を通るので，

(傾き)$=\frac{24.8-18.4}{40-20}=\frac{8}{25}$

求める直線は　$y=\frac{8}{25}x+b$

この式に $x=20$，$y=18.4$ を代入して切片を求める。

$y=\frac{8}{25}x+12$

(2)　$x=0$ のときが切片である。この場合，x はおもりの重さであるので，$x=0$，つまり，おもりをつるしていないときのばねの全体の長さを表している。

(3)　$y=50$ を(1)で求めた式に代入すると

$50=\frac{8}{25}x+12$　　$x=118.75$

おもりは 10g ずつ増加するから，120g のおもりではじめて 50cm をこえる。

❷(1)　電車とバスのグラフの交点の座標が，電車がバスに追いついた時間と位置を表している。

(2)　バスよりも電車が先に出発した電車のグラフでは，バスのグラフと交点をもたない。

(3)　40km を 2.5 時間かけて移動している。

$40\div2.5=16$ (km/h)

基本ワーク　p.68 ～ 69

Check!

1　自転車…分速 0.2km(分速 200m)

歩き…分速 $\frac{1}{15}$ km(分速 $\frac{200}{3}$ m)

2　［説明］△AQP，△PAR の高さは等しいから，△AQP と △PAR の面積が等しくなるとき，2 つの三角形の底辺が等しい。よって，AQ＝RP　AB＝2DP より，AQ=$x$cm

PR＝DP－DR＝3－0.5x (cm) だから，

$x=3-0.5x$　$x=2$　　　答　2cm

別解例　△PAR の面積を x の式で表し，例題 2 (1)から $y=4(x+3)$ と等しいと考えて解く。

※ただし本問は，底辺だけを比べる方法が望ましい。

基本問題

❶　(1)(2)下の図

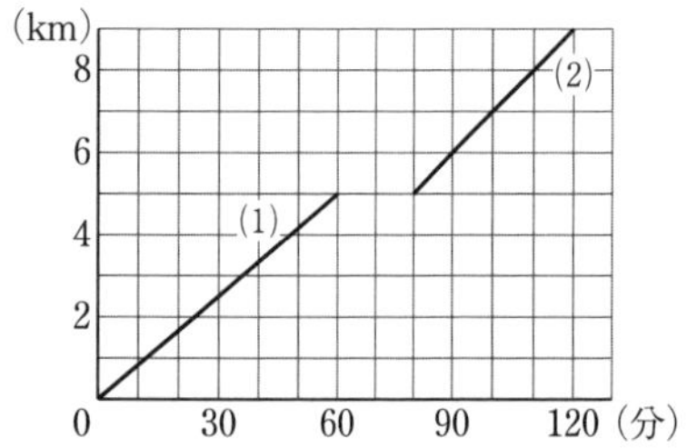

(3)　20 分間　　　(4)　時速 8km

❷　(1)　$y=4x$　　　(2)　$3 \leqq x \leqq 11$

(3)　$y=12$　　　(4)　$y=-4x+56$

解説

❶(1)　けいたさんが 1 時間で歩いた距離は

(時間)×(速さ)＝1×5＝5 (km)

(2)　残りの道のり 9－5＝4 (km) を，時速 6km の速さで歩くから，歩く時間は

(道のり)÷(速さ)＝4÷6＝$\frac{2}{3}$ (時間)

→ 40 (分)

出発から 2 時間後に到着するから，休けい後再び歩きはじめたのは，家を出てから 120－40＝80 (分後) である。2 点 (80，5)，(120，9) を結ぶ線分をかけばよい。

(3)　(1)(2)のグラフから，80－60＝20 (分間)

(4)　残り 4km を 40－10＝30 (分) → 0.5(時間) で歩けばよいから，4÷0.5＝8 (km/h)

❷(1)　△PBC＝PB×BC×$\frac{1}{2}$ より，

$y=x\times8\times\frac{1}{2}$

(2)　P が AB 上にあるとき $0 \leqq x \leqq 3$ だから，AD 上にあるとき $3 \leqq x \leqq 3+\mathrm{AD}$

(3)　底辺を BC＝8cm とみると，高さはつねに AB＝3cm だから，$3 \leqq x \leqq 11$ では x の値に関係なく，$y=8\times3\times\frac{1}{2}=12$

(4)　$11 \leqq x \leqq 14$ のとき，

△PBC＝PC×BC×$\frac{1}{2}$

＝{(BA＋AD＋DC)－(BA＋AD＋DP)}

×BC×$\frac{1}{2}$ より，$y=(14-x)\times8\times\frac{1}{2}$

4節の問題　p.70～71

❶ (1) 時速 12km

(2) 右の図

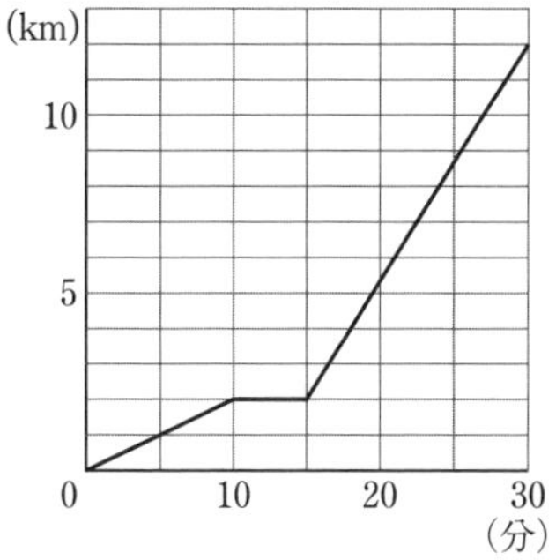

(3) （あきさんの乗る電車に）間に合う。
電車が出発する 8 時 15 分までに家から 2km 先の駅に到着すればよく，兄は 8 時 11 分 40 秒に駅に到着したから。

❷ (1) $y=9x$ $(0 \leqq x \leqq 5)$

(2) $y=-9x+108$ $(7 \leqq x \leqq 12)$

(3) 右の図

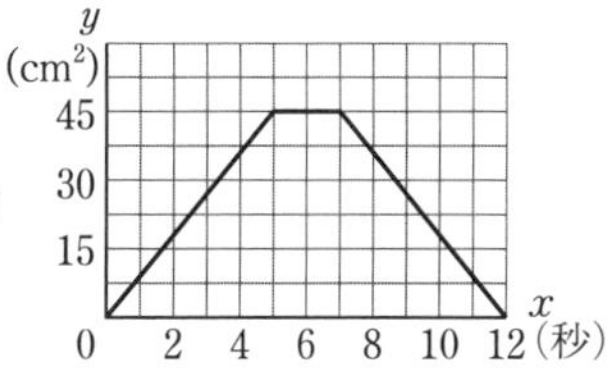

❸ 4 月 15 日

❹ (1) B$(0,\ -3)$

(2) P$(4,\ 3)$

(3) $a=\dfrac{3}{2}$

$b=-3$

(4) 20cm^2

❺ (1) 右の図

(2) $x=175$

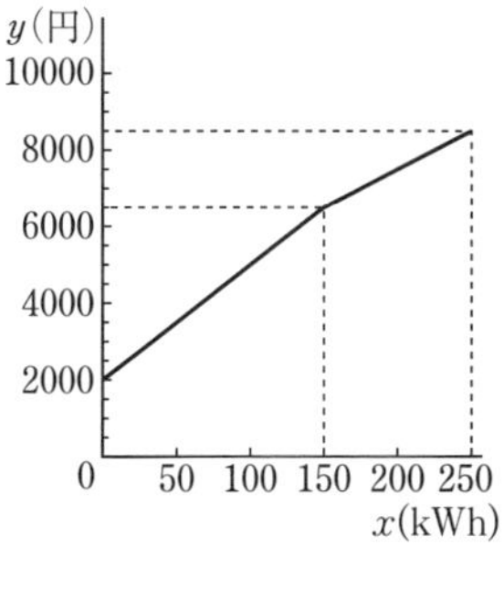

解説

❶(1) グラフから，10 分で 2km 進んでいることから，60 分で $2\times 6=12$(km) 進むので，時速 12km。

(2) 8 時 10 分に駅に到着してから電車がくるまでの 5 分間は進まないので，10 分から 15 分までは x 軸に平行な直線。15 分から 30 分までの 15 分で家から 12km 先の最寄り駅に着くので，(15, 2) と (30, 12) を直線で結ぶ。

(3) 兄の速さは時速 18km なので，分速 0.3km。家から駅までは，$2\div 0.3=6\dfrac{2}{3}$（分）かかる。8 時 5 分に家を出ているので，$5+6\dfrac{2}{3}=11\dfrac{2}{3}$（分後）に駅に到着する。よって，電車の出発する午前 8 時 15 分には間に合う。

❷(2) 点 P が辺 DA 上にあるときの △ABP は下の図のような三角形になり，

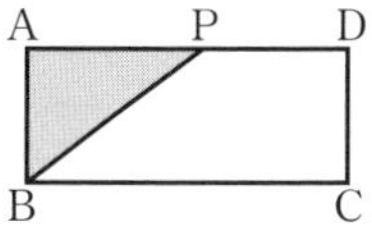

$y=\dfrac{1}{2}\times \mathrm{AP}\times \mathrm{AB}$

$=\dfrac{1}{2}\times\{\mathrm{BC}+\mathrm{CD}+\mathrm{AD}-$(点 P が B から動いた距離)$\}\times 6=\dfrac{1}{2}\times(15+6+15-3x)\times 6$

$=-9x+108$

❸ 今年 2 月の平均気温が 0.7℃で，例年の 2 月と 3 月の平均気温の差が 2.8℃だから，3 月の平均気温を $0.7+2.8=3.5$(℃) とみて，グラフから，3.5℃のときの 4 月の開花日は 15 日と予想できる。

❹(2) 点 P の x 座標は 4 なので，直線 n の式に代入して y 座標を求める。$y=-4+7=3$

(4) 点 P から y 軸に垂線をひいたときの y 軸との交点を Q とおく。$\triangle\mathrm{ABP}=\dfrac{1}{2}\times\mathrm{AB}\times\mathrm{PQ}=\dfrac{1}{2}\times 10\times 4=20\,(\mathrm{cm}^2)$

❺(1) B 電力会社では，150kWh を超えると，1kWh 20 円ずつかかることから，150kWh から 250kWh までの 100kWh は，$20\times 100=2000$（円）かかるので，150kWh までにかかる料金との和は，$6500+2000=8500$（円） よって，座標 (250, 8500) をとり，(150, 6500) と結ぶ。

(2) 1ヶ月あたりの電気使用量 xkWh と電気料金 y 円の関係を表す式である，A 電力会社の直線の式 $y=40x$ と B 電力会社の $150\leqq x\leqq 250$ の直線の式 $y=20x+3500$ を連立方程式として解き，解を求める。

1 ㋐ $y=-0.5x+10$, ㋑ $y=\frac{4}{3}x$

㋓ $y=-\frac{11}{100}x+1018$, ㋔ $y=-x+\frac{9}{2}$

2 (1) $y=3x+6$ (2) $y=-2x-13$

3 右の図

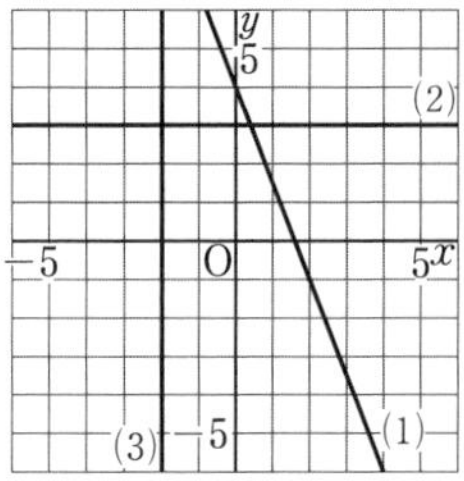

4 ① $y=\frac{2}{3}x+1$

② $y=-\frac{3}{2}x-3$

5 (1) $R\left(\frac{7}{2},\ 0\right)$ (2) $y=-\frac{1}{2}x+4$

6 (1) $y=4x$ $(0\leqq x\leqq 4)$

(2) $y=-4x+32$ $(4\leqq x\leqq 8)$

(3) 右の図

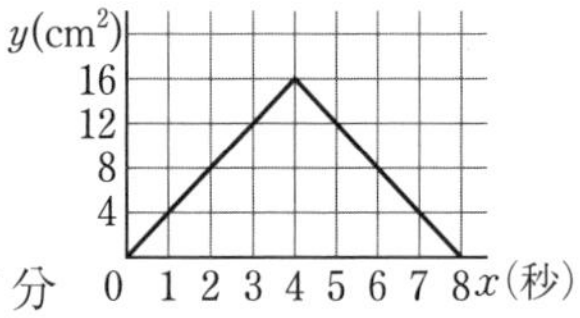

7 (1) 分速100m

(2) 午後2時7分

解説

1 ㋒ $xy\div 2=12$ $xy=12\times 2$

$y=\frac{24}{x}$となり，yはxに反比例するので，あてはまらない。

2 (1) $y=\frac{1}{2}x+1$とx軸上で交わるので，$y=0$をこの式に代入すると，$0=\frac{1}{2}x+1$ $x=-2$

また，$y=-x+6$とy軸上で交わるので，$x=0$を式に代入すると，$y=-0+6$ $y=6$

よって，2点$(-2,\ 0)$，$(0,\ 6)$を通る直線となる。

切片が6だから，$y=ax+6$と表せるので，

$x=-2$，$y=0$を代入すると，$0=-2a+6$

$2a=6$ $a=3$ よって，$y=3x+6$

(2) $y=\frac{1}{3}x-6$と$y=-x-10$を連立方程式として解き交点を求めると，点$(-3,\ -7)$……①を通る。また，$y=-2x-9$に平行だから，傾きが-2 $y=-2x+b$に①を代入すると，

$-7=-2\times(-3)+b$ $b=-13$ よって，

$y=-2x-13$

5 (1) 直線nは，傾きが-2，$P(2,\ 3)$を通るので，$y=-2x+b$に$x=2$，$y=3$を代入すると，

$3=-2\times 2+b$ $b=7$ よって，$y=-2x+7$

(2) △APQの面積が3だから，底辺をAQとすると，点Pのx座標が高さとなる。△APQ$=\frac{1}{2}\times$AQ$\times 2=3$ よって，AQ$=3$

点Aのy座標が直線nの切片で7

(点Qのy座標)$=7-3=4$だから，直線mの切片が4 $P(2,\ 3)$を通るので，$y=ax+4$に$x=2$，$y=3$を代入すると，$3=2a+4$ $a=-\frac{1}{2}$

6 (2) 点Pが辺DC上を動くとき，右の図のような位置に点Pがあり，

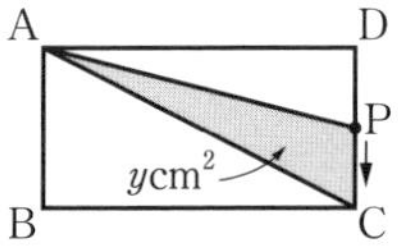

$y=\frac{1}{2}\times PC\times AD=\frac{1}{2}\times(DC-PD)\times AD$

$=\frac{1}{2}\times\{4-1\times(x-4)\}\times 8=-4x+32$

7 (1) グラフから，姉は家を出発して6分後に600mの地点にいるので，$600\div 6=100$で，分速100mであることがわかる。

(2) 姉のグラフに，妹の時間と道のりの関係のグラフをかき入れてみるとわかりやすい。

妹は，下のグラフのように午後2時4分に駅から分速200mで家に向かっていて，400m行ったところで友人に会っているので，2分後の午後2時6分に家から800(m)の地点にいる。それから5分間は，友人と立ち話をしているので，午後2時11分までは，x軸に平行な直線のグラフ$y=800$になる。この$y=800$と，姉が途中から走り出したことを表すグラフ$y=200x-600$とは交わるので，連立方程式として解いてxを求める。$x=7$となり，午後2時7分となる。

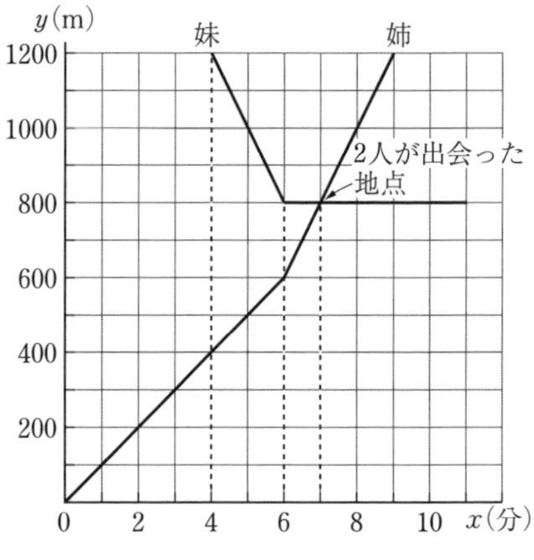

4章　平行と合同

ウォーミングアップ　p.74 ～ 75

1　㋐と㋔，㋑と㋕

2　(1)　3.4cm　　(2)　∠H

　(3)　60°

3　(1)　5 個　　(2)　900°

4　㋐　60°　　㋑　120°

　㋒　60°　　㋓　120°

5　(1)　80°　　(2)　105°

　(3)　60°　　(4)　80°

6　(1)

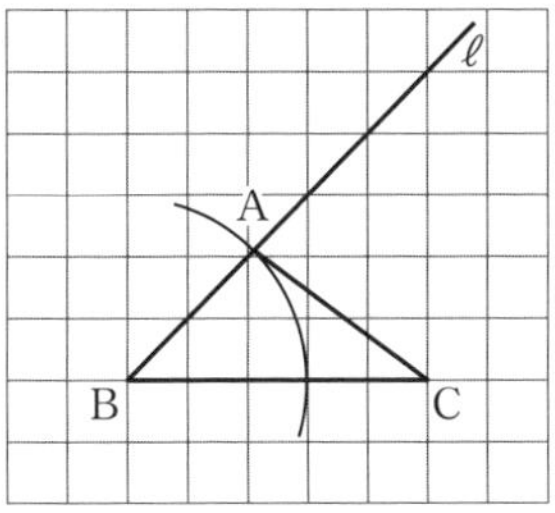

(2)

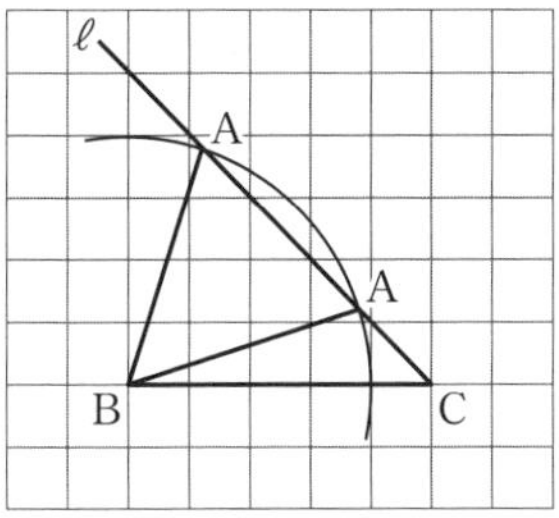

解説

1　ぴったり重ね合わせることのできる図形を選ぶ。

2　合同な図形では，対応する辺の長さ，角の大きさは等しい。

(1)　辺 GH に対応する辺は辺 DA。

(3)　∠E に対応する角は ∠B。

3(1)　頂点 A から，となり合う 2 つの頂点を除く 4 つの頂点に対角線をひくことができ，5 個の三角形に分けられる。

(2)　(1)で 5 個の三角形に分けることができたので，

(七角形の角の大きさの和)＝

180° ×(三角形の個数)＝180° × 5＝900°

同じように，多角形の角の和は，1 つの頂点からひいた対角線で分けてできる三角形の個数をもとに，180° ×(三角形の個数) で求めることができる。

4　㋐は，平行な直線 C と D が直線 A と交わる角度だから 60°

㋑は，180° － ㋐＝120°

㋒は，㋐と向かい合う角だから㋐に等しい。

㋓は，平行な直線 A と B が直線 D と交わる角度だから，㋑と同じ 120°

5(1)　四角形の 4 つの角の和は 360° であることから，

$\angle x = 360^\circ - (60^\circ + 90^\circ + 130^\circ) = 80^\circ$

(2)　三角形の角の和が 180° であることから，

三角形のもう 1 つの角は，

$180^\circ - (65^\circ + 45^\circ) = 75^\circ$

よって，$\angle x = 180^\circ - 75^\circ = 105^\circ$

(3)　正三角形は 3 つの角の大きさが等しいから，1 つの角は 60°

(4)　二等辺三角形の 20° でない 2 つの角の大きさは同じなので，$\angle x = (180^\circ - 20^\circ) \div 2 = 80^\circ$

6(1)　B にコンパスのはりをさし，長さを 3 にして直線 ℓ と交わる点をとる。

(2)　B からの距離が 4 である点の集まりは，B を中心とする半径が 4 の円になる。この円が直線 ℓ と交わる点が A となるので，条件にあう点は 2 つある。

基本ワーク　p.76 ～ 77

Check!

1　式…180°×(6－2)　　答　720°
もとにしていることがら…三角形の内角の和が 180° であること。

2　十七角形…360°，二十九角形…360°，七十一角形…360°，a 角形…360°
もとにしていることがら…n 角形の内角の和が $180^\circ \times (n-2)$ で，1 つの内角と外角の和が 180° であること。

基本問題

❶ (1)①　[説明](例)

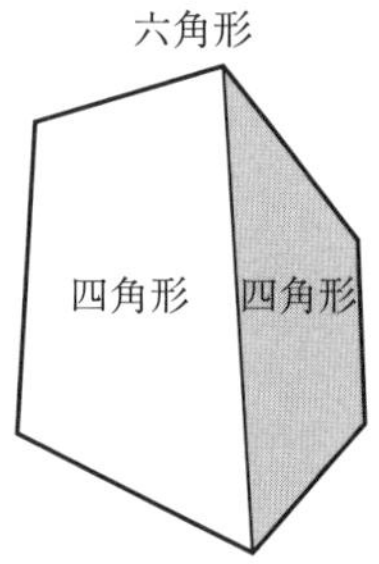

六角形に 1 つの対角線をひくと (四角形)＋(四角形) となり，角の和も (四角形の内角の和)×2 となる。四角形の内角の和が 360° だから，六角形の内角の和は，360° ×2＝720°

別解例　六角形を三角形 4 つ分とみて，180° ×4＝720° と求めることもできる。

②　[説明](例)

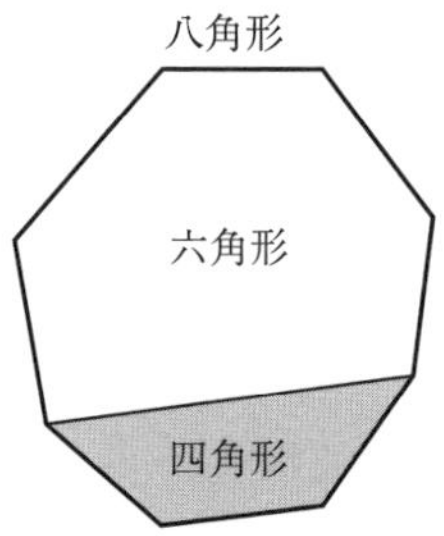

八角形に 1 つの対角線をひくと，(六角形)＋(四角形) となる。内角の和も (六角形)＋(四角形) となる。(1)より，720° ＋360° ＝1080°

別解例　八角形を三角形 6 つ分とみて，180° ×6＝1080° と求めることもできる。

(2)①

n	2	3	4	5	……	n	…
多角形	四角形	六角形	八角形	十角形	……	$2n$ 角形	…
内角の和	360°	720°	1080°	1440°	……	?	…

②　$360^\circ \times (n-1)$

❷ (1)　内角の和…540°，外角の和…360°

(2)　[説明](例)　(1)より，五角形 ABCPD の内角の和は 540° だから，
∠PDA＝180°－40°＝140°，
∠PCB＝180°－60°＝120° より，
$\angle x = 540^\circ - (140^\circ + 120^\circ + 90^\circ \times 2)$
$= 540^\circ - 440^\circ = 100^\circ$　　答　100°

(3)　[説明](例)　下の図のように $\angle a$ をとって考える。

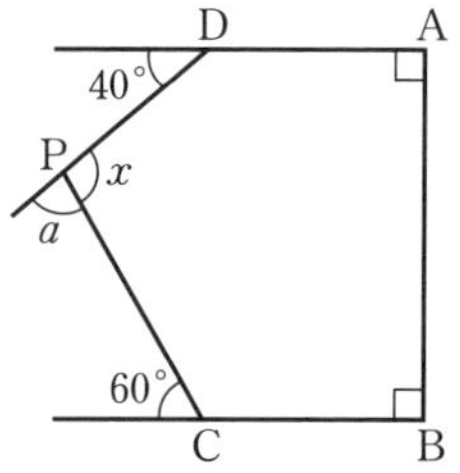

五角形の外角の和は 360° だから，5 つの外角の和より，
$40^\circ + \angle a + 60^\circ + 90^\circ \times 2 = 360^\circ$
$\angle a = 360 - 280 = 80^\circ$　よって，
$\angle x = 180^\circ - 80^\circ = 100^\circ$　　答　100°

❸ (1)

n	3	4	5	6	……	n	…
内角の和	180°	360°	540°	720°	……	$180^\circ \times (n-2)$	…
1 つの内角＋その外角	180°	180°	180°	180°	……	180°	…

(2)　[説明](例)　n 角形の内角の和は $180^\circ \times (n-2)$　n 角形の外角の和を x° とすると，
(1 つの内角)＋(その外角)＝180° より
$180^\circ \times n = 180^\circ \times (n-2) + x^\circ$
$x^\circ = 180^\circ \times \{n - (n-2)\}$
$= 180^\circ \times 2 = 360^\circ$

解説

❶(1)① 「もとにすることがら」が四角形の内角の和だから，六角形を四角形に分割して考える。

② ①の［説明］を利用すれば，もとにすることがらとあわせて簡単に説明できる。

(2)① n が1増えると，多角形の内角の和は 360° 大きくなる。

② $n=2,\ 3,\ 4,\ \cdots$ と増えるごとに，360° ずつ内角の和が大きくなる。

❷(1) 五角形は対角線で3つの三角形に分けられるから，(内角の和)$=180^\circ\times3$

別解例 (n 角形の内角の和)$=180^\circ\times(n-2)$ に $n=5$ を代入する。すべての多角形の外角の和は 360° である。

(2)(3) (1)を「もとにすることがら」として使う。

❸(2) 本問では，n 角形の内角の和，1つの内角とその外角の和という2つの情報を説明に反映させる。説明中の $180^\circ\times n$ は，1つの内角と外角が n 個分（n 角形の内角と外角の和），$180^\circ\times(n-2)+x^\circ$ は n 角形の内角の和＋n 角形の外角の和だから，この2つの式は等しい。

基本ワーク　p.78 ～ 79

Check!

1 $\angle a=\angle d=30^\circ$，$\angle b=\angle e=60^\circ$，$\angle c=\angle f=90^\circ$

2 (1) ［説明］(例) 対頂角は等しいから，

$\angle f=\angle h$ ……①

また $\angle b=\angle h$ ……②

①，②より，どちらも $\angle h$ に等しいから，$\angle b=\angle f$

同位角が等しいから $p /\!/ q$

(2) $\angle a=\angle c=\angle i=\angle k$

$\angle b=\angle d=\angle j=\angle \ell$

基本問題

❶ (1) $\angle x=30^\circ$ (2) $\angle x=130^\circ$

❷ (1) $\angle x=60^\circ$ (2) $\angle x=100^\circ$

❸ (1) $\angle x=50^\circ$

(2) 錯角 110° が等しいから，$a /\!/ b$ である。

(3) $\angle y=50^\circ$

❹ (1) 錯角 65° が等しいから，$\ell /\!/ m$ である。

(2) $\angle x=100^\circ$，$\angle y=110^\circ$，$\angle z=70^\circ$

解説

❶(1)(2) 対頂角は等しい。

❷(1) 平行線の同位角は等しい。

(2) 80° の角ととなり合う上側の角は 100°

平行線の錯角は等しいから，$\angle x=100^\circ$

❸(3) $\ell /\!/ m$ より，$\angle x=\angle y$

❹(1) 65° の情報を明らかにする。

(2) 同位角が等しいから $\angle x=100^\circ$

錯角が等しいから $\angle z=70^\circ$

$\angle y=180^\circ-\angle z=110^\circ$

基本ワーク　p.80 ～ 81

Check!

1　[証明](例)　右の図のように補助線を加えると，平行線の同位角は等しいから，

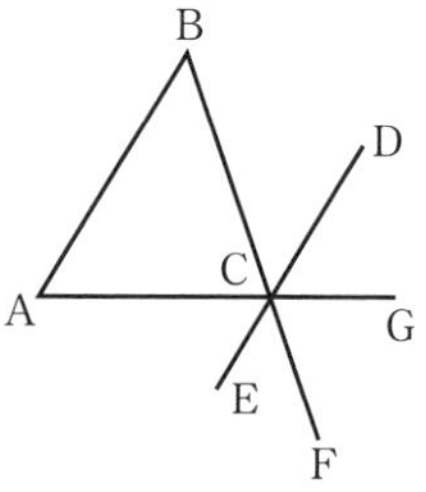

∠ECF＝∠B,

∠DCG＝∠A

対頂角が等しいから，

∠GCF＝∠ACB

よって，∠A＋∠B＋∠ACB

＝∠DCG＋∠ECF＋∠GCF＝180°

したがって，三角形の内角の和は 180° である。

2　(1)　70°　　(2)　45°

基本問題

❶　(1)　25°　　(2)　110°　　(3)　82°

❷　(例)

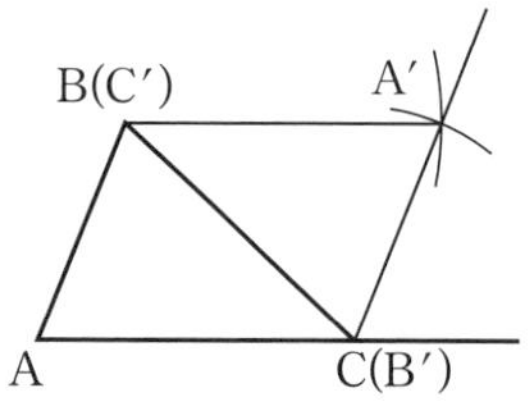

❸　(1)　110°　　(2)　144°　　(3)　40°

❹　(1)　[証明](例)　右の図のように，2 点 B，D を通る直線 BE をひくと，内角と外角の関係より，

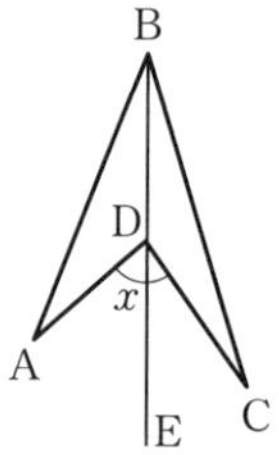

∠ADE＝∠A＋∠ABD,

∠CDE＝∠C＋∠CBD,

∠ABD＋∠CBD＝∠B より，

$\angle x=\angle \mathrm{ADE}+\angle \mathrm{CDE}$

$=\angle \mathrm{A}+(\angle \mathrm{ABD}+\angle \mathrm{CBD})+\angle \mathrm{C}$

$=\angle \mathrm{A}+\angle \mathrm{B}+\angle \mathrm{C}$

(2)　118°

解説

❶(1)　$\angle x=180^\circ-(65^\circ+90^\circ)=25^\circ$

(2)(3)　三角形の 1 つの外角は，それにとなり合わない 2 つの内角の和に等しい。

(2)　$\angle x=54^\circ+56^\circ=110^\circ$

(3)　$\angle x=122^\circ-40^\circ=82^\circ$

❷　平行四辺形を作図すればよい。以下の手順。

①　点 C を中心として，半径 AB の円をかく。

②　点 B を中心として，半径 CA の円をかく。

③　①，②の交点と点 C を通る直線をひく。

※∠C の右側に ∠B，∠A を作図すればよい。平行四辺形だから向かい合う辺は平行で，平行線の同位角が等しいから，∠A は作図できる。また，平行線の錯角は等しいから，∠C と ∠A の間にできた角は ∠B に等しい。

❸(1)　外角の和は 360° だから，

$\angle x=360^\circ-(110^\circ+55^\circ+85^\circ)=110^\circ$

(2)　外角の和は 360° だから，$\angle x$ の外角は

$360^\circ-(80^\circ+67^\circ+72^\circ+105^\circ)=36^\circ$

$\angle x=180^\circ-36^\circ=144^\circ$

(3)　五角形の内角の和は 540° だから，

$540^\circ-(130^\circ+70^\circ+110^\circ+90^\circ)=140^\circ$

$\angle x=180^\circ-140^\circ=40^\circ$

❹(1)　三角形の外角は，それととなり合わない 2 つの内角の和に等しいことを，補助線をひいて $\angle x$ をつくる 2 つの角に適用している。

(2)　(1)の結果より $\angle x=25^\circ+45^\circ+48^\circ=118^\circ$

1・2節の問題 p.82～83

1 (1) ① $n-2$　② 三角形
③ 3　④ 5
⑤ 540
(2) 十角形　(3) 30°
(4) 135°

2 (1) 対頂角…$\angle f$，同位角…$\angle d$，
錯角…$\angle b$
(2) $\angle d=70^\circ$　(3) $\angle c$，$\angle e$，$\angle g$

3 (1) $\angle x=130^\circ$　(2) $\angle x=30^\circ$
(3) $\angle x=122^\circ$

4 (1) $\angle x=115^\circ$　(2) $\angle x=33^\circ$
(3) $\angle x=120^\circ$

5 ① 対頂角　② 同位角

6 ［証明］(例)　仮定から，$\angle a=\angle c$ ……①
$k /\!/ \ell$ より，平行線の錯角から，
$\angle a=\angle b$ ……②
①，②から　$\angle b=\angle c$
よって，同位角が等しいから，$m /\!/ n$

7 $c /\!/ d$，$a /\!/ b$
$\angle x=\angle z$，$\angle y=\angle u$

8 ① 錯角　② 50
③ $50^\circ+33^\circ$　④ 83

解説

1(2)　内角の和が 1440° である多角形を n 角形とすると，$180^\circ\times(n-2)=1440^\circ$
$n-2=1440^\circ\div180^\circ$　$n-2=8$　$n=10$
(3)　多角形の外角の和は 360° だから，
$360^\circ\div12=30^\circ$
(4)　正八角形の内角の和は，$180^\circ\times(8-2)=180^\circ\times6=1080^\circ$　$1080^\circ\div8=135^\circ$

2(1)　対頂角，同位角，錯角の角の位置をおさえること。右の図で，錯角の位置は $\angle b$ と $\angle h$，$\angle c$ と $\angle e$

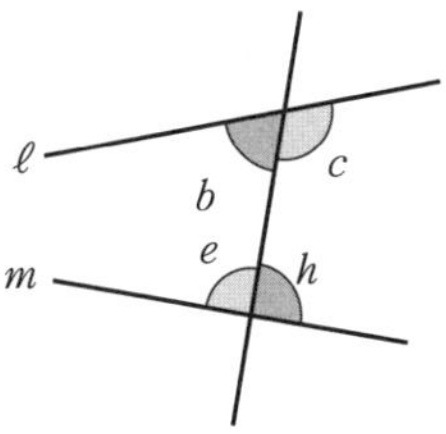

(3)　右の図で，$\ell /\!/ m$ のとき，等しい角は $\angle a=\angle c=\angle e=\angle g$，$\angle b=\angle d=\angle f=\angle h$

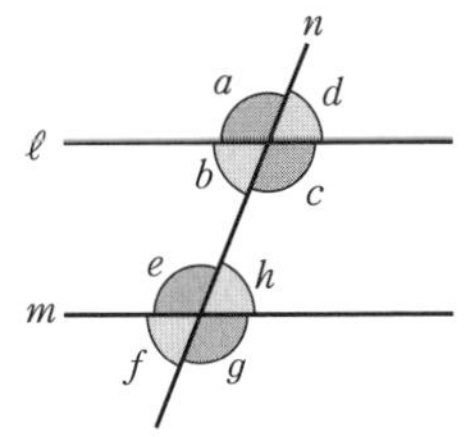

3(2)　右の図のように，角の頂点を通り，直線 ℓ と m に平行な直線をひくと，平行線の錯角は等しいから，75° の角が 45° と 30° に分けられ，$\angle x$ は 30° の角と，平行線の錯角で等しいから，$\angle x=30^\circ$

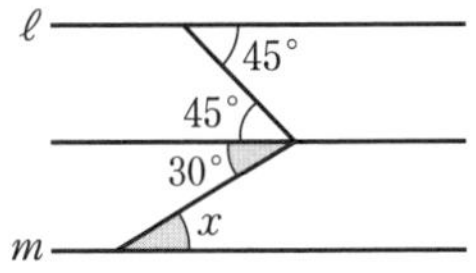

4(2)　右の図のように，辺 BC を延長させ，辺 AD との交点を E とする。△CDE で，三角形の内角と外角の性質から，
$\angle \mathrm{CED}=120^\circ-27^\circ=93^\circ$
△ABE も同様に，
$\angle x=93^\circ-60^\circ=33^\circ$

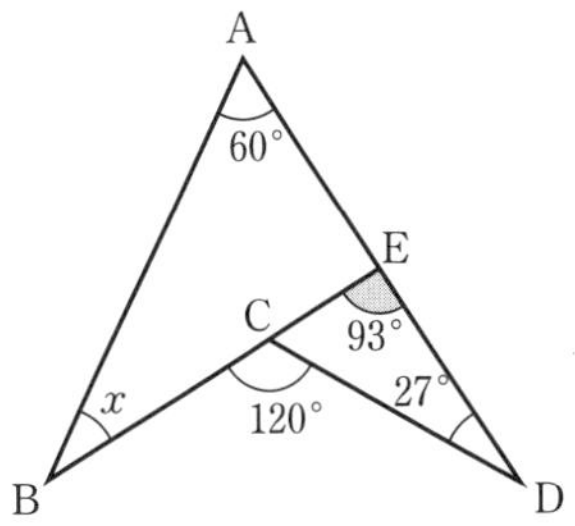

(3)　右の図で，$\angle \mathrm{ABC}=180^\circ-64^\circ=116^\circ$
$\angle \mathrm{AFE}=180^\circ-52^\circ=128^\circ$　六角形の内角の和は，$180^\circ\times(6-2)=720^\circ$　よって，
$\angle x=720^\circ-(93^\circ+116^\circ+143^\circ+120^\circ+128^\circ)$
$=720^\circ-600^\circ=120^\circ$

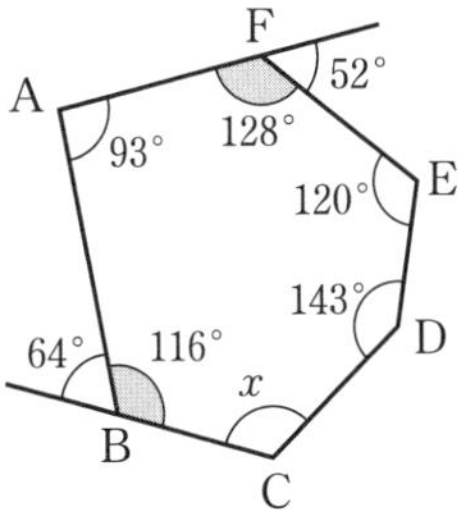

6　［平行線になるための条件］
2 直線に 1 つの直線が交わるとき
① 同位角が等しければ，その 2 直線は平行である。
② 錯角が等しければ，その 2 直線は平行である。

7　右の図で，
$\angle f=\angle g$ より，錯角が等しいから，$c /\!/ d$
$\angle h=\angle j$ より，同位角が等しいから，
$a /\!/ b$

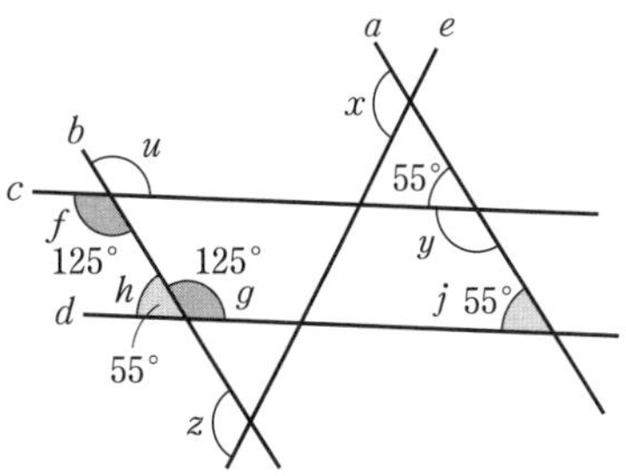

基本ワーク p.84 ～ 85

Check!

1 $\triangle ABC \equiv \triangle EHG$，$\triangle ACD \equiv \triangle EGF$，
$\triangle ABD \equiv \triangle EHF$，$\triangle BCD \equiv \triangle HGF$
（頂点が対応していれば記号の順は不問）

2 ［説明］（例） $AB = PQ$，$\angle B = \angle Q$，
$\angle A = \angle P$ だから，1 組の辺とその両端の角がそれぞれ等しい。よって，
$\triangle ABC \equiv \triangle PQR$

基本問題

❶ 合同な組，合同条件の順に

$\triangle ABC \equiv \triangle QPR$
3 組の辺がそれぞれ等しい。

$\triangle DEF \equiv \triangle KLJ$
2 組の辺とその間の角がそれぞれ等しい。

$\triangle GHI \equiv \triangle NOM$
1 組の辺とその両端の角がそれぞれ等しい。

❷ (1) $\triangle ABC \equiv \triangle CDA$

(2) 辺…$AB = CD$（$BA = DC$），
$BC = DA$（$CB = AD$），
$AC = CA$
角…$\angle ABC = \angle CDA$
（$\angle CBA = \angle ADC$），
$\angle BAC = \angle DCA$
（$\angle CAB = \angle ACD$），
$\angle ACB = \angle CAD$
（$\angle BCA = \angle DAC$）

(3) $AB /\!/ DC$，$AD /\!/ BC$

(4) いえる。
［説明］（例） (2)より $DA = BC$ ……①
(3)より $AD /\!/ BC$ だから，平行線の錯角は等しいから $\angle ADB = \angle CBD$ ……②
また，(2)より
$\angle BAC = \angle DCA$，$\angle ACB = \angle CAD$
なので $\angle BAD = \angle BAC + \angle CAD$
$= \angle DCA + \angle ACB$
$\angle BAD = \angle DCB$ ……③
①，②，③より，1 組の辺とその両端の角がそれぞれ等しいから，
$\triangle ABD \equiv \triangle CDB$

❸ (1) いえる。
［説明］（例） 三角形の内角の和は 180° だから，$\angle F = 180^\circ - (50^\circ + 45^\circ) = 85^\circ$
よって，$\angle C = \angle F$，$\angle B = \angle E$，
$BC = EF$
対応する 1 組の辺とその両端の角がそれぞれ等しいから，$\triangle ABC \equiv \triangle DEF$

(2) $AB = DE$，$\angle C = \angle F$，$\angle A = \angle D$

解説

❶ 辺や角の位置関係や大きさに注意し，三角形の合同条件として使うことができるかを判断する。

❷(1) 頂点が対応していなければならないことに注意する。$\triangle ABC \equiv \triangle ACD$ は不可。

(2) 「(1)からわかること」は $\triangle ABC \equiv \triangle CDA$ であることだから，対応する頂点は A と C，B と D，C と A である。この対応関係をもとに，等しい辺や角の記号を正しくならべて書く。
また，1 つの頂点から 3 本以上の辺が出ているとき，$\angle A$，$\angle B$ などと書かず，$\angle BAD$，$\angle ABC$ などと表したほうがよい場合が多い。（$\angle A$，$\angle B$ だと誤りとされる場合もあるが，$\angle BAD$，$\angle ABC$ が誤りとされることはない。）

(3) 辺の位置関係は，平行や垂直などのこと。位置関係を表すときは，頂点の対応は気にしなくてもよい。

(4) 三角形の合同条件に合う辺や角に関する式を探す。また，平行線の錯角にも着目する。

❸(1) 三角形は 2 つの角がわかっていると残りの角や外角もわかる。

(2) 合同条件はそれぞれ，
$AB = DE$ のとき，2 組の辺とその間の角がそれぞれ等しい。
$\angle A = \angle D$ または $\angle C = \angle F$ のとき，1 組の辺とその両端の角がそれぞれ等しい。

基本ワーク　p.86 ～ 87

Check!

1　3 組の辺がそれぞれ等しい。

2　**例題 1** (1)の作図方法により

仮定…PO＝QO，PR＝QR

結論…∠POR＝∠QOR

基本問題

❶　㋐　QOR　㋑　QO　㋒　PR　㋓　OR

㋔　3 組の辺がそれぞれ等しい　㋕　POR

❷　㋐　POS　㋑　QOS　㋒　PO＝QO

㋓　∠POS＝∠QOS　㋔　OS

㋕　2 組の辺とその間の角がそれぞれ等しい

㋖　PS＝QS

❸　(1)　仮定…AB＝PQ, BC＝QR, CA＝RP

結論…△ABC≡△PQR

(2)　いえる。

解説

❶

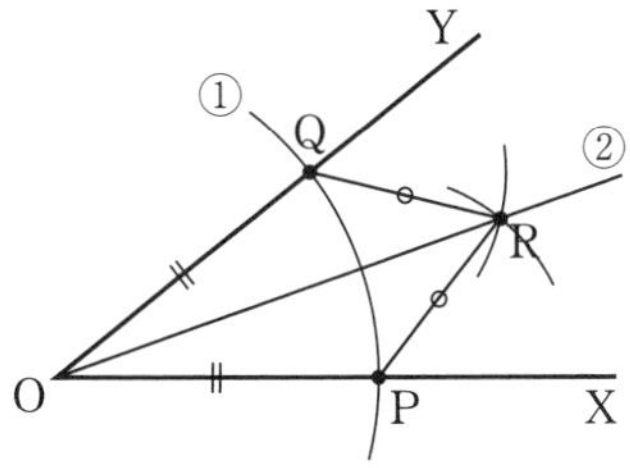

証明の手順は次のようになる。

△POR と △QOR(㋐) において…どの三角形の合同をいうかを明らかにする。

PO＝QO(㋑)，PR(㋒)＝QR…円の半径が等しいことから，線分の長さが等しいことがわかる。

OR(㋓)＝OR(㋓) …2 つの三角形に共通な辺は長さが等しい。

以上から，三角形の合同条件(㋔)がいえる。合同条件をいえば三角形が合同であることをいえる。

∠POR(㋕)＝∠QOR ← 結論

❷

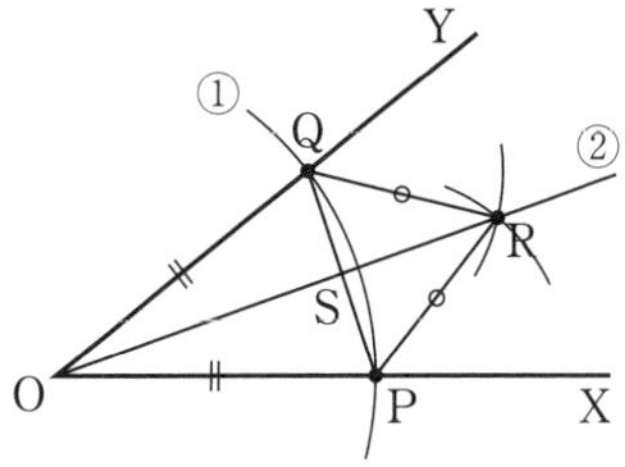

証明の手順は次のようになる。

△POS(㋐)と △QOS(㋑)において…どの三角形の合同をいうかを明らかにする。

PO＝QO(㋒)，∠POS＝∠QOS(㋓)…❶からわかる事実を式で表す。

OS＝OS(㋔)… 2 つの三角形に共通な辺は長さが等しい。

㋕は三角形の合同条件，㋖は結論。

❸(1) 「P　ならば　Q である」の「ならば」の前の P の部分が仮定，「ならば」のあとの Q の部分が結論。

(2)　仮定から，「3 組の辺がそれぞれ等しい」という三角形の合同条件を導くことができる。三角形の合同条件にあてはまる 2 つ(以上)の三角形は，つねに合同である。

基本ワーク　p.88 ～ 89

Check!

1　[証明](例)　$\triangle EAD$ と $\triangle EBC$ において，仮定から　$ED = EC$ ……①
$AD /\!/ CB$ より，平行線の錯角は等しいから　$\angle ADE = \angle BCE$ ……②
対頂角は等しいから
$\angle AED = \angle BEC$ ……③
①，②，③より，1 組の辺とその両端の角がそれぞれ等しいから
$\triangle EAD \equiv \triangle EBC$
合同な図形の対応する辺は等しいから
$EA = EB$

2　[証明](例)　$\triangle OAD$ と $\triangle OBC$ において，仮定から　$OA = OB$ ……①
$OD = OC$ ……②
対頂角は等しいから
$\angle AOD = \angle BOC$ ……③
①，②，③より，2 組の辺とその間の角がそれぞれ等しいから
$\triangle OAD \equiv \triangle OBC$
合同な図形の対応する角は等しいから
$\angle DAO = \angle CBO$
錯角が等しいから　$AD /\!/ CB$

基本問題

❶ (1)①　仮定…$AB = BC = CA$，$MB = MC$，
$\angle BAC = \angle CBA = \angle ACB$
結論…$\triangle ABM \equiv \triangle ACM$

②　[証明](例)　$\triangle ABM$ と $\triangle ACM$ において，仮定から，$AB = AC$ ……①
$MB = MC$ ……②　AM は共通 ……③
①，②，③より，3 組の辺がそれぞれ等しいから，$\triangle ABM \equiv \triangle ACM$

(2)①　[証明](例)　$\triangle ADC$ と $\triangle CEB$ において，仮定から，$AC = CB$，
$AD = CE$，正三角形の内角はすべて等しいから，$\angle DAC = \angle ECB$
以上から，2 組の辺とその間の角がそれぞれ等しいから，$\triangle ADC \equiv \triangle CEB$

②　[証明](例)　$\triangle ABE$ と $\triangle BCD$ において，①より，$BE = CD$，$AE = BD$
仮定から，$AB = BC$
以上から，3 組の辺がそれぞれ等しいから，$\triangle ABE \equiv \triangle BCD$

❷　[証明](例)　$\triangle PBC$ と $\triangle QCD$ において，
仮定から，　$\angle PCB = \angle QDC$ ……①
正方形の性質より，$BC = CD$ ……②
$\angle PBC = \angle QCD\ (=90^\circ)$ ……③
①，②，③より，1 組の辺とその両端の角がそれぞれ等しいから，$\triangle PBC \equiv \triangle QCD$
合同な図形の対応する辺は等しいから，
$BP = CQ$

❸　[証明](例)　$\triangle AOF$ と $\triangle COE$ において，
長方形の向かい合う辺は平行だから，
$AF /\!/ EC$　平行線の錯角は等しいから，
$\angle FAO = \angle ECO$ ……①
$\angle AFO = \angle CEO$ ……②
また，長方形の向かい合う辺は等しいから，
$AD = BC$ ……③
仮定から，$DF = BE$ ………④
③，④より，$AF = CE$ ……⑤
①，②，⑤から，1 組の辺とその両端の角がそれぞれ等しいから，$\triangle AOF \equiv \triangle COE$
合同な図形の対応する辺は等しいから，
$FO = EO$

解説

❶(1)①　正三角形であるということは，すべての辺および，すべての内角が等しいということ。
また，M が中点であるということは，$MB = MC$ であるということ。

(2)②　①の結果をうまく利用する。

❷　問題に $\angle PCB = \angle QDC$ という仮定があるので，正方形の性質を「仮定」とはしないほうがよい。ただし，問題によっては「正方形の仮定から」などとすることも可能である。

❸　正方形や長方形，正三角形などの特別な多角形は，三角形の合同条件の材料となる性質をたくさんもっているので，どの材料を選択すべきかをよく考えて証明を進めたい。

3 節の問題　p.90 ～ 91

1 (1)　四角形 ABCD ≡ 四角形 FGHE

(2)　2.5cm

(3)　∠H

2 △ABC ≡ △PQR
3 組の辺がそれぞれ等しい。

△DEF ≡ △IGH
1 組の辺とその両端の角がそれぞれ等しい。

3 BC = EF
2 組の辺とその間の角がそれぞれ等しい。

∠BAC = ∠EDF
1 組の辺とその両端の角がそれぞれ等しい。

4 △OBC ≡ △OAC
2 組の辺とその間の角がそれぞれ等しい。

5 (1)　仮定　△ABC ≡ △DEF
結論　∠ACB = ∠DFE

(2)　仮定　$\ell /\!/ m$
結論　$\angle x = \angle y$

(3)　仮定　n 角形
結論　内角の和は $180^\circ \times (n-2)$

6 (1)　仮定　AE = DE，BE = CE
結論　AB = DC

(2)　△ABE と △DCE

(3)　2 組の辺とその間の角がそれぞれ等しい。

7 ㋐　DEF　　㋑　EF
㋒　同位角　　㋓　DEF
㋔　AC // DF　　㋕　同位角
㋖　DFE
㋗　1 組の辺とその両端の角がそれぞれ等しい
㋘　△DEF

8 ［証明］
（例）　△ABD と △CBD において
仮定から　AB = CB　……①
∠ABD = ∠CBD　……②
また　BD は共通　……③
①，②，③より，2 組の辺とその間の角がそれぞれ等しいから
△ABD ≡ △CBD
合同な図形の対応する角は等しいから
∠BAD = ∠BCD

解説

2　△DEF の ∠F は，三角形の内角の和より，$180^\circ - (70^\circ + 60^\circ) = 50^\circ$　△DEF と △IGH が，1 組の辺とその両端の角がそれぞれ等しい合同条件から，合同であることがいえる。

5　「ならば」の前と後の部分で，仮定と結論に分けられる。「ならば」がない場合は，文章に「ならば」を入れてみて，仮定と結論をさがす。

(3)　n 角形ならば，内角の和は $180^\circ \times (n-2)$ である。

6　仮定で等しい関係にある辺や角は，図に同じ印をかき入れると，どの合同条件があてはまるかがわかりやすくなる。

7　平行線での同位角や錯角は等しい。同位角，錯角は，角の位置関係を示すので，同位角や錯角であるというだけでは，角度が等しいとはいえない。かならず平行線であることを示し，「平行線の同位角は等しい」，「平行線の錯角は等しい」とおさえるようにする。

8　仮定と共通な辺から，2 組の辺とその間の角がそれぞれ等しい合同条件へと導いていく。

〈証明のすすめ方〉
① 合同を証明したい三角形を示す。
② 仮定から等しい関係を示す。
③ 仮定以外の等しい関係を示す。
④ あてはまる合同条件を書く。
⑤ 三角形が合同であることを示し，結論を書く。

4章の問題　p.92～93

1 (1)　1080°　(2)　正二十角形

2 (1)　$\angle x=50°$　(2)　$\angle x=14°$

(3)　$\angle x=126°$

3 (1)　$\angle x=60°$　(2)　$\angle x=50°$

4 (1)　$\angle x+\angle y=96°$

(2)　$\angle x+\angle y=113°$

5 ［証明］(例)　△ABDと△CDBにおいて

仮定から　AB＝CD　……①

AB∥DCより，平行線の錯角は等しいから

∠ABD＝∠CDB　……②

また　BDは共通　……③

①，②，③より，2組の辺とその間の角がそれぞれ等しいから

△ABD≡△CDB

合同な図形の対応する辺は等しいから

AD＝CB

6 ㋐　EFB　㋑　∠CAB＋∠CDF

㋒　BEF

㋓　1組の辺とその両端の角がそれぞれ等しい

㋔　DF＝BF

7 ㋐　BCD　㋑　DCE

㋒　∠BCE＋∠DCE　㋓　BCD

㋔　2組の辺とその間の角がそれぞれ等しい

㋕　BDC

解説

2(2)

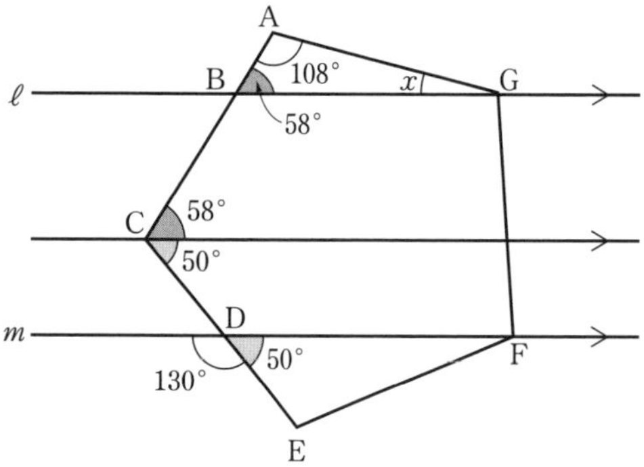

上の図のように，正五角形の頂点Cを通り，直線 ℓ と m に平行な直線をひく。∠EDF＝50°

正五角形の内角の1つの角度は，

180°×(5－2)÷5＝108°　平行線の錯角は等しいから，∠ACEは，58°と50°に分けられる。

平行線の同位角から，∠ABG＝58°　また，∠BAG＝108°　△ABGの内角の和が180°より，

$\angle x=180°-(58°+108°)=14°$

3(2)　右の図のように，C′を通る辺ADとBCに平行な直線をひく。C′は，頂点Cが紙を折り曲げたときに移った頂点だから，

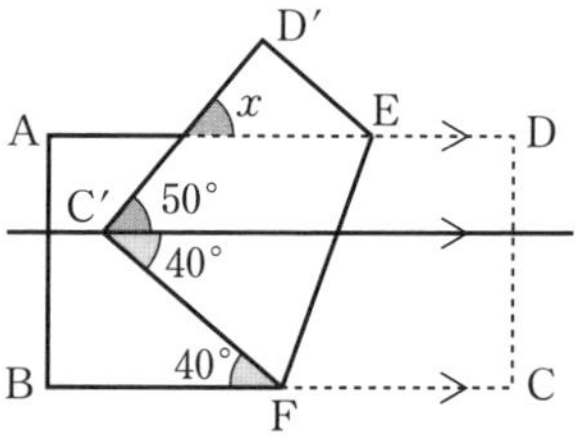

∠D′C′F＝90°　平行線の錯角は等しいから，∠D′C′Fは，50°と40°に分けられ，また平行線の同位角から，$\angle x=50°$

4(2)　右の図で，△ABEの内角，外角の性質から，

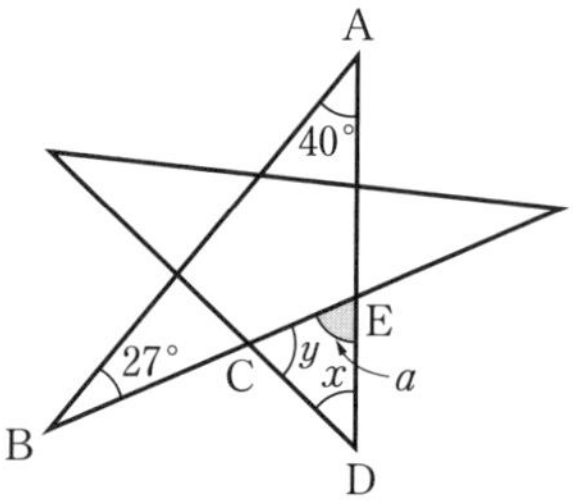

$\angle a=40°+27°$

$=67°$　△CDEで，三角形の内角の和は180°だから，$\angle x+\angle y+67°=180°$

よって，$\angle x+\angle y=180°-67°=113°$

6　DFとBFの，それぞれをふくむ2つの三角形を選び出すときに，△CFDと△EFBならば，1組の辺と1組の角がそれぞれ等しいことがわかっているから，∠DCFと∠BEFが等しければ，1組の辺とその両端の角がそれぞれ等しい合同条件で合同が証明でき，DF＝BFを導ける。

∠DCFは，△ABCの内角，外角の性質から，∠CABと∠EBFの和となる。また，∠BEFも，△AEDの内角，外角の性質から，∠CABと∠CDFの和になる。証明の②から，∠DCFと∠BEFが等しくなり，△CFDと△EFBの合同が証明できる。

7　証明の④，⑤のように，∠ACEと∠BCDはそれぞれ∠ACD，∠BCEに∠DCEを加えた角だから，③から∠ACE＝∠BCDといえる。この内角が等しいことを導く理由の書き方をしっかりおさえておくことが大切である。

5章　三角形と四角形

ウォーミングアップ　p.94 ～ 95

1　(1)　$\angle x = 130^\circ$，$\angle y = 130^\circ$

(2)　$\angle x = 40^\circ$　　(3)　$\angle x = 140^\circ$

(4)　$\angle x = 40^\circ$

2　(1)　平行四辺形　　(2)　長方形

(3)　ひし形

3　(1)　$\angle x = 65^\circ$　　(2)　$\angle x = 128^\circ$

4　(1)

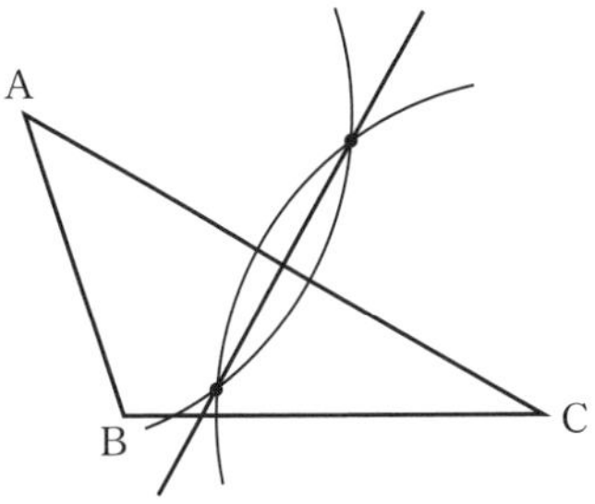

(2)

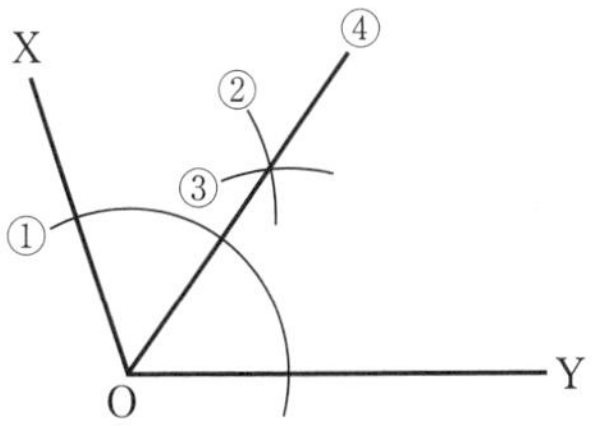

5　(1)　△ABD≡△CDB

2組の辺とその間の角がそれぞれ等しい。

(2)　△ABD≡△CDB

3組の辺がそれぞれ等しい。

(3)　△ABO≡△CDO

1組の辺とその両端の角がそれぞれ等しい。

解説

1(1)　右の図より

$\angle x = 130^\circ$

平行四辺形の向かい合う角の大きさは等しいから $\angle y = 130^\circ$

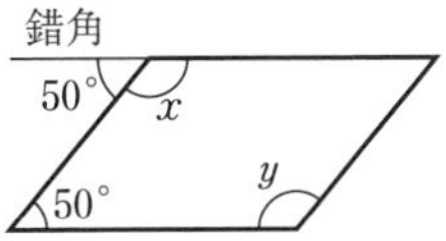

(2)　右の図の色をつけた三角形で考えると，

$\angle x = 180^\circ - (90^\circ + 50^\circ) = 40^\circ$

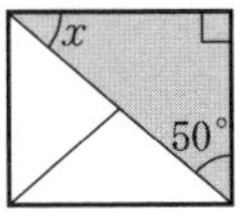

(3)　ひし形の向かい合う辺は平行だから，右の図のようになる。$\angle x = 140^\circ$

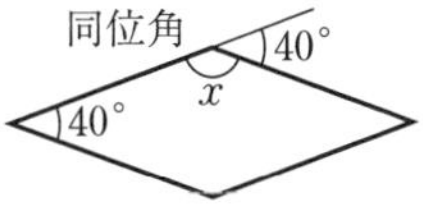

(4)　二等辺三角形の性質より，もう一方の角も 70° であるとわかる。

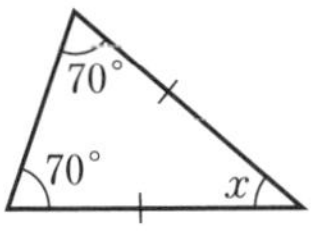

$\angle x = 180^\circ - (70^\circ + 70^\circ) = 40^\circ$

2(1)　平行四辺形の対角線は，それぞれの真ん中で交わる。

(2)　長方形の 2 本の対角線の長さは等しい。

(3)　ひし形の対角線は，それぞれの真ん中で垂直に交わる。

3(1)　補助線をひいて錯角を使う。

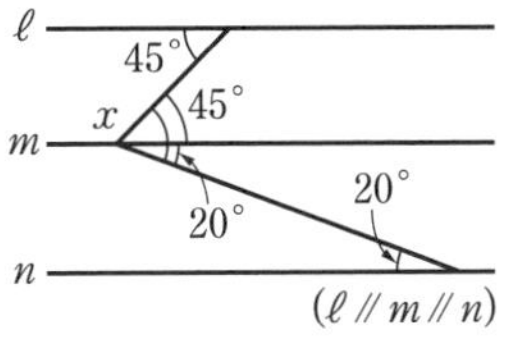

$\angle x = 45^\circ + 20^\circ = 65^\circ$

(2)　三角形の内角の和は 180° だから，

●● ＋ ○○ ＋ 76° ＝ 180°

式を変形すると，●● ＋ ○○ ＝ 104°

よって　● ＋ ○ ＝ 52°

小さい三角形では，● ＋ ○ ＋ x ＝ 180°

5(3)　対頂角は等しいから，∠AOB＝∠COD

基本ワーク　p.96 ~ 97

Check!

1　[証明](例)　$\triangle AMC$ と $\triangle AMB$ において，$\triangle AMC \equiv \triangle AMB$ より，

$\angle AMC = \angle AMB$ ……①

$\angle CMB = 180^\circ$ ……②

①，②より，

$\angle AMC = \angle AMB = 180^\circ \div 2 = 90^\circ$

また，

$\angle MAC = \angle MAB$ ……③

$\angle CAB = 90^\circ$ ……④

③，④より，

$\angle MAC = \angle MAB = 90^\circ \div 2 = 45^\circ$

三角形の内角の和は 180° だから，

$\angle B = \angle C = 180^\circ - (90^\circ + 45^\circ) = 45^\circ$

2　25°

基本問題

❶ (1)　$\angle x = 51^\circ$　　(2)　$\angle x = 117^\circ$

(3)　$\angle x = 38^\circ$

❷ (1)　60°

(2)　[証明]続き（例）$\triangle CAB$ は $CA = CB$ の二等辺三角形である。したがって，底角は等しいから，$\angle A = \angle B$

(3)　三角形の内角の和は 180° で，(2)より正三角形の 3 つの内角は等しいから，正三角形の 1 つの内角は，$180^\circ \div 3 = 60^\circ$

❸ (1)　[証明](例)　$\triangle PSB$ と $\triangle QRC$ において，四角形 PSRQ は正方形だから，

$PS = QR$ ……①

$\angle PSB = \angle QRC = 90^\circ$ ……②

二等辺三角形の底角は等しいから，

$\angle B = \angle C$ ……③

②，③より，

$\angle BPS = \angle CQR$ ……④

①，②，④より，

1 組の辺とその両端の角がそれぞれ等しいから，$\triangle PSB \equiv \triangle QRC$

合同な図形の対応する辺は等しいから，

$PB = QC$

したがって，$AB = AC$ だから，

$AP = AQ$

(2)　34°

❹　[証明](例)　$\triangle APM$ と $\triangle APN$ において，

仮定から $\angle APM = \angle APN$ ……①

$BP = CP$

M，N は BP，CP の中点だから，

$MP = NP$ ……②

また AP は共通 ……③

①，②，③より，

2 組の辺とその間の角がそれぞれ等しいから，$\triangle APM \equiv \triangle APN$

合同な図形の対応する辺は等しいから，

$AM = AN$

解説

❶(1)　$\angle x = (180^\circ - 78^\circ) \div 2 = 51^\circ$

(2)　$(180^\circ - 54^\circ) \div 2 = 63^\circ$

$\angle x = 180^\circ - 63^\circ = 117^\circ$

❷(2)　$\angle B = \angle C$ ……①，$\angle A = \angle B$ ……②より，$\angle A = \angle B = \angle C$ であることがわかる。

❸(1)　二等辺三角形であれば底角が等しい。

(2)　$\angle B = \angle C = (180^\circ - 68^\circ) \div 2 = 56^\circ$

$\triangle PBS$ の内角の和から，

$\angle BPS = 180^\circ - (56^\circ + 90^\circ) = 34^\circ$

❹　ここでの仮定とは，AP が二等辺三角形 ABC の頂角 A の二等分線であることなので，$BP = CP$，$\angle APM = \angle APN$ の 2 つのことがいえる。

基本ワーク　p.98 ～ 99

Check!

1　110°

2　(1)　逆…底角が等しい三角形は二等辺三角形である。

正誤…正しい。(定理だから)

(2)　逆…4つの辺が等しい四角形は正方形である。

正誤…正しくない。(反例：ひし形)

基本問題

❶　[証明](例)　三角形の内角の和は 180° だから，$\angle C = 180^\circ - (\angle A + \angle B)$

$= 180^\circ - (36^\circ + 72^\circ)$

$= 72^\circ = \angle B$

底角が等しいから，$AB = AC$ である。

❷　(1)　[証明](例)　$PR /\!/ QC$ より，平行線の錯角が等しいから，

$\angle PRQ = \angle RQC$ ……①

仮定から，$\angle C = \angle B = \angle PRQ$ ……②

①，②より，$\angle PRQ = \angle RQC = \angle C$

$\triangle RQC$ の底角が等しいから，$\triangle RQC$ は $RQ = RC$ の二等辺三角形である。

(2)　$\angle RPQ = 75^\circ$，$\angle RQP = 75^\circ$

(3)　[説明](例)　(2)より，$\triangle PQR$ の底角が等しいから，$\triangle PQR$ は $RP = RQ$ の二等辺三角形である。

❸　[証明](例)　$\triangle AHB$ と $\triangle AHC$ において，

仮定から，$\angle BAH = \angle CAH$ ……①

$AH \perp BC$ より，$\angle AHB = \angle AHC$ ……②

共通な辺だから，$AH = AH$ ……③

①，②，③より，1組の辺とその両端の角がそれぞれ等しいから，$\triangle AHB \equiv \triangle AHC$

合同な図形の対応する辺は等しいから，$AB = AC$ となり，$\triangle ABC$ は二等辺三角形である。

❹　(例)(1)①　$n = 4$ のとき，n の絶対値は4だから，正しくない。

②　二等辺三角形の定理より，正しい。

③　正三角形の2辺は等しいから，正しい。

(2)①　逆…整数 n が $-4 < n < 4$ ならば，n の絶対値は4以下である。

正誤…正しい。

②　逆…三角形の頂角の二等分線が底辺を垂直に2等分するならば，その三角形は二等辺三角形である。

正誤…正しい。

③　逆…二等辺三角形は正三角形である。

正誤…正しくない。

解説

❷(1)　二等辺三角形であれば底角が等しい。その逆に，底角が等しい三角形は二等辺三角形である。これらはどちらも「定理」である。

(2)　二等辺三角形の底角は等しいから，

$\angle B = \angle C = (180^\circ - 120^\circ) \div 2 = 30^\circ$

よって，$\angle PRQ = \angle RQC = 30^\circ$

折り返しより，$\angle BQP = \angle RQP$

$= (180^\circ - \angle RQC) \div 2$　したがって，

$\angle RQP = (180^\circ - 30^\circ) \div 2 = 75^\circ$

$\triangle PQR$ の内角の和について，

$\angle RPQ = 180^\circ - (\angle PRQ + \angle RQP)$

$= 180^\circ - (30^\circ + 75^\circ) = 75^\circ$

❸　別解例　$\triangle AHB \equiv \triangle AHC$　合同な図形の対応する角は等しいから，$\angle B = \angle C$

したがって，底角が等しいから，$AB = AC$

「二等辺三角形の頂角の二等分線は，底辺を垂直に2等分する」という定理の逆。

❹(1)(2)③　「ある三角形が正三角形ならば，その三角形は二等辺三角形である」と読むと，逆は「ある三角形が二等辺三角形であれば，その三角形は正三角形である」となる。

正三角形であれば3辺が等しい。3辺が等しければ2辺が等しい。よって，(1)では正しい。(2)で逆は，2辺が等しければ3辺が等しいとはいえないので，明らかに正しくない。

基本ワーク　p.100 ～ 101

Check!

1　斜辺と１つの鋭角がそれぞれ等しい。

2　[証明](例)　△EBC と △DCB において，仮定から，
∠BEC＝∠CDB＝90°　……①
二等辺三角形の底角は等しいから，
∠EBC＝∠DCB　……②
共通な辺だから，BC＝CB　……③
①，②，③より，直角三角形で，斜辺と１つの鋭角がそれぞれ等しいから，
△EBC≡△DCB
合同な図形の対応する辺は等しいから，
BD＝CE

基本問題

❶　(1)　$x=37$，$y=10$
(2)　斜辺…10，他の１辺…６または８

❷　｛△ABC≡△LKJ
斜辺と他の１辺がそれぞれ等しい。
｛△DEF≡△GHI
斜辺と１つの鋭角がそれぞれ等しい。

❸　(1)　[証明](例)　△ABC と △CDA において，長方形だから，
∠B＝∠D＝90°　……①
AB∥DC より，平行線の錯角は等しいから，∠BAC＝∠DCA　……②
共通な辺だから，AC＝CA　……③
①，②，③より，直角三角形で，斜辺と１つの鋭角がそれぞれ等しいから，
△ABC≡△CDA

(2)　[証明](例)　△ABC と △CDA において，長方形だから，
∠B＝∠D＝90°　……①
AB＝CD　……②
共通な辺だから，　AC＝CA　……③
①，②，③より，
直角三角形で，斜辺と他の１辺がそれぞれ等しいから，△ABC≡△CDA

❹　[証明](例)　△POC と △POD において，
仮定から，∠OCP＝∠ODP＝90°　……①
PC＝PD　……②
共通な辺だから，OP＝OP　……③
①，②，③より，直角三角形で，斜辺と他の１辺がそれぞれ等しいから，
△POC≡△POD
合同な図形の対応する角は等しいから，
∠POC＝∠POD
したがって，OP は ∠AOB を２等分する。

解説

❶(2)　斜辺はもっとも長い辺 (10) である。他の１辺は６でも８でもよい。

❷　問題の条件以外に，次のような２つの直角三角形も，三角形の合同条件（２組の辺とその間の角がそれぞれ等しい）をみたすので，合同である。

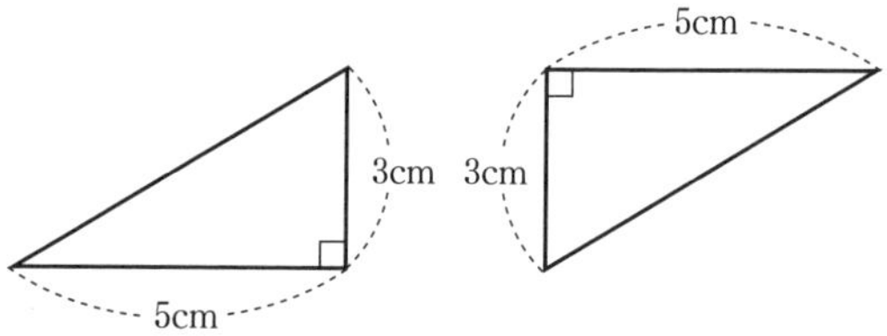

❸　別解例　(1)　AD∥BC より，
∠BCA＝∠DAC……② として「斜辺と１つの鋭角」としてもよい。
(2)　長方形だから BC＝DA……② として「斜辺と他の１辺」としてもよい。

1 節の問題　p.102 〜 103

1 (1)　$\angle x = 12°$　(2)　$\angle x = 35°$
(3)　$\angle x = 15°$　(4)　$\angle x = 55°$

2 (1)　2 組の辺とその間の角がそれぞれ等しい。

(2)　[証明](例)　△EBC と △DCB において，
仮定から　BE＝CD　……①
また，　BC は共通　……②
二等辺三角形の底角は等しいから，
∠EBC＝∠DCB ……③
①，②，③より，2 組の辺とその間の角がそれぞれ等しいから，
△EBC ≡ △DCB
合同な図形の対応する辺は等しいから，
EC＝DB

(3)　∠PCB＝∠PBC

3 (1)　逆…$\angle a = \angle b$ ならば，$\ell \parallel m$
正誤…正しい。

(2)　逆…対応する角がそれぞれ等しいならば，2 つの三角形は合同である。
正誤…正しくない。

(3)　逆…$x + y < 0$ ならば，$x < 0$，$y < 0$
正誤…正しくない。

4 [証明](例)　△ABC と △ADC において，
仮定から，　BC＝DC　……①
∠ACB＝90°　……②
B，C，D は一直線上にあるから，
②より，　∠ACD＝90°　……③
②，③より，∠ACB＝∠ACD ……④
また，　AC は共通　……⑤
①，④，⑤より，2 組の辺とその間の角がそれぞれ等しいから，
△ABC ≡ △ADC
合同な図形の対応する辺は等しいから，
AB＝AD　したがって，2 つの辺が等しいから，△ABD は二等辺三角形となる。

5 [証明](例)　△EBC と △DCB において，
仮定から，∠CEB＝∠BDC＝90°　……①
BE＝CD　……②
また，　BC は共通　……③
①，②，③より，直角三角形で，斜辺と他の 1 辺がそれぞれ等しいから，
△EBC ≡ △DCB
合同な図形の対応する角は等しいから，
∠ABC＝∠ACB
したがって，2 つの角が等しいから，
△ABC は二等辺三角形となる。

6 [証明](例)　台形 ABCD において
AD // BC より，平行線の錯角は等しいから，
∠ACB＝∠CAD ……①
仮定から　∠ABC＝∠CAD ……②
①，②より，∠ACB＝∠ABC
したがって，△ABC は 2 つの角が等しい二等辺三角形となり，AB＝AC

7 [証明](例)　△DAE と △DCF において，
∠DEF＝∠DFE より，△DEF は二等辺三角形だから，DE＝DF ……①
正方形 ABCD だから，
∠EAD＝∠FCD＝90° ……②
AD＝CD ……③
①，②，③より，直角三角形で，斜辺と他の 1 辺がそれぞれ等しいから，
△DAE ≡ △DCF

解説

1 (1)　$\angle x = 32° - 20° = 12°$

(2)　$(180° - 100°) \div 2 = 40°$
$\angle x = \{(180° - 40°) \div 2\} \div 2 = 35°$

(3)　$\angle x = \{(180° - 120°) \div 2\} \div 2 = 15°$

(4)　$(180° - 110°) \div 2 = 35°$
$\angle x = 180° - (35° + 90°) = 55°$

基本ワーク p.104 ～ 105

Check!

1 ㊓ 定理…平行四辺形では，対角線はそれぞれの中点で交わる。

2 [証明](例) △AEB と △CFD で，
仮定から，
∠AEB＝∠CFD＝90° ……①
平行四辺形の対辺は等しいから，
AB＝CD……②
AB // CD より，平行線の錯角は等しいから，∠ABE＝∠CDF……③
①，②，③より，直角三角形で，斜辺と 1 つの鋭角がそれぞれ等しいから，
△AEB≡△CFD
合同な図形の対応する辺は等しいから，
AE＝CF

基本問題

❶ (1) △ABC≡△CDA，
△ABD≡△CDB，△AOB≡△COD，
△AOD≡△COB

(2) 80°

❷ (1) $x=65$，$y=115$
平行四辺形では，2 組の対角はそれぞれ等しい。

(2) $x=4$，$y=7$
平行四辺形では，対角線はそれぞれの中点で交わる。
平行四辺形では，2 組の対辺はそれぞれ等しい。

❸ (1) [証明](例) △DEO と △BFO において，仮定から，
DO＝BO ……①
AD // BC より平行線の錯角は等しいから，∠EDO＝∠FBO ……②
対頂角は等しいから，
∠EOD＝∠FOB ……③
①，②，③より，1 組の辺とその両端の角がそれぞれ等しいから，
△DEO≡△BFO
したがって，EO＝FO

(2) [証明](例) △AEF と △CFE において，(1)より △DEO≡△BFO だから，
ED＝FB
平行四辺形の対辺は等しいから，
AE＝AD－ED＝CB－FB＝CF
つまり，AE＝CF ……④
平行線の錯角は等しいから，
∠AEF＝∠CFE ……⑤
共通な辺だから，EF＝FE ……⑥
④，⑤，⑥より，2 組の辺とその間の角がそれぞれ等しいから，△AEF≡△CFE
したがって，∠AFE＝∠CEF
錯角が等しいから，AF // EC

(3) [証明](例) (2)より，
△AEF≡△CFE だから，
∠EAF＝∠FCE ……⑦
また，平行四辺形の対角は等しいから，
∠BAD＝∠DCB ……⑧
⑦，⑧より
∠BAF＝∠BAD－∠EAF
＝∠DCB－∠FCE
＝∠DCE

解説

❶(1) 平行四辺形の定義および 3 つの定理から導くことができる。なお，4 組の三角形の合同を証明するために使う三角形の合同条件は，どれを使っても証明できる。

(2) AD // BC より平行線の錯角は等しいから，
∠OAD＋∠OBC＝∠OAD＋∠ODA
三角形の内角と外角の関係
→＝∠DOC
＝180°－100°＝80°

❷(2) 平行四辺形の対角線はそれぞれの中点で交わるので，$x=8\div2=4$

❸(3) 「平行線の錯角より ∠BAF＝∠DCE」としてしまうと誤りなので注意する。

基本ワーク　p.106 ～ 107

Check!

1　[証明](例)　△ABC と △CDA において，仮定から，AB＝CD ……①
BC＝DA ……②
共通な辺だから，AC＝CA ……③
①，②，③より，3 組の辺がそれぞれ等しいから，
△ABC≡△CDA
合同な図形の対応する角は等しいから，
∠ACB＝∠CAD
錯角が等しいから，AD∥BC

2　[証明](例)　長方形の対辺は平行だから，PQ∥RS ……①
平行線の錯角は等しいから，
∠CSQ＝∠PQS
仮定から，∠APR＝∠CSQ だから，
∠APR＝∠PQS
同位角が等しいから，PR∥QS ……②
①，②より，2 組の対辺がそれぞれ平行だから，四角形 PRSQ は平行四辺形である。

基本問題

❶　平行四辺形になるもの：
㋐… 1 組の対辺が平行でその長さが等しい。
㋔… 2 組の対辺がそれぞれ平行である。

❷　(1)　BC＝8cm　　(2)　CD＝9cm
(3)　CO＝DO＝5cm
(4)　∠B＝∠D＝145°

❸　[証明](例)　▱ABCD の対辺は平行だから，
AD∥BC　▱EBCF についても同様に，
BC∥EF　したがって，AD∥EF……①
次に，▱ABCD の対辺は等しいから，
AD＝BC　▱EBCF についても同様に，
BC＝EF　したがって，AD＝EF……②
①，②より，1 組の対辺が平行でその長さが等しいから，四角形 AEFD は平行四辺形である。

❹　[証明](例)　▱ABCD の対角線は，それぞれの中点で交わるから
AO＝CO，BO＝DO
また，EO＝AO－AE，FO＝CO－CF，
GO＝BO－BG，HO＝DO－DH で，
仮定から，AE＝CF，BG＝DH
より，EO＝FO ……①　GO＝HO ……②
①，②より，対角線がそれぞれの中点で交わるから，四角形 EGFH は平行四辺形である。

解説

❶　㋔の等式が成り立つとき，右の図の等しい角がわかる。
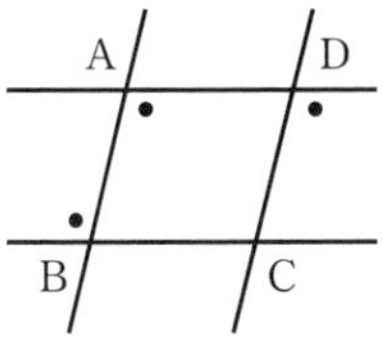

∠A＝∠B の外角より，
AD∥BC ……①　∠A＝∠D の外角より，AB∥DC ……②
①，②より，平行四辺形の定義である。

❷　次の平行四辺形になるための条件が成立するように条件を加える。
(1)　2 組の対辺がそれぞれ等しい。
(2)　1 組の対辺が平行でその長さが等しい。
(3)　対角線がそれぞれの中点で交わる。
なお，(3)の条件では，対角線の長さ自体が等しく，それぞれの中点で交わる長方形である。
(4)　2 組の対角がそれぞれ等しい。
なお，平行線の同位角が等しいことから，平行四辺形のとなり合う角の和は 180° である。
∠B＝∠D＝180°－35°＝145° でなければ，平行四辺形として成立しない。

❸　証明の手順は次の通り。
① 平行四辺形ならば対辺が平行である。
② 平行四辺形ならば対辺が等しい。
③ 対辺が平行で等しいなら，平行四辺形である。

❹　使う条件は「対角線がそれぞれの中点で交わるなら，平行四辺形である。」

基本ワーク　p.108 ～ 109

Check!

1　正方形

[理由](例)　長方形，ひし形は平行四辺形にいくつかの条件を加えてできる四角形であり，正方形は長方形，ひし形に条件を加えてできる四角形だから。

2　▱ABCD のとなり合う辺が等しい。

(4 つの辺が等しい。)

または，

▱ABCD の対角線が垂直に交わる。

基本問題

❶　㋐…○，㋑…△，㋒…○，㋓…△，㋔…×，㋕…△

❷　(1)　[証明](例)　△ABC と △ADC において，仮定から，AB＝AD ……①

BC＝DC ……②

共通な辺だから，AC＝AC ……③

①，②，③より，3 組の辺がそれぞれ等しいから，

△ABC ≡ △ADC

(2)　[証明](例)　△ABO と △ADO において，仮定から，AB＝AD ……④

共通な辺だから，AO＝AO ……⑤

(1)より，合同な図形の対応する角は等しいから，∠BAO＝∠DAO ……⑥

④，⑤，⑥より，2 組の辺とその間の角がそれぞれ等しいから，

△ABO ≡ △ADO

(3)　[証明](例)　(2)より，合同な図形の対応する辺や角は等しいから，BO＝DO，

∠AOB＝∠AOD＝90° より，

AO ⊥ BD

したがって，対角線 AC は対角線 BD を垂直に 2 等分する。

❸　(1)　AC＝BD　　(2)　AC ⊥ BD

(3)　AC＝BD，AC ⊥ BD

❹　(1)　∠A＝∠B

(となり合う角であればどれでもよい)

(2)　×　　(3)　×

解説

❶㋐…正方形の 4 つの角はすべて等しいから，正方形はつねに長方形である。

㋑…長方形のとなり合う辺が等しいときに限り，正方形である。

㋒…正方形の 2 組の対辺はそれぞれ等しいから，正方形はつねに平行四辺形である。

㋓…平行四辺形のとなり合う辺，角が等しいときに限り，正方形である。

㋔…長方形の 2 組の対辺は等しいから，長方形はつねに平行四辺形である。

㋕…平行四辺形のとなり合う辺が等しいときに限り，ひし形である。

❸(1)　長方形の対角線は等しい。

(2)　ひし形の対角線は垂直に交わる。❷では「対角線の一方が他方を垂直に 2 等分する」ことを証明したが，平行四辺形からひし形をつくることに限れば，対角線の垂直だけをいえばよい。ただし，ふつうの四角形からひし形をつくる場合，右の図のように，対角線が垂直であるだけでは，ひし形にはならないので注意する。

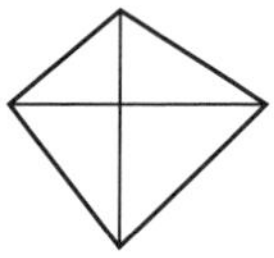

(3)　正方形は，ひし形の性質と長方形の性質をもつ。

❹(1)　となり合う角の和は 180° なので，となり合う角が等しいときすべての角が 90° になる。

(2)　平行四辺形→ひし形の条件は，辺の長さと対角線のいずれかである。

(3)　正方形はひし形の要素をふくむので，角だけ変えても正方形にはならない。

基本ワーク　p.110 ～ 111

Check!

1　△OAD の底辺を OD，△AOB の底辺を OB とみるとき，2 つの三角形の高さは等しい。よって，この 2 つの三角形の面積比は，底辺の比に等しい。

OB＝2OD より，

△AOB＝2△OAD＝2×10＝20(cm^2)

△DOC＝△AOB より，

△ACD＝△OAD＋△DOC

＝△OAD＋△AOB

＝10＋20＝30(cm^2)

答　30cm^2

2　下の図

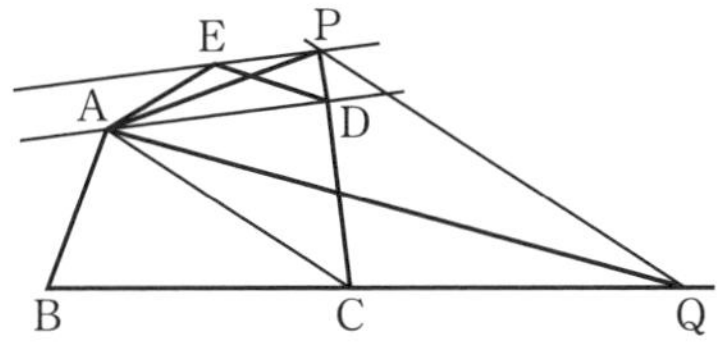

（AC∥PQ となる Q を BC 上にとると，

△ACP＝△ACQ より，

五角形 ABCDE＝△ABC＋△ACP

＝△ABC＋△ACQ＝△ABQ）

基本問題

❶　(1)　△BCD　　　(2)　CD

❷　(1)　△BED，△BDF，△ADF

(2)　△ABC の面積は

▱ABCD÷2＝10(cm^2)

BE：EC＝3：2 より，

△ABE：△ACE＝3：2 だから，

$\triangle \mathrm{ABE}=\dfrac{3}{3+2}\triangle \mathrm{ABC}=\dfrac{3}{5}\times 10$

$=6(\mathrm{cm}^2)$

(1)より，△ABE＝△BDF＝6cm^2

DF：FC＝3：2 より，

△BDF：△BCF＝3：2 だから，

$\triangle \mathrm{BCF}=\dfrac{2}{3}\triangle \mathrm{BDF}=\dfrac{2}{3}\times 6=4(\mathrm{cm}^2)$

BE：EC＝3：2 より，

△BCF：△ECF＝(3＋2)：2 だから，

$\triangle \mathrm{ECF}=\dfrac{2}{3+2}\triangle \mathrm{BCF}=\dfrac{2}{5}\times 4$

$=\dfrac{8}{5}(\mathrm{cm}^2)$

△ECF の面積…$\dfrac{8}{5}\mathrm{cm}^2$

❸　［説明］(例)　点 B を通り，直線 AC に平行な直線と土地の点 C 側の辺との交点を D とする。

解説

❶(1)(2)　平行な 2 直線の距離を高さと考え，底辺と高さが等しい三角形をさがす。

❷(1)　四角形 ABCD は平行四辺形だから，AD∥BC

したがって，BE を底辺とみると，底辺と高さが等しい三角形だから，△ABE＝△BED

次に，仮定から BD∥EF だから，BD を底辺とみると，底辺と高さが等しい三角形だから，

△BED＝△BDF

四角形 ABCD は平行四辺形だから，AB∥DC

DF を底辺とみると，底辺と高さが等しい三角形だから，

△BDF＝△ADF

(2)　別解例　△BCD の面積は

▱ABCD÷2＝10(cm^2)

BE：EC＝DF：FC＝3：2 より，

$\triangle \mathrm{ECF}=\dfrac{2}{3+2}\triangle \mathrm{ECD}$

$=\dfrac{2}{3+2}\times\dfrac{2}{3+2}\triangle \mathrm{BCD}$

$=\dfrac{2}{5}\times\dfrac{2}{5}\times 10=\dfrac{8}{5}(\mathrm{cm}^2)$

❸　五角形 ABCEF＝四角形 ADEF となる点 D を求める問題。

線分 AC をひき，AC を底辺として△ABC と面積が等しい三角形をつくることを考える。点 B を通り，AC に平行な直線をひいて，土地の点 C 側の辺との交点を D とすると，△ABC＝△ADC となる。

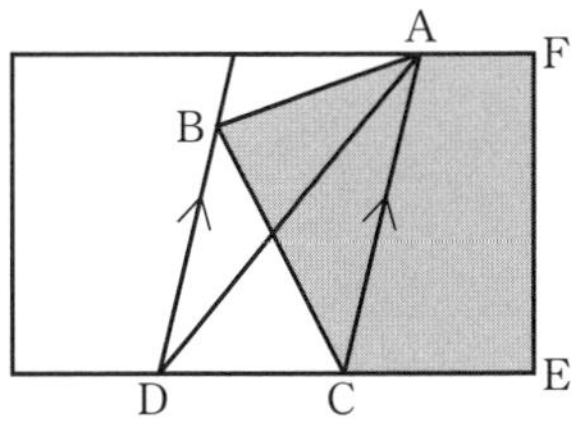

2節の問題　p.112～113

1 (1)　$\angle x=27^\circ$　　$\angle y=113^\circ$

(2)　$\angle x=76^\circ$　　$\angle y=6^\circ$

2 ㋒

3 (1)　長方形，正方形

(2)　正方形

4 ㋐　仮定から　BC＝DA　……①

AD∥BC で，平行線の錯角は等しいから，∠ACB＝∠CAD　……②

また，AC は共通　……③

①，②，③より，2 組の辺とその間の角がそれぞれ等しいから，

㋑　∠BAC＝∠DCA

㋒　錯角　　㋓　AB∥DC

㋔　AD∥BC

5 ［証明］(例)　△ABC において，

AB＝BC，$\angle ABC=90^\circ$ の直角二等辺三角形で，$\angle BAO=45^\circ$　△ADC も同様のことがいえるので，$\angle DAO=45^\circ$

したがって，∠BAO＝∠DAO　……①

△ABO と △ADO において，

仮定から，　AB＝AD　……②

また，　AO は共通　……③

①，②，③より，2 組の辺とその間の角がそれぞれ等しいから　△ABO≡△ADO

合同な図形の対応する角は等しいから，

∠AOB＝∠AOD

$\angle BOD=180^\circ$ だから，$\angle AOB=\angle AOD=90^\circ$　したがって，正方形の対角線は，垂直に交わる。

6 △FBD，△EBD，△EBC

7

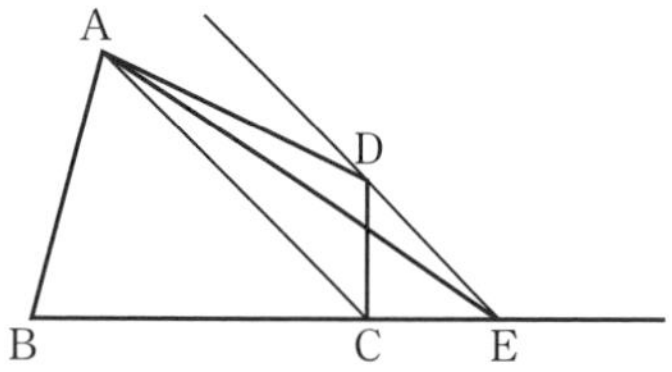

8 ［証明］(例)　△DAE は，

AD＝DE の二等辺三角形だから

∠EAD＝∠AED　……①

仮定から　AB∥DE で，平行線の錯角は等しいから　∠BAE＝∠AED　……②

①，②より，∠BAE＝∠EAD

解説

1(2)　折り曲げたときの角度は，折り曲げる前の角度と等しいから，わかる角度の数値を図にかき入れて考える。

3　右の図のように，

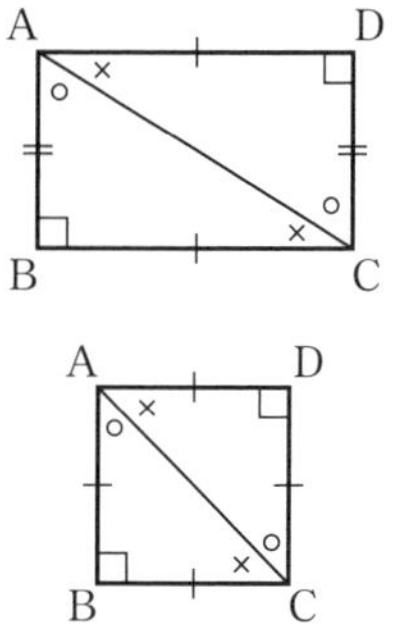

$\angle ABC=\angle CDA=90^\circ$ で，

△ABC≡△CDA のとき，

合同な三角形の対応する辺や角は等しいから，長方形か，正方形になる。また，

AB＝AD のとき，4 つの辺が等しくなり，正方形に決まる。

6　△FCD の底辺を FD としたとき，底辺が共通で，高さが等しい三角形をさがすと，△FBD

次に，△FBD の BD を共通な底辺とし，高さが等しい三角形をさがすと，△EBD…というように，共通な底辺，等しい高さに注目して，面積の等しい三角形をさがしていく。

7　まず，補助線として四角形 ABCD の対角線 AC をひき，△ACD と △ACE が等しい面積になるように作図する。よって，点 D を通り，直線 AC に平行な直線と直線 BC との交点が E となる。

5章の問題　p.114～115

1 (1) $\angle x=40^\circ$　(2) $\angle x=110^\circ$，$\angle y=55^\circ$

2 (1) 逆…絶対値が5ならば－5である。

正誤…×

反例…絶対値5は，＋5にもいえるから。

(2) 逆…四角形ABCDで対角線が等しいならば，正方形である。

正誤…×

反例…長方形や右の図のような台形の場合もあるから。

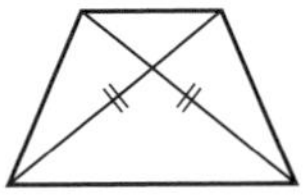

(3) 逆…△ABCが二等辺三角形ならば，∠A＝∠C

正誤…×

反例…∠A＝∠Bの場合もあるから。

3 [証明](例)　△ABDと△ACEにおいて，

仮定から，AB＝AC　……①

BD＝CE　……②

二等辺三角形の底角は等しいから，

∠ABD＝∠ACE　……③

①，②，③より，2組の辺とその間の角がそれぞれ等しいから，△ABD≡△ACE

合同な図形の対応する辺は等しいから，

AD＝AE

よって，△ADEは二等辺三角形である。

4 [証明](例)　△BCEはCB＝CEの二等辺三角形で，底角が等しいから，

∠CBE＝∠CEB　……①

▱ABCDの対角は等しいから，

∠CBE＝∠CDF　……②

また，EB∥DCで，平行線の錯角は等しいから，∠FCD＝∠CEB　……③

①，②，③より，∠CDF＝∠FCD

よって，2つの角が等しいから，△FCDは二等辺三角形で，CF＝DFとなる。

5 [証明](例)　△ABCと△EADにおいて，

仮定から，　AB＝EA　……①

▱ABCDより，対辺は等しいから，

BC＝AD　……②

また，AD∥BCで，平行線の錯角は等しいから，　∠EAD＝∠AEB　……③

①より，△ABEは二等辺三角形で底角が等しいから，∠ABC＝∠AEB　……④

③，④より，∠ABC＝∠EAD　……⑤

①，②，⑤より，2組の辺とその間の角がそれぞれ等しいから，△ABC≡△EAD

6 [証明](例)　△AEBと△CDBにおいて，

△ABCは正三角形だから，

AB＝CB　……①　∠ABC＝60°　……②

△EBDは正三角形だから，

EB＝DB　……③　∠EBD＝60°　……④

∠EBA＝∠EBD－∠ABD

∠DBC＝∠ABC－∠ABD

②，④より，∠EBA＝∠DBC　……⑤

①，③，⑤より，2組の辺とその間の角がそれぞれ等しいから，△AEB≡△CDB

7 [証明](例)　▱ABCDから，対角線はそれぞれの中点で交わるから，

BO＝DO　……①

AO＝CO　……②

仮定から，AE＝CF　……③

EO＝AO－AE　FO＝CO－CF

②，③より，EO＝FO　……④

①，④より，対角線はそれぞれの中点で交わるから，四角形EBFDは平行四辺形である。

8 [証明](例)　△DGCと△CHEにおいて，

長方形FGCEから，∠DGC＝90°

仮定から，∠CHE＝90°

よって，∠DGC＝∠CHE＝90°　……①

長方形ABCDと長方形FGCEは合同だから，DC＝CE　……②

長方形FGCEでFG∥ECより，平行線の錯角は等しいから，∠GDC＝∠HCE　……③

①，②，③から，直角三角形で，斜辺と1つの鋭角がそれぞれ等しいから，

△DGC≡△CHE

合同な図形の対応する辺は等しいから，

CG＝EH

6章　確率

ウォーミングアップ　p.116 ～ 117

1　6通り

2　6通り

3　12通り

4　(1)　4通り　　(2)　8通り

5　(1)　50　　(2)　250

　(3)　160

6　(1)　0.445　　(2)　裏向き

解説

1　組み合わせ方を調べるとき，図や表に表して順序よく調べる。

(方法1)

Aの試合　A−B　A−C　A−D

Bの試合　~~B−A~~　B−C　B−D

Cの試合　~~C−A~~　~~C−B~~　C−D

Dの試合　~~D−A~~　~~D−B~~　~~D−C~~

たとえば，A−BとB−Aは同じ試合だから，一方を除くと答えは6通り。

(方法2)

下のような表を書く。同じ試合となる一方には●の印をつけない。

	A	B	C	D
A		●	●	●
B			●	●
C				●
D				

2　下のように，起こりうるすべての場合を樹形図にかくと考えやすい。

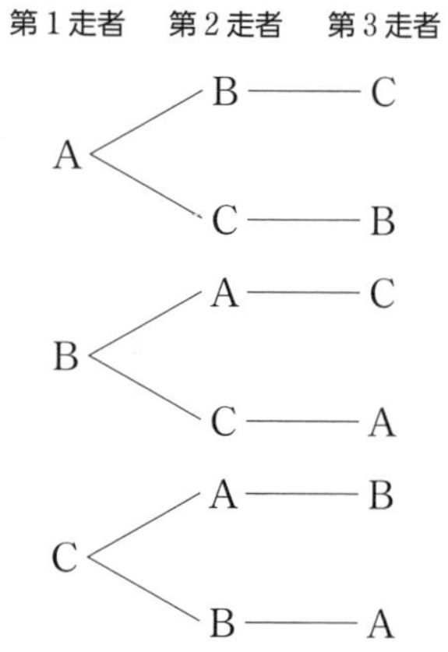

3　班長と副班長が同じ人にならないようにする。

例えば，Aが班長のとき副班長はA以外の人となる。

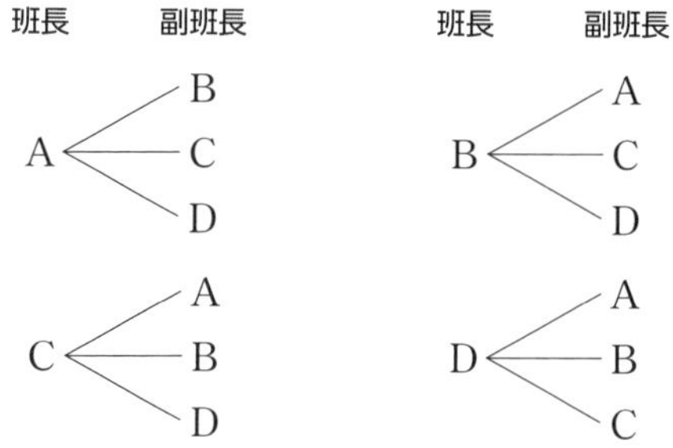

4 (1)

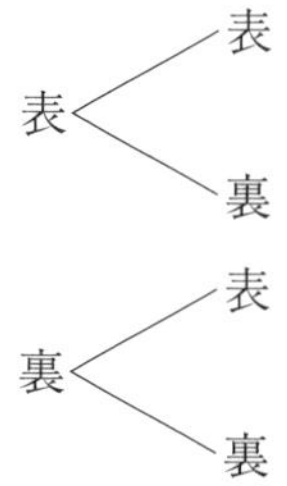

(2)

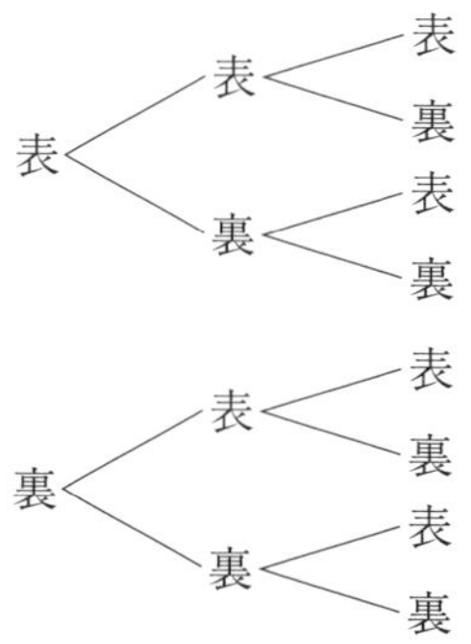

5 (1)　$\frac{1}{2} = 0.5$　百分率では50%

(2)　(比べられる量)＝(もとにする量)×(割合)

$200 \times 1.25 = 250$ より250m

(3)　$\square \times 0.6 = 96$　より　$\square = 96 \div 0.6 = 160$

6 (1)　実験を多数回くり返すほど，あることがらが起こる相対度数は，その確率に近づく。

よって，実験をもっとも多く行ったときの相対度数0.445を，表向きになる確率とみなす。

(2)　表向きと裏向きが同じ程度に起こりやすいとき，確率は0.5。表向きの確率はそれより小さいので，裏向きのほうが起こりやすいといえる。

基本ワーク　p.118～119

Check!

1　(1)　$\frac{1}{6}$　　(2)　$\frac{1}{3}$

2　樹形図は以下の通り。

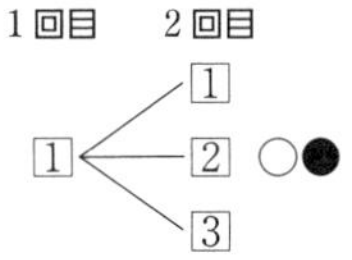

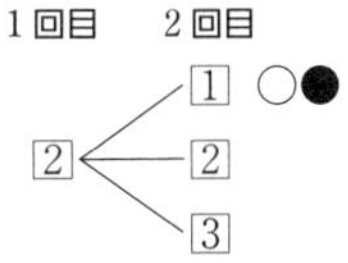

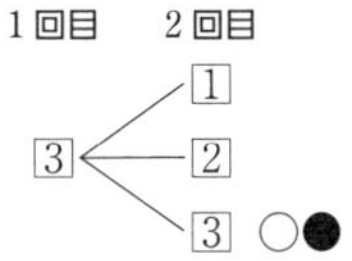

(1)　全部で9通りあるうち，1回目と2回目のカードに書かれた数の和が3の倍数になるのは，○がついている3通り。したがって，$\frac{1}{3}$

(2)　全部で9通りあるうち，できる2けたの整数が3の倍数になるのは，●がついている3通り。したがって，$\frac{1}{3}$

基本問題

❶　(1)　$\frac{1}{6}$　　(2)　$\frac{1}{3}$　　(3)　$\frac{1}{2}$

❷　(1)　$\frac{1}{4}$　　(2)　$\frac{2}{3}$

❸　(1)　$\frac{4}{9}$　　(2)　$\frac{5}{9}$

❹　(1)　$\frac{2}{5}$　　(2)　$\frac{2}{5}$

樹形図は以下の通り。

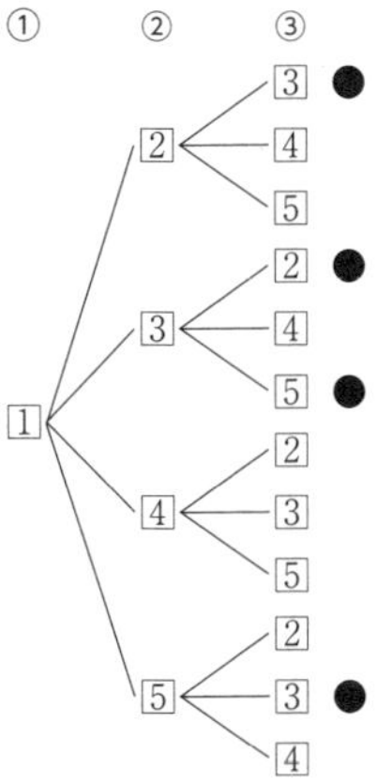

左は1枚目のカードが$\boxed{1}$のときの樹形図。1枚目のカードが$\boxed{2}$，$\boxed{3}$，$\boxed{4}$，$\boxed{5}$のときも，同様にしてかくことができる。

❺　(1)(例)

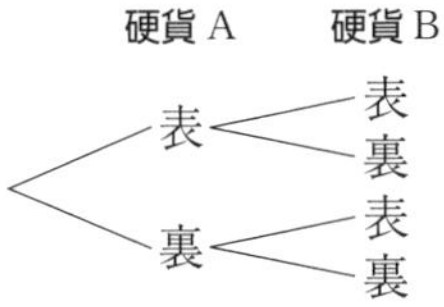

(2)①　$\frac{1}{4}$　　②　$\frac{1}{4}$　　③　$\frac{1}{2}$

解説

$$(\text{確率}p)=\frac{(\text{そのことが起こる場合の数})}{(\text{すべての起こりうる場合の数})}$$

$(0 \leqq p \leqq 1)$

❶　起こりうる場合の数は全部で6通り。

(1)　5の目が出る場合の数は1通り。

(2)　2または5の目が出る場合の数は2通り。

(3)　3の倍数の目は3，6の2通り。4の倍数の目は4の1通りのみ。よって，3の倍数または4の倍数の目が出る場合の数は，$2+1=3$(通り)

❷　起こりうる場合の数は全部で12通り。

(1)　4の倍数は4，8，12の3通り。

(2)　2の倍数は2，4，6，8，10，12の6通り。
3の倍数は3，6，9，12の4通り。
よって，2の倍数または3の倍数は2，3，4，6，8，9，10，12の8通り。

❸　起こりうる場合の数は全部で
$3+2+4=9$(通り)

(1)　白球が出る場合の数は4通り。

(2)　赤球が出る場合の数は3通り，青球が出る場合の数は2通り。よって，赤球または青球が出る場合の数は，$3+2=5$(通り)

❹　「続けて3回」は，取り出したカードをもとにもどさないことを意味している。よって，起こりうる場合の数は，1枚目が$\boxed{1}$～$\boxed{5}$の5通り，2枚目は1枚目で取り出されなかった4通り。同様に，3枚目は3通り。

(1)　樹形図のあてはまるところに印をつけておくとわかりやすい。

(2)　3けたの整数が3の倍数であるとき，各位の数の和は3の倍数なので，(1)と同じ24通り。

❺(2)　(1)より，起こりうる場合の数は全部で4通り。
樹形図から，①～③それぞれの場合を見る。

基本ワーク　p.120 ～ 121

Check!

1　(1)　下の図，24 通り　　(2)　$\frac{1}{2}$

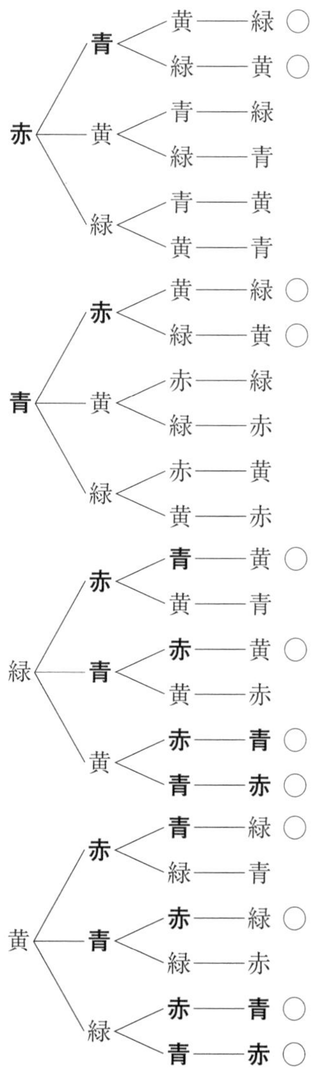

太字の部分は赤と青が続いたとき
(○印 ＝12 通り)

2　$\frac{1}{6}$

3　(1)　$\frac{2}{3}$　　(2)　0

基本問題

❶　(1)　$\frac{7}{10}$　　(2)　$\frac{3}{5}$

❷　(1)　10，12，13，20，21，23，30，31，32

(2)　$\frac{4}{9}$

❸　$\frac{3}{5}$

❹　(1)　$\frac{1}{2}$　　(2)　$\frac{5}{12}$

(3)　$\frac{1}{6}$　　(4)　0

解説

❶　2 個同時に取り出すときの取り出し方は，
{赤，青}，{赤，黄}，{赤，緑}，{赤，白}，
{青，黄}，{青，緑}，{青，白}，{黄，緑}，
{黄，白}，{緑，白}の 10 通り。

(1)　緑球または白球が出る場合は，下線の組み合わせの 7 通り。

(2)　青球が出る場合は，上の組み合わせより 4 通り。その確率は $\frac{4}{10}=\frac{2}{5}$ だから，青球が出ない確率は，$1-\frac{2}{5}=\frac{3}{5}$

❷(1)　樹形図は次のようになる。

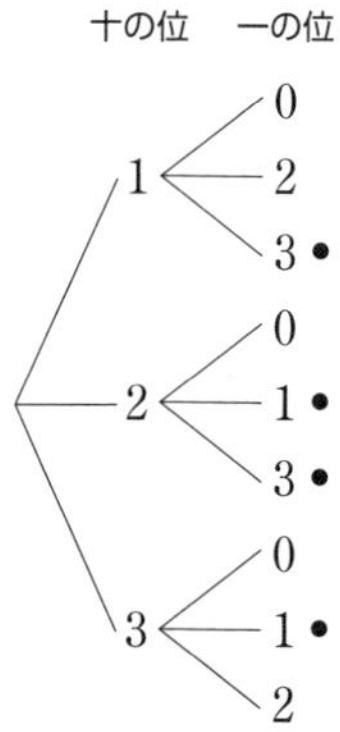

樹形図より，できる整数は 10，12，13，20，21，23，30，31，32

(2)　2 けたの整数は(1)より，全部で 9 通り。このうち，奇数になるのは • をつけた 4通りある。したがって，求める確率は $\frac{4}{9}$

❸　4 人を選ぶ選び方は，1 人を選ばない選び方に等しいから，その場合の数は 5 通り。このうち，B が選ばれない場合の数と C が選ばれない場合の数はそれぞれ 1 通りだから，B，C の 2 人ともが選ばれる場合の数は 3 通り。

❹　起こりうる場合は全部で $6\times6=36$ (通り)

(1)　和が偶数になる2つの自然数は，

・奇数＋奇数

・偶数＋偶数

のいずれか。これにあたるマスに○印をつける。(右表)

小＼大	1	2	3	4	5	6
1	○		○		○	
2		○		○		○
3	○		○		○	
4		○		○		○
5	○		○		○	
6		○		○		○

(2)　素数は「1とその数自身の積でしか表せない自然数」で定義される。これにあたるマスに△印をつける。(右表)

小＼大	1	2	3	4	5	6
1	△	△		△		△
2	△		△		△	
3		△		△		
4	△		△			
5		△				△
6	△				△	

(3)　出方は(1，1)，(2，2)，(3，3)，(4，4)，(5，5)，(6，6)の6通り。

(4)　出た目の数の積の最小値は1×1＝1で，1未満になることはない。

1節の問題 p.122～123

1 (1) $\frac{2}{5}$ (2) $\frac{7}{10}$ (3) $\frac{3}{5}$

2 (1) $\frac{1}{2}$ (2) $\frac{3}{8}$ (3) $\frac{1}{2}$

3 (1) $\frac{31}{36}$ (2) $\frac{7}{18}$

4 (1) $\frac{1}{4}$ (2) $\frac{1}{6}$

5 (1) $\frac{1}{4}$ (2) $\frac{1}{6}$ (3) $\frac{25}{36}$ (4) $\frac{7}{12}$

解説

1 赤球を赤1，赤2，青球を青1，青2，白球を白とする。2個の球の取り出し方を樹形図で表すと

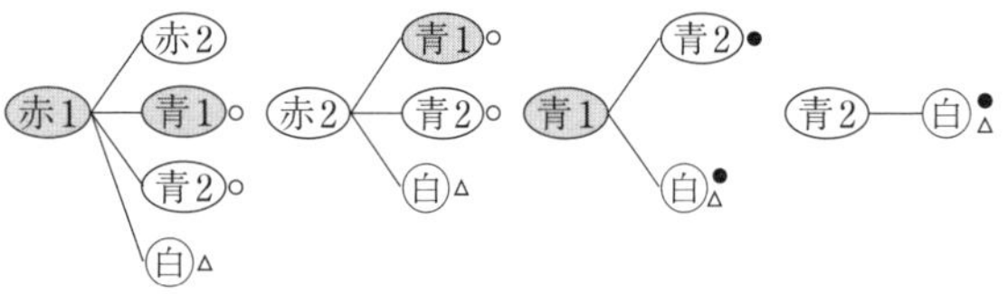

樹形図より，取り出し方は全部で10通り。

(1) 赤球と青球を1個ずつ取り出す場合は◦をつけた4通り。よって，確率は $\frac{4}{10}=\frac{2}{5}$

(2) (少なくとも1個は赤球を取り出す確率)

$=1-$(1個も赤球を取り出さない確率)

1個も赤球を取り出さない場合は，•をつけた3通りで，確率は $\frac{3}{10}$ よって，求める確率は $1-\frac{3}{10}=\frac{7}{10}$

(3) (白球を取り出さない確率) $=1-$(白球を取り出す確率)

白球を取り出す場合は，△をつけた4通りで，確率は $\frac{4}{10}=\frac{2}{5}$ よって，求める確率は

$1-\frac{2}{5}=\frac{3}{5}$

2 1枚の硬貨を3回続けて投げたときの表裏の出方を樹形図に表すと，次の図のようになり，全部で8通り。

(1) 2回目に表が出るのは•をつけた4通り。

よって，求める確率は $\frac{4}{8}=\frac{1}{2}$

(2) 合計点が4点になるのは，▒をつけた3通り。よって，求める確率は $\frac{3}{8}$

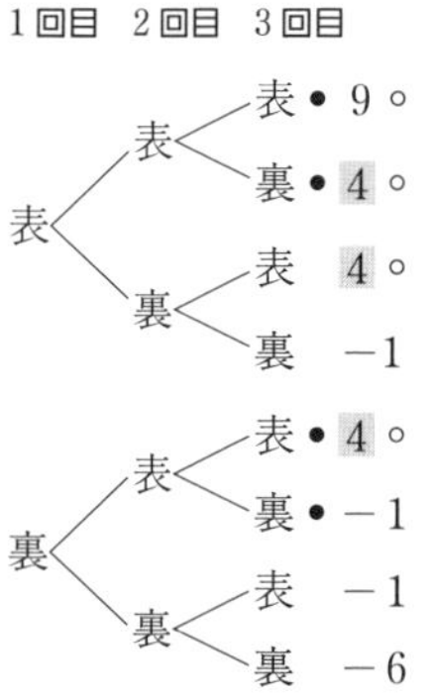

(3) 合計点が0点以上になるのは，◦をつけた4通り。よって，求める確率は $\frac{4}{8}=\frac{1}{2}$

3 起こりうる場合は，全部で36通り。

(1) (整数Aが61以下になる確率) $=1-$(整数Aが61より大きくなる確率)で求められる。整数Aが61より大きくなるのは〔1枚目，2枚目〕と表すと，〔6, 2〕，〔6, 3〕，〔6, 4〕，〔6, 5〕，〔6, 6〕の5通り。よって，求める確率は $1-\frac{5}{36}=\frac{31}{36}$

(2) a と b の数の出方を右のように表を書いて求める。よって，求める確率は

$\frac{14}{36}=\frac{7}{18}$

a＼b	1	2	3	4	5	6
1	1	2	3	4	5	6
2		1		2		3
3			1			2
4				1		
5					1	
6						1

4 樹形図に表すと，右の図1のようになり，全部で12通り。

(1) Cが委員長になるのは•の3通り。よって，求める確率は $\frac{3}{12}=\frac{1}{4}$

(2) 樹形図に表すと，右の図2のようになり，全部で6通り。AとDの組み合わせは◦の1通り。よって，求める確率は $\frac{1}{6}$

［図1］

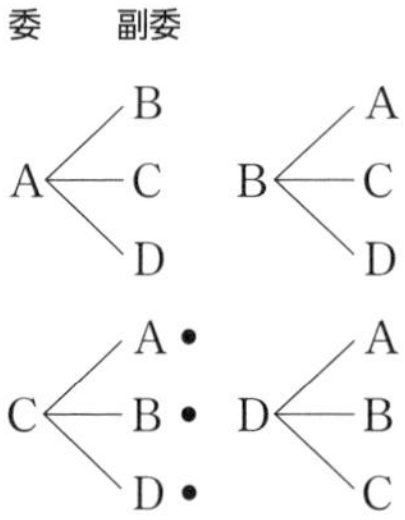

［図2］

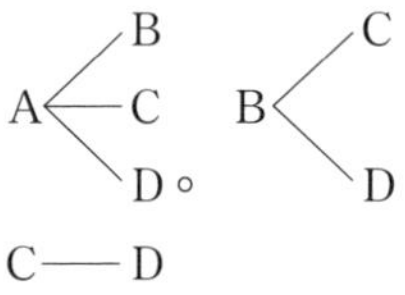

5 目の出方を右のように表にまとめて求める。

(1)…◯印，(2)…数値，

(4)…▒で示したようになる。

小＼大	1	2	3	4	5	6
1	2	3	4			
2	3	④		◯		◯
3	4					
4		◯		◯		◯
5						
6		◯		◯		◯

基本ワーク　p.124 ～ 125

Check!

1　(1)　(3, 4, 5), (3, 5, 4), (4, 3, 5), (4, 5, 3), (5, 3, 4), (5, 4, 3)

(2)　$\left(1-\dfrac{6}{60}=\right)\dfrac{9}{10}$

(3)　0（あたりは 2 本だから。）

2　あたりを①として樹形図をかく。

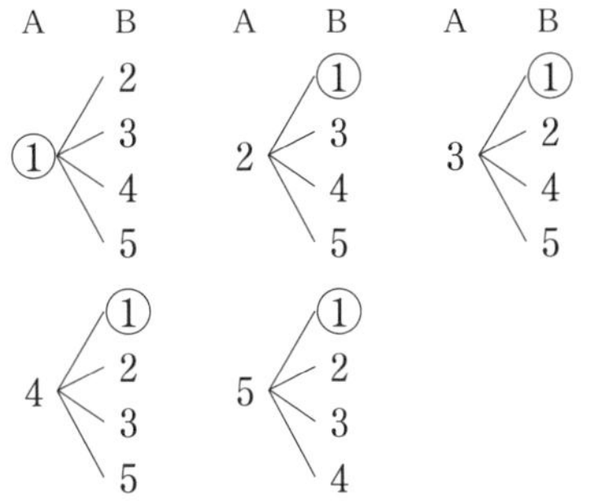

あたる確率はどちらも $\dfrac{1}{5}$　答　同じ

基本問題

❶　(1)　$\dfrac{1}{10}$　(2)　$\dfrac{3}{5}$

(3)　$\dfrac{3}{10}$　(4)　$\dfrac{7}{10}$

❷　(1)　$\dfrac{23}{25}$　(2)　4 回

❸　［説明］(例)　赤球を①, ②, ③, 白球を 4, 5 で表すと, 樹形図は下のようになる。

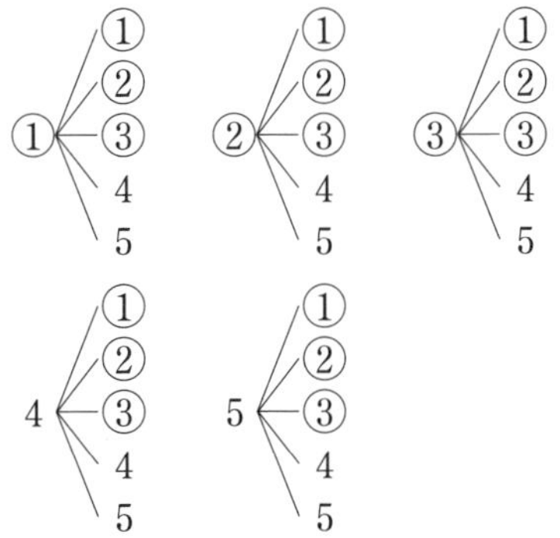

㋐の取り出し方は, 樹形図から 12 (通り)

同様に, ㋑の取り出し方は 13 (通り)

したがって, ㋐, ㋑が起こる確率はそれぞれ, $\dfrac{12}{25}$, $\dfrac{13}{25}$ となり, ㋑のほうが起こりやすい。

解説

❶　あたりを①, ②, はずれを 3, 4, 5 で表す。くじ 5 本のひき方は, 下の樹形図から 10 通り。

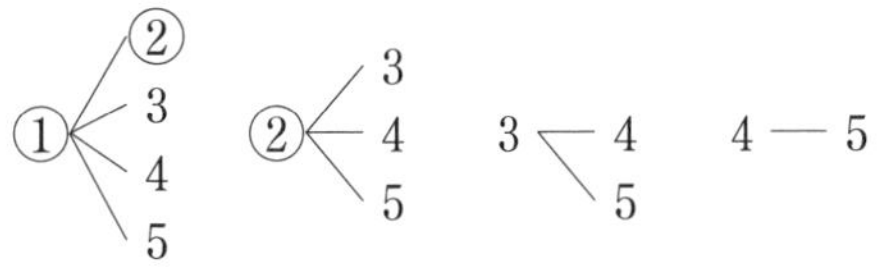

(1)　2 本ともあたる場合は, 樹形図から,〔①, ②〕の 1 通り。

(2)　(1)と同様に表すと, あたりとはずれをひくひき方は,〔①, 3〕,〔①, 4〕,〔①, 5〕,〔②, 3〕,〔②, 4〕,〔②, 5〕の 6 通り。

(3)　同様に表すと,〔3, 4〕,〔3, 5〕,〔4, 5〕の 3 通り。

(4)　(少なくとも 1 本あたる確率)

$=1-$(2 本ともはずれる確率)$=1-\dfrac{3}{10}$

❷(1)　箱の中のくじの本数より, 起こりうる場合は 100 通り。はずれをひく場合の数は 92 通り。

(2)　くじ 1 本をひいてはずれる確率が $\dfrac{23}{25}$ だから, 1 本のくじをひいてあたる確率は

$1-\dfrac{23}{25}=\dfrac{2}{25}=\dfrac{4}{50}$

❸　(起こりやすさ)＝(確率) なので, ㋐, ㋑が起こる確率をそれぞれ求めればよい。取り出した球をもどす際の樹形図のかき方に注意する。

2 節の問題　p.126 ～ 127

1　㋐, ㊁

2　(1)　$\frac{2}{5}$　　(2)　㋐

3　(1)　$\frac{3}{4}$

(2)　(確率が大きいのは)　たかしさん

［理由］　ゆきさんの, 少なくとも 1 個は赤球が出る確率は $\frac{7}{10}$

(1)より, たかしさんの, 少なくとも 1 個は赤球が出る確率は $\frac{3}{4}$

$\frac{7}{10}=\frac{14}{20}$, $\frac{3}{4}=\frac{15}{20}$ になり,

確率 $\frac{3}{4}$ のほうが大きいから。

4　(1)　$\frac{1}{2}$　　(2)　㋒

5　①　15　　②　36　　③　4

④　1　　⑤　$\frac{4}{15}$　　⑥　$\frac{11}{15}$

⑦　$\frac{7}{18}$　　⑧　$\frac{11}{18}$　　⑨　㋐

解説

1㊁　どちらもさいころを 2 回投げているので, 目の出方は全部で 36 通り。さいころの目の出方を〔1 回目の目の数, 2 回目の目の数〕と表すと, 1, 3, 5 の 3 つの目から 2 つの目が出る場合は, 〔1, 3〕, 〔1, 5〕, 〔3, 1〕, 〔3, 5〕, 〔5, 1〕, 〔5, 3〕の 6 通り。2, 4 の目が出る場合は, 〔2, 4〕, 〔4, 2〕の 2 通りだから, 6÷2＝3(倍) になる。

2　5 枚のカードの取り出し方を樹形図に表すと, 次のようになる。

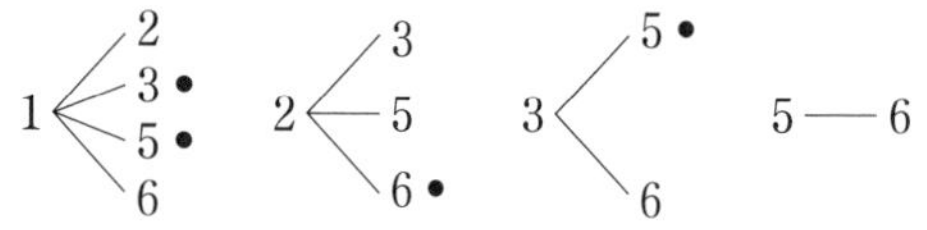

(1)　数の和が偶数になるのは, (偶数)＋(偶数) または (奇数)＋(奇数) で, • をつけた 4 通り。

よって, 求める確率は $\frac{4}{10}=\frac{2}{5}$

(2)　カードの数の出方を〔1 枚目の数, 2 枚目の数〕と表すと, 6 のカードを 7 に入れかえたときは, 〔1, 3〕, 〔1, 5〕, 〔1, 7〕, 〔3, 5〕, 〔3, 7〕, 〔5, 7〕の 6 通り。よって, 求める確率は $\frac{6}{10}=\frac{3}{5}$

したがって, カードを 7 に入れかえたほうが確率が大きくなる。

3(1)　たかしさんの球の取り出し方を樹形図に表すと, 次のようになる。

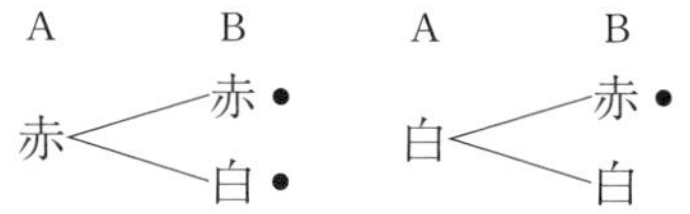

少なくとも 1 個は赤球が出る場合は, • をつけた 3 通り。よって, 求める確率は $\frac{3}{4}$

(2)　ゆきさんの球の取り出し方を樹形図に表すと, 次のようになる。ただし, 2 つの赤球は赤1, 赤2, 3 つの白球は白1, 白2, 白3と番号をつけるものとする。

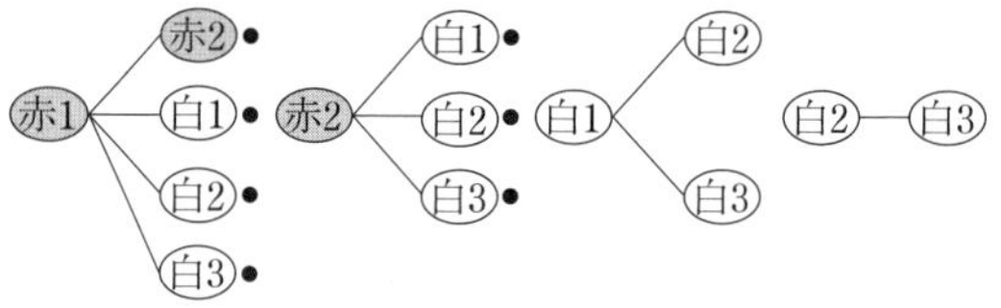

少なくとも 1 個は赤球が出る場合は, • をつけた 7 通り。よって, 求める確率は $\frac{7}{10}$

4(1)(2)　硬貨を 3 回投げたときの表, 裏の出方を樹形図に表すと, 次のようになる。

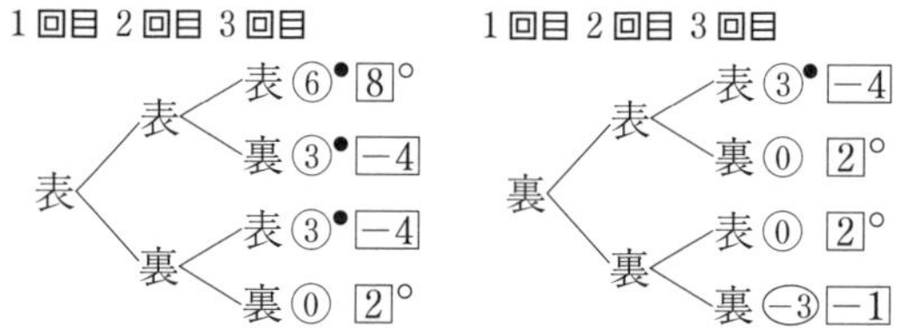

表, 裏の出方は全部で 8 通り。3 回投げたときのそれぞれの点数の和を○の数字で表し, それぞれの点数の積を□の数字で表すと得点が 2 点以上の場合はどちらも 4 通り。(2 点以上になる和を •, 積を ◦ で表す。) よって, 景品のあたる確率は, どちらも $\frac{1}{2}$ となる。

6章の問題　p.128〜129

1　㋑，㋓

2　(1)　$\frac{1}{18}$　(2)　$\frac{2}{9}$

3　(1)　24通り　(2)　$\frac{1}{2}$　(3)　$\frac{1}{6}$

4　(1)　6通り　(2)　10通り　(3)　$\frac{3}{10}$

5　(1)　9通り　(2)　$\frac{2}{3}$　(3)　㋑

［理由］　取り出したカードに書かれた数の積が2けたの整数になる確率は $\frac{5}{9}$，取り出したカードに書かれた数の商 (B÷A) が整数になる確率は $\frac{6}{9}$ で大きいから。

6　(1)　頂点B　(2)　$\frac{1}{4}$　(3)　$\frac{1}{4}$

解説

1　グーを㋖，チョキを㋠，パーを㋩として，3人の出し方を樹形図に表すと，次のようになる。

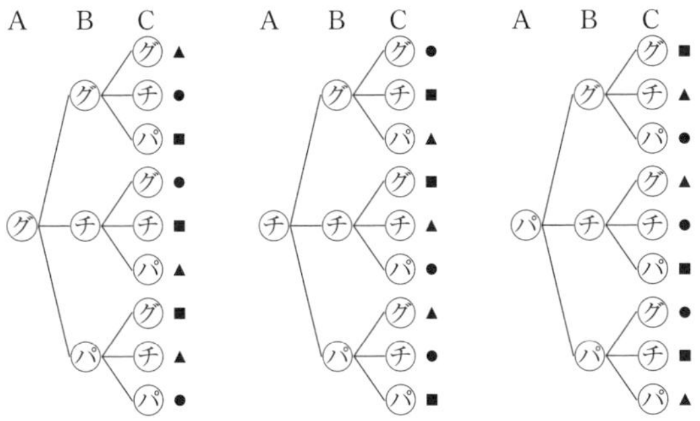

樹形図より，出し方は全部で27通り。

㋐　あいこは，▲をつけた9通り。よって，求める確率は $\frac{9}{27}=\frac{1}{3}$

㋑　2人が勝つのは●をつけた9通り。よって，求める確率は $\frac{9}{27}=\frac{1}{3}$

㋒　1人だけが勝つのは■をつけた9通り。よって，求める確率は $\frac{9}{27}=\frac{1}{3}$

別解例　1－{(あいこの確率)＋(2人が勝つ確率)}

$=1-\left(\frac{1}{3}+\frac{1}{3}\right)=\frac{1}{3}$

2　大小2つのさいころの目の出方は，全部で36通り。

(1)　出た目の数が，$x+3y=7$ になる場合は，$(x,\ y)$ が $(1,\ 2)$ か $(4,\ 1)$ の2通りだから，求める確率は $\frac{2}{36}=\frac{1}{18}$

(2)　$x\times y$ の値がある数の2乗になる場合は，$(x,\ y)=(1,\ 1)$，$(1,\ 4)$，$(2,\ 2)$，$(3,\ 3)$，$(4,\ 1)$，$(4,\ 4)$，$(5,\ 5)$，$(6,\ 6)$ の8通り。

3(2)　AとBを1組として樹形図に表す。

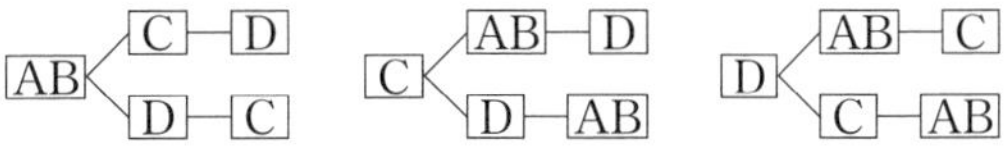

AB の並び方は BA もあるので，全部で

$6\times2=12$（通り）　4人の座り方は(1)より全部で24通りだから，求める確率は $\frac{12}{24}=\frac{1}{2}$

(3)　A がいちばん左，D がいちばん右にいる場合は，ABCD と ACBD の2通り。D がいちばん左，A がいちばん右の場合も同様に考えられるので，$2\times2=4$(通り)

4(1)　選び方を樹形図に表すと，次のようになる。

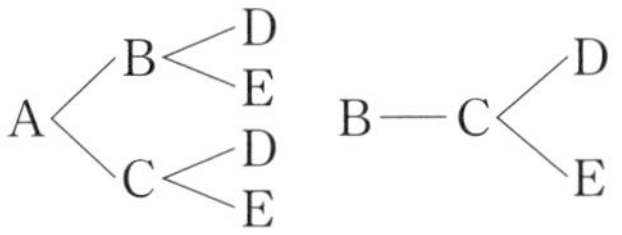

樹形図より，
全部で6通り。

(2)　選び方を樹形図に表すと，次のようになる。

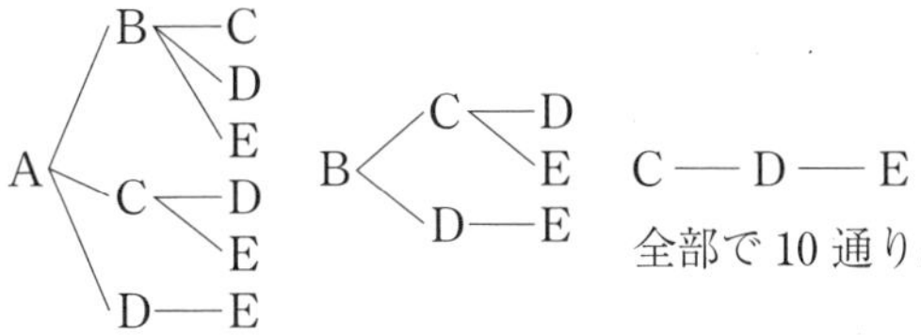

全部で10通り。

6(2)　さいころを2回投げたときの目の出方は，全部で36通り。点Pが頂点Aにもどる場合は,〔1回目の目の数, 2回目の目の数〕=〔1, 3〕,〔2, 2〕,〔2, 6〕,〔3, 1〕,〔3, 5〕,〔4, 4〕,〔5, 3〕,〔6, 2〕,〔6, 6〕の9通り。よって，求める確率は $\frac{9}{36}=\frac{1}{4}$

(3)　点Pと点Qが同じ位置にくる場合は，〔Pのさいころの目の数, Qのさいころの目の数〕=〔1, 3〕,〔2, 2〕,〔2, 6〕,〔3, 1〕,〔3, 5〕,〔4, 4〕,〔5, 3〕,〔6, 2〕,〔6, 6〕の9通り。よって，求める確率は $\frac{9}{36}=\frac{1}{4}$

7章　データの比較

ウォーミングアップ　p.130 ～ 131

① (1)　39.5cm　　(2)　40cm

(3)　39cm

② (1)　10 分

(2)　㋐　5　　㋑　0.16　　㋒　25

(3)　0.28

(4)　平均値 27 分，最頻値 25 分

(5)

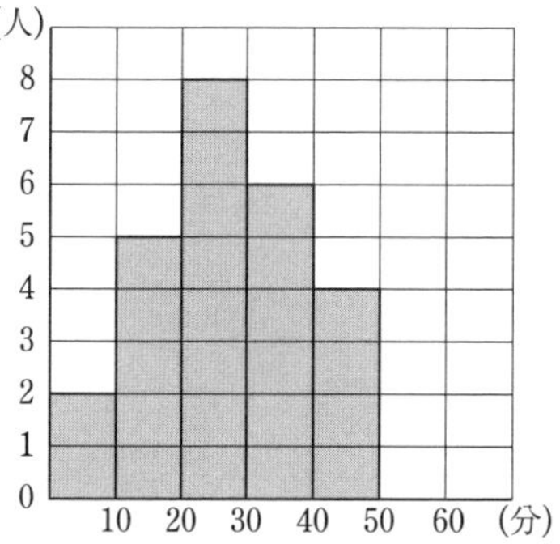

(6)　ヒストグラム

③ (1)　(例)

A 機は，10m 以上の階級の相対度数の和が 0.7 で，B 機の 0.5 より大きい。よって，10m 以上の記録が出る割合が高いので，A 機のほうが目標をより達成できるといえる。

(2)　(例)

B 機の最大値は 13m 以上で，A 機の最大値よりも大きいので，B 機のほうが賞品を獲得できる可能性が高いといえる。

解説

①(1)　中央値は，データを大きさ順に並べたときの中央の値。データの個数が偶数の場合は，中央にある 2 つのデータの平均の値となる。

並べかえると，

36　37　39　39　40　42　43　44 (単位 cm)

となる。

$$(中央値) = \frac{39 + 40}{2} = 39.5\ (\mathrm{cm})$$

(2)　$\dfrac{42 + 36 + 37 + 44 + 39 + 40 + 39 + 43}{8}$

別解例　40 を基準に考えると

$(2 - 4 - 3 + 4 - 1 + 0 - 1 + 3) \div 8 = 0$

$(平均値) = 40 + 0 = 40\ (\mathrm{cm})$

(3)　最頻値は，データの中でもっとも多く出てくる値のこと。このデータでは，39 が 2 つあり最多なので 39 が最頻値。

②(1)　階級の幅は，度数分布表の区間の幅のこと。このデータでは 10 分となる。

(2)　㋒は，0 分以上 10 分未満の階級の度数が 2 で，相対度数は 0.08 だから，全体の度数を x 人とすると $x \times 0.08 = 2$ より $x = 2 \div 0.08 = 25$

㋐は $25 \times 0.20 = 5$，㋑は $4 \div 25 = 0.16$

(3)　その階級までの相対度数の合計を累積相対度数という。$0.08 + 0.20 = 0.28$

(4)　度数分布表から平均値を求める場合，ある階級にふくまれるデータはすべてその階級の中央の値 (階級値) であるとみなして求める。

0 分以上 10 分未満の階級では (階級値) × (度数) $= 5 \times 2 = 10$，同様に $15 \times 5 = 75$，$25 \times 8 = 200 \cdots$，を求め，

$$(平均値) = \frac{10 + 75 + 200 + 210 + 180}{25} = 27\ (分)$$

また，度数分布表では，最頻値は，度数が最大となる階級の階級値を指す。度数がもっとも多いのは 20 分以上 30 分未満の階級。

(6)　ヒストグラムでは，全体の形や山の頂上の位置，左右の広がりぐあいなどが一目でわかる。

③(1)　予選を通過するためには，10m 以上飛べばよいので，A 機，B 機の 10m 以上の記録に着目する。全体の度数が異なるので，相対度数を用いて比べる。

(2)　最大値が大きいものを選ぶ。

ほかに，「13m 以上飛んだときの相対度数は，A 機は 0 であるのに対し，B 機では 0.20 で，B 機のほうが大きい」などの書き方でもよい。

基本ワーク p.132 ～ 133

Check!

1 ［説明］(例) 8時間を加えたデータを小さい順に並べると，【2，3，3，5，7，7，8，8】【9，10，12，14，14，15，16，17】となる。データが偶数個なので，第2四分位数（中央値）は小さいほうから8番目と9番目のデータの平均だから，

$(8+9)\div 2=8.5$ (時間)

第1四分位数，第3四分位数は，16個のデータを，データ数÷2（個）ずつに分け，最小値をふくむデータと最大値をふくむデータについて，それぞれの中央値を求めればよい。

(第1四分位数) $=(5+7)\div 2=6$ (時間)

(第3四分位数) $=(14+14)\div 2=14$ (時間)

(四分位範囲) $=14-6=8$ (時間)

答 第1四分位数…6時間，第2四分位数…8.5時間，第3四分位数…14時間，四分位範囲…8時間

2 最小値…2，最大値…17

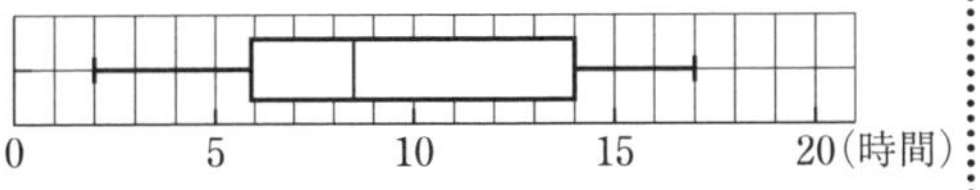

基本問題

❶ (1) 第1四分位数…0.3，第2四分位数…0.8，第3四分位数…1.2，四分位範囲…0.9

(2) 最小値…0.1，最大値…2.0

(3)

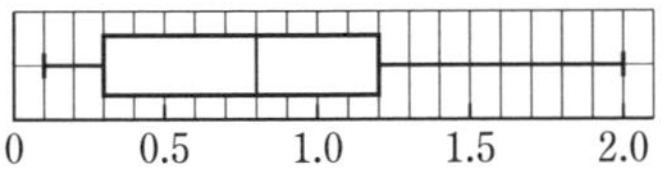

❷ (1) 第1四分位数…8回，第2四分位数…17.5回，第3四分位数…30回，四分位範囲…22回

(2)

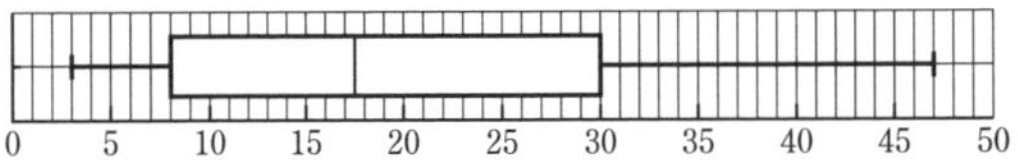

❸

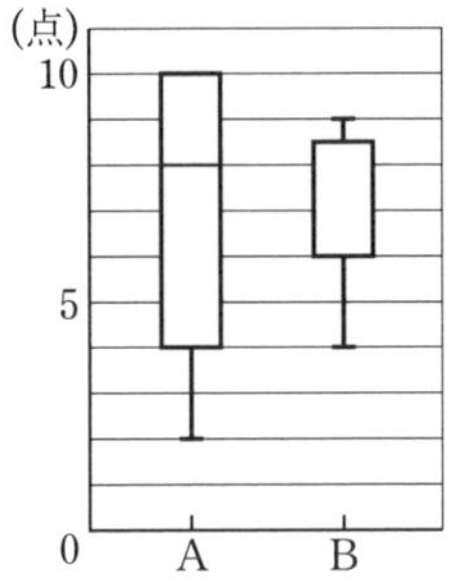

解説

❶ データを小さい順に並べると，【0.1，0.2，0.3，0.3，0.5，0.5，0.6】0.8【1.0，1.0，1.2，1.2，1.5，1.5，2.0】となる。

(1) 第2四分位数はデータ全体の中央値に等しい。15個のデータだから，8番目のデータである。第1，第3四分位数は，それぞれ【7個のデータ】の中央値。四分位範囲は第3四分位数と第1四分位数の差である。

❷(1) データは全部で14個だから，第2四分位数は小さいほうから7番目と8番目のデータの平均なので，$(17+18)\div 2=17.5$ (回)

第1四分位数は全データの前半部分【3，7，7，8，10，15，17】の中央値なので8(回)。第3四分位数は全データの後半部分【18，21，28，30，40，45，47】の中央値なので30(回)となる。

四分位範囲は $30-8=22$ (回) である。

(2) 最小値の3，最大値の47が，それぞれひげの左端，右端になる。

❸ A，Bそれぞれのデータについて，四分位数と四分位範囲を求める。まずは両班のデータを小さい順にならべる。

A…2，3，4，5，6，10，10，10，10，10

B…4，6，6，6，6，7，8，9，9

四分位数，四分位範囲はそれぞれ

A…第1四分位数4点，第2四分位数8点
第3四分位数10点，四分位範囲6点

B…第1四分位数6点，第2四分位数6点
第3四分位数8.5点，四分位範囲2.5点

最大値，最小値をふまえて縦に並べるようにしてかく。Aは最大値と第3四分位数が等しいので，ひげが現れないケースである。Bは第1四分位数と第2四分位数が等しい。

基本ワーク p.134 ～ 135

Check!

1 [説明](例)　第1四分位数は最小値側に近い左側，第3四分位数は最大値に近い右側となり，四分位範囲(箱)が大きくなる。左右対称に近い分布になるので，ひげは左右対称に近い。

2 いえる。

[理由](例)　女子の箱ひげ図から，第3四分位数が9点であることがわかるから。

基本問題

❶ (1) ㋐…A市，㋑…B市

[理由](例)　B市の箱ひげ図は中央値をふくむ階級がほかの階級より多いから，四分位範囲が小さく，ヒストグラムの中央値をふくむ階級が高くのびている㋑となる。

(2) (例)　ヒストグラムは全体の分布のようすはわかりやすいが，中央値はわかりづらく，箱ひげ図は散らばりの様子がとらえやすい。

❷ ①　△　②　○　③　○　④　×

解説

❶(2)　箱ひげ図からは，中央値だけでなく，四分位数や，代表値の分布（箱の大きさ）がわかる。

❷　箱ひげ図からわかることは，四分位数（全体を25%ずつに区切った分布）と四分位範囲（全体の真ん中50%のデータの分布)，範囲（= 最大値－最小値）である。

①　一般的な箱ひげ図の場合，平均値はわからない（図から判断できない）ことが多い。平均値を加えたい場合，図中に平均値として「＋」などの印を記入することがある。なお，3組の箱ひげ図から読み取ることができる「15分」のデータは，平均値ではなく，第2四分位数（中央値）である。

②　1組は第1四分位数（8番目のデータ）が15分であるので，14分以下が多くて7人である。また，2組は第2四分位数（中央値）が15分より右側にあるので，15分以上が少なくとも15人いることになる。したがって，1組の通学時間が14分以下の人は，2組の通学時間が15分以上の人の半分以下であることがわかる。

③　1組は第2四分位数（中央値）が20分より左側にあり，第3四分位数（23番目のデータ）が20分より右側にあるので，20分以下の人が少なくとも15人，多くても22人いることになる。また，2組は第3四分位数（23番目のデータ）が20分より左側にあるので，20分以下の人が少なくとも23人いることになる。したがって，通学時間が20分以下の人は，1組より2組のほうが多い。

④　範囲は，1組…29－2＝27(分)，
2組…27－3＝24(分)，3組…27－2＝25(分)
だから，1組がもっとも大きい。
一方，四分位範囲は，
1組…23－15＝8(分)，2組…19－12＝7(分)，
3組…22－7＝15(分）で，3組がもっとも大きいことがわかる。

[ヒストグラム]
・分布の形や最頻値がわかりやすい。
・それぞれの階級にあるデータの数がわかる。
・極端な値があるかどうかがわかる。
・データが存在する区間がわかる。

[箱ひげ図]
・中央値や散らばりのようすがわかりやすい。
・ひげや箱の長さが度数の大きさに関係しないので，データの数が異なっても散らばりを比べられる。
・データが集中している区間がわかりやすい。

1 節の問題　p.136 ～ 137

1 (1)① 5 時間　② 6 時間　③ 10 時間

(2) 5 時間

(3)

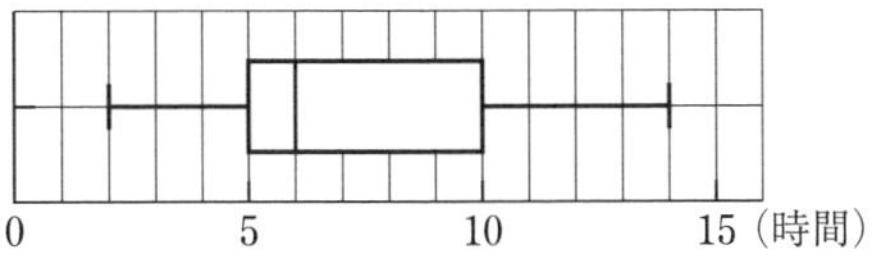

2 ① ㋑　② ㋐　③ ㋒

3 (1)① 4 点　② 5.5 点　③ 6 点

(2) 2 班

(3) いえる。

[理由](例) どの班も最高得点の生徒の点数が 8 点以上だから。

(4) (例) 1 班の第 2 四分位数(中央値)が 5.5 点だから，6 点以下は 5 人以上いることがわかる。

4 (例) 1929 年よりも 2019 年のほうが気温が高めの傾向があるが，範囲と四分位範囲はあまり変わらない。

5 (1) 41 個

(2) ㋐ ×　㋑ ○　㋒ ○

㋓ ×　㋔ ×

理由…解説参照

解説

1(2) (四分位範囲)

＝(第 3 四分位数)－(第 1 四分位数)

＝10－5＝5 (時間)

(3) ② 3 4 ⑤ 5 6 6 ⑥ 7 7 9 ⑩ 11 13 ⑭

最小値　第 1 四分位数　第 2 四分位数　第 3 四分位数　最大値

2① 左にゆがんだ分布になっているので，㋑

② 右にゆがんだ分布になっているので，㋐

③ 対称な分布になっているので，㋒

3(2) 箱の横の長さがいちばん短いものを探す。

(4) 第 2 四分位数が 5.5 点だから，半数の生徒は 5.5 点以下だといえる。

4 箱ひげ図を見ると，1929 年よりも 2019 年のほうが，平均気温の最小値も最大値も上がっているのがわかる。また，範囲と四分位範囲があまり変わっていないので，1 年を通して全体的に気温が上昇していることがわかる。

5(1) ここでの第 3 四分位数は，販売個数の多いほうから数えて 4 番目の値となる。

(2)㋐ 第 2 四分位数だけで判断すべきではない。

㋑ ヒストグラムから，弁当を購入した 100 人中，50 歳以上 80 歳未満は 75 人 $\left(\frac{3}{4}\right)$ を占めていることがわかる。よって，その年代に合わせた弁当の種類を増やすのは売れ残りを少なくするのに効果的であると考えられる。

㋓ 四分位範囲の一番大きいものが，散らばりの度合いが大きい。しゃけ弁当の四分位範囲が 9 個で，もっとも大きい。

㋔ 焼き魚弁当は，最大値が 20 個，最小値が 10 個だから，20÷10＝2 (倍)

7章の問題　p.138～139

1　①　×　　②　×
　③　○　　④　×

2　A　㋔　　B　㋐　　C　㋒

3　(1)　いえない。
　［理由］ 1組の7時間以上の睡眠をとった人数は，全体の25%だから。
　(2)　2組
　(3)　いえない。

4　A　㋒　　B　㋒
　［説明］（分布が異なる2つのヒストグラムも，箱ひげ図にすると同じ分布になるから，）箱ひげ図だけでは，実際の分布をかならずしも読みとれない。

5　(1)①　9分30秒
　②　9分35秒
　③　9分40秒
　(2)　下の図

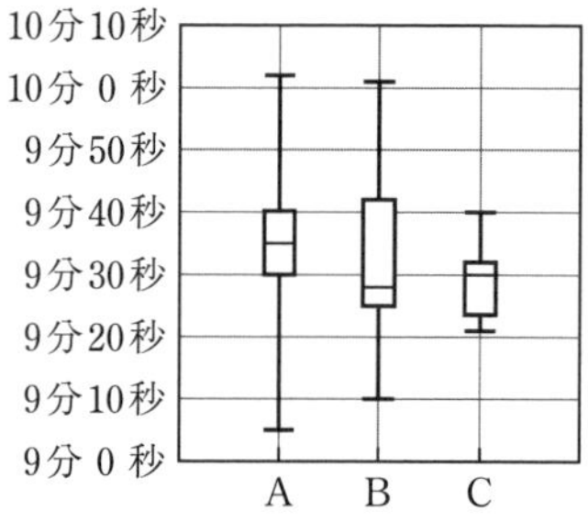

　(3)　Cの選手
　［理由］ Cの選手は，ほかの選手よりも範囲も四分位範囲も小さく，安定した速い走りができているから。

解説

1①　この箱ひげ図だけでは，平均値は読みとれない。
　②　1組で，5分以上15分未満は最小値から中央値までなので10人いる。データの個数は21人だから，第3四分位数は下から16番目と17番目の平均値。例えば，16番目が18分，17番目が22分だとすると，15分以上20分未満の人数は6人になるので，かならずしも2倍になるとはかぎらない。
　③　四分位範囲が大きいほうが散らばりの度合が大きいといえる。縦向きの箱ひげ図では，箱の縦の長さが長いほうが散らばりの度合が大きい。
　④　1組も2組も通学時間が20分以上の生徒は半数を超えていないので，10人以上はいない。

2　部活動Bだけが，60kg以上の男子部員が1人いるので，㋐か㋑があてはまる。また，最小値で35kg以上40kg未満の人数が0であることから，㋐に決まる。次に，部活動AとCは，最大値に60kg以上がいなくて，最小値は35kg以上40kg未満の範囲に3人いるので，㋒，㋓，㋔のどれかになる。部活動Cは，55kg以上60kg未満の範囲でも0人なので，最大値が55kg未満の㋒となる。最後に㋓と㋔を比べて，部活動Aは，表から第2四分位数（度数の大きいほうから数えて13番目）の階級が45kg以上50kg未満となるので，㋔となる。

3(1)　7時間は第3四分位数の値で，7時間以上は全体の25%となる。
　(2)　6時間以下の睡眠は，1組だと全体の25%，2組は第2四分位数が6時間なので，半数以上の生徒がそうだといえる。
　(3)　例えば，1，3，5，6，9というデータでは，
　(第2四分位数) − (最小値) ＝ 5 − 1 ＝ 4
　(最大値) − (第2四分位数) ＝ 9 − 5 ＝ 4
　平均値を求めると，
　$(1+3+5+6+9) \div 5 = 4.8$
　第2四分位数と平均値がかならずしも等しいとはいえない。

4　ヒストグラムでの分布を箱ひげ図にしたとき，分布の異なるものでも同じものになることがあり，箱ひげ図だけを判断の基準にすると，まちがった解釈になることがある。

5(3)　最大値，最小値，第2四分位数だけで判断しないようにする。総合的にみるときには，四分位範囲の散らばりの度合いがどのようになっているかを判断することも大切である。

定期テスト予想問題　解答と解説

1章　式の計算　p.140～141

1 (1) $3x^2+7x$　(2) $3a-b$
(3) $-2x-3$　(4) $8a+4b$
(5) $6a-2$　(6) $-4x+2y$

2 (1) $7x+y$　(2) $10a^2+3a-7b$
(3) $\dfrac{7x+y}{3}$　(4) $\dfrac{a-5b}{6}$

3 (1) $-24a^3b$　(2) $16a^2$
(3) $2x^2y^3$　(4) $-4a^2$
(5) $-32b$　(6) $2x^3y$

4 (1)① -16　② 96
(2)① $a=3-\dfrac{b}{4}$　② $a=\dfrac{3m-b}{2}$
(3) $A=-x-2y$

5 (1) ㋐ $n-1$　㋑ $n+1$
㋒ $(n-1)+n+(n+1)=3n$
(2) ㋐ $10a+b$　㋑ $10b+a$
㋒ $(\mathrm{A}-\mathrm{B}=)10a+b-(10b+a)$
$=9a-9b$
$=9(a-b)$
$a-b$ は整数だから，$9(a-b)$ は9の倍数である。したがって，A－Bは9の倍数になる。

解説

1 (1) $4x^2+8x-x^2-x$
$=4x^2-x^2+8x-x=3x^2+7x$
(2) $-2a+3b+5a-4b$
$=-2a+5a+3b-4b=3a-b$
(3) $(3x-9)+(-5x+6)$
$=3x-9-5x+6=-2x-3$
(4) $(9a+b)-(a-3b)$
$=9a+b-a+3b=8a+4b$
(5) $2(3a-1)=2\times 3a-2\times 1=6a-2$
(6) $(12x-6y)\div(-3)$
$=\dfrac{12x}{-3}+\dfrac{6y}{3}=-4x+2y$

2 (1) $5(2x-y)-3(x-2y)$
$=10x-5y-3x+6y=7x+y$
(2) $2(5a^2+b)+3(a-3b)$
$=10a^2+2b+3a-9b=10a^2+3a-7b$
(3) $2x+y+\dfrac{x-2y}{3}$
$=\dfrac{3(2x+y)+(x-2y)}{3}=\dfrac{7x+y}{3}$
(4) $\dfrac{a-3b}{2}-\dfrac{a-2b}{3}$
$=\dfrac{3(a-3b)-2(a-2b)}{6}=\dfrac{a-5b}{6}$

3 (1) $8a^2\times(-3ab)$
$=-8\times 3\times a^2\times a\times b=-24a^3b$
(2) $(-4a)^2=(-4a)\times(-4a)=16a^2$
(3) $\dfrac{1}{2}xy\times 4xy^2$
$=\dfrac{1}{2}\times 4\times xy\times xy^2=2x^2y^3$
(4) $12a^2b^2\div(-3b^2)=\dfrac{12a^2b^2}{-3b^2}=-4a^2$
(5) $(-24ab^2)\div\dfrac{3}{4}ab$
$=-24ab^2\times\dfrac{4}{3ab}=-32b$
(6) $10xy^2\div 5y\times(-x)^2$
$=\dfrac{10xy^2\times x^2}{5y}=2x^3y$

4 (1)① $3(2a+b)-4(a-2b)=6a+3b-4a+8b$
$=2a+11b$ として代入。
$2\times 3+11\times(-2)=6-22=-16$
② $20a^2b\div 15a\times 6b=\dfrac{20a^2b\times 6b}{15a}=8ab^2$
として代入。$8\times 3\times(-2)^2=96$
(2)① $b=12-4a$
$4a=12-b$
$a=3-\dfrac{b}{4}$
② $m=\dfrac{2a+b}{3}$
$3m=2a+b$
$2a=3m-b$
$a=\dfrac{3m-b}{2}$

5 (1) 3つの連続する整数の問題では，真ん中の数を n とおくと，計算が簡単になる。
(2) 9の倍数であることを示すために，式を $9\times$(整数) の形に導く。Bは $a+10b$ でもよい。

2章　連立方程式　p.142 ~ 143

1 (1) $x=3,\ y=4$　(2) $x=-1,\ y=3$

(3) $x=3,\ y=2$　(4) $x=-1,\ y=1$

2 (1) $x=2,\ y=1$　(2) $x=2,\ y=-1$

(3) $x=-2,\ y=2$　(4) $x=-1,\ y=4$

3 (1) $x=\dfrac{5}{2},\ y=-\dfrac{3}{2}$　(2) $x=-3,\ y=7$

4 (1) $x=-2,\ y=3$　(2) $a=2,\ b=3$

5 (1) ケーキを x 個，シュークリームを y 個買った（こと）とする。

式 $\begin{cases} x+y=14 \\ 200x+130y=2380 \end{cases}$

答　ケーキ 8 個

シュークリーム 6 個

(2) 歩いた道のりを xm，走った道のりを ym とする。

式 $\begin{cases} x+y=960 \\ \dfrac{x}{120}+\dfrac{y}{180}=7 \end{cases}$

答　歩いた道のり 600m

走った道のり 360m

(3) 男子 x 人，女子 y 人とする。

式 $\begin{cases} x+y=300 \\ \dfrac{5}{100}x+\dfrac{15}{100}y=31 \end{cases}$

答　男子 140 人，女子 160 人

解説

※上の式を①，下の式を②とする。

1 (1) ①＋②　$5x=15$　$x=3$　これを①に代入すると　$3+y=7$　$y=4$

(2) ①－②　$2y=6$　$y=3$　これを②に代入すると　$2x+3=1$　$x=-1$

(3) ①×2　$4x+2y=16$ ……③

②　$+)\ 3x-2y=5$

③＋②　$7x=21$

$x=3$　これを①に代入すると

$6+y=8$　$y=2$

(4) ①×3　$6x-27y=-33$ ……③

②×2　$-)\ 6x+10y=4$ ……④

③－④　$-37y=-37$

$y=1$　これを②に代入すると

$3x+5=2$　$x=-1$

2 (1) ②を①に代入すると　$x+3x-5=3$　$x=2$

これを②に代入すると　$y=6-5$　$y=1$

(2) ②を①に代入すると　$2(3y+5)+y=3$

$y=-1$　これを②に代入すると　$x=-3+5$

$x=2$

(3) ①を②に代入すると　$2x+6=-\dfrac{3}{2}x-1$

$x=-2$　これを①に代入すると

$y=-4+6$　$y=2$

(4) ②を①に代入すると $5x+3x+11=3$

$x=-1$　これを②に代入すると

$2y=-3+11$　$y=4$

3 (1) ②×15　$3x-5y=15$ ……③

①×3　$-)\ 3x+3y=3$ ……④

③－④　$-8y=12$

$y=-\dfrac{3}{2}$　これを①に代入すると $x-\dfrac{3}{2}=1$

$x=\dfrac{5}{2}$

(2) ①より　$6x+y=-11$ ……③

②×10　$5x+y=-8$ ……④

③－④　$x=-3$

これを④に代入すると

$-15+y=-8$　$y=7$

4 (1) $\begin{cases} 5x-2y+5=x-3y \\ x-3y=4x-y \end{cases}$ ⇨ $\begin{cases} 4x+y=-5 \\ 3x+2y=0 \end{cases}$

(2) それぞれの式に $x=1,\ y=2$ を代入すると

$\begin{cases} a+4=2b \text{ ……①} \\ 2a-1=b \text{ ……②} \end{cases}$ として解く。

5 (1) 合わせて 14 個だから　$x+y=14$ ……①

代金が2380 円だから

$200x+130y=2380$ ……②

①×20－②÷10　より　$7y=42$　$y=6$

(2) 道のりの合計から　$x+y=960$ ……①

時間の合計から　$\dfrac{x}{120}+\dfrac{y}{180}=7$ ……②

②×360 より　$3x+2y=2520$ ……③

①×2　より　$2x+2y=1920$ ……④

③－④　より　$x=600$

(3) 全校の生徒数から　$x+y=300$ ……①

吹奏楽部の生徒数から

$\frac{5}{100}x+\frac{15}{100}y=31$ ……②

②×100 より　$5x+15y=3100$

5 でわると　　$x+3y=620$ ……③

③－①より　　$2y=320$　$y=160$

3章　1次関数　p.144～145

1 (1)　変化の割合 2

$y=-3$

(2)　傾き $-\frac{2}{3}$

切片 -1

(3)　$p=4$

(4)　右の図

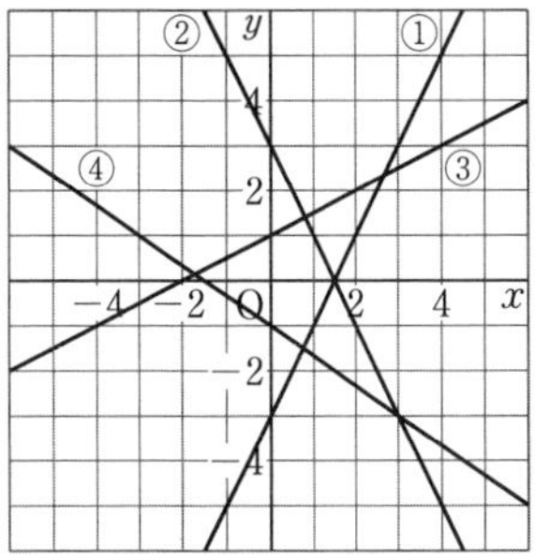

2 (1)①　$y=x+4$　　②　$y=-\frac{1}{2}x+2$

(2)　$y=\frac{1}{3}x-5$　　(3)　$y=3x+16$

(4)　$y=-\frac{2}{3}x+4$　(5)　$b=1$

3 (1)　右の図

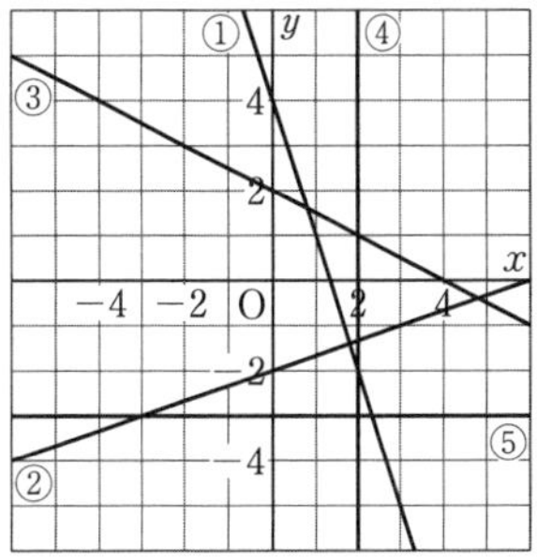

(2)　$\left(\frac{9}{5},\ -\frac{7}{5}\right)$　　(3)　(2，1)

(4)　(4，0)，(0，2)

4 (1)　$y=4$　　(2)　$x=3$，9

(3)①　$y=2x$　　②　$y=8$

③　$y=-2x+24$

(4)

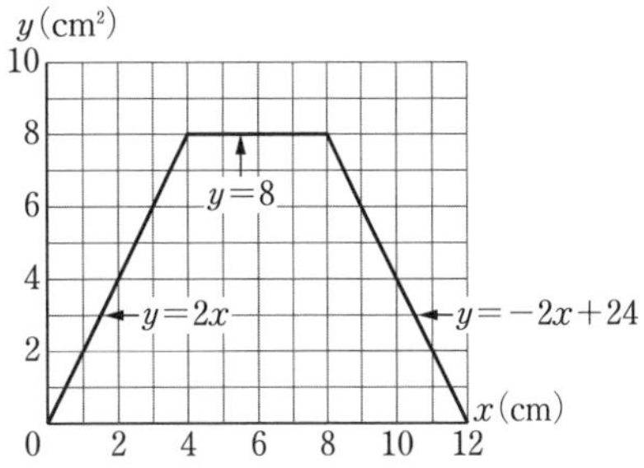

解説

1(1)　1次関数 $y=ax+b$ で，変化の割合はグラフの傾き a に等しい。また，$x=0$ のときの y の値は切片 b に等しい。

(3)　$y=\frac{1}{2}x+1$ に $(6,\ p)$ を代入すると

$p=\frac{1}{2}\times6+1=4$

(4)　切片と傾きに着目してグラフをかく。

2 (1)①　切片が4，傾きが1

②　切片が2，傾きが $-\frac{1}{2}$

(2)　$y=\frac{1}{3}x+b$ とおき，$(6,\ -3)$ を代入すると

$-3=\frac{1}{3}\times6+b$　$b=-5$

(3)　平行なグラフは傾きが等しいから，

$y=3x+b$ とおき，$(-3,\ 7)$ を代入すると

$7=3\times(-3)+b$　$b=16$

(4)　グラフの傾きは $\frac{0-2}{6-3}=-\frac{2}{3}$

$y=-\frac{2}{3}x+b$ に $x=6$，$y=0$ を代入すると

$0=-\frac{2}{3}\times6+b$　$b=4$

別解例　$y=ax+b$ に，$x=3$，$y=2$ と $x=6$，$y=0$ をそれぞれ代入し，$\begin{cases}2=3a+b\\0=6a+b\end{cases}$ を解く。

(5)　$y=-\frac{1}{3}x+b$ とおき，$x=9$，$y=-2$ を代入すると　$-2=-\frac{1}{3}\times9+b$　$b=1$

3 (1)　式を $y=ax+b$ の形に変形する。

(2)　①と②を連立方程式として解き，交点の座標を求める。

(3)　③の式に $x=2$ を代入する。

(4)　x 軸との交点→ $y=0$

y 軸との交点→ $x=0$

4 (1)　$x=10$ のとき，PD $=2$ になる。

$\triangle\mathrm{PDA}=\frac{1}{2}\times\mathrm{AD}\times\mathrm{PD}=\frac{1}{2}\times4\times2=4$

(2)　底辺 AD が4だから，y（面積）が6になるのは，高さが3のとき。

(3)①　点Pは辺AB上にあるから，

$y=\frac{1}{2}\times\mathrm{AD}\times\mathrm{AP}=\frac{1}{2}\times4\times x=2x$

②　点Pは辺BC上にあるから，

$y=\frac{1}{2}\times4\times4=8$

③　点Pは辺CD上にあるから，

$\mathrm{PD}=4\times3-x=12-x$

$y=\frac{1}{2}\times\mathrm{AD}\times\mathrm{PD}=\frac{1}{2}\times4\times(12-x)$

$=-2x+24$

(4)　グラフは $(0,\ 0)$，$(4,\ 8)$，$(8,\ 8)$，$(12,\ 0)$ を結ぶ折れ線になる。

4章　平行と合同　p.146 ～ 147

1 (1) ㋐ 180　㋑ 2　㋒ 900

(2) 内角 144°　外角 36°

(3) 73°

2 (1) $\angle x = 130°$　(2) $\angle x = 36°$

(3) $\angle x = 29°$　(4) $\angle x = 103°$

(5) $\angle x = 43°$　(6) $\angle x = 72°$

3 (1) ∠A＝∠D

1 組の辺とその両端の角がそれぞれ等しい。

別解例　BC＝EF

2 組の辺とその間の角がそれぞれ等しい。

(2)① △AEB≡△DEC

1 組の辺とその両端の角がそれぞれ等しい。

② △ABC≡△ADC

3 組の辺がそれぞれ等しい。

(3)㋐ △DCB

㋑ BC

㋒ 2 組の辺とその間の角がそれぞれ等しい

㋓ AC＝DB

解説

1(1) 七角形は 7－2＝5 より 5 つの三角形に分けられるので，180°×(7－2)＝900°

(2) 外角の和は 360° だから 1 つの外角は

360°÷10＝36°　1 つの内角は

180°－36°＝144°

別解例　内角の和は 180°×(10－2)＝1440°

1 つの内角は 1440°÷10＝144°

1 つの外角は 180°－144°＝36°

(3) 外角の和は 360° だから

$\angle x = 360° - (84° + 55° + 90° + 58°) = 73°$

※内角の和から求めてもよい。

五角形の内角の和は 180°×(5－2)＝540°

2(1) ℓ // m だから，同位角，錯角は等しい。

$\angle x = 180° - 50° = 130°$

(2)

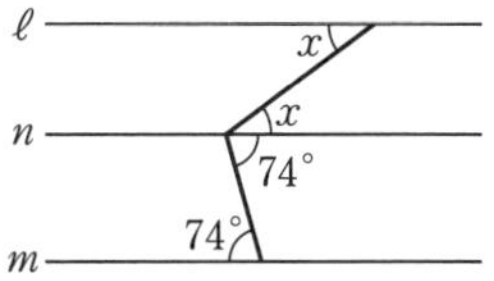

$\angle x = 110° - 74° = 36°$

(3) 三角形の内角と外角から $\angle x + 21° = 50°$

$\angle x = 50° - 21° = 29°$

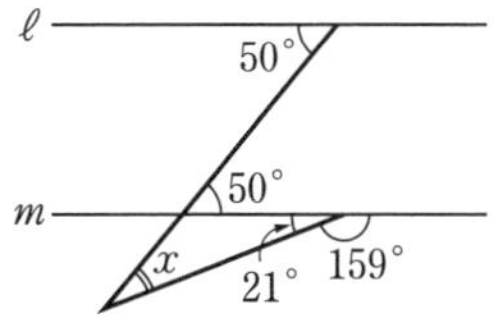

(4) 三角形の外角は，それととなり合わない 2 つの内角の和に等しいから，

$\angle x = 62° + 41° = 103°$

(5)

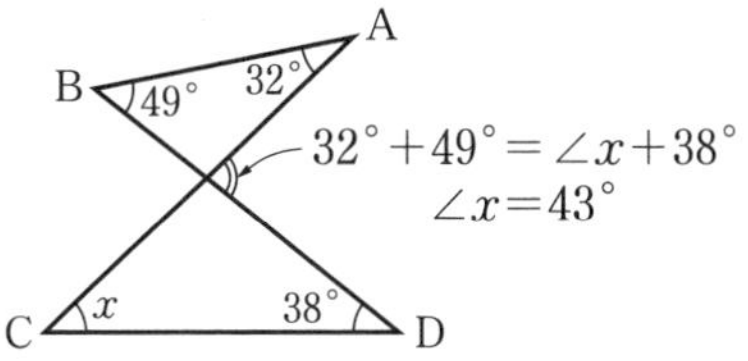

(6) $\angle x + 26° + 32° = 130°$

$\angle x = 72°$

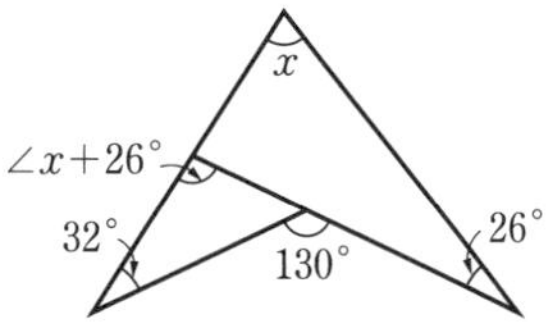

3(1) 合同条件があてはまるには，どの辺または角が等しければよいかを考える。

(2)① 仮定から AE＝DE

AB // CD より，平行線の錯角は等しいから

∠A＝∠D　対頂角は等しいから

∠AEB＝∠DEC

(3)㋐ 対応する頂点の順に書く。

5章　三角形と四角形　p.148 ～ 149

1 (1) $\angle x=88^\circ$　(2) $\angle x=30^\circ$

(3) $\angle x=70^\circ$

2 (1) 2組の辺とその間の角がそれぞれ等しい。

(2) $\angle \mathrm{OBC}=\angle \mathrm{OCB}$

3 ［証明］(例)

$\triangle \mathrm{PCO}$ と $\triangle \mathrm{PDO}$ において

仮定から　$\angle \mathrm{COP}=\angle \mathrm{DOP}$　……①

OP は共通　……②

$\angle \mathrm{PCO}=\angle \mathrm{PDO}=90^\circ$　……③

①，②，③より，直角三角形で斜辺と1つの鋭角がそれぞれ等しいから

$\triangle \mathrm{PCO}\equiv\triangle \mathrm{PDO}$

合同な図形の対応する辺は等しいから

$\mathrm{PC}=\mathrm{PD}$

4 (1) $\angle x=112^\circ$　(2) $x=2$

5 ［証明］(例)

$\triangle \mathrm{BOE}$ と $\triangle \mathrm{DOF}$ において

平行四辺形の対角線はそれぞれの中点で交わるから

$\mathrm{BO}=\mathrm{DO}$　……①

対頂角は等しいから

$\angle \mathrm{BOE}=\angle \mathrm{DOF}$ ……②

$\mathrm{AB}\parallel \mathrm{DC}$ より，平行線の錯角は等しいから

$\angle \mathrm{EBO}=\angle \mathrm{FDO}$ ……③

①，②，③より，1組の辺とその両端の角がそれぞれ等しいから

$\triangle \mathrm{BOE}\equiv\triangle \mathrm{DOF}$

合同な図形の対応する辺は等しいから

$\mathrm{BE}=\mathrm{DF}$

6 (1) ［証明］(例)

仮定から　$\mathrm{AB}\parallel \mathrm{ED}$ ……①

$\mathrm{ED}=\mathrm{DC}$ ……②

平行四辺形の対辺の長さは等しいから

$\mathrm{AB}=\mathrm{DC}$ ……③

②，③から　$\mathrm{AB}=\mathrm{ED}$ ……④

①，④より，1組の対辺が平行でその長さが等しいから，四角形 ABDE は平行四辺形である。

(2)① ひし形　② 長方形

7 $\triangle \mathrm{ABC}=\triangle \mathrm{DBC}$，$\triangle \mathrm{ABD}=\triangle \mathrm{ACD}$

$\triangle \mathrm{ABO}=\triangle \mathrm{DCO}$

解説

1(1) $\mathrm{AB}=\mathrm{AC}$ より，

$\angle \mathrm{ABC}=\angle \mathrm{ACB}=180^\circ-134^\circ=46^\circ$

$\angle x=180^\circ-46^\circ\times 2=88^\circ$

(2) $\mathrm{BC}=\mathrm{AC}$ より，$\angle \mathrm{B}=\angle \mathrm{A}=\angle x$

$\mathrm{AC}=\mathrm{AD}$ より，$\angle \mathrm{ACD}=75^\circ$

$\angle x=180^\circ-75^\circ\times 2=30^\circ$

(3) 右の図のように，点Bを通り，ℓ と m に平行な直線 n をひくと，

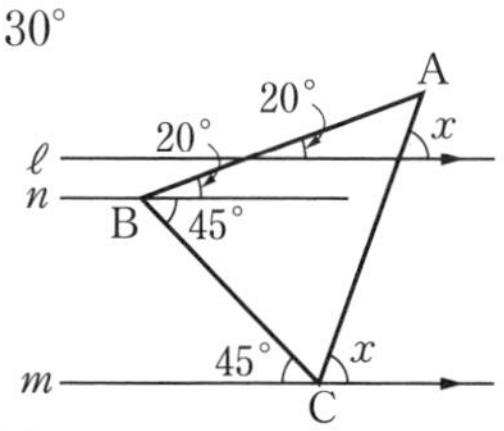

$\angle \mathrm{ABC}=45^\circ+20^\circ=65^\circ$

$\mathrm{AB}=\mathrm{AC}$ より，$\angle \mathrm{ACB}=65^\circ$

$\angle x=180^\circ-(45^\circ+65^\circ)=70^\circ$

2(1) $\mathrm{BD}=\mathrm{CE}$，BC は共通，$\angle \mathrm{DBC}=\angle \mathrm{ECB}$ である。

(2) 「2つの角が等しい三角形は二等辺三角形である。」を使う。

3 直角三角形の合同条件を使う。

4(1) $\angle \mathrm{B}=\angle \mathrm{D}=65^\circ$

$\triangle \mathrm{ABE}$ で，$\angle x=65^\circ+47^\circ=112^\circ$

(2) 右の図より，$\triangle \mathrm{CDF}$，$\triangle \mathrm{BEF}$，$\triangle \mathrm{AED}$ はすべて二等辺三角形になる。

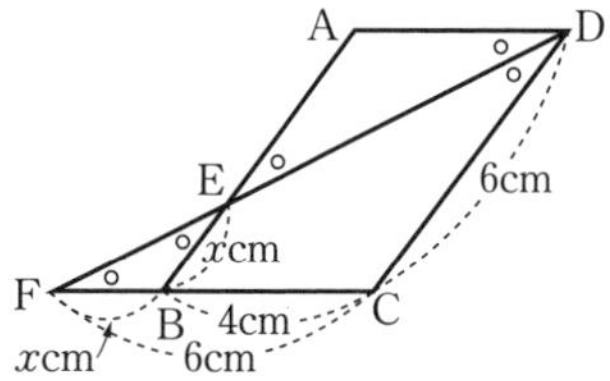

5 $\mathrm{AB}\parallel \mathrm{DC}$ より，平行線の錯角は等しいから $\angle \mathrm{EBO}=\angle \mathrm{FDO}$。

6 (1) 証明の②，③から④を導く形は重要。

7 $\triangle \mathrm{ABO}=\triangle \mathrm{DCO}$ となる理由

$\triangle \mathrm{ABC}$ と $\triangle \mathrm{DBC}$ の面積が等しく，$\triangle \mathrm{OBC}$ は2つの三角形の共通部分なので，残りの部分 $\triangle \mathrm{ABO}$ と $\triangle \mathrm{DCO}$ も面積が等しい。

($\triangle \mathrm{ABD}$ と $\triangle \mathrm{ACD}$ の面積が等しく，$\triangle \mathrm{AOD}$ は2つの三角形の共通部分なので，残りの部分 $\triangle \mathrm{ABO}$ と $\triangle \mathrm{DCO}$ も面積が等しい。)

6章　確率　p.150〜151

1 ㋓　　**2** $\frac{2}{3}$

3 (1) $\frac{1}{3}$　(2) $\frac{2}{3}$　　**4** $\frac{3}{8}$

5 (1) $\frac{1}{12}$　(2) $\frac{1}{6}$　　**6** $\frac{1}{3}$

7 (1) $\frac{3}{5}$　(2) $\frac{7}{10}$　　**8** $\frac{1}{3}$

9 (1) $\frac{1}{18}$　(2) $\frac{1}{4}$

解説

1 ㋐　4 回目に偶数が出る確率は $\frac{1}{2}$

㋑　例えば「500 回くり返すと，白玉は 200 回くらい出る」なら正しい。

㋒　2 枚の硬貨を A，B とすると，表と裏の出方は右の樹形図より，4 通り。

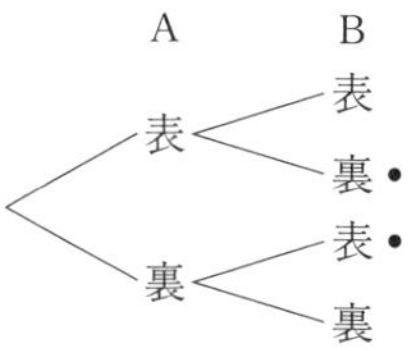

〔表，裏〕と〔裏，表〕は分けて考える必要がある。

2　6 の約数は，1，2，3，6 の 4 通り。

3 (1)　右の樹形図より，全部で 9 通りあるうち，

○　A の勝ち　3 通り

×　A の負け　3 通り

△　あいこ　　3 通り

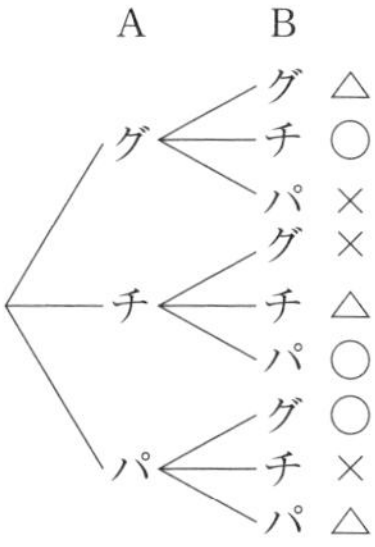

(2)　1－(A が負ける確率)

4　表，裏の出方は右の樹形図より，全部で 8 通り。表が 2 回出るのは • の印をつけた 3 通りだから，求める確率は $\frac{3}{8}$

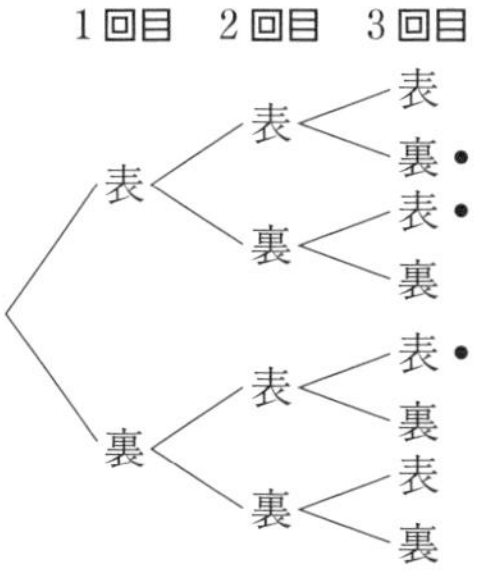

5 (1)　選び方は全部で 12 通り。そのうち，A が部長で B が副部長になるのは • の印をつけた 1 通り。

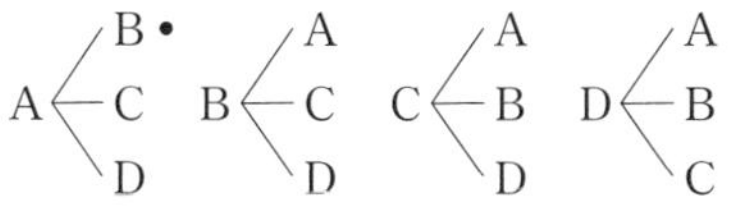

(2)　A，B，C，D の 4 人から 2 人を選ぶ組み合わせは，〔A，B〕，〔A，C〕，〔A，D〕，〔B，C〕，〔B，D〕，〔C，D〕の 6 通りだから，求める確率は $\frac{1}{6}$

6　カードの並べ方は全部で 12 通り。

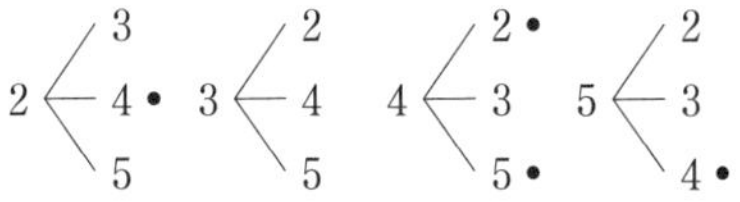

3 の倍数は • の印をつけた 4 通り。

7 (1)　くじに番号をつけて①，②があたりとする。

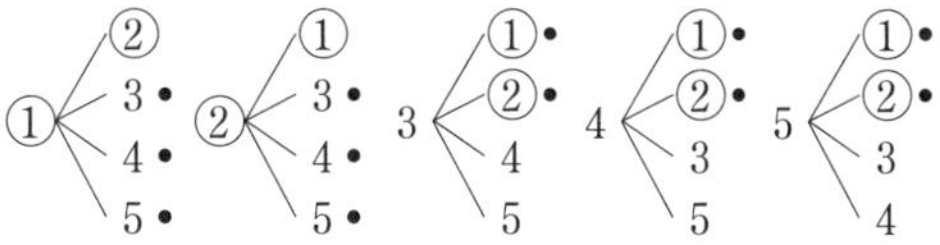

選び方は全部で 20 通り。どちらか 1 人だけあたるのは • の印をつけた 12 通り。求める確率は

$\frac{12}{20}=\frac{3}{5}$

(2)　2 人ともはずれる確率は，$\frac{6}{20}=\frac{3}{10}$

少なくとも 1 人があたる確率は，

$1-\frac{3}{10}=\frac{7}{10}$

8　4 個の球を赤，青，白$_1$，白$_2$とすると，

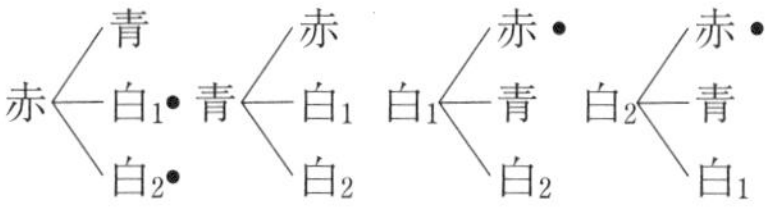

取り出し方は全部で 12 通り。赤と白の組み合わせは • の印をつけた 4 通り。求める確率は

$\frac{4}{12}=\frac{1}{3}$

9　目の出方は全部で $6\times6=36$ (通り)

(1)　P が頂点 B に移動するのは 2 か 6 のとき。Q が頂点 D に移動するのは 3 のときだから，〔赤，白〕=〔2，3〕，〔6，3〕の 2 通り。

(2)　頂点 A のとき，〔1，4〕，〔5，4〕，頂点 B のとき，〔2，1〕，〔2，5〕，〔6，1〕，〔6，5〕，頂点 C のとき，〔3，2〕，〔3，6〕，頂点 D のとき，〔4，3〕よって，全部で 9 通り。

7章　データの比較　p.152～153

1 (1)　女子 8 点　　男子 7 点

(2)　(点)

	女子	男子
第 1 四分位数	3	3.5
第 2 四分位数	6	5
第 3 四分位数	7	7.5

(3)　女子 4 点　　男子 4 点

(4)

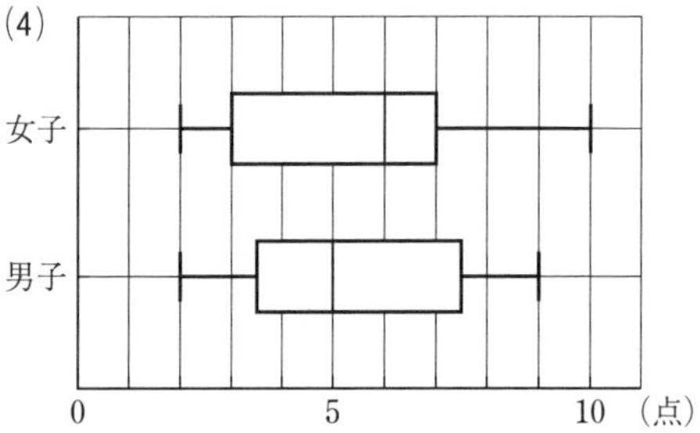

2 (1)　7 点　　(2)　4 点

(3)　8 点

3 (1)①　㋓　　②　㋑　　③　㋐

(2)㋐　最頻値　　㋑　中央値

㋒　範囲　　㋓　四分位範囲

4 ㋑

解説

1 (1)　(範囲)＝(最大値)－(最小値)

女子　10－2＝8 (点)

男子　9－2＝7 (点)

(2)　四分位数は，データを小さい順に並べて 4 等分したときの 3 つの区切りの値。

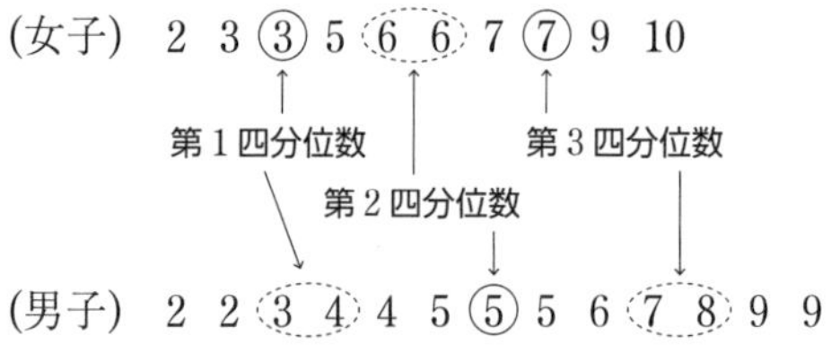

女子の第 2 四分位数　(6＋6)÷2＝6 (点)

男子の第 1 四分位数　(3＋4)÷2＝3.5 (点)

男子の第 3 四分位数　(7＋8)÷2＝7.5 (点)

(3)　女子　7－3＝4 (点)

男子　7.5－3.4＝4 (点)

(4)

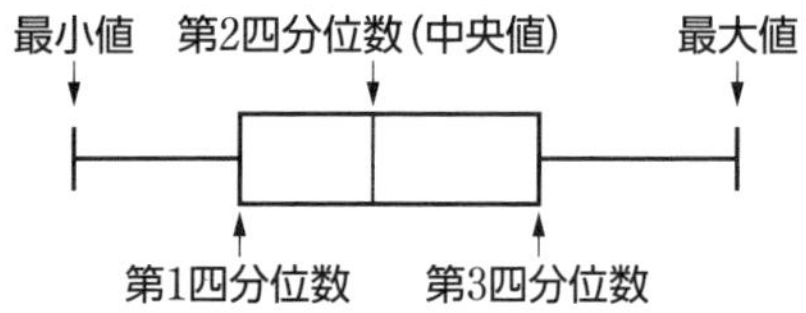

2 (1)　10－3＝7 (点)

(2)　8－4＝4 (点)

(3)　得点の高いほうから順位をつけると，全部で 30 人だから，

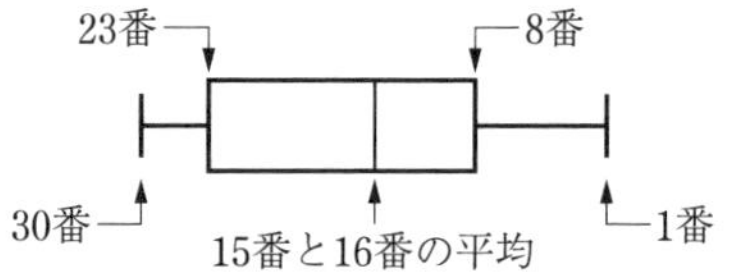

3 (1)①　散らばりが大きく，山があまりゆがんでいないので㋓。

②　散らばりが小さく，山が左にゆがんだ分布なので㋑。

③　散らばりが小さく，山があまりゆがんでいないので㋐。

※㋒は山が右にゆがんだ形で，あてはまるヒストグラムはない。

(2)　ヒストグラムでは，グラフのいちばん高い所が最頻値。中央値は正確にはわからない。また，範囲はデータの散らばり方に大きく影響を受ける。

4 ㋐　1 組 10－2＝8 (点)，2 組 9－1 ＝8 (点) で正しい。

㋑　1 組の中央値は 4.5 なので，1 組の 5 点以下は少なくとも 16 人いる。

㋒　(四分位範囲)＝(第 3 四分位数)－(第 1 四分位数) なので，1 組の得点のデータの四分位範囲は　8－3＝5 (点)，2 組の得点のデータの四分位範囲は　8－4＝4 (点)
したがって，1 組の得点のデータのほうが四分位範囲が大きいから，正しい。